国际热带农业与科技发展系列丛书·科技篇
中国热带农业科学院科技信息研究所

前沿评价在热带农业科技竞争力分析中的探索与实践

◎ 许力丹　冯　韵　陈丽琼　李晓娜　李志东　等　著

中国农业科学技术出版社

图书在版编目(CIP)数据

前沿评价在热带农业科技竞争力分析中的探索与实践 / 许力丹等著.
北京：中国农业科学技术出版社，2024.12. -- ISBN 978-7-5116-7017-5

Ⅰ.S-12

中国国家版本馆 CIP 数据核字第 2024VG7109 号

责任编辑　史咏竹
责任校对　马广洋
责任印制　姜义伟　王思文

出 版 者	中国农业科学技术出版社
	北京市中关村南大街 12 号　邮编：100081
电　　话	（010）82105169（编辑室）　（010）82106624（发行部）
	（010）82109709（读者服务部）
网　　址	https://castp.caas.cn
经 销 者	各地新华书店
印 刷 者	北京建宏印刷有限公司
开　　本	185 mm×260 mm　1/16
印　　张	23.75
字　　数	565 千字
版　　次	2024 年 12 月第 1 版　2024 年 12 月第 1 次印刷
定　　价	128.00 元

◀▆▆▆ 版权所有·翻印必究 ▶▆▆▆

《前沿评价在热带农业科技竞争力分析中的探索与实践》

著作人员

主　　著　许力丹　冯　韵　陈丽琼　李晓娜　李志东
副 主 著　董定超　滕王滕菲　张少帅　王丹阳　曾力旺
　　　　　　豆敏详
参　著　者（按姓氏笔画排序）
　　　　　　王禄利　成文蓬　杜中军　李光辉　李晓霞
　　　　　　宋红艳　陈　彬　孟　猛　秦晓威　黄贵修

《前沿评价在热带农业科技竞争力分析中的探索与实践》支持与资助项目

- 中央级公益性科研院所基本科研业务费专项（项目编号：1630072024005、1630012024013）
- 海南省热带作物信息技术应用研究重点实验室开放基金项目（项目编号：ZDSYS-KFJJ-202301、ZDSYS-KFJJ-202314）
- 海南省自然科学基金面上项目（项目编号：624MS104）
- 海南省哲学社会科学规划课题［项目编号：HNSK（YB）24-87］

前 言

热带农业是世界农业和中国农业的重要组成成分，在全球化的浪潮中，热带农业科技作为推动农业发展的重要力量，其竞争力的强弱关系到一个国家或地区在全球农业市场中的地位。随着科技的不断进步和国际竞争的日益激烈，对热带农业科技竞争力的评价和分析显得尤为重要。

《前沿评价在热带农业科技竞争力分析中的探索与实践》一书，一方面旨在探讨运用何种前沿评价方法来分析热带农业科技的竞争力，提供一套系统的评价体系和方法论。另一方面旨在通过对热带农业具体领域的分析来揭示热带农业科技发展态势的格局，为相关领域的研究者、决策者和实践者提供理论指导和实践参考。

在研究方法上，本书采用了定量与定性相结合的研究方法。定量分析主要依赖于统计数据和数学模型，通过构建评价指标体系和运用多元统计分析方法，以热带农业科技文献外部计量指标为指征，对热带农业科研表现竞争力进行量化评价。定性分析则侧重于文本分析、专家咨询等方法，以获取更深入的见解。通过这种综合的研究方法，本书力求达到评价结果的科学性和准确性。

在内容安排上，本书分为上下两篇共9个部分。上篇为前沿评价分析方法在热带农业科研表现监测中的探索与应用，包括第一至第四部分。其中，第一部分介绍了热带农业科技竞争力评价的研究背景，阐述了研究的必要性和紧迫性，并介绍了现有的前沿探测和竞争力分析的一般理论方法和进展；第二部分介绍了本研究数据集的来源及处理过程；第三部分介绍了本研究竞争力分析模型构建的一般过程，并确立了适用于本研究的学术机构竞争力指标体系和前沿表现力指标体系，为后续的实证分析奠定了基础；第四部分介绍了基于文献定量分析方法的热带农业基础科研表现综合概况，并按照热带作物科学、热带农业资源与环境科学、热带植物保护与生物安全科学、热带草业与饲料科学、热带农业工程、热带农业经济与乡村振兴六大学科领域分类进行了更为细致的分析。下篇为基于主要热带作物的竞争力及前沿格局解析，包括第五至第九部分，选择了5种较为典型的热带作物，即天然橡胶、木薯、香蕉、甘蔗和油棕，进行相关研究领域学术机构科研表现竞争力、学科领域热点和前沿表现分析，并提出了发展相关研究的对策建议，以期为热带农业领域的科技创新和管理决策提供一定的数据参考和情报支撑。

前言

需要注意的是，在对象定义上，本书所述热带农业，指的是狭义范畴的热带农业，即在热带地区栽种的粮食作物、经济作物、果林、饲料作物、油料及能源作物等农作物的产业。在数据源选取上，本书仅从 Web of Science 数据库进行了文献检索，在文献覆盖的全面性上有所欠缺。在分析方法上，文献计量也仅仅是评估科研活动常用的方法之一，论文数据也仅能呈现热带农业基础研究现状的一个侧面。本书旨在通过文献计量学的方法，为热带农业科技竞争力分析和前沿评价提供一个初步的尝试。希望本书不仅能展示一种监测和评价机构科研表现的方法，而且能提供一个快速把握某一学科概貌的思路。在内容上，本研究致力于为那些希望深入了解相关领域研究的科研工作者和决策者提供有价值的信息和线索。期待通过本书激发更多的讨论和研究，以促进热带农业科技领域的进一步发展。

囿于时间和著者的能力，在研究方法、数据解读等方面存在不够全面、不够精准之处，恳请广大读者批评指正。

著 者

2024 年 10 月

目 录

上篇 前沿评价分析方法在热带农业科研表现监测中的探索与应用

1 绪 论 ……………………………………………………………………………… (3)
　1.1 研究背景 …………………………………………………………………… (3)
　1.2 研究前沿探测的理论基础与研究进展 …………………………………… (3)
　1.3 学术机构竞争力分析的理论基础与研究进展 …………………………… (7)
　参考文献 …………………………………………………………………………… (12)
2 文献数据集构建与数据处理 …………………………………………………… (17)
　2.1 文献数据获取策略 ………………………………………………………… (17)
　2.2 文献数据清洗策略 ………………………………………………………… (18)
　2.3 方法论及数据说明 ………………………………………………………… (18)
　参考文献 …………………………………………………………………………… (22)
3 竞争力分析模型及表现力指标体系构建 ……………………………………… (24)
　3.1 热带农业基础科研表现学术机构竞争力指标体系 ……………………… (24)
　3.2 热带农业学科前沿领域学术机构表现力指标体系 ……………………… (31)
　参考文献 …………………………………………………………………………… (32)
4 热带农业基础科研表现竞争力分析 …………………………………………… (33)
　4.1 热带农业基础科研表现综合分析 ………………………………………… (33)
　4.2 热带作物科学领域 ………………………………………………………… (35)
　4.3 热带农业资源与环境科学领域 …………………………………………… (37)
　4.4 热带植物保护与生物安全科学领域 ……………………………………… (39)
　4.5 热带草业与饲料科学领域 ………………………………………………… (41)
　4.6 热带农业工程领域 ………………………………………………………… (43)
　4.7 热带农业经济与乡村振兴领域 …………………………………………… (45)

下篇 基于主要热带作物的竞争力及前沿格局解析

5 天然橡胶研究领域竞争力及前沿格局解析 …………………………………… (51)
　5.1 文献产出基本情况 ………………………………………………………… (51)
　5.2 科技论文机构竞争力指数 ………………………………………………… (52)
　5.3 学科领域热点及前沿表现分析 …………………………………………… (55)
　5.4 结论与建议 ………………………………………………………………… (92)

· 1 ·

参考文献 ……………………………………………………………………（94）
6 木薯研究领域竞争力及前沿格局解析 …………………………………（108）
　6.1 文献产出基本情况 ……………………………………………………（108）
　6.2 科技论文机构竞争力指数 ……………………………………………（110）
　6.3 学科领域热点及前沿表现分析 ………………………………………（112）
　6.4 结论与建议 ……………………………………………………………（145）
　　参考文献 …………………………………………………………………（147）
7 香蕉研究领域竞争力及前沿格局解析 …………………………………（161）
　7.1 文献产出基本情况 ……………………………………………………（161）
　7.2 科技论文机构竞争力指数 ……………………………………………（162）
　7.3 学科领域热点及前沿表现分析 ………………………………………（165）
　7.4 结论与建议 ……………………………………………………………（203）
　　参考文献 …………………………………………………………………（204）
8 甘蔗研究领域竞争力及前沿格局解析 …………………………………（221）
　8.1 文献产出基本情况 ……………………………………………………（221）
　8.2 科技论文机构竞争力指数 ……………………………………………（223）
　8.3 学科领域热点及前沿表现分析 ………………………………………（225）
　8.4 结论与建议 ……………………………………………………………（255）
　　参考文献 …………………………………………………………………（256）
9 油棕研究领域竞争力及前沿格局解析 …………………………………（283）
　9.1 文献产出基本情况 ……………………………………………………（283）
　9.2 科技论文机构竞争力指数 ……………………………………………（285）
　9.3 学科领域热点及前沿表现分析 ………………………………………（288）
　9.4 结论与建议 ……………………………………………………………（338）
　　参考文献 …………………………………………………………………（339）

上 篇

前沿评价分析方法在热带农业
科研表现监测中的探索与应用

上篇

1 绪 论

1.1 研究背景

热带农业是世界农业和中国农业的重要组成部分,有广义和狭义之分。广义的热带农业是指依托热带地区特有的自然资源与气候特点,主要利用动物、植物和微生物的生长特性,不断开发生产满足人类需求产品的产业。狭义的热带农业是指热带作物产业,即在热带地区栽种的粮食作物、经济作物、果林、饲料作物、油料及能源作物等农作物的产业。

我国热带农业源远流长,以热带作物种植为核心,孕育出了独具特色的农业生产模式和竞争优势。随着"一带一路"倡议的持续深化,热带作物产业日益成为我国与全球热带地区友好合作的桥梁,同时在国家战略布局中发挥着越来越重要的支点作用。中国与巴西、南非、非洲联盟共同发起"开放科学国际合作倡议",旨在推动全球科技创新成果更多惠及"全球南方"。然而,中国热带地区陆地面积54万千米^2,仅占世界热带地区陆地面积的1%。如何以1%的中国热带地区,服务全球99%的热带地区发展?这一战略任务的核心要义在于实现热带农业科技创新。

科技前沿,以其前瞻性、先导性和探索性,对重大理论和技术方向的发展起着引领作用,不仅塑造着未来的发展轨迹,也是产业转型升级和新兴产业诞生的催化剂。在这个过程中,需要关注两个方面:一是学术研究机构科研表现竞争力,二是热带农业细分研究领域的发展态势。学术研究机构在科学研究中扮演着基石角色,其不仅是知识的创造者,也是创新的推动者。通过学术机构竞争力评价,一方面有助于管理者了解科技创新布局,为其提供前瞻性的战略支持和指导;另一方面有助于扩展评估体系,促进开放合作,确保科研工作健康持续发展。通过深入了解热带农业科技细分领域的发展态势,能够识别并弥补现有差距和不足,探索提升竞争力的有效途径和方法。这对于实施我国热带农业的创新驱动发展战略和加强战略布局具有重要意义。

基于此,本书从科技情报研究的角度,以研究热带作物的文献为分析对象,基于文献计量的方法,针对全球范围内研究热带作物的学术机构做了科研表现竞争力的分析及评价。并基于研究前沿评价的视角,选择5种典型的热带作物,梳理其研究机构表现、研究现状、前沿分布、发展态势,解读领域内值得关注的科学研究内容、有前景的发展方向,以期为热带作物的科技创新和管理决策提供数据参考和情报支撑。

1.2 研究前沿探测的理论基础与研究进展

所谓研究前沿,在不同的场景下,其概念和定义有所不同,目前尚未形成统一的认识。科学家们通常将研究前沿定义为那些超越现有科学认知、未被广泛接受的创新性和引领性工作，在文献特征规律上，表现为研究规模不大、文献数量有限。相对地，科研管理机构则将研究前沿视为学科发展中的关键方向，是最具成长潜力的新研究领域或主题。它们在学科内部非常活跃，具有明显的活动规律，这些规律主要表现在研究成果数量快速增长以及具有强大的学术辐射力，形成了一定的研究规模和影响力[1]。

本书中所讨论的"研究前沿"更贴近于后者的定义，即指那些成为热点、焦点或快速发展的研究主题。这些主题的出现和发展往往伴随着文献计量学特征的显著变化，如特定主题文献数量的急剧增加、引文关系的异常波动或新主题词的广泛出现等。这些变化为研究前沿的早期识别和探测提供了重要线索，对于制定学科发展战略规划和确定研究优先领域具有重要的指导意义。因此，对这些前沿领域的监测和分析，不仅有助于科研人员把握学科的最新动态，也为科研决策者提供了宝贵的信息资源，从而在科研管理和战略规划中发挥关键作用。

1.2.1 研究前沿的概念界定

在科学计量学中，研究前沿并非一个固定化的概念，国内外众多学者对其从概念、识别以及应用上展开了讨论，形成了丰富的科研成果。

研究前沿的提出，最早可以追溯至1965年，Price认为研究前沿是科学引文网络中被频繁引用的近期文章所组成的动态聚类，即所谓的近期发表的高被引论文集[2]。1973年，Small提出共被引程度高的文献聚类可以构成某一领域文献的核心，此外，共被引文献簇还可以表征某一领域的专业结构，可以用于监测科学领域的发展[3]。1994年，Persson将被引文献视为研究基础，研究前沿则从由文献耦合方法生成的、与知识基础有引证关系的文献群中诞生[4]；Garfield则将共被引聚类的核心文献和引用这些核心论文的最新文献一起定义为研究前沿[5,6]。1998年，Bhattacharya和Basu通过共词分析法从论文标题中抽取主题词进行聚类，将聚类形成的研究主题视为研究前沿[7]。2003年，Morris等将研究前沿定义为引用一组固定的、与时间无关的论文集的文献集群，即施引文献耦合簇[8]。2005年，Chen认为研究前沿是指一组新兴且具有时效性的概念和潜在的研究问题[9]，其所发布的CiteSpace创建了从知识映射到研究前沿的理论模型[10]。

综上所述，国内外不同学者对研究前沿的表征方式有不同的看法，但是其内涵都是新兴的、具有发展潜力的、动态的研究主题或领域。主要可分为以下几类：一是将高被引文献定义为研究前沿；二是将共被引文献簇定义为研究前沿；三是施引文献簇定义为研究前沿；四是通过洞悉施引文献和被引文献的关系，将突现的概念或主题定义为研究前沿。

1.2.2 研究前沿探测与识别的理论基础与应用实践

研究前沿的探测主要通过定性和定量两种途径实现，旨在揭示学科内部结构和发展方向[11]。定性方法以专家为核心，通过会议、通信、问卷调查及德尔菲法等多种方式，汇集不同领域专家的知识与智慧，形成对学科前沿的预测报告。这种方法操作简便、灵活，但其准确性易受专家个人知识背景和经验的影响，存在耗时耗力、过度依赖个体判断等局限。定量方法则以文献为核心，利用科学计量学或文献计量学方法，对学者发表的期刊论文、论著等文献资料进行挖掘，通过数学和统计学手段进行定量分析，以识别研究前沿。这些方法能够高效处理大量信息，减少人为因素干扰，确保分析结果的客观性和可靠性。定量方法主要包括基于文本内容的分析（如词频、共词分析及文本挖掘）、基于引用关系的分析（如文献耦合、文献共被引和直接引用等），以及基于复合关系的分析。

1.2.2.1 基于引用关系的分析方法

基于引用关系的分析方法是研究前沿识别中历史最为悠久、理论基础最为坚实且应用范围最广的方法之一。当某一学科前沿在短期内引发领域内学者的高度关注时，相应地，相关研究文章会频繁被其他学者引用，从而引起引文网络结构的变化。根据引用关系的不同类型，引文可以为文献耦合、文献共被引和直接引用3种形式。

（1）基于文献耦合的分析

文献耦合分析（bibliographic coupling）的概念由 Kessler 进行了界定，即通过文献引用相同参考文献的数量来测量文献之间的相似性。如果两篇文献共同引用了相同的参考文献，则认为它们之间存在耦合关系[12]。Persson 明确地区分了研究前沿和知识基础这两个概念。他用共被引文献簇来表示知识基础，而研究前沿则是通过文献耦合方法生成的、与知识基础有引证关系的文献群。他认为，研究前沿是知识基础的时间映射，更能反映当前的研究状况。他通过对 1986—1990 年 *Journal of the American Society for Information Science* 期刊上发表的论文进行分析，探讨了情报学领域的研究前沿及其与知识基础之间的关系[4]。Morris 等将研究前沿定义为施引文献耦合簇，根据文献簇在时间线图上的分布和文献簇之间的引用关系揭示研究前沿的存在，并以炭疽病研究领域为例进行了验证[8]。此外，还有研究文献耦合网络用主路径分析法来探测领域研究历程及发展趋势[13]。

（2）基于文献共被引的分析

文献共被引分析（reference co-citation）是由 Small 和 Marshakova-Shaikevich 分别于 1973 年提出，主要原理是通过两篇文献共同被引次数来测度文献之间的相似性[3,14]。Small 等将学科前沿直接定义为共被引文献簇，提出通过共被引聚类方法获得的高被引文献簇能够很好地表征当前活跃的研究领域，并利用该方法对文献相似性进行实证分析，展示聚类结果[3,15,16]。ESI 数据库通过分析共被引文献簇来识别研究前沿，依据文献簇的统计特征（如核心论文数量、总被引频次、论文数量、平均年和时间分布等）来判断研究领域的重要性、发展速度和阶段。同时，通过分析论文标题中的关键词和词组以识别研究领域的主题内容和热点，采用共被引分析方法来预测领域前沿[1,11]。

（3）基于直接引用的方法

通过直接引用分析（intercitation），可以测量文献间的直接联系，从而在微观层面上更早、更直接地展示出领域或主题内部的知识结构特点及其发展动态[1]。2004 年，Garfield 基于直接引用网络生成了一个知识领域的历史演化图[17]。2006 年，Klavans 和 Boyack 对基于直接引用和共被引用关系得到的聚类结果进行了对比分析，他们认为直接引用关系更能反映内容的相似性，因此更适合用于相似文献的聚类研究[18]。Shibata 等在基于科学出版物引文网络拓扑测度的新兴研究前沿探测研究中发现，基于直接引用关系构建的网络比基于共被引关系构建的网络能够包含更多近期发表的文章，同时，以氮化镓和复杂网络研究领域为例，展示了如何使用拓扑聚类和度量指标来检测和理解新兴的知识领域[19]。白亚丽开展了基于直引内容的学科领域交叉主题演化分析研究，分析发现文献直引相对于文献共被引和文献耦合，不依赖第三方文献，反映文献之间的直接传承关系，在探测知识交流转移中具有一定的天然优势[20]。

1.2.2.2 基于文本内容的分析方法

研究前沿的识别方法通常基于共被引、文献耦合和直接引文等引文层面的分析，但这些方法存在引用的滞后性和分析对象的间接性等问题[6]。因此，许多学者转向从文本内容入手，探索更直接、更有说服力的前沿识别方法。常见的方法有基于词频的前沿识别和基于共词的前沿识别。

（1）基于词频的前沿识别分析

研究前沿通常具有快速的规模效应，相关文献和研究人员会迅速增多，相关主题词的频率也随之升高。因此，通过跟踪主题词的词频变化，可以在一定程度上揭示研究前沿的出现。利用突发词监测技术，通过分析单词频次的变化和突发出现的时间间隔，可以有效识别研究前沿。Kleinberg 指出某主题出现是伴随某些特征频率急剧上升的，提出考虑词频变化密度的突破检测算法，识别文献中具有突然增长特性的词[21]。Chen 将 Kleinberg 算法整合到 CiteSpace 中，用来提取研究前沿词汇[9]，被研究人员广泛使用。

（2）基于共词的前沿识别分析

共词分析法是根据词汇间的某种关系对文献集中的词汇进行聚类分析从而揭示前沿领域的一种典型方法，其基本原理主要是对一组词两两统计在同一篇文献中出现的次数，以此为基础对这些词进行聚类分析，从而反映出这些词的亲疏关系，进而分析这些词所代表的学科和主题的结构变化[22]；其基本步骤包括高频词选定、构建共词矩阵、选取多元统计方法、阐述共词分析结果等[1]。利用共词分析法可以揭示研究领域的研究热点，横向和纵向分析领域的发展过程、特点及领域之间的关系，以反映某个专业科学研究水平及其发展历史的动态和静态结构[22]。例如，王晟等[23]采用文献综述和共词分析方法，通过收集相关文献，分析和总结图书馆学研究方法的演变历程，并运用共词分析方法探索关键主题和基本趋势。赵丽梅和张花以共词分析为基本研究框架，采用矢量动态模型、聚类分析、多维尺度分析以及区块分析等方法，重点研究该领域的知识结构和前沿趋势[24]。

1.2.2.3 基于复合关系的分析方法

基于复合关系的探测方法可以将基于引用关系的方法和基于文本内容的方法结合起来，充分发挥各自的优势，弥补各自的不足。最常见的混合方法是将共词分析和共被引分析结合使用。基于主题词的方法在识别研究前沿上更加直接，不存在引文关系的滞后性，但主题词存在一词多义和一义多词的问题，单纯依赖主题词可能无法准确表述文献之间的内容关系。而基于引用关系的方法虽然存在时间滞后的问题，但能够有效反映文献之间的引用关系。因此，许多学者将基于引文和基于主题词的方法结合起来，以获得更准确和全面的研究前沿探测效果。这种方法的融合不仅提高了探测的准确性，也增强了对研究趋势的理解深度。Braam等最早提出将词和共被引结合起来揭示科学研究结构，并在原子分子物理学领域进行了实证研究，结果表明，将共被引与词的结合分析可以获得比单纯共被引方法更全面的分析结果[25]。周丽英等提出了一种利用引文耦合关系增强共词分析效果的方法。他们以ESI农业科学领域的高被引论文为例，比较了引文耦合增强的共词方法与传统共词方法的分析效果。结果表明，改进的方法能够更好地突出关键词之间的相关关系，有效提高了学科情报研究中主题领域划分的准确性[26]。

综上所述，在不同的理论框架下，对研究前沿的界定和评估标准存在差异，而使用不同的分析方法在探测前沿领域的过程中也会得出不同的结论。因此，在深入探讨特定领域的研究前沿之前，明确理论框架和选择恰当的分析方法至关重要。本书所探讨的研究前沿探测，是基于陈超美定义的研究前沿概念框架进行的实践应用[9]。具体而言，本书将研究前沿定义为在特定时间段内，以一组高被引的核心论文为知识基础，引用这些核心论文的施引文献簇所探讨的科学问题或专题。在共被引分析的基础上，结合对施引文献和突现节点的情况进行综合判断，以实现前沿探测。

1.3 学术机构竞争力分析的理论基础与研究进展

1.3.1 学术机构竞争力模型设计步骤和原则

1.3.1.1 竞争力模型的设计步骤

关于竞争力模型设计的常规步骤如下。

一是明确竞争力模型的目的和范围，确定构建竞争力模型的目标和意义，如战略规划、能力评估等[27]。同时，须对竞争力模型涉及的行业、产品或服务对象进行范围的界定，如机构类型、所属国家、学科领域等范围。界定范围是将评价模型的维度确定下来，并识别出能够较全面地覆盖到学术机构竞争力的关键因素。

二是细化并筛选各评价维度下的指标，借助文献调研、专家咨询及案例分析等方法，广泛收集不同评价维度下的各种因素与细化指标，如科研成果数量、质量、科研经费、科研人员情况等。在细化指标的基础上对指标进行筛选，综合运用定性或定量方法，对收集到的指标进行优化，删除数据难以获取、相关性高或代表性不强的指标，保留能够反映竞争力的关键指标。

三是确定指标层次和权重，按一定的逻辑关系对关键指标进行层次划分，就学术机构科研竞争力而言，通常将关键指标分为目标层、准则层和指标层。利用层次分析法、熵权法等方法确定各指标在评价体系中的权重，体现出各指标在各层次不同维度的重要程度。

四是数据收集和计算处理，从学术论文数据库、专利数据库、科研机构统计报表及项目库等来源获取相关数据，并对收集到的数据进行预处理，确保数据的准确性、完整性等，如异常数据的修正、数据无量纲处理等。

五是构建竞争力模型与验证，选择合适的统计方法或模型构建竞争力模型，如数据包络分析法、模糊综合评价法等，通过代入预处理后的数据对模型进行优化，提高评价结果的可靠性。

六是竞争力模型的应用，将优化后的模型应用于实际评价工作，对学术机构的竞争力进行评价和排名，同时收集反馈意见，以便对模型进行后续优化和完善。

1.3.1.2 竞争力模型的设计原则

关于竞争力模型的设计应当遵循以下原则：全面性、独立性、可比性和可操作性原则。

（1）全面性原则

为准确展现学术机构的竞争力与发展趋势，在竞争力评价体系初步筛选指标时，从多维度和系统性角度出发设计评价维度与指标。通过这些指标的协同和配合，全面而科学地描述领域学术机构竞争力的本质和特征[28]。

（2）独立性原则

为降低指标计算的关联性，避免信息重叠对评价结果的影响，在构建评价体系时须考虑独立性原则，避免选取存在包含、交叉和冗余的指标，以减少评价结果的偏差。

（3）可比性原则

计算每个指标时，方法的一致性和可重复性能够保证指标间的横向比较。因此，所选指标应在所有被评估的学术机构之间具有可比性。评价体系所选指标均来自社会公认权威机构按规范和标准发布的数据，并且可公开获取，以保证结果公开透明。

（4）可操作性原则

评价指标体系的构建重点要考虑可操作性原则，也就是说评价指标要确保能直接获得，即确保被选择的指标简单、明确、实用和可重复验证。不易客观量化的指标、难以公开获得数据的指标、过于烦琐的指标，都不建议用于构建评价体系。

1.3.2 学术机构竞争力模型指标体系构建一般方法

1.3.2.1 定性研究法

定性研究方法主要以专家咨询为主，如德尔菲法（匿名函询法）[29]、深度访谈法等，借助科研学术领域专家经验、知识等难以量化的信息来确定指标。该方法得出的结论受主观影响大，难以构建说服力较强的指标体系。除专家咨询外，现有相对成熟的竞争力模型定性分析方法还有优劣势分析法（SWOT）[30]、宏观环境分析法（PEST）[31]，以及波特五力分析法[32]、钻石分析法[33]等，但上述方法更适用于产业竞争力影响因素分析及战略研究等，而非构建学术机构科研竞争力模型的最佳选择。

1.3.2.2 定量研究法

（1）变异系数法

变异系数又称离散系数（coefficient of variation，CV），主要用于比较两组数据间差异的大小,在消除量纲影响的基础上测量数组的离散程度。在统计学中,变异系数指概率分布离散程度的归一化量度,即标准差与平均值之比,公式为:

$$c = \frac{\sigma}{\mu} \tag{1-1}$$

在指标体系构建研究中,变异系数法应用广泛,如通过计算指标的变异系数确定权重[34],使得评价结果相对客观合理。

(2) 灰色关联度分析法

灰色关联度分析法指的是,通过比较各因素数据序列的几何相似度,来分析和评估系统中各因素之间的关联程度。几何形状越接近,则关联度越高。实现步骤如下。

一是数据初始化。确定参考数列和比较数据,并进行无量纲化处理,消除数据的自由影响因素,使数据可比较。其中,标准化公式如下。

正向指标:

$$X_j(i)' = \frac{X_j(i) - X_{j\min}}{X_{j\max} - X_{j\min}} \quad (i = 1, 2, \cdots, n; j = 1, 2, \cdots, m) \tag{1-2}$$

负向指标:

$$X_j(i)' = \frac{X_{j\max} - X_j(i)}{X_{j\max} - X_{j\min}} \quad (i = 1, 2, \cdots, n; j = 1, 2, \cdots, m) \tag{1-3}$$

计算数列间的绝对差值:

$$\Delta_i(k) = |x'_o(k) - x'_i(k)| \tag{1-4}$$

二是计算关联系数,即参考数列和比较数列在各元素间的几何距离,距离越大表示关联程度越大。计算公式如下(其中 ξ 为常数,通常取 0.5)。

$$\gamma[x_o(k), x_i(k)] = \frac{\min_j \min_k \Delta_i(k) + \xi \max_j \max_k \Delta_i(k)}{\Delta_i(k) + \xi \max_j \max_k \Delta_i(k)} \quad (0 < \xi < 1) \tag{1-5}$$

三是计算灰色关联度,即关联系数的均值,表示参考数列和比较数列的关联程度。计算公式如下。

$$\gamma(x_o, x_i) = \frac{1}{n} \sum_{k=1}^{n} \gamma[x_o(k), x_i(k)] \tag{1-6}$$

灰色关联分析法常用于多指标综合评价,通过对特定现象多方面数量表现进行高度抽象综合,以获取关键评价指标。这一定量的统计分析方法不仅能够有效筛选指标[35],而且能够简化综合评价工作,提高评价效率[36]。

(3) 熵权法

熵权法是一种客观赋权方法,可以避免人为主观因素的干扰。熵权法的赋权步骤如下。

一是数据标准化,即对各个指标进行去量钢化处理,并根据各指标在不同方案下的比值,建立标准化矩阵,公式如下。

$$Z_{ij} \begin{cases} \dfrac{x_{ij} - \min\limits_{1 \leq i \leq n} x_{ij}}{\max\limits_{1 \leq i \leq n} x_{ij} - \min\limits_{1 \leq i \leq n} x_{ij}} & (x_{ij} \text{ 为正向指标}) \\ \dfrac{\max\limits_{1 \leq i \leq n} x_{ij} - x_{ij}}{\max\limits_{1 \leq i \leq n} x_{ij} - \min\limits_{1 \leq i \leq n} x_{ij}} & (x_{ij} \text{ 为负向指标}) \end{cases} \quad (1-7)$$

标准化矩阵 Z 为：

$$Z = (Z_{ij})_{m \times n} = \begin{bmatrix} z_{11} & z_{21} & \cdots & z_{1n} \\ z_{12} & z_{22} & \cdots & z_{2n} \\ \cdots & \cdots & \cdots & \cdots \\ z_{m1} & z_{m2} & \cdots & z_{mn} \end{bmatrix} \quad (1-8)$$

其中，Z_{ij} 指的是第 i 个评价对象在第 j 个评价指标上的标准值（$i=1, 2, \cdots, n$; $j=1, 2, \cdots, m$），$0 < z_{ij} < 1$。

二是计算各指标信息熵。首先，计算第 j 个评价指标下第 i 个评价对象的特征比重，公式如下。

$$r_{ij} = \dfrac{X_{ij}}{\sum\limits_{i=1}^{n} X_{ij}} \quad (i=1, 2, \cdots, n; j=1, 2, \cdots, m) \quad (1-9)$$

另外，由于 r_{ij} 不能为 0，而上述值可能出现 0，因此需要对 0 值做平移变换。
接着，根据特征比重 r_{ij} 计算第 j 个评价指标的信息熵，公式如下。

$$e_j = -k \sum_{i=1}^{n} r_{ij} \ln(r_{ij}) \quad \left(k = \dfrac{1}{\ln n}, \; 0 < e_j < 1\right) \quad (1-10)$$

其中，k 一般为面板数据的评价年份。

三是通过信息熵确定各指标权重，公式如下：

$$w_j = \dfrac{1 - e_j}{m - \sum\limits_{j=1}^{m} e_j} \quad \left(0 < w_j < 1, \; \sum_{j=1}^{m} w_j = 1\right) \quad (1-11)$$

四是计算各方案的综合评分，公式如下：

$$S_i = \sum_{j=1}^{m} w_j X'_{ij} \quad (0 \leq S_i \leq 1; \; i=1, 2, \cdots, n; \; j=1, 2, \cdots, m) \quad (1-12)$$

熵权法相较于主观赋值法，精度高、客观性强，能够避免人为因素偏差，也能够更好地解释结果。但是，此法可能因缺少主观性而忽略指标本身重要程度，导致结果与预期相差较远。因此，常与其他定性定量方法结合对竞争力进行评估，如 AHP 法[37]、TOPSIS 法[38]等。

1.3.2.3 定性定量结合研究法

层次分析法（AHP）是较为常见的定性结合定量分析的决策方法，指的是通过构建层次结构模型，将复杂决策问题分解为多个因素，并通过成对比较和一致性检验来确定各因素的相对重要性，综合得出最优决策方案[39]。这种方法适用于多准则决策问题，能够量化决策者的判断，提高决策的科学性和合理性。

1.3.3 学术机构竞争力研究的相关进展

在国内，关于学术机构竞争力的研究起步较早，且从未间断。我国从 2005 年开始发布《世界一流大学及学科竞争力评价研究报告》[40]，2011 年开始发布《世界一流大学及科研机构学科竞争力评价研究报告》[41]，后为适应和满足"双一流"建设需要在 2015 年更名为《世界一流大学与一流学科评价研究报告》。该报告利用 ESI 作为原始数据，对世界知名大学和科研机构进行 22 个学科的科研竞争力评价。另外，《中国大学评价报告》[42]对中国大学的综合竞争力、学科专业竞争力等进行了详细分析，对了解国内学术机构竞争力状况有重要意义。邱均平的研究指出，《世界一流大学与一流学科评价研究报告》研发了多个竞争力排行榜，为我国各大学、研究院所、政府管理部门及相关研究人员提供了相对全面、详细的评价，对于认清国内大学在世界范围内所处位置，从而提高国际竞争力具有参考价值和指导意义[43]。邓美薇对日本科研竞争力进行了一系列研究，将科研竞争力细化为生产力、影响力、创新力、发展力及合作力，并分析了日本科研发展现状，揭示了 21 世纪以来日本科研竞争力提升速度放缓的趋势，为中日科技合作提供了有价值的参考[44,45]。

另外，有许多学者从学科领域的角度对学术竞争力评价进行了深入研究。王淑强[46]利用信息检索技术和 TDA 等引文分析工具，对 13 个国际地理科学研究机构进行了竞争力分析，尤其是科研生产力、影响力、合作力、学科结构等方面。除地理科学外，学者们在工程学[47]、人文社会科学[48]、临床医学[49]、海洋水产饲料[50]及农艺学[51]等细分领域都进行了科研竞争力分析。大多数研究的数据基于 ESI 和 Incites 数据库[52]，也有部分研究基于 CNKI 数据库[53]和基金项目数据[54]。

上述竞争力评价分析均从学术机构综合和学科竞争力进行科研成果的量化分析和评估。学术机构竞争力研究不仅包括科研产出与影响力的评估，同时还包括人才竞争和培养、国际合作与交流、学科建设与发展，以及学术创新和成果转化等方面的分析和评价。

在人才竞争和培养方面，刘晓晨构建了包括科研项目、学术成果、影响力和学术道德等内容的科研人员核心竞争力评价模型[28]，而杜廷霞等[55]、陈彬等[56]、杜晓慧和邹润清[57]分别就山东省 16 个城市、江苏省高校和我国 31 个省（区、市）的科技人才竞争力进行了综合评价。

在国际合作与交流方面，钟之阳等对 64 所教育部直属高校的国际科研合作影响力进行了实证分析，并得出结论：近年来我国教育部直属大学的国际科研合作水平总体上升，且大学类型对大学国际科研合作与大学创新绩效的关系有显著调节作用[58]。另外，黄敏娟基于国际合作论文数据，分析了南京航空航天大学的国际化发展现状[59]。

在学科建设与发展方面，我国的学科评估主要由政府部门主导，通常为竞争性评估和问责性评估[60]。梁枫和王靖媛提出了学科监测和学科分析两个"双一流"学科建设成效评价方法，并指出评价方法须从理论和实践上同时进行优化和改进[61]。

在学术创新和成果转化方面，司海恩等通过结合主成分分析法（PCA）和标杆法对 2011—2020 年云南省科技成果转化进行了定量分析和评价[62]；贤鑫等通过层次分析法（AHP）建立了农业科研院所科技成果转化能力评价指标体系[63]。

国际上，学者们从不同角度对学术竞争力开展了一些研究。Slanki 等围绕印度科教机构的学术竞争力进行评估，从科研产出、人才培养和国际合作等方面对机构表现进行分析研究，并揭示了印度研究机构科学教育发展面临的挑战[64]。Supe 和 Jurgelane-Kaldava 对影响高等教育学术竞争力的因素进行了系统性文献综述，从 6 806 篇论文中选取 20 篇进行深度解析，整理了影响竞争力的内部因素、外部因素及其他因素的具体含义，并以里加工业大学为例分析了影响教学、研究及成果转化竞争力的因素[65]。Ma 等提出了一种基于研究主题分布的学术机构竞争力评估方法，即通过 LDA 模型将论文的学术影响力指标客观地分配到研究主题上，并在量化计算各科研机构和研究主题的竞争力后，对科研机构的学术竞争力进行表征[66]。这些研究有助于相关领域的决策人员、研究人员及从业者更好地了解各自领域学术竞争力，为提升特定领域科研竞争力带来新的视角，同时也为不同领域学术竞争力研究提供了新的方法。

参考文献

[1] 周群，孙会军，李奎元. 情报分析方法在学科服务中的探索与应用 [M]. 北京：中国农业大学出版社，2022.

[2] PRICE D J D S. Networks of Scientific Papers [J]. Science, 1965, 149 (3683): 510-515.

[3] SMALL H. Co-citation in the scientific literature: A new measure of the relationship between two documents [J]. Journal of the American Society for Information Science, 1973, 24 (4): 265-269.

[4] PERSSON O. The intellectual base and research fronts of JASIS 1986-1990 [J]. Journal of the American Society for Information Science, 1994, 45 (1): 31-38.

[5] GARFIELD E. Research fronts [J]. Current Contents, 1994, 41: 3-6.

[6] 张丽华. 研究前沿探测及其演化分析方法与实证研究 [M]. 武汉：武汉大学出版社，2017.

[7] BHATTACHARYA S, BASU P K. Mapping a research area at the micro level using co-word analysis [J]. Scientometrics, 1998, 43 (3): 359-372.

[8] MORRIS S A, YEN G, WU Z, et al. Time line visualization of research fronts [J]. Journal of the American Society for Information Science and Technology, 2003, 54 (5): 413-422.

[9] CHEN C M. CiteSpace II: Detecting and visualizing emerging trends and transient patterns in scientific literature [J]. Journal of the American Society for Information Science and Technology, 2005, 57 (3): 359-377.

[10] 陈悦，陈超美，胡志刚，等. 引文空间分析原理与应用：CiteSpace 实用指南 [M]. 北京：科学出版社，2014.

[11] 唐勇,刘娅琼,赵萌萌. 图书馆大数据视角下的学科前沿分析 [M]. 北京:海洋出版社, 2018.

[12] KESSLER M M. Bibliographic coupling between scientific papers [J]. American Documentation, 2007, 14 (1): 10-25.

[13] LIU J S, LU L Y Y, LU W M. Research fronts in data envelopment analysis [J]. Omega, 2016, 58: 33-45.

[14] MARSHAKOVA-SHAIKEVICH I V. System of document connections based on references [J]. Nauchno-Tekhnicheskaya Informatsiya Seriya 2-Informatisionnye Protsessy I Sistemy, 1973 (6): 3-8.

[15] SMALL H G, GRIFFITH B C. The structure of scientific literatures I: Identifying and graphing specialties [J]. Science Studies, 1974, 4: 17-40.

[16] SMALL H, SWEENEY E, GREENLEE E. Clustering the science citation index using co-citations. II. Mapping science [J]. Scientometrics, 1985, 8 (5-6): 321-340.

[17] GARFIELD E. Historiographic mapping of knowledge domains literature [J]. Journal of Information Science, 2004, 30 (2): 119-145.

[18] KLAVANS R, BOYACK K W. Identifying a better measure of relatedness for mapping science [J]. Journal of the American Society for Information Science and Technology, 2005, 57 (2): 251-263.

[19] SHIBATA N, KAJIKAWA Y, TAKEDA Y, et al. Detecting emerging research fronts based on topological measures in citation networks of scientific publications [J]. Technovation, 2008, 28 (11): 758-775.

[20] 白亚丽. 基于直引内容的学科领域交叉主题演化分析研究 [D]. 太原:山西大学, 2023.

[21] KLEINBERG J. Bursty and hierarchical structure in streams [J]. Data Mining and Knowledge Discovery, 2003, 7 (4): 373-397.

[22] 冯璐,冷伏海. 共词分析方法理论进展 [J]. 中国图书馆学报, 2006, 32 (2): 5.

[23] 王晟,魏志鹏. 图书馆学研究方法演变的共词分析:关键主题和基本趋势 [J]. 图书馆, 2023 (9): 39-46.

[24] 赵丽梅,张花. 我国大数据时代数字图书馆研究前沿分析——基于共词分析的视角 [J]. 情报科学, 2019 (3): 8.

[25] BRAAM R R, MOED H F, VAN RAAN A F J. Mapping of science by combined co-citation and word analysis. II: Dynamical aspects [J]. Journal of the American Society for Information Science, 1991, 42 (4): 252-266.

[26] 周丽英,冷伏海,左文革. 引文耦合增强的共词分析方法改进研究——以ESI农业科学研究主题划分为例 [J]. 情报理论与实践, 2015, 38 (11): 6.

[27] PORTER M E. Competitive Strategy: Techniques for Analyzing Industries and Competitors [J]. Social Science Electronic Publishing, 1980 (2): 86-87.

[28] 刘晓晨. 科研人员核心竞争力评价模型研究 [J]. 数字图书馆论坛, 2021 (7): 36-42.

[29] 崔俊峰, 张静, 贾静. 乡村教育振兴战略下教育信息化发展水平评价指标体系研究——以秦巴山区陇南市为例 [J]. 南方农机, 2024, 55 (19): 92-95.

[30] 郭裕湘, 郭俊, 谢凌凌. "双一流"建设背景下西部地方高校学术竞争力提升的策略分析 [J]. 长江工程职业技术学院学报, 2024, 41 (2): 34-38.

[31] 武止戈, 黄紫霓, 吴睿雅. 基于SWOT-PEST矩阵模型的地方高校中外合作办学机构发展现状与策略研究 [J]. 高教学刊, 2024, 10 (24): 1-7.

[32] 刘翔, 谢建罗. 基于波特五力模型的开放大学核心竞争力分析 [J]. 湖北广播电视大学学报, 2016, 36 (4): 3-6.

[33] 常姝. 行业特色型大学学科发展战略管理研究——以四所教育部直属农业大学为例 [D]. 南京: 南京农业大学, 2011.

[34] 时光新, 王其昌, 刘建强. 变异系数法在小流域治理效益评价中的应用 [J]. 水土保持通报, 2000 (6): 47.

[35] 沈珍瑶, 杨志峰. 灰关联分析方法用于指标体系的筛选 [J]. 数学的实践与认识, 2002 (5): 728-732.

[36] 刘丽莉. 评价指标选取方法研究 [J]. 河北建筑工程学院学报, 2004 (1): 134-136.

[37] 王磊, 白昱, 税璐瑶. 天津市制造业高质量发展竞争力评价研究 [J]. 科技和产业, 2023, 23 (2): 122-127.

[38] 毕鹤霞, 陈韵. 基于熵权-TOPSIS模型的江西高校学科竞争力评价 [J]. 成都师范学院学报, 2024, 40 (6): 26-38.

[39] 佟倩. 基于AHP的宁波高职院校科研竞争力评价分析 [J]. 职教通讯, 2019 (14): 1-6, 55.

[40] 武汉大学中国科学评价研究中心. 世界一流大学与一流学科评价研究报告 [Z]. 2023.

[41] 邱均平. 世界一流大学与科研机构学科竞争力评价研究报告 [J]. 教育, 2011 (23): 59.

[42] 邱均平, 赵蓉英, 余以胜, 等. 中国大学评价报告 (2006—2007)——中国大学及学科专业评价的理念与实践 [J]. 科技进步与对策, 2006 (7): 23-36.

[43] 邱均平, 赵蓉英, 马瑞敏, 等. 世界一流大学及学科竞争力评价的意义、理念与实践 [J]. 科技进步与对策, 2007 (5): 138-142.

[44] 邓美薇, 毕亚娜. 21世纪以来日本科研竞争力评析 [J]. 东北亚学刊, 2023

1 绪 论

(4)：110-123，50.

[45] 闫坤，邓美薇. 日本科技政策体系的演变及其启示［J］. 经济导刊，2023（7）：62-64.

[46] 王淑强，青秀玲，王晶，等. 基于文献计量方法的国际地理科学研究机构竞争力分析［J］. 地理学报，2017，72（9）：1702-1716.

[47] 蒋知义，吴璞，傅立云，等. 基于ESI数据的工程学科研竞争力对比分析研究——以长三角地区的8所"双一流"高校为例［J］. 情报探索，2022（1）：120-129.

[48] 余倩. 我国西部地区人文社会科学科研竞争力研究——基于"十三五"期间国家社科基金项目的分析［J］. 中国社会科学评价，2021（3）：146-156，60.

[49] 刘玉婷，黄芳. 基于因子分析法的中国高校临床医学科研竞争力评价研究［J］. 首都医科大学学报，2019，40（4）：615-620.

[50] 昝栋，冯劼华. 国际视角下的"海洋水产饲料"领域科研竞争力分析与启示［J］. 情报探索，2021（9）：75-84.

[51] 郭婷，罗瑞，孙艺伟，等. 基于多源数据的长三角地区农艺学领域科技态势与科研竞争力分析［J］. 中国农学通报，2023，39（34）：154-164.

[52] 黄茜. 湖北省高校植物学与动物学领域科研竞争力分析——基于ESI和InCites数据库［J］. 内蒙古科技与经济，2020（5）：29-32.

[53] 黄梅，王小许，蔡文伯. 我国56所特色高水平高职学校科研竞争力分析——基于CNKI数据库［J］. 皖西学院学报，2020，36（5）：17-24，60.

[54] 杨世玲，路瑶，李笔浪. "双一流"高校自然科学领域竞争力分析——基于国家自然科学基金立项数据［J］. 创新科技，2020，20（11）：33-43.

[55] 杜廷霞，闫峰，程铭，等. 山东省区域性科技人才资源分析与评价研究［J］. 中国科技资源导刊，2023，55（3）：85-93.

[56] 陈彬，刘鹏飞，史先昊，等. 基于二阶验证性因子分析模型的江苏高校科技人才竞争力评价［J］. 江苏师范大学学报（自然科学版），2024，42（3）：59-63.

[57] 杜晓慧，邹润清. 基于熵权法的辽宁省科技人才竞争力评价［J］. 辽宁经济，2024（1）：27-31.

[58] 钟之阳，秦函宇，谭钦. 高等教育强国视野下国际科研合作对大学创新绩效的影响研究——基于教育部直属高校的实证分析［J］. 教育学术月刊，2023（12）：13-21.

[59] 黄敏娟. 基于WoS和InCites的国际化路径建设分析——以南京航空航天大学为例［J］. 江苏科技信息，2023，40（36）：22-26.

[60] 张应强. "双一流"建设需要什么样的学科评估——基于学科评估元评估的思考［J］. 清华大学教育研究，2019，40（5）：11-18.

[61] 梁枫，王靖媛. "双一流"学科建设成效评价方法：从学科监测到学科分

析 [J]. 高教发展与评估, 2024, 40 (6): 45-51, 121.

[62] 司海恩, 陈晖, 王双. 科技成果转化绩效评价研究——基于云南省科技成果的实证分析 [J]. 科技创业月刊, 2023, 36 (7): 49-53.

[63] 贤鑫, 李桐, 陆建中. 基于AHP的农业科研院所科技成果转化能力评价指标体系研究 [J]. 中国农业科技导报, 2023, 25 (5): 8-23.

[64] SOLANKI T, UDDIN A, SINGH V K. Research competitiveness of Indian institutes of science education and research [J]. Current Science, 2016, 110 (3): 307-310.

[65] SUPE L, JURGELANE-KALDAVA I. Factors affecting the competitiveness of a higher education institution: systematic literature overview [M]. 2018.

[66] MA T C, LI R N, OU G Y, et al. Topic based research competitiveness evaluation [J]. Scientometrics, 2018, 117 (2): 789-803.

2 文献数据集构建与数据处理

本研究通过 Web of Science 文献数据库,检索了 2014—2023 年全球热带作物研究领域相关文献,基于文献计量方法,对该领域基础科研表现进行了相关分析。

2.1 文献数据获取策略

本研究数据源来自 Science Citation Index Expanded(SCI-E)和 Social Sciences Citation Index(SSCI)数据库,基于热带作物研究领域,借鉴《全球热带作物科技竞争力分析》《全球热带作物科技发展态势分析》[1,2]的检索策略,并辅以专家调研经验,构建本研究领域检索式,检索日期为 2024 年 7 月。检索式如下:

(TS=(((Tropic* OR Subtropic*) AND (agriculture* OR crop* OR cereal* OR fruit* OR orchard* OR farm* OR flower* OR herb* OR plant* OR forage-grass)) OR macadamia* OR Passion-fruit* OR Passionfruit* OR Passiflora OR areca* OR pineapple OR Ananas-comosus OR jackfruit OR jack-fruit OR Artocarpus-heterophyllus OR sugar-apple OR soursop OR sugarapple OR custard-apple OR sweetsop OR Annona-squamosa OR guava* OR psidium* OR sugarcane* OR Saccharum-officinarum OR Anthurium* OR rambutan* OR Nephelium-lappaceum* OR black-pepper* OR blackpepper OR Piper-nigrum* OR Clausena-lansium OR wampee OR pitaya* OR dragon-fruit OR dragonfruit OR Hylocereus OR sisal-hemp OR henequen OR Agave-sisalana OR coffee* OR coffea-arabica OR coffea-canephora OR leechee OR Litchi-chinensis* OR Wax apple OR Syzygium-samarangense OR Durian* OR Durio-ibethinus OR longan OR mango OR mangostana OR Mangifera-indica OR tapioca* OR cassava* OR cassawa OR manioc OR manihoc OR manihot* OR mandioca* OR tapioca* OR mangosteen OR Garcinia-angostana* OR Dendrobii OR vanilla* OR banana OR Musa-nana OR 'Musa sapientum' OR 'musa acuminata' OR plantain OR natur*-rubber* OR Hevea OR rubber-tree* OR natur*-latex OR carambola* OR Anacardium-occidentale OR cashew* OR coconut* OR cocos-nucifera OR avocado* OR Persea-americana* OR aguacate* OR oil-palm* OR oilpalm* OR Elaeis-guineensis* OR Brazilian-Lucerne OR Stylosanthes-guianensis OR papaya OR pawpaw OR papaw* OR cocoa* OR cacao* OR Cinnamomum-cassia* OR cinnamon* OR passionflower OR shaddock OR pomelo* OR grapefruit OR star-anise* OR Illicium-verum OR fructus-amomi OR Amomum-villosum OR Moringa* OR Alpinia-oxyphylla OR morinda-fficinalis* OR pseudo-ginseng* OR agave* OR lemongrass* OR citronella* OR Brachiaria-decumbens OR Panicum-maximum* OR aquilaria-sinensis* OR Katsumadai* OR Pennisetum purpureum Rich) AND PY=(2023 OR 2022 OR 2021 OR 2020 OR 2019 OR 2018 OR 2017 OR 2016 OR 2015 OR 2014)) NOT SU=(Women S Studies OR Family Studies OR Development Studies OR Arts Humanities Other Topics OR Architecture

OR Social Issues OR Medical Ethics OR Linguistics OR Mathematical Methods In Social Sciences OR Public Administration OR History OR Audiology Speech Language Pathology OR Biomedical Social Sciences OR Art OR Social Sciences Other Topics OR Respiratory System OR Medical Informatics OR Transplantation OR Anesthesiology OR Hematology OR Rehabilitation OR Emergency Medicine OR Anthropology OR Sociology OR Rheumatology OR Nursing OR Archaeology OR Otorhinolaryngology OR Orthopedics OR Urban Studies OR Geography OR Anatomy Morphology OR Pathology OR Astronomy Astrophysics OR Microscopy OR Legal Medicine OR Health Care Sciences Services OR History Philosophy Of Science OR Geriatrics Gerontology OR Substance Abuse OR Urology Nephrology OR Ophthalmology OR Obstetrics Gynecology OR Mining Mineral Processing OR Operations Research Management Science OR Education Educational Research OR Mineralogy OR Radiology Nuclear Medicine Medical Imaging OR Sport Sciences OR Pediatrics OR Behavioral Sciences OR Crystallography OR Gastroenterology Hepatology OR Psychiatry OR Infectious Diseases OR Cardiovascular System Cardiology OR Dermatology OR Surgery OR Tropical Medicine OR Dentistry Oral Surgery Medicine OR Oncology OR General Internal Medicine OR Integrative Complementary Medicine OR Public Environmental Occupational Health OR Neurosciences Neurology OR Research Experimental Medicine）

通过上述检索，合计获得文献数据 168 262 篇，时间跨度范围为 2014—2023 年。进一步选择文献类型为 Article 和 Review 的数据，并通过对文献标题与文献摘要的判读、筛选和清洗，最终获取 76 305 篇文献数据纳入后续分析。

2.2 文献数据清洗策略

由于所下载的文献数据通常会存在大量的著录错误或者不规范的现象，以至于形成后续分析的噪声数据，影响结果的准确性。因此，本研究借鉴 DEAN 数据清洗流程，对已获得的数据进行清洗和加工工作，其主要内容如下。

去除数据库重复记录（duplicates）：本研究数据来源于多个数据库，需要集中去除数据中的重复记录。

人工剔除不相干的文献（errors）：通过对文献标题、关键词、文献摘要的判读，辅以计算机辅助手段，完成不相关文献的筛选和清洗。

关键词或者关键字段的合并（alias）：包括同义词合并、大小写转换等。

干扰项剔除（noises）：合并或剔除受到聚类算法限制的子网络。

2.3 方法论及数据说明

本研究以 Web of Science 平台 SCI-E 论文和 SSCI 论文数据（2014—2023 年）为基础，经过人工结合计算机辅助标引方法，获取热带作物科学、热带农业资源与环境科学、热带植物保护与生物安全科学、热带草业与饲料科学、热带农业工程、热带农业经济与乡村振兴六大学科领域的论文基础数据。其中，学科分类和标引的内容界定是在参考《中华人民共和国国家标准学科分类与代码》（GB/T 13745—2009）、中国农业科学院学科分类体系[3]、《全球农业研究热点前沿分析解读》[4]、热带农业学科体系（《热带农业学科体系构建的思考》[5]）的基础上形成，具体内容如表2-1所示。

表2-1 热带农业六大学科领域的内容界定

学科分类	学科分类内容界定	细分方向
热带作物科学	种质资源学	作物种质资源收集与保护
		作物种质资源鉴定与发掘
	作物遗传育种	遗传育种
	作物栽培与耕作学	作物高产理论基础
		作物耕作与生态
		作物生殖与发育
		作物生理学
		作物栽培学
		作物营养学
	作物分子生物学	作物分子育种理论与技术
		作物基因编辑与基因工程
		作物染色体与细胞工程
		作物生物反应器技术
		作物功能基因组学
		作物蛋白组学
		作物转录组学
		作物表观组学
		作物表型组学
		作物合成生物学
	作物生物信息学	作物生物信息数据挖掘与分析
		作物生物信息学
		计算机仿真技术
	天然产物化学	天然产物化学

（续表）

学科分类	学科分类内容界定	细分方向
热带农业资源与环境科学	土壤与肥料学	中低产田改良
		耕地质量培育
		土壤耕作与保育
		土壤植物互作
		植物营养诊断与养分调控
		养分循环与施肥技术
		新型肥料创制
	农业水资源学	农业水资源优化配置
		作物需水与调控
		农田水分高效利用
		非常规水资源化利用
		非充分灌溉原理与技术
	农业气象学	农业温室气体减排
		气候资源与气候变化
		农业气象灾害防控
		气候智慧型农业
	农业微生物	土壤微生物
		农业环境微生物
	环境生态学	农业生物多样性保护与利用
		种养加一体化循环农业
	固体废弃物资源化	农业废弃物综合利用
热带植物保护与生物安全科学	植物病理学	真菌生物学与控制
		细菌生物学与控制
		病原病毒生物学与控制
		线虫生物学与控制
		有害生物功能基因组
		有害生物基因编辑与调控
	农业昆虫学	作物害虫学与控制

(续表)

学科分类	学科分类内容界定	细分方向
热带植物保护与生物安全科学	农药学	天敌昆虫
		生防微生物
		生物源农药
		化学农药
		农药药效评价与应用
		农药环境毒理与安全
		农药生物毒理与抗药性治理
		农药减施与绿色化学农药创制
	入侵生物学	外来入侵生物监测与防控
	杂草学	草害监测与防控
热带草业与饲料科学	草业科学	牧草种质资源
		牧草遗传育种
		牧草加工
	饲料学	饲料资源开发
		饲料添加剂
		饲料加工
热带农业工程	农业工程	农业机械
		农业设施
		种植业废弃物资源化工程
	农业信息工程	农业信息技术
		智慧农业
		农业大数据
		农业情报学
	农产品质量与加工	农产品质量标准与检测
		农产品质量安全与风险评估
		农产品初加工与精深加工
		农产品贮藏与保鲜（含采后生物学）
		食品营养组学
		农产品营养因子与功效评价
		食品酶工程与营养强化
	材料科学与工程	有机高分子材料
		天然橡胶精深加工

(续表)

学科分类	学科分类内容界定	细分方向
热带农业经济与乡村振兴	产业经济理论与政策	作物产业经济理论与政策
	技术经济与政策	技术理论与政策
		农业农村现代化理论与政策
		农业技术创新与评价
	区域经济与政策	区域农业经济理论与政策
		农产品市场与贸易
		国外农业经济与科技政策
	乡村发展与政策	农村发展与乡村治理
		农村财政与金融
		农村资源与环境政策
		城乡融合政策
	休闲旅游农业	休闲农业
	热带农业国际合作	热带农业国际合作

本研究所定义的研究前沿（research front）指在特定时间段内，以一组高被引的核心论文为"知识基础"，引用这些核心论文的施引文献簇所探讨的科学问题或专题。为此，针对热带作物领域研究实际情况，在进行研究前沿探测预处理工作中，本研究参考科睿唯安 Essential Science Indicators（ESI）选取核心论文的标准[6]，对于数据量充盈的数据集，将在同一发表年、同一领域被引频次排名前1%的论文集定义为核心论文；对于数据量较少的数据集，将在同一发表年、同一领域被引频次排名前10%的论文集定义为核心论文。

参考文献

[1] 黄贵修，任妮，尹峰，等．全球热带作物科技竞争力分析［M］．北京：中国农业科学技术出版社，2022.

[2] 任妮，黄贵修，郭婷，等．全球热带作物科技发展态势分析［M］．北京：中国农业科学技术出版社，2022.

[3] 中国农业科学院．中国农业科学院学科设置简表（2018版）［EB/OL］．(2019-11-28)［2024-10-09］．https：//keji.caas.cn/gzzd/xkjs/index.htm.

[4] 中国农业科学院战略研究中心，中国农业科学院科技经济政策中心，中国农业科学院海外农业研究中心，等．2023全球农业研究热点前沿分析解读［R］．2023.

［5］ 杜中军，袁宏伟，郭冬，等．热带农业学科体系构建的思考［J］．科技管理研究，2013，33（1）：98-101，130．

［6］ CLARIVATE ANALYTICS. Web of Science Help［EB/OL］．［2024-10-09］. https：//webofscience. help. clarivate. com/en-us/Content/search-results. htm? Highlight＝high%20cited%20paper.

3 竞争力分析模型及表现力指标体系构建

3.1 热带农业基础科研表现学术机构竞争力指标体系

3.1.1 竞争力测度要素分析

3.1.1.1 竞争力测度四要素

科研竞争力指标体系主要包括科研生产力、科研影响力、科研创新力和科研发展力4个维度[1]。本研究结合计量学理论，以ESI的学科指标数据为基础，对大学的科研竞争力进行衡量。考虑到大学与科研机构的科研定位和目标、科研成果形式及人才结构存在差异，结合热带农业领域研究主体基本情况和发展目标，通过文献调研，定义本研究的学术机构竞争力的测度要素为生产力、影响力、发展力和合作力。

生产力是衡量学术机构在一定时期内产出科研成果数量的关键指标。同时，这也能够反映出科研资源的利用效率。丰富科研成果能够为机构后续的科研活动提供基础，并且吸引更多包括科研资金和人才在内的科研资源，进而增强机构学术竞争力。

影响力不仅涵盖学术机构的科研成果在学术界的传播范围和认可程度，而且包括成果对社会经济发展、政策制定、文化发展等各方面的影响。高影响力的科研机构能够吸引更优的科研项目、合作对象及学术资源等，尤其是政府和企业倾向于具有高影响力的科研项目。影响力是评价机构学术竞争力的关键要素之一。

发展力指学术机构在未来持续开展研究活动并取得进步的能力。在科研领域的研究热点和技术手段日新月异的当下，科研机构适应变化的能力非常关键。具有较强科研发展力的科研主体能够及时调整研究方向，适应新的科研需求。发展力是学术机构竞争力持续提升的重要保障，具有稳定发展力的学术机构能够通过不断优化科研结构在竞争中保持优势。

合作力体现学术机构内外部的合作能力。科研合作在整合不同科研主体的资源的同时，带来了新的思维和观点，在知识交流过程中提升科研创新能力，从而提升科研竞争力。良好的科研合作力能够扩展科研竞争空间，提升机构自身科研地位，使得科研机构获取更多的发展机会。

3.1.1.2 竞争力模型初步构建

依据竞争力模型构建的全面性、独立性和可比性原则，为挖掘具有潜在关联和价值的指标，本研究在竞争力模型初步构建时，较为广泛地选取具有相关性的重要指标，以涵盖各维度不同层次，为后续筛选有针对性的指标创造条件，提升竞争力模型即学术机构竞争力评价指标体系的科学性和有效性。

一是生产力。学术生产力是竞争力的关键要素，也是机构发展的基石。基础研究的成果以发表论文为主，论文也是科研成果的表现形式之一。论文数反映了基础性学术产出情况，高质量论文数及发文作者数则能够体现机构的产出质量和持续产出能力，即发展性学术产出情况。因此，本研究充分选取包括论文数量和作者数量在内的相关指标，如机构的发文量、发文作者数量、高质量论文数量、高质量论文占比、第一作者数量、发表一区文章的第一作者数量等，作为生产力的初步测度指标。

二是影响力。影响力能够反映出外界对学术机构的认可度，并体现学科及领域专家在世界范围内的竞争优势。学术影响力包括机构的论文引用情况和专家影响力。本研究综合考虑指标含义及领域学术机构特征，列举的相关指标包括学科规范化引文影响力（CNCI）、学科规范化引文影响力等级、总被引频次、篇均被引频次、H 指数＞7 的专家数量、机构 H 指数。

三是发展力。发展力是展示学术机构持续产出和向好发展的潜力。值得一提的是，本研究首次使用非 ESI 数据对高被引论文情况进行描述。考虑到本研究聚焦热带农业领域，而 ESI 学科领域的综合性导致数据量偏低、分析过程难度高且分析结果不准确，故本研究深入探索 ESI 数据指标计算规则，将论文按热带农业六大学科领域进行分类，计算并统计出适用于本研究分析的机构高被引论文数量。因此，本研究引入机构的高被引论文数量和高被引论文占比作为高被引论文情况的分析指标，另外，从时序发展角度上，机构的发文量和高质量论文数量的年均增长量也能够反映出机构发展力情况。

四是合作力。对学术机构来说，科技合作是创新发展的重要动力，加强国际科技合作能够促进我国科技发展。因此，本研究将机构的国内国际合作情况纳入初步构建考量，包括国际合作论文数量、国际合作论文占比、国内合作论文数量、国内合作论文占比，作为合作力初步测度指标。

综上所述，本研究学术机构竞争力模型初步构建如表 3-1 所示。

表 3-1 学术机构竞争力模型初步构建结果

一级指标	二级指标
生产力	机构发文量
	机构发文作者数量
	高质量论文占比
	高质量论文数量
	第一作者数量
	发表一区文章的第一作者数量

(续表)

一级指标	二级指标
影响力	学科规范化引文影响力（CNCI）
	学科规范化引文影响力等级
	总被引频次
	篇均被引频次
	H 指数>7 的专家数量
	机构 H 指数
发展力	高被引论文占比
	高被引论文数量
	发文量年均增长量
	一区发文量年均增长量
合作力	国际合作论文数量
	国际合作论文占比
	国内合作论文数量
	国内合作论文占比

3.1.2 指标体系的定量筛选

为充分收集具有潜在价值的数据，在上述学术机构竞争力模型初步构建的 20 个指标中，存在指标冗余情况，如指标重复度高、区分度低以及贡献度小等。本研究采用变异系数法及灰色关联度分析法对指标进行定量筛选。

3.1.2.1 样本采集及数据说明

本研究抽取经过数据清洗后的 3 组数据集作为供试样本集，以进行分析。其步骤涉及两个方面：一是通过 Incites 等数据库获取计算指标值所需数据，二是计算抽取初步构建的 20 个指标数值，初步构建竞争力模型的指标体系。具体说明如下。

机构发文量：2014—2023 年，机构文献发表数量。

机构发文作者数量：2014—2023 年，机构发表文献作者数量。

高质量论文数量：2014—2023 年，机构 JCR Q1 区文献发表数量。

高质量论文占比（%）：高质量论文数量占机构发文量比例。

第一作者数量：2014—2023 年，机构发表文献的第一作者数量。

发表一区文章的第一作者数量：2014—2023 年，机构发表 JCR Q1 区文献的第一作者数量。

学科规范化引文影响力（CNCI）：2014—2023 年，机构学科规范化引文影响力。

学科规范化引文影响力等级：根据学科规范化引文影响力计算，大于等于 1 则为 1，小于 1 则为 0。

总被引频次：2014—2023 年，机构文献被引用总数。

篇均被引频次：2014—2023 年，机构文献平均每篇被引用次数。

H 指数＞7 的专家数量：2014—2023 年，机构内 H 指数超过 7 的专家数量，指机构内拥有至多 8 篇论文且每篇被引用至少 8 次的专家数量。

机构 H 指数：2014—2023 年，机构至多 H 篇论文且每篇被引用了至少 H 次。

高被引论文数量：2014—2023 年，机构论文中被引用次数较多的文献数量，即同一出版年，同学科领域内被引次数按照从高到低排列，排名前 10% 的论文。

高被引论文占比（%）：高被引论文数量占机构发文量比例。

发文量年均增长量：2014—2023 年，机构每年发表的文献增长量的均值。

一区发文量年均增长量：2014—2023 年，机构每年发表的 JCR Q1 区文献增长量的均值。

国际合作论文数量：2014—2023 年，机构发表论文中作者来自不同国家的论文数量。

国际合作论文占比（%）：国际合作论文数量占机构发文量比例。

国内合作论文数量：2014—2023 年，机构发表论文中作者来自国内不同机构的论文数量。

国内合作论文占比（%）：国内合作论文数量占机构发文量比例。

3.1.2.2 筛选方法

本研究在文献调研基础上，分别选用因子分析法、变异系数法及灰色关联度法对所选测试样本数据进行多次试验，最终选取变异系数结合灰色关联度法对指标进行筛选。

（1）变异系数法

变异系数用于衡量指标值离散程度的统计量，可以理解为区分度，即衡量指标区分评价对象某特征的能力，变异系数越大则该指标的区分度越高。一般情况下，变异系数值小于 0.5 的指标被认为区分度较低，建议删除。

（2）灰色关联度法

灰色关联度指的是使用几何曲线相似程度表示指标序列间的关联度。通过计算维度内指标的两两关联度，剔除相似性高的指标。根据具体试验结果数据的分布情况，选择合适的关联度阈值。

3.1.2.3 筛选结果

根据测试样本集，得到变异系数结果如表 3-2 所示，综合考虑可将高质量论文占比、发文量年均增长量两项指标剔除。

表 3-2 初步构建学术机构竞争力模型变异系数结果

一级指标	二级指标	CV 系数		
		样本 1	样本 2	样本 3
生产力	机构发文量	1.466	1.443	1.610
	机构发文作者数量	1.014	1.023	1.339
	高质量论文占比	1.120	0.390	0.467
	高质量论文数量	0.450	1.136	1.345
	第一作者数量	1.034	1.070	1.386
	发表一区文章的第一作者数量	1.056	1.115	1.429
影响力	学科规范化引文影响力（CNCI）	0.640	0.605	0.525
	学科规范化引文影响力等级	1.379	0.873	1.34
	总被引频次	1.104	1.182	1.305
	篇均被引频次	0.714	0.621	0.711
	H 指数＞7 的专家数量	2.716	2.838	2.148
	机构 H 指数	0.717	0.911	0.827
发展力	高被引论文占比	1.181	0.799	0.798
	高被引论文数量	0.830	1.264	1.186
	发文量年均增长量	0.528	0.342	0.476
	一区发文量年均增长量	0.698	0.652	0.855
合作力	国际合作论文数量	1.362	1.181	1.174
	国际合作论文占比	0.698	0.686	0.597
	国内合作论文数量	1.461	1.369	1.539
	国内合作论文占比	0.768	0.706	0.652

由于初步设计竞争力模型时考虑到成对指标，如机构发文作者数量和第一作者数量、H 指数＞7 的专家数量和机构 H 指数、发文量年均增长量和一区发文量年均增长量、国际合作论文数量和国内合作论文数量等，因此在"四力"维度下进行两两关联度分析进行指标筛选。

根据样本的灰色关联度平均值得出结论，在生产力方面，发文作者数量和第一作者数量关联度达 0.926，发表一区文章的第一作者数量与发文作者数量、第一作者数量的关联度均高于 0.9，分别为 0.903 和 0.908；在影响力方面，机构 H 指数与总被引频次的关联度最高，为 0.843，学科规范化引文影响力（CNCI）与篇均被引频次的关联度为 0.876；在发展力方面，高被引论文数量与一区发文量年均增长量的关联度为 0.788；在合作力方面，国内合作论文数与国际合作论文数的关联度为 0.835。由此，根据样本数据，结合专家意见，将关联度阈值定为 0.8，结合变异系数结论，最终剔除高质量论文占比、第一作者数量、学科规范化引文影响力（CNCI）、机构 H 指数、国内合作论文数和国内合作论文占比 6 项指标，保留 14 个指标，筛选结果如表 3-3 所示。

表 3-3 学术机构竞争力模型指标筛选结果

一级指标	二级指标
A 生产力	A1 机构发文量
	A2 机构发文作者数量
	A3 高质量论文数量
	A4 发表一区文章的第一作者数量
B 影响力	B1 学科规范化引文影响力等级
	B2 总被引频次
	B3 篇均被引频次
	B4 H 指数＞7 的专家数量
C 发展力	C1 高被引论文占比
	C2 高被引论文数量
	C3 发文量年均增长量
	C4 一区发文量年均增长量
D 合作力	D1 国际合作论文数量
	D2 国际合作论文占比

3.1.3 竞争力模型指标权重确定

3.1.3.1 赋权方法

本研究结合测试样本数据，试验采用主成分分析法、CRITIC 法、熵权法等多种权重计算方法，根据数据表现，最终选用 TOPSIS 熵权法对学术机构竞争力模型指标进行赋权。

熵权法常被用于多指标综合评价以及指标赋权过程，旨在消除人为赋权的主观偏差，以提高结果的客观性和准确性。TOPSIS 模型能够充分利用数据，通过计算评价对象与最优、最劣方案之间的距离，更加精确地量化各评价方案间差距，能够增强赋权结果的科学性和可靠性。因此本研究最终选用 TOPSIS 熵权法确定权重。

3.1.3.2 数据选取与计算结果

以抽取 2 组测试样本，分别整理统计筛选后的 14 项指标值，对数据进行无量纲化处理后计算信息熵及权重，计算结果如表 3-4 所示。

表 3-4 学术机构科研表现竞争力模型指标赋权计算结果

一级指标	二级指标	样本1 信息熵值 e	样本1 信息效用值 d	样本1 权重(%)	样本1 一级指标权重(%)	样本2 信息熵值 e	样本2 信息效用值 d	样本2 权重(%)	样本2 一级指标权重(%)
A 生产力	A1	0.839	0.161	9.929	26.247	0.837	0.163	11.426	25.301
	A2	0.915	0.085	5.239		0.917	0.083	5.816	
	A3	0.907	0.093	5.710		0.981	0.019	1.355	
	A4	0.913	0.087	5.369		0.904	0.096	6.704	
B 影响力	B1	0.948	0.052	3.207	46.261	0.878	0.122	8.563	45.889
	B2	0.632	0.368	22.674		0.886	0.114	7.963	
	B3	0.769	0.231	14.215		0.961	0.039	2.751	
	B4	0.900	0.100	6.165		0.621	0.379	26.612	
C 发展力	C1	0.875	0.125	7.724	16.526	0.922	0.078	5.481	17.898
	C2	0.921	0.079	4.869		0.871	0.129	9.028	
	C3	0.972	0.028	1.702		0.988	0.012	0.874	
	C4	0.964	0.036	2.231		0.964	0.036	2.515	
D 合作力	D1	0.880	0.120	7.358	10.967	0.899	0.101	7.084	10.912
	D2	0.941	0.059	3.609		0.945	0.055	3.828	

计算结果显示，两组样本数据在一级指标权重的结论上显示出较小的差异，表明分析结果具有较高的可信度。参考专家意见，本研究以样本1数据赋权结果为参考，构建热带农业学术机构竞争力综合评价指标体系，如表3-5所示。

表 3-5 热带农业学术机构科研表现竞争力综合评价指标体系

目标	一级指标 指标名称	一级指标 权重	二级指标 指标名称	二级指标 权重
热带农业学术机构科研表现竞争力综合评价	A 生产力	0.26	A1 机构发文量	0.38
			A2 机构发文作者数量	0.20
			A3 高质量论文数量	0.22
			A4 发表一区文章的第一作者数量	0.20
	B 影响力	0.46	B1 学科规范化引文影响力等级	0.31
			B2 总被引频次	0.13
			B3 篇均被引频次	0.07
			B4 H指数>7的专家数量	0.49

(续表)

目标	一级指标		二级指标	
	指标名称	权重	指标名称	权重
热带农业学术机构科研表现竞争力综合评价	C 发展力	0.17	C1 高被引论文占比	0.29
			C2 高被引论文数量	0.47
			C3 发文量年均增长量	0.10
			C4 一区发文量年均增长量	0.13
	D 合作力	0.11	D1 国际合作论文数量	0.67
			D2 国际合作论文占比	0.33

竞争力评价计算方法如下。

（1）无量纲化

因为不同指标的量纲不同，本研究需要对所有二级指标进行标准化量纲处理。本研究采用极值法对原始数据进行无量纲化处理，即：

$$P_{ij} = \frac{X_{ij} - \min(X_j)}{\max(X_j) - \min(X_j)}$$

式中，$i=1, 2, \cdots, n$；$j=1, 2, \cdots, m$；n 为评价指标数量；m 为纳入对比的对象数量。

（2）得分计算

一级指标得分：经过量纲化后的二级指标乘以相应权重后求和。

热带农业学术机构科研表现竞争力综合评价得分：一级指标得分乘以相应权重后求和。

3.2 热带农业学科前沿领域学术机构表现力指标体系

前沿表现力是衡量前沿活跃程度的综合评估指标。本研究借鉴《2023 全球农业研究热点前沿分析解读》前沿表现力指标体系，具体体系构成如表 3-6 所示。

表 3-6 热带农业学科前沿领域学术机构表现力指标体系构成

一级指标	二级指标	二级指标构成
前沿表现力	前沿贡献度	前沿文献群组数量份额
	前沿影响度	前沿文献群组被引频次份额
	前沿引领度	通信作者论文数量相对份额

计算方法如下。

前沿表现力 = 前沿贡献度 + 前沿影响度 + 前沿引领度

前沿贡献度=机构前沿文献论文数/领域总前沿文献论文数
前沿影响度=机构前沿文献被引频次/领域前沿文献总被引频次
前沿引领度=机构通信作者前沿文献发表论文数/领域总前沿文献论文数

参考文献

[1] 邱均平,孙凯. 基于ESI数据库的中国高校科研竞争力的计量分析 [J]. 图书情报工作, 2007 (5): 45-48.

4 热带农业基础科研表现竞争力分析

本部分旨在依据构建好的热带农业领域科技竞争力指标体系，选取2014—2023年发文量排名前20位（TOP20）的机构作为分析对象，按照科技论文竞争力指数得分进行排名，以期展现全球机构在热带农业研究领域基础科研表现的实力和影响。

4.1 热带农业基础科研表现综合分析

4.1.1 国家热带农业总体科技论文竞争力指数

全球热带农业基础研究在亚洲、欧洲、非洲、北美洲、南美洲、大洋洲均有开展。从发文量来看，排名前20位（TOP20）国家的论文数均在1 400篇以上（图4-1）。巴西的发文量排在首位，中国紧随其后，居第二位，巴西和中国的发文量均突破了10 000篇。

从高质量论文数和总被引频次来看，中国的表现突出，均位居世界第一。中国的高质量论文数达到6 376篇，总被引频次高达227 997次，巴西、美国、印度、马来西亚的高质量论文数和总被引频次分别位列全球第二至第五位。

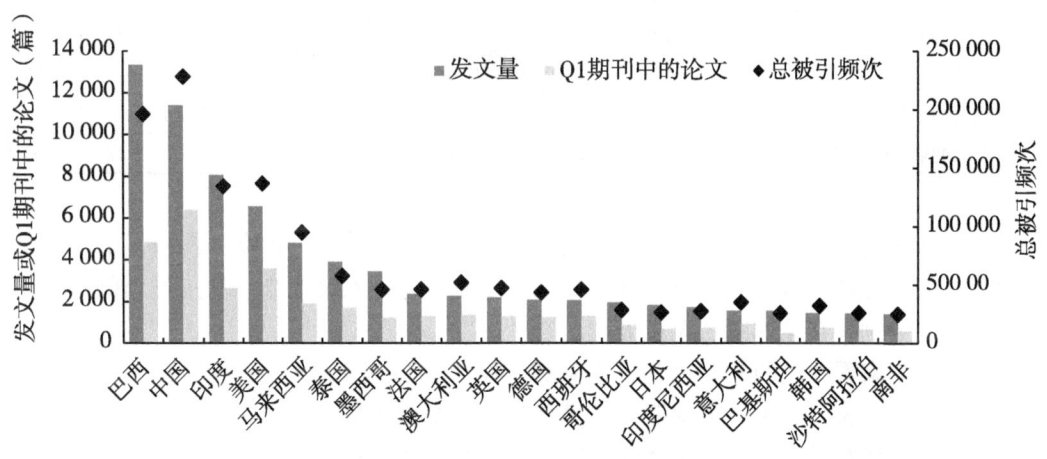

图4-1 热带农业基础研究领域发文量TOP20国家科技论文表现基本情况分析

4.1.2 机构热带农业总体科技论文竞争力指数

全球热带农业基础研究的前20位优势研究机构主要集中在中国、巴西、法国、东南亚国家、美国和印度。中国和巴西的上榜机构数量排在前两位，分别有6家机构跻身此列，法国和东南亚国家各有3家，美国和印度各1家机构上榜（表4-1）。

表 4-1　全球热带农业研究领域机构总体科技论文竞争力指数 TOP20

机构名称	所属国家	综合表现 排名	综合表现 得分	生产力 排名	生产力 得分	影响力 排名	影响力 得分	发展力 排名	发展力 得分	合作力 排名	合作力 得分
中国热带农业科学院	中国	1	0.75	2	0.72	1	0.89	2	0.81	14	0.14
圣保罗大学	巴西	2	0.57	1	0.95	11	0.34	7	0.55	4	0.64
中国科学院	中国	3	0.52	7	0.42	3	0.56	5	0.69	9	0.30
福建农林大学	中国	4	0.50	12	0.23	2	0.60	4	0.75	8	0.30
坎皮纳斯州立大学	巴西	5	0.48	6	0.43	4	0.56	8	0.46	10	0.29
海南大学	中国	6	0.46	10	0.36	6	0.48	1	0.82	19	0.03
华南农业大学	中国	7	0.45	11	0.25	5	0.54	3	0.79	20	0.02
法国农业国际合作研究发展中心	法国	8	0.39	8	0.40	13	0.27	11	0.30	1	1.00
马来西亚博特拉大学	马来西亚	9	0.38	5	0.48	12	0.29	9	0.41	5	0.49
广西大学	中国	10	0.37	14	0.21	8	0.44	6	0.60	16	0.11
马来西亚理科大学	马来西亚	11	0.32	16	0.11	7	0.45	15	0.23	7	0.38
法国国家农业食品与环境研究院	法国	12	0.30	18	0.06	10	0.36	12	0.27	3	0.67
佛罗里达大学	美国	13	0.29	20	0.02	9	0.38	10	0.33	6	0.46
巴西农业研究院	巴西	14	0.28	3	0.55	14	0.17	16	0.18	13	0.26
蒙彼利埃大学	法国	15	0.27	13	0.22	15	0.17	13	0.24	2	0.81
印度农业研究委员会	印度	16	0.23	4	0.49	16	0.13	14	0.24	17	0.07
圣保罗州立大学	巴西	17	0.22	9	0.39	17	0.12	17	0.18	12	0.28
宋卡王子大学	泰国	18	0.12	19	0.06	18	0.11	19	0.12	11	0.29
维索萨联邦大学	巴西	19	0.10	15	0.13	20	0.07	18	0.14	15	0.11
拉夫拉斯联邦大学	巴西	20	0.08	17	0.10	19	0.08	20	0.05	18	0.06

从综合表现来看，中国机构的表现尤为亮眼，均分布在前 10 位。其中，中国热带农业科学院居全球首位，圣保罗大学、中国科学院、福建农林大学、坎皮纳斯州立大学紧随其后，分别排在全球第二至第五位。

从生产力来看，巴西和中国各有 4 家和 3 家机构进入全球前 10 位，法国、马来西亚和印度各有 1 家。其中，圣保罗大学排名第一，中国热带农业科学院、巴西农业研究院、印度农业研究委员会、马来西亚博特拉大学分别位于第二至第五位。

从影响力来看，排名前 10 的机构中国有 6 家，超过半数。巴西、马来西亚、法国和美国各有 1 家。其中，中国热带农业科学院排在榜首，福建农林大学、中国科学院、坎皮纳斯州立大学、华南农业大学、海南大学分别位于第二至第五位。

从发展力来看，排名前 10 的机构中国有 6 家、巴西有 2 家、马来西亚和美国各有 1 家。其中，海南大学位居第一，中国热带农业科学院、华南农业大学、福建农林大学、中国科学院分别位于第二至第五位。

从合作力来看，排名前 10 的机构法国有 3 家，中国、巴西、马来西亚各有 2 家，美国有1家。其中，法国农业国际合作研究发展中心排名第一，蒙彼利埃大学、法国国家农业食品与环境研究院、圣保罗大学、马来西亚博特拉大学分别位于第二至第五位。

4.2 热带作物科学领域

4.2.1 国家科研表现竞争力分析

在全球热带作物科学领域，各国的竞争力存在显著差异（图4-2）。巴西和中国在这一领域的发文量占据领先地位，其中巴西位居世界第一，中国紧随其后排名第二，且发文量均突破3 000篇。

从高质量论文数和总被引频次来看，中国的表现尤为突出，均位居全球第一。中国的高质量论文数达到1 851篇，总被引频次高达51 168次，表现优异。巴西、美国、印度、法国的高质量论文数和总被引频次紧随其后，分别位列全球第二至第五位。

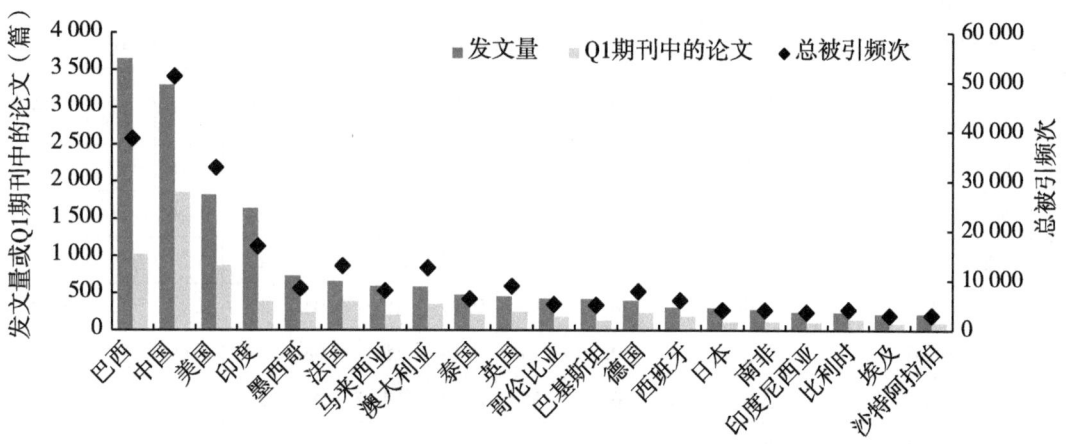

图4-2 热带作物科学领域发文量TOP20国家科技论文表现基本情况分析

4.2.2 机构科研表现竞争力分析

热带作物科学领域的前20位优势研究机构主要集中在中国、巴西、法国、美国、马来西亚和印度。中国和巴西的上榜机构数量排在前两位，各有7家机构位列其中，法国有3家机构，美国、马来西亚和印度各有1家机构上榜（表4-2）。

表4-2 全球热带作物科学研究领域机构科技论文竞争力指数TOP20

机构名称	所属国家	综合表现		生产力		影响力		发展力		合作力	
		排名	得分	排名	得分	排名	得分	排名	得分	排名	得分
中国热带农业科学院	中国	1	0.72	1	0.99	2	0.65	2	0.79	10	0.22
福建农林大学	中国	2	0.68	5	0.53	1	0.74	1	0.86	5	0.51

（续表）

机构名称	所属国家	综合表现		生产力		影响力		发展力		合作力	
		排名	得分	排名	得分	排名	得分	排名	得分	排名	得分
法国农业国际合作研究发展中心	法国	3	0.53	7	0.36	4	0.59	8	0.35	1	0.99
华南农业大学	中国	4	0.51	8	0.34	3	0.62	3	0.75	19	0.04
蒙彼利埃大学	法国	5	0.47	9	0.27	5	0.53	11	0.32	2	0.91
海南大学	中国	6	0.43	6	0.51	7	0.43	4	0.59	20	0.03
中国科学院	中国	7	0.41	11	0.21	6	0.50	5	0.57	7	0.28
广西大学	中国	8	0.37	10	0.25	8	0.42	6	0.55	11	0.14
圣保罗大学	巴西	9	0.34	4	0.57	13	0.17	9	0.34	4	0.57
法国国家农业食品与环境研究院	法国	10	0.33	16	0.09	10	0.40	10	0.33	3	0.64
佛罗里达大学	美国	11	0.29	17	0.08	11	0.37	12	0.28	6	0.49
广西壮族自治区农业科学院	中国	12	0.29	18	0.08	9	0.41	7	0.40	13	0.14
巴西农业研究院	巴西	13	0.29	3	0.58	12	0.17	15	0.16	8	0.28
印度农业研究委员会	印度	14	0.27	2	0.66	15	0.13	14	0.20	18	0.04
坎皮纳斯州立大学	巴西	15	0.19	13	0.17	14	0.15	13	0.27	9	0.26
圣保罗州立大学	巴西	16	0.11	12	0.19	18	0.04	16	0.14	12	0.14
维索萨联邦大学	巴西	17	0.10	14	0.16	16	0.08	19	0.09	17	0.05
拉夫拉斯联邦大学	巴西	18	0.06	15	0.12	19	0.03	20	0.05	16	0.07
坎皮纳斯农业研究所	巴西	19	0.06	20	0.00	17	0.06	17	0.12	15	0.08
马来西亚博特拉大学	马来西亚	20	0.05	19	0.05	20	0.02	18	0.09	14	0.12

从综合表现来看，中国机构有6家跻身前10位。其中，中国热带农业科学院居首位，福建农林大学、华南农业大学、海南大学、中国科学院、广西大学分别位列第二、第四、第六、第七、第八位。

从生产力来看，中国有5家机构进入全球前10位，巴西和法国各有2家，印度有1家。其中，中国热带农业科学院排名第一，印度农业研究委员会、巴西农业研究院、圣保罗大学、福建农林大学分别位于第二至第五位。

从影响力来看，排名前10的机构中国有7家，法国有3家。其中，福建农林科技大学位居首位，中国热带农业科学院、华南农业大学、法国农业国际合作研究发展中心、蒙彼利埃大学分别位列第二至第五位。

从发展力来看，排名前10的机构中国有7家，法国有2家，巴西有1家。其中，福建农林大学位居首位，中国热带农业科学院、华南农业大学、海南大学、中国科学院分别位于第二至第五位。

从合作力来看，排名前 10 的机构中国、法国、巴西各有 3 家，美国有 1 家。其中，法国农业国际合作研究发展中心排名第一，蒙彼利埃大学、法国国家农业食品与环境研究院、圣保罗大学、福建农林大学分别位于第二至第五位。

可见，近年来在热带作物科学领域的研究中，中国热带农业科学院、福建农林大学、华南农业大学等中国机构不仅在生产力、影响力和发展力方面表现突出，而且在综合竞争力方面也有较强优势。

4.3 热带农业资源与环境科学领域

4.3.1 国家科研表现竞争力分析

在全球热带农业资源与环境科学领域，巴西的发文量位居世界第一，中国和美国分列第二位和第三位，且发文量均在 1 000 篇以上（图 4-3）。

从高质量论文数和总被引频次来看，巴西的表现较为突出，均位居全球第一。巴西的高质量论文数 960 篇，总被引频次 37 892 次。中国、美国、英国、马来西亚的高质量论文数分别位列全球第二至第五位。在总被引频次方面，美国、中国、马来西亚、英国依次占据了全球第二至第五位。

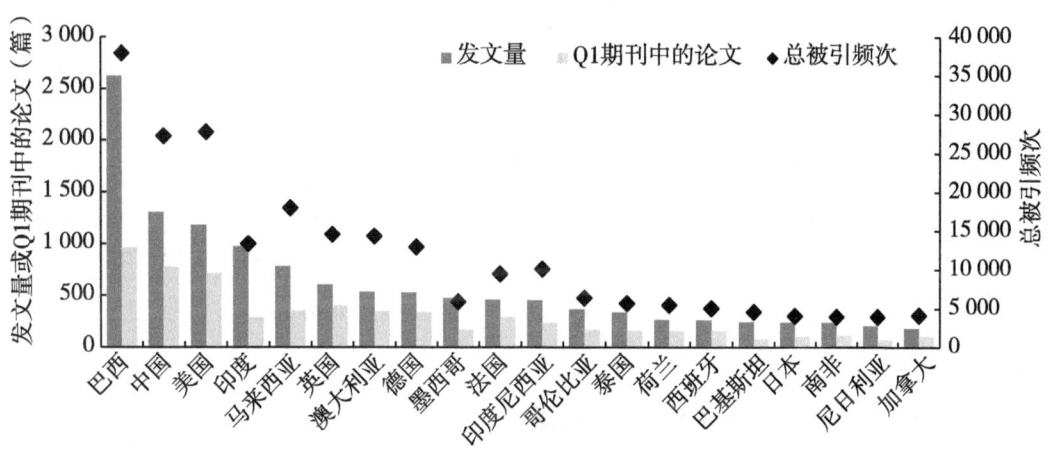

图 4-3　热带农业资源与环境科学领域发文量 TOP20 国家科技论文表现基本情况分析

4.3.2 机构科研表现竞争力分析

热带农业资源与环境科学领域的前 20 位优势研究机构主要集中在中国、巴西、德国、法国、荷兰、马来西亚和印度。巴西和法国的上榜机构数量排在前两位，分别有 7 家和 6 家机构上榜，中国有 3 家机构，德国、荷兰、马来西亚和印度各有 1 家机构上榜（表 4-3）。

表 4-3　全球热带农业资源与环境科学研究领域机构科技论文竞争力指数 TOP20

机构名称	所属国家	综合表现		生产力		影响力		发展力		合作力	
		排名	得分	排名	得分	排名	得分	排名	得分	排名	得分
哥廷根大学	德国	1	0.78	7	0.35	1	0.94	1	0.92	2	0.85
圣保罗大学	巴西	2	0.73	1	1.00	4	0.59	2	0.72	3	0.67
法国农业国际合作研究发展中心	法国	3	0.61	4	0.47	2	0.66	7	0.48	1	0.95
中国科学院	中国	4	0.59	3	0.57	3	0.64	4	0.59	10	0.45
中国热带农业科学院	中国	5	0.39	15	0.13	5	0.54	5	0.55	17	0.10
蒙彼利埃大学	法国	6	0.39	10	0.18	10	0.42	8	0.45	6	0.62
国际农业研究磋商组织	法国	7	0.38	16	0.11	6	0.48	15	0.36	5	0.62
法国国立高等农学、食品与环境学院	法国	8	0.37	19	0.08	7	0.47	13	0.38	7	0.62
圣保罗州立大学	巴西	9	0.37	2	0.66	13	0.21	12	0.39	12	0.31
法国发展研究所	法国	10	0.37	18	0.09	8	0.44	11	0.43	4	0.64
广西大学	中国	11	0.36	11	0.17	9	0.43	3	0.65	15	0.13
瓦赫宁根大学及研究中心	荷兰	12	0.35	17	0.09	11	0.40	9	0.44	8	0.61
法国国家农业食品与环境研究院	法国	13	0.33	12	0.16	12	0.36	14	0.37	9	0.60
马来西亚博特拉大学	马来西亚	14	0.26	9	0.23	15	0.16	6	0.52	11	0.36
坎皮纳斯州立大学	巴西	15	0.24	8	0.24	14	0.18	10	0.43	13	0.22
巴西农业研究院	巴西	16	0.21	5	0.41	17	0.13	19	0.15	14	0.16
印度农业研究委员会	印度	17	0.17	6	0.39	19	0.06	17	0.24	19	0.03
维索萨联邦大学	巴西	18	0.15	14	0.14	16	0.14	18	0.21	16	0.11
拉夫拉斯联邦大学	巴西	19	0.11	13	0.14	20	0.03	16	0.29	18	0.08
伯南布哥联邦农村大学	巴西	20	0.06	20	0.02	18	0.07	20	0.12	20	0.03

从综合表现来看，法国有5家机构跻身前10位，中国和巴西各有2家机构，德国有1家机构。其中，哥廷根大学居全球首位，圣保罗大学、法国农业国际合作研究发展中心、中国科学院和中国热带农业科学院位列第二至第五位。

从生产力来看，巴西有4家机构进入全球前10位，法国有2家，中国、德国、马来西亚和印度各有1家。其中，圣保罗大学排名第一，圣保罗州立大学、中国科学院、法国农业国际合作研究发展中心、巴西农业研究院分别位列第二至第五位。

从影响力来看，排名前10的机构法国有5家，中国有3家，德国和巴西各有1家。其中，哥廷根大学排在榜首，法国农业国际合作研究发展中心、中国科学院、圣保罗大学、中国热带农业科学院分别位于第二至第五位。

从发展力来看，排名前10的机构中国有3家，法国和巴西各有2家，荷兰、马来西亚和德国各有1家。其中，哥廷根大学位居第一，圣保罗大学、广西大学、中国科学院、中国热带农业科学院分别居第二至第五位。

从合作力来看，排名前10位的机构法国有6家，中国、德国、巴西和荷兰各有1家。其中，法国农业国际合作研究发展中心排名第一，哥廷根大学、圣保罗大学、法国发展研究所、国际农业研究磋商组织分别居第二至第五位。

可见，近年来在热带农业资源与环境科学领域的研究中，哥廷根大学不仅在影响力和发展力方面表现突出，而且在综合竞争力方面也有明显优势。

4.4 热带植物保护与生物安全科学领域

4.4.1 国家科研表现竞争力分析

在全球热带植物保护与生物安全领域，巴西的发文量位居世界第一，美国和中国分列第二位和第三位，且发文量均在1 000篇以上（图4-4）。

从高质量论文数和总被引频次来看，美国均位居全球第一，高质量论文数616篇，总被引频次19 343次。中国、巴西、法国、澳大利亚的高质量论文数分别位列全球第二至第五位。在总被引频次方面，巴西、中国、印度、法国则依次占据了全球第二至第五位。

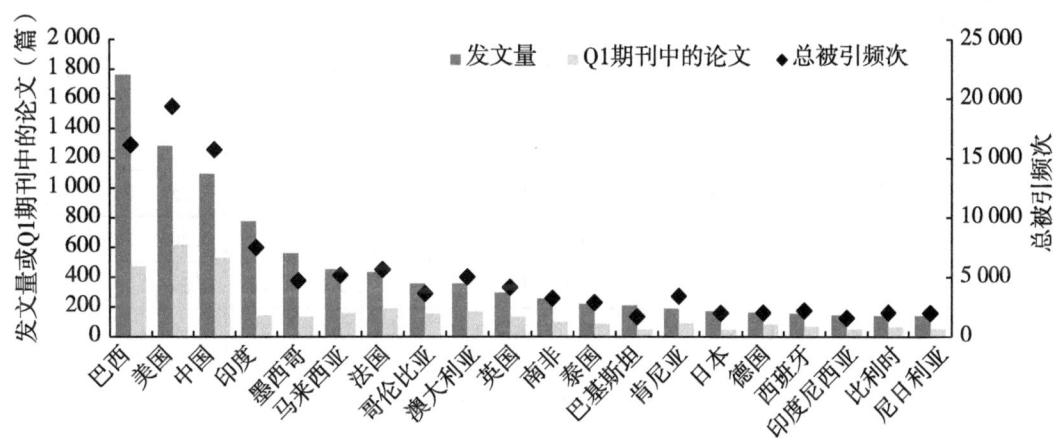

图4-4 热带植物保护与生物安全科学发文量TOP20国家科技论文表现基本情况分析

4.4.2 机构科研表现竞争力分析

热带植物保护与生物安全科学领域的前20位优势研究机构主要集中在法国、巴西、中国、美国、澳大利亚、哥伦比亚、马来西亚、墨西哥和印度。巴西和法国的上榜机构数量排在前两位，各有5家机构位列其中，中国有3家机构，美国有2家机构，澳大利亚、哥伦比亚、马来西亚、墨西哥和印度各有1家机构上榜（表4-4）。

表 4-4　全球热带植物保护与生物安全科学研究领域机构科技论文竞争力指数 TOP20

机构名称	所属国家	综合表现		生产力		影响力		发展力		合作力	
		排名	得分	排名	得分	排名	得分	排名	得分	排名	得分
福建农林大学	中国	1	0.71	9	0.46	1	0.93	2	0.79	10	0.26
海南大学	中国	2	0.69	8	0.49	2	0.86	1	0.97	20	0.00
法国农业国际合作研究发展中心	法国	3	0.56	2	0.78	7	0.27	3	0.73	1	0.98
维索萨联邦大学	巴西	4	0.45	4	0.67	4	0.34	6	0.58	12	0.20
佛罗里达大学	美国	5	0.42	7	0.53	6	0.30	8	0.53	6	0.48
加利福尼亚大学系统	美国	6	0.42	16	0.13	3	0.53	7	0.56	7	0.40
中国热带农业科学院	中国	7	0.41	5	0.57	5	0.32	5	0.65	18	0.06
印度农业研究委员会	印度	8	0.38	1	0.80	8	0.22	11	0.32	16	0.11
巴西农业研究院	巴西	9	0.34	3	0.77	9	0.17	16	0.25	13	0.20
马来西亚博特拉大学	马来西亚	10	0.33	10	0.45	11	0.14	4	0.72	11	0.23
蒙彼利埃大学	法国	11	0.30	11	0.38	13	0.11	9	0.44	2	0.70
圣保罗大学	巴西	12	0.27	6	0.55	12	0.11	13	0.29	9	0.26
法国国家农业食品与环境研究院	法国	13	0.22	13	0.23	14	0.06	10	0.38	3	0.62
昆士兰大学	澳大利亚	14	0.20	15	0.17	10	0.16	12	0.31	8	0.29
法国国立高等农学、食品与环境学院	法国	15	0.15	17	0.13	17	0.03	14	0.28	5	0.52
圣保罗州立大学	巴西	16	0.15	12	0.34	15	0.04	18	0.15	15	0.12
法国发展研究所	法国	17	0.14	18	0.11	18	0.02	15	0.26	4	0.55
拉夫拉斯联邦大学	巴西	18	0.08	14	0.20	16	0.03	19	0.09	19	0.03
哥伦比亚国立大学	哥伦比亚	19	0.07	19	0.07	19	0.01	17	0.19	14	0.18
墨西哥研究生学院	墨西哥	20	0.03	20	0.03	20	0.00	20	0.08	17	0.07

从综合表现来看，中国有 3 家机构跻身前 10 位，巴西和美国各有 2 家机构，法国、印度、马来西亚各有 1 家机构。其中，福建农林大学居全球首位，海南大学、法国农业国际合作研究发展中心、维索萨联邦大学、佛罗里达大学位列第二至第五位。

从生产力来看，中国和巴西各有 3 家机构进入全球前 10 位，法国、美国、印度、马来西亚各有 1 家。其中，印度农业研究委员会排名第一，法国农业国际合作研究发展中心、巴西农业研究院、维索萨联邦大学、中国热带农业科学院分别位列第二至第五位。

从影响力来看，排名前 10 的机构中国有 3 家，美国和巴西各有 2 家，法国、印度、澳大利亚各有 1 家。其中，福建农林大学排在榜首，海南大学、加利福尼亚大学系统、维索萨联邦大学、中国热带农业科学院分别位列第二至第五位。

从发展力来看，排名前10的机构中，中国和法国各有3家，美国有2家，巴西和马来西亚各有1家。其中，海南大学位居第一，福建农林大学、法国农业国际合作研究发展中心、马来西亚博特拉大学、中国热带农业科学院分别位列第二至第五位。

从合作力来看，排名前10的机构法国有5家，美国有2家，巴西、中国、澳大利亚各有1家。其中，法国农业国际合作研究发展中心排名第一，蒙彼利埃大学，法国国家农业食品与环境研究院，法国发展研究所，法国国立高等农学、食品与环境学院分别位列第二至第五位。

可见，近年来在热带植物保护与生物安全科学领域的研究中，福建农林大学、海南大学等中国机构不仅在影响力和发展力方面表现突出，而且在综合竞争力方面也有较强优势。

4.5 热带草业与饲料科学领域

4.5.1 国家科研表现竞争力分析

在全球热带草业与饲料科学领域，各国间的竞争力有较大差异，巴西发文量位居首位，超过600篇，中国和泰国分别位列第二位和第三位（图4-5）。

从高质量论文数和总被引频次来看，巴西均位居全球第一，高质量论文数138篇，总被引频次4 743次。中国、埃及、泰国、美国的高质量论文数分别位列全球第二至第五位。在总被引频次方面，中国、埃及、美国、泰国依次占据了全球第二至第五位。

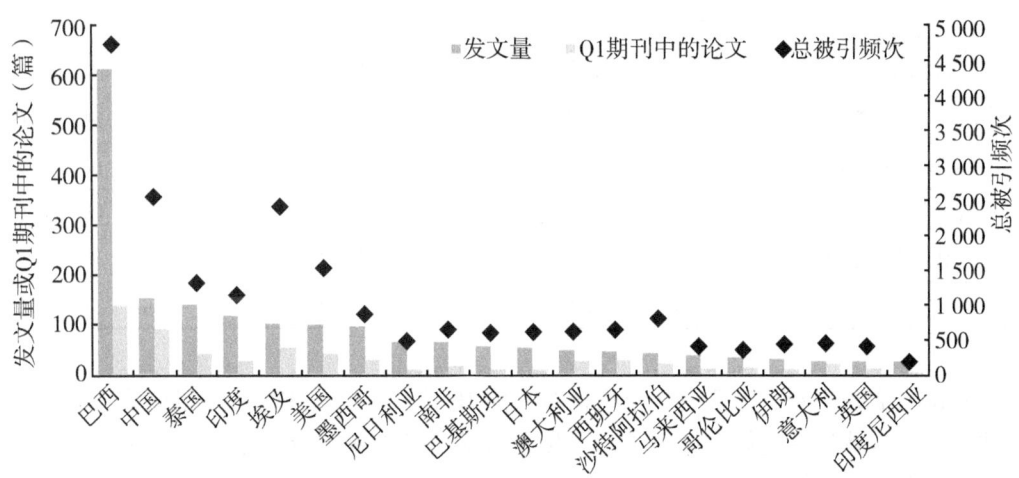

图4-5　热带草业与饲料科学领域发文量前20国家科技论文表现基本情况分析

4.5.2 机构科研表现竞争力分析

热带草业与饲料科学领域的前20位优势研究机构主要集中在巴西、中国、埃及、泰国、马来西亚及印度。巴西上榜机构数量遥遥领先，有12家机构位列其中，中国、埃及和泰国各有 2 家机构，马来西亚和印度各有 1 家机构上榜（表 4-5）。

表 4-5 全球热带草业与饲料科学研究领域机构科技论文竞争力指数 TOP20

机构名称	所属国家	综合表现		生产力		影响力		发展力		合作力	
		排名	得分	排名	得分	排名	得分	排名	得分	排名	得分
巴西农业研究院	巴西	1	0.71	6	0.45	1	0.96	2	0.87	17	0.07
圣保罗大学	巴西	2	0.64	5	0.46	2	0.86	8	0.38	5	0.53
圣保罗州立大学	巴西	3	0.50	10	0.31	4	0.44	3	0.86	3	0.61
维索萨联邦大学	巴西	4	0.49	11	0.25	5	0.41	1	0.88	2	0.80
孔敬大学	泰国	5	0.47	1	0.94	6	0.16	7	0.39	1	0.82
伯南布哥联邦农村大学	巴西	6	0.44	12	0.19	3	0.61	4	0.46	11	0.33
马林加州立大学	巴西	7	0.38	2	0.74	7	0.13	5	0.41	6	0.49
印度农业研究委员会	印度	8	0.34	3	0.69	8	0.09	6	0.41	7	0.47
米纳斯联邦大学	巴西	9	0.24	4	0.55	9	0.06	13	0.19	8	0.38
扎加齐克大学	埃及	10	0.19	8	0.38	10	0.06	14	0.17	10	0.34
华南农业大学	中国	11	0.18	7	0.43	14	0.03	16	0.14	12	0.31
巴伊亚联邦大学	巴西	12	0.16	16	0.13	11	0.04	11	0.23	4	0.55
亚历山大大学	埃及	13	0.15	9	0.36	17	0.02	10	0.24	20	0.00
拉夫拉斯联邦大学	巴西	14	0.12	19	0.09	16	0.02	9	0.28	9	0.35
南马托格罗索联邦大学	巴西	15	0.11	17	0.14	12	0.04	15	0.16	13	0.25
中国热带农业科学院	中国	16	0.10	15	0.15	13	0.03	12	0.22	19	0.03
塞阿拉联邦大学	巴西	17	0.09	18	0.11	15	0.03	17	0.13	14	0.21
马来西亚博特拉大学	马来西亚	18	0.08	14	0.17	18	0.01	18	0.10	15	0.09
巴伊亚联邦州立大学	巴西	19	0.07	13	0.18	19	0.00	19	0.10	16	0.07
泰国农业大学	泰国	20	0.04	20	0.06	20	0.00	20	0.10	18	0.04

从综合表现来看，巴西有 7 家机构跻身前 10 位，泰国、印度和埃及各有 1 家机构。其中，巴西农业研究院居全球首位，圣保罗大学、圣保罗州立大学、维索萨联邦大学、孔敬大学分别位列第二至第五位。

从生产力来看，巴西有 5 家机构进入全球前 10 位，埃及有 2 家，中国、泰国、印度各有 1 家。其中，孔敬大学排名第一，马林加州立大学、印度农业研究委员会、米纳斯联邦大学、圣保罗大学分别位列第二至第五位。

从影响力来看，排名前 10 的机构巴西有 7 家，泰国、印度、埃及各有 1 家。其中，巴西农业研究院排在榜首，圣保罗大学、伯南布哥联邦农村大学、圣保罗州立大学、维索萨联邦大学分别位列第二至第五位。

从发展力来看，排名前 10 的机构巴西有 7 家，泰国、印度、埃及各有 1 家。其中，维索萨联邦大学位居第一，巴西农业研究院、圣保罗州立大学、伯南布哥联邦农村大学、马林加州立大学分别位列第二至第五位。

从合作力来看，排名前 10 的机构巴西有 7 家，泰国、印度、埃及各有 1 家。其中，孔敬大学排名第一，维索萨联邦大学、圣保罗州立大学、巴伊亚联邦大学、圣保罗大学分别位列第二至第五位。

可见，近年来在热带草业与饲料科学领域的研究中，巴西农业研究院不仅在影响力方面表现突出，而且在综合竞争力方面也有明显优势。

4.6 热带农业工程领域

4.6.1 国家科研表现竞争力分析

在全球热带农业工程领域，巴西的发文量位居世界第一，中国和印度分列第二位和第三位，且发文量均在 5 000 篇以上（图 4-6）。

从高质量论文数和总被引频次来看，中国均位居全球第一，高质量论文数 3 691 篇，总被引频次 151 906 次。巴西、印度、美国、马来西亚的高质量论文数分别位列全球第二至第五位。在总被引频次方面，巴西、印度、马来西亚、美国则依次占据了全球第二至第五位。

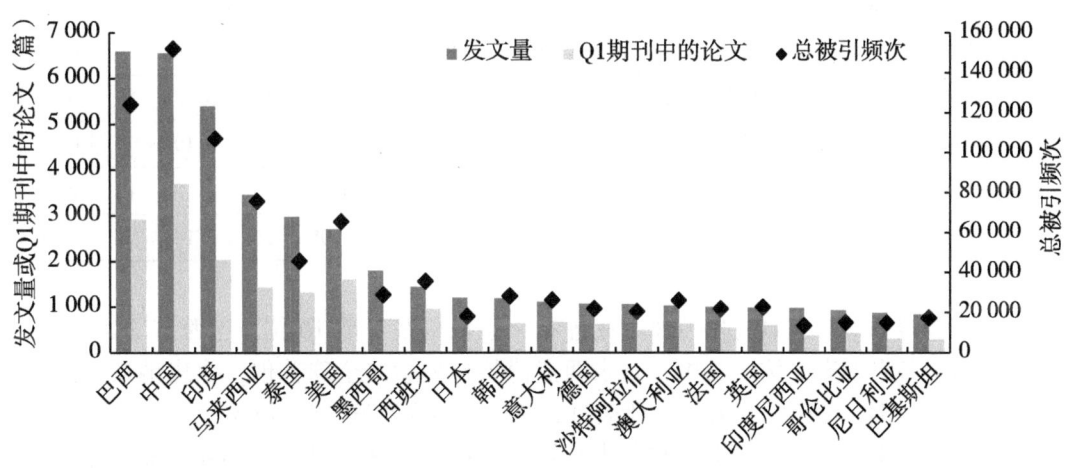

图 4-6 热带农业工程领域发文量 TOP20 国家科技论文表现基本情况分析

4.6.2 机构科研表现竞争力分析

热带农业工程科学的前 20 位优势研究机构主要集中在巴西、马来西亚、印度、中国和泰国。巴西的上榜机构数量排在首位，有 6 家机构位列其中，马来西亚和印度各有 4 家机构，中国和泰国各有 3 家机构上榜（表 4-6）。

表 4-6 全球热带农业工程研究领域机构科技论文竞争力指数 TOP20

机构名称	所属国家	综合表现		生产力		影响力		发展力		合作力	
		排名	得分	排名	得分	排名	得分	排名	得分	排名	得分
马来西亚博特拉大学	马来西亚	1	0.83	2	0.75	1	0.94	5	0.57	1	0.94
坎皮纳斯州立大学	巴西	2	0.61	3	0.62	3	0.63	4	0.64	6	0.48
圣保罗大学	巴西	3	0.60	1	1.00	11	0.36	8	0.52	3	0.77
华南理工大学	中国	4	0.56	10	0.26	2	0.73	1	0.81	17	0.13
马来西亚理科大学	马来西亚	5	0.55	5	0.40	4	0.62	10	0.37	2	0.89
印度理工学院	印度	6	0.49	6	0.38	6	0.52	2	0.73	12	0.28
中国科学院	中国	7	0.48	8	0.28	5	0.60	3	0.67	14	0.18
马来西亚理工大学	马来西亚	8	0.37	15	0.12	9	0.43	9	0.47	5	0.55
海南大学	中国	9	0.35	13	0.14	7	0.47	6	0.56	20	0.00
宋卡王子大学	泰国	10	0.35	7	0.30	13	0.33	13	0.23	4	0.69
印度科学与工业研究委员会	印度	11	0.32	11	0.17	10	0.41	11	0.34	11	0.29
印度国家理工学院	印度	12	0.30	14	0.13	12	0.35	7	0.53	15	0.16
圣保罗州立大学	巴西	13	0.30	4	0.45	15	0.20	12	0.24	8	0.44
塞阿拉联邦大学	巴西	14	0.25	16	0.11	8	0.43	20	0.05	16	0.15
巴西农业研究院	巴西	15	0.19	9	0.26	17	0.15	18	0.14	13	0.27
拉夫拉斯联邦大学	巴西	16	0.15	17	0.08	14	0.22	17	0.13	19	0.05
马来西亚国立大学	马来西亚	17	0.14	19	0.05	16	0.15	19	0.13	10	0.35
泰国农业大学	泰国	18	0.12	18	0.07	19	0.06	14	0.19	9	0.37
印度农业研究委员会	印度	19	0.11	12	0.16	18	0.06	15	0.18	18	0.09
朱拉隆功大学	泰国	20	0.10	20	0.02	20	0.05	16	0.14	7	0.46

从综合表现来看，中国和马来西亚各有 3 家机构跻身前 10 位，巴西有 2 家机构，印度和泰国各有 1 家机构。其中，马来西亚博特拉大学居全球首位，坎皮纳斯州立大学、圣保罗大学、华南理工大学、马来西亚理科大学位列第二至第五位。

从生产力来看，巴西有 4 家机构进入全球前 10 位，中国和马来西亚各有 2 家，印度和泰国各有 1 家。其中，圣保罗大学排名第一，马来西亚博特拉大学、坎皮纳斯州立大学、圣保罗州立大学、马来西亚理科大学分别位列第二至第五位。

从影响力来看，排名前 10 的机构中，中国和马来西亚各有 3 家，巴西和印度各有 2 家。其中，马来西亚博特拉大学排在榜首，华南理工大学、坎皮纳斯州立大学、马来西亚理科大学、中国科学院分别位列第二至第五位。

从发展力来看，排名前 10 的机构中，中国和马来西亚各有 3 家，巴西和印度各有

2家。其中,华南理工大学位居第一,印度理工学院、中国科学院、坎皮纳斯州立大学、马来西亚博特拉大学分别位列第二至第五位。

从合作力来看,排名前10的机构中,马来西亚有4家,巴西和泰国各有3家。其中,马来西亚博特拉大学排名第一,马来西亚理科大学、圣保罗大学、宋卡王子大学、马来西亚理工大学分别位列第二至第五位。

可见,近年来在热带农业工程领域的研究中,马来西亚博特拉大学不仅在影响力和合作力方面表现突出,而且在综合竞争力方面也有明显优势。

4.7 热带农业经济与乡村振兴领域

4.7.1 国家科研表现竞争力分析

在全球热带农业经济与乡村振兴领域,美国的发文量位居世界第一,巴西和德国分列第二位和第三位(图4-7)。

从高质量论文数和总被引频次来看,美国均位居全球第一,高质量论文数136篇,总被引频次4 480次。德国、英国、荷兰、印度尼西亚的高质量论文数和总被引频次依次占据全球第二至第五位。

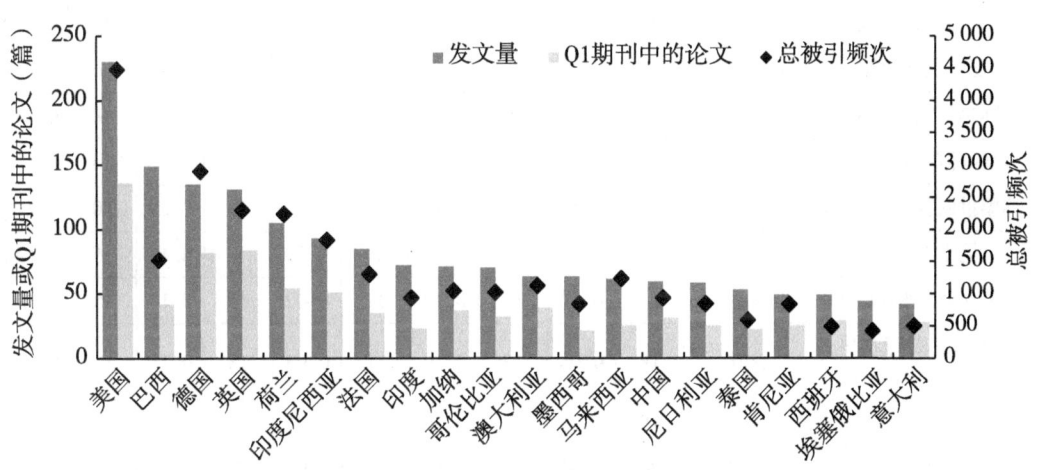

图4-7 热带农业经济与乡村振兴领域发文量TOP20国家科技论文表现基本情况分析

4.7.2 机构科研表现竞争力分析

热带农业经济与乡村振兴领域的前20位优势研究机构主要集中在澳大利亚、巴西、比利时、德国、法国、荷兰、加纳、马来西亚、尼日利亚、瑞士、印度、印度尼西亚和英国。法国的上榜机构数量排在首位,有5家机构位列其中,巴西、德国、印度尼西亚各有2家机构,其他9个国家各有1个机构上榜(表4-7)。

表 4-7　全球热带农业经济与乡村振兴研究领域机构科技论文竞争力指数 TOP20

机构名称	所属国家	综合表现 排名	综合表现 得分	生产力 排名	生产力 得分	影响力 排名	影响力 得分	发展力 排名	发展力 得分	合作力 排名	合作力 得分
国际农业研究磋商组织	法国	1	0.79	3	0.63	2	0.93	2	0.80	1	0.52
瓦赫宁根大学及研究中心	荷兰	2	0.68	1	0.97	4	0.48	5	0.63	2	0.98
法国农业国际合作研究发展中心	法国	3	0.57	2	0.81	1	0.42	1	0.48	4	0.76
哥廷根大学	德国	4	0.38	11	0.16	12	0.42	9	0.61	3	0.40
蒙彼利埃大学	法国	5	0.36	12	0.13	16	0.38	14	0.61	5	0.47
圣保罗大学	巴西	6	0.32	4	0.58	15	0.08	17	0.35	17	0.66
圣保罗州立大学	巴西	7	0.31	20	0.08	13	0.39	11	0.36	11	0.44
法国国家农业食品与环境研究院	法国	8	0.31	13	0.12	20	0.37	13	0.35	16	0.44
印度农业研究委员会	印度	9	0.31	16	0.11	18	0.36	20	0.46	19	0.28
根特大学	比利时	10	0.29	19	0.09	10	0.35	12	0.33	13	0.48
恩克鲁玛科技大学	加纳	11	0.29	10	0.16	3	0.34	3	0.29	10	0.37
茂物农业大学	印度尼西亚	12	0.23	18	0.10	6	0.34	4	0.05	7	0.37
国际热带农业研究所	尼日利亚	13	0.18	5	0.32	7	0.02	8	0.18	9	0.49
国际林业研究中心	印度尼西亚	14	0.17	7	0.23	17	0.04	16	0.32	14	0.39
苏黎世联邦理工学院	瑞士	15	0.12	8	0.17	19	0.00	19	0.29	20	0.21
昆士兰大学	澳大利亚	16	0.11	6	0.23	8	0.03	6	0.11	15	0.19
马来西亚博特拉大学	马来西亚	17	0.10	14	0.12	14	0.07	15	0.14	18	0.35
法国国立高等农学、食品与环境学院	法国	18	0.08	17	0.10	11	0.07	18	0.15	12	0.15
霍恩海姆大学	德国	19	0.05	9	0.06	9	0.01	10	0.00	6	0.06
牛津大学	英国	20	0.04	15	0.11	5	0.09	7	0.04	8	0.00

从综合表现来看，法国有 4 家机构跻身前 10 位。国际农业研究磋商组织居全球首位，瓦赫宁根大学及研究中心、法国农业国际合作研究发展中心、哥廷根大学、蒙彼利埃大学位列第二至第五位。

从生产力来看，瓦赫宁根大学及研究中心排名第一，法国农业国际合作研究发展中心、国际农业研究磋商组织、圣保罗大学、国际热带农业研究所分别位列第二至第五位。

从影响力来看，法国农业国际合作研究发展中心排名第一，国际农业研究磋商组织、恩克鲁玛科技大学、瓦赫宁根大学及研究中心、牛津大学分别位列第二至第五位。

从发展力来看，法国农业国际合作研究发展中心位居第一，国际农业研究磋商组织、恩克鲁玛科技大学、茂物农业大学、瓦赫宁根大学及研究中心分别位列第二至第五位。

从合作力来看，国际农业研究磋商组织排名第一，瓦赫宁根大学及研究中心、哥廷根大学、法国农业国际合作研究发展中心、蒙彼利埃大学分别位列第二至第五位。

可见，近年来在热带农业经济与乡村振兴领域的研究中，国际农业研究磋商组织不仅合作力方面表现突出，而且在综合竞争力方面也有较强优势。

下 篇

基于主要热带作物的竞争力
及前沿格局解析

5 天然橡胶研究领域竞争力及前沿格局解析

天然橡胶（natural rubber，NR）是由植物产生的具有高价值、不可替代的天然高分子量聚合物之一。天然橡胶主要成分为橡胶烃（顺-1,4-聚异戊二烯），其余为糖类、脂肪酸、蛋白质等物质，有着许多合成橡胶不具备的特性。由于其独特的结构、高分子量以及乳胶中未完全确定的次要成分，它展现出了特殊的聚合物性能，广泛应用于超过4万种产品中，对国防、医药和运输等行业至关重要。在能够生产天然橡胶的2 500多种植物中，巴西橡胶树（Hevea brasiliensis Muell. Arg.）是目前唯一大规模商业化的天然橡胶来源[1]。橡胶树主要生长于热带与亚热带地区，我国的橡胶树主要种植在海南、广东和云南等地。本部分旨在对全球天然橡胶科研机构的科研表现竞争力进行全面分析，同时为读者提供关于天然橡胶在热带作物科学、热带农业资源与环境科学、热带植物保护与生物安全科学、热带草业与饲料科学、热带农业工程、热带农业经济与乡村振兴六大学科方向上的研究主题和前沿信息，以便深入了解全球各科研机构在天然橡胶研究中的重要贡献和地位，同时掌握天然橡胶领域的最新研究动态和未来发展方向。

5.1 文献产出基本情况

全球范围来看，2014—2023年与天然橡胶基础研究有关的文献共计5 065篇。发文量与该领域研究进展紧密相关，由年发文量和规模指数可知，全球天然橡胶研究在2014—2023年呈稳步增长的趋势；其中，2022年发文量最多（图5-1）。

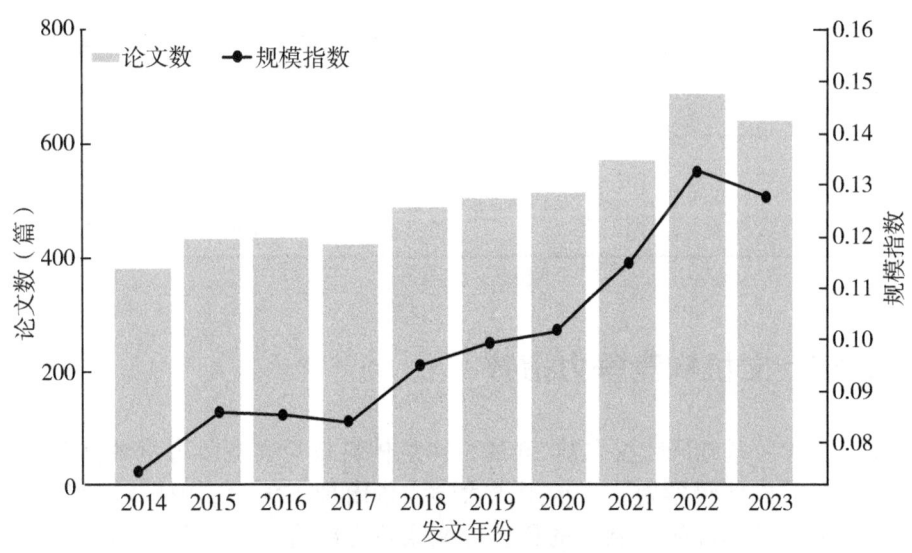

图5-1 2014—2023年天然橡胶相关研究文献产出年度趋势

为展现全球天然橡胶领域科研分布情况，从高产国家和高产机构展现研究文献产出的基本情况（表5-1）。从各领域的文献产出数量来看，中国、巴西、泰国、马来西亚等在大多数领域排名位列前5。在高产机构中，中国热带农业科学院在热带作物科学领域的文献产出数量居首位；中国科学院在热带农业资源与环境科学领域的文献产出数量居首位；海南大学在热带植物保护与生物安全科学领域的文献产出数量居首位；法国国家农业食品与环境研究院在热带草业与饲料科学领域的文献产出数量居首位；宋卡王子大学在热带农业工程领域的文献产出数量居首位；法国农业国际合作研究发展中心在热带农业经济与乡村振兴领域的文献产出数量居首位。

表5-1 天然橡胶相关研究领域信息（2014—2023年）

领域分类	文献数量（篇）	高产国家TOP5	高产机构TOP5
热带作物科学	628	中国，巴西，泰国，法国，美国	中国热带农业科学院，海南大学，法国农业国际合作研究发展中心，蒙彼利埃大学（法国），中国科学院
热带农业资源与环境科学	441	中国，巴西，美国，泰国，德国	中国科学院，中国热带农业科学院，法国农业国际合作研究发展中心，海南大学，法国国立高等农学、食品与环境学院
热带植物保护与生物安全科学	221	中国，巴西，泰国，马来西亚，美国	海南大学，中国热带农业科学院，保利斯塔大学（巴西），法国农业国际合作研究发展中心，宋卡王子大学（泰国）
热带草业与饲料科学	4	法国，科特迪瓦，爱尔兰，马来西亚	法国国家农业食品与环境研究院，费利克斯·乌弗埃—博瓦尼国立理工学院（科特迪瓦），法国国立高等农学、食品与环境学院，雷恩大学（法国），马来西亚博特拉大学
热带农业工程	3 950	中国，泰国，马来西亚，印度，日本	宋卡王子大学（泰国），马来西亚理科大学，朱拉隆功大学（泰国），北京化工大学，华南理工大学
热带农业经济与乡村振兴	38	中国，法国，英国，德国，马来西亚	法国农业国际合作研究发展中心，蒙彼利埃大学（法国），中国科学院，豪恩海姆大学（德国），汉诺威莱布尼茨大学（德国）

5.2 科技论文机构竞争力指数

全球天然橡胶基础研究排名前20的机构总体科技论文竞争力指数排名如表5-2所示，中国热带农业科学院、宋卡王子大学、华南理工大学、中国科学院、北京化工大学在天然橡胶基础研究领域的科技论文竞争力综合表现较强。其中，中国热带农业科学院在生产力和发展力方面的表现均居首位，优势突出，领先于其他机构；华南理工大学在发展力方面的表现与中国热带农业科学院相当，华南理工大学在影响力方面的表现居首位，优势突出；宋卡王子大学在合作力方面的表现居首位，优势突出，其次是法国农业国际合作研究发展中心和蒙彼利埃大学。从合作力方面来看，中国机构较法国和泰国有一定差距，反映出我国天然橡胶科技创新跨国合作方面的能力有较大的提升空间。

表 5-2 全球天然橡胶研究领域 TOP 20 机构总体科技论文竞争力指数

机构名称	所属国家	综合表现 排名	综合表现 得分	生产力 排名	生产力 得分	影响力 排名	影响力 得分	发展力 排名	发展力 得分	合作力 排名	合作力 得分
中国热带农业科学院	中国	1	0.69	1	0.96	2	0.62	1	0.75	12	0.24
宋卡王子大学	泰国	2	0.58	2	0.81	7	0.42	7	0.46	1	0.87
华南理工大学	中国	3	0.51	9	0.21	1	0.71	1	0.75	20	0.00
中国科学院	中国	4	0.45	4	0.37	5	0.48	5	0.52	4	0.41
北京化工大学	中国	5	0.43	6	0.30	3	0.51	4	0.61	16	0.12
法国国家科学研究中心	法国	6	0.39	9	0.21	5	0.48	9	0.40	6	0.40
四川大学	中国	6	0.39	15	0.12	4	0.50	3	0.69	15	0.13
海南大学	中国	8	0.36	3	0.69	8	0.18	5	0.52	18	0.10
法国农业国际合作研究发展中心	法国	9	0.24	12	0.17	8	0.18	13	0.23	2	0.62
马来西亚理科大学	马来西亚	10	0.21	5	0.34	11	0.12	15	0.18	7	0.37
朱拉隆功大学	泰国	11	0.20	8	0.22	10	0.14	13	0.23	9	0.31
蒙彼利埃大学	法国	12	0.19	15	0.12	11	0.12	12	0.26	3	0.55
圣保罗州立大学	巴西	13	0.16	9	0.21	11	0.12	17	0.15	11	0.26
青岛科技大学	中国	14	0.15	6	0.30	18	0.03	11	0.27	19	0.08
玛希隆大学	泰国	15	0.14	13	0.16	14	0.09	18	0.13	10	0.30
泰国农业大学	泰国	16	0.12	13	0.16	17	0.05	16	0.16	8	0.34
印度理工学院	印度	17	0.11	19	0.05	18	0.03	8	0.41	14	0.17
长冈技术科学大学	日本	18	0.10	20	0.02	16	0.06	19	0.10	4	0.41
泰国国家科学技术发展署	泰国	19	0.09	18	0.06	20	0.02	10	0.32	16	0.12
马来西亚国立大学	马来西亚	19	0.09	17	0.10	15	0.08	20	0.04	13	0.22

全球天然橡胶研究领域科技论文竞争力排名前 20 的科研机构在热带作物科学、热带农业资源与环境科学、热带植物保护与生物安全科学、热带草业与饲料科学、热带农业工程、热带农业经济与乡村振兴六大领域中的竞争力分析结果如表 5-3 所示。从热带作物科学、热带农业资源与环境科学、热带植物保护与生物安全科学领域来看，中国和法国的科研机构相较其他科研机构具有明显的科技论文竞争优势；从热带农业工程领域来看，中国、法国和泰国的科研机构相较其他科研机构的科技论文表现竞争优势明

显；在热带农业经济与乡村振兴领域排名前5位中的机构中，有3个机构均来自法国，竞争力优势突出。通过比较不同学科领域的机构综合竞争力，中国热带农业科学院、中国科学院、海南大学和宋卡王子大学在热带作物科学、热带农业资源与环境科学、热带植物保护与生物安全科学、热带农业工程领域表现较为突出。

表5-3 全球天然橡胶研究领域TOP 20机构不同学科科技论文竞争力指数

机构名称	所属国家	热带作物科学		热带农业资源与环境科学		热带植物保护与生物安全科学		热带草业与饲料科学		热带农业工程		热带农业经济与乡村振兴	
		排名	得分	排名	得分	排名	得分	排名	得分	排名	得分	排名	得分
中国热带农业科学院	中国	1	0.74	2	0.53	2	0.41	—	0.00	13	0.20	9	0.02
宋卡王子大学	泰国	9	0.11	9	0.11	4	0.34	—	0.00	1	0.72	6	0.16
华南理工大学	中国	7	0.18	19	0.00	15	0.01	—	0.00	2	0.64	9	0.02
中国科学院	中国	3	0.38	1	0.81	9	0.20	—	0.00	11	0.22	1	0.67
北京化工大学	中国	12	0.07	18	0.01	15	0.01	—	0.00	3	0.52	9	0.02
法国国家科学研究中心	法国	8	0.14	4	0.24	5	0.30	—	0.00	5	0.43	5	0.26
四川大学	中国	18	0.01	19	0.00	15	0.01	—	0.00	4	0.48	9	0.02
海南大学	中国	4	0.31	7	0.17	1	0.70	—	0.00	14	0.19	7	0.12
法国农业国际合作研究发展中心	法国	5	0.29	3	0.25	5	0.30	—	0.00	19	0.07	2	0.40
马来西亚理科大学	马来西亚	11	0.08	13	0.05	13	0.07	—	0.00	8	0.28	9	0.02
朱拉隆功大学	泰国	17	0.04	16	0.02	15	0.01	—	0.00	7	0.30	9	0.02
蒙彼利埃大学	法国	2	0.39	5	0.22	3	0.36	—	0.00	19	0.07	4	0.29
圣保罗州立大学	巴西	12	0.07	11	0.09	12	0.13	—	0.00	10	0.23	9	0.02
青岛科技大学	中国	18	0.01	16	0.02	15	0.01	—	0.00	9	0.24	9	0.02
玛希隆大学	泰国	15	0.05	6	0.20	8	0.21	—	0.00	12	0.21	9	0.02
泰国农业大学	泰国	12	0.07	8	0.15	9	0.20	—	0.00	16	0.16	9	0.02

(续表)

机构名称	所属国家	热带作物科学		热带农业资源与环境科学		热带植物保护与生物安全科学		热带草业与饲料科学		热带农业工程		热带农业经济与乡村振兴	
		排名	得分	排名	得分	排名	得分	排名	得分	排名	得分	排名	得分
印度理工学院	印度	6	0.21	10	0.10	11	0.18	—	0.00	6	0.32	3	0.30
长冈技术科学大学	日本	15	0.05	11	0.09	7	0.25	—	0.00	16	0.16	9	0.02
泰国国家科学技术发展署	泰国	10	0.09	13	0.05	14	0.03	—	0.00	18	0.14	9	0.02
马来西亚国立大学	马来西亚	18	0.01	15	0.03	15	0.01	—	0.00	15	0.17	8	0.05

中国热带农业科学院在热带作物科学领域科技论文综合竞争力指数（0.74）明显高于排名第二的蒙彼利埃大学（0.39），且中国热带农业科学院在热带农业资源与环境科学、热带植物保护与生物安全科学领域科技论文综合竞争力指数分别为0.53和0.41，排名均为第二，实力较强，而其在热带草业与饲料科学、热带农业工程、热带农业经济与乡村振兴学科领域的表现较为一般。中国科学院在热带农业资源与环境科学领域科技论文综合竞争力指数（0.81）远高于排名次位的中国热带农业科学院（0.53），实力表现突出，其在热带农业经济与乡村振兴学科领域中的竞争力也居首位。海南大学在热带植物保护与生物安全科学领域科技论文综合竞争力指数（0.70）明显高于排名次位的中国热带农业科学院（0.41），实力突出，但其在热带农业工程领域中的竞争力较弱，排在第十四位。宋卡王子大学在热带农业工程领域科技论文综合竞争力表现突出，其竞争力指数为0.72，居首位。

5.3 学科领域热点及前沿表现分析

本节旨在利用VOSviewer信息可视化软件，分别绘制天然橡胶在热带作物科学、热带农业资源与环境科学、热带植物保护与生物安全科学、热带草业与饲料科学、热带农业工程、热带农业经济与乡村振兴六大学科领域的耦合网络图谱，结合耦合网络聚类下高频词信息，明晰六大学科领域下天然橡胶的主要研究方向。进一步运用CiteSpace软件，绘制六大学科领域内的共被引网络知识图谱，针对网络中节点的整体分布情况、节点大小、各节点的颜色变化、突现节点、中介中心性等一系列指标，从整体上探测研究的前沿方向。最后，根据学术机构前沿表现力指标体系分析学术机构的前沿表现力。

下篇　基于主要热带作物的竞争力及前沿格局解析

5.3.1 热带作物科学的研究主题及前沿表现

5.3.1.1 研究主题

天然橡胶热带作物科学研究领域耦合网络图谱显示（图5-2），该领域主要关注方向为产胶与非生物胁迫、天然橡胶生物合成、栽培与遗传育种。进一步对不同聚类下的高频主题词进行统计（表5-4），结合聚类文献和高频词分布，了解该领域的研究热点和进展。

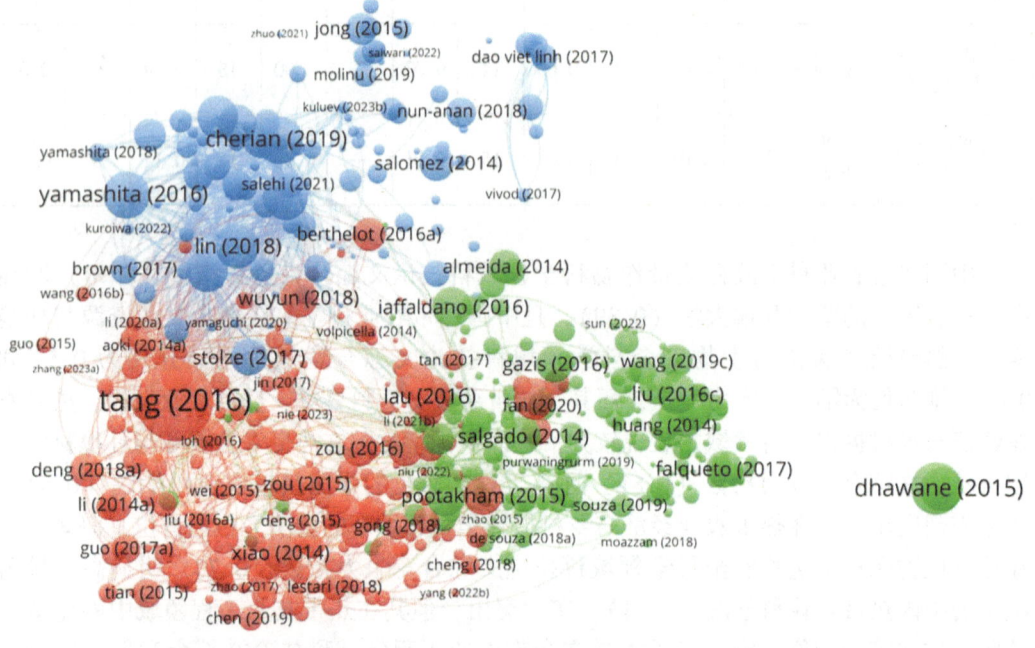

图5-2　天然橡胶热带作物科学研究领域耦合网络分析

注：节点代表文献，节点大小代表被引次数；连线代表存在耦合关系，连线的粗细代表耦合关系的强弱；颜色代表聚类。

表5-4　天然橡胶热带作物科学研究领域各类高频主题词

聚类	高频主题词
橡胶树产胶与非生物胁迫	乳胶（latex）、基因表达（gene expression）、转录组（transcriptome）、橡胶生物合成（rubber biosynthesis）、橡胶树死皮（tapping panel dryness）、乙烯（ethylene）、非生物胁迫（abiotic stress）、乳胶再生（latex regeneration）、乳汁细胞（laticifer）、冷应激（cold stress）

· 56 ·

(续表)

聚类	高频主题词
橡胶树栽培、遗传与育种	橡胶产量（rubber yield）、体细胞胚胎发生（somatic embryogenesis）、遗传多样性（genetic diversity）、干旱（drought）、成长（growth）、橡胶木（rubberwood）、育种（breeding）、分子标志物（molecular markers）、分类学（taxonomy）
天然橡胶生物合成	橡胶草（*Taraxacum kok-saghyz*）、银胶菊（guayule）、小橡胶颗粒蛋白（small rubber particle protein）、天然橡胶生物合成（natural rubber biosynthesis）、橡胶伸长率（rubber elongation factor）、顺式异戊二烯基转移酶（cis-prenyltransferase）、菊粉（inulin）、莴苣（lettuce）、聚异戊二烯（polyisoprene）、蛋白质聚集（protein aggregation）

近年来，随着生物技术的快速发展，橡胶树产胶与非生物胁迫、橡胶树栽培与遗传育种、天然橡胶生物合成的研究逐步深入并发展为天然橡胶热带作物科学领域的研究热点。

一是橡胶树产胶与非生物胁迫。乙烯是一种能增加天然胶乳产生的兴奋剂。在乙烯刺激下，乳胶的鲜产量和干物质均有显着提高，且乙烯促进了小橡胶颗粒的生成。然而，大多数参与橡胶生物合成的基因被外源乙烯抑制。乙烯通过抑制一些促进橡胶颗粒聚集的酶，延长乳胶流动时间，从而提高乳胶产量。此外，有研究表明橡胶延伸因子和小橡胶颗粒蛋白的特定同工异构体的磷酸化主要发生在丝氨酸残基上。这种翻译后修饰和同工异构体特异性磷酸化可能在乙烯刺激乳胶生产中发挥重要作用[2]。这些发现不仅增进了对乳胶蛋白质组的理解，也为利用乙烯提高乳胶生产提供了新策略。三磷酸腺苷结合盒（ATP-binding cassette，ABC）转运蛋白是植物中的一个大家族，参与许多不同的细胞功能和过程，包括溶质转运、通道调节和分子开关等。通过转录组测序，Nie 等（2015）[3]对橡胶树的乳汁状乳胶进行了全转录组调查和 ABC 蛋白基因的表达分析，在乳胶中鉴定出了 46 个 ABC 家族蛋白。研究表明，8 个植物 ABC 蛋白类亚家族均被鉴定，其中 ABCB、ABCG 和 ABCI 含量最高。几种乳胶 ABC 蛋白的基因表达受到乙烯、茉莉酸或树皮撞击（创伤应激）的调节，其中 HbABCB15、HbABCB19、HbABCD1 和 HbABCG21 对非生物应激的响应最显著。胶乳 ABC 家族蛋白的鉴定和表达分析有助于进一步研究其在胶乳代谢和胶乳生物合成中的作用。Deng 等（2018）[4]揭示了茉莉酸在橡胶树乳汁管细胞中调节天然橡胶生物合成的正反馈机制。研究发现，定期采伐的橡胶树的乳汁管细胞内源性茉莉酸水平较高，且橡胶生物合成相关基因表达和橡胶生物合成效率也较高。茉莉酸甲酯的应用可促进橡胶生物合成。研究还鉴定了乳汁管细胞中特定的茉莉酸信号模块 COI1-JAZ3-MYC2，该模块的激活与橡胶生物合成的增强有关。这些发现为提高橡胶树产量的遗传改良提供了新的研究方向。

二是橡胶树遗传与育种。Silva 等（2014）[5]评估了橡胶树基因型对天然橡胶产量和茎围年增长稳定性的影响。通过对比 32 个克隆和对照基因型，研究了年产量和茎围年增长 2 个性状。研究建议，在橡胶树育种计划中，可在第一年就进行早期选择，以缩短无性系评估时间。此外，茎围年增长与产量呈负相关，茎围年增长的稳定性与产量稳定性也呈负相关。该发现有助于在橡胶树育种中选择具有稳定生产性的基因型。Bombonato 等（2015）[6]评估早期选择高产克隆对提高橡胶产量的可靠性。结果表明，基于早期生产情况选择橡胶树可有效地缩短育种周期，并提高克隆的产量。泰国在橡胶树乳胶提取生产方面领先世界，Pethin 等（2015）[7]选择泰国南部的 4 个高产量潜力橡胶树无性系进行 2 年监测。结果显示 SK1、NK1 和 SK3 无性系的产量高于对照组，且 SK1 和 T2 无性系的新皮也更厚。NK1 无性系在胶乳胶管直径和密度上表现最佳，表明其在提高胶乳产量方面具有优势。此外，通过 RAPD 技术和 SSR 技术对这些克隆进行了遗传特征分析，发现 SK3 和 SK1 与 RRIM 600 的亲缘关系较近，而 NK1 和 T2 与其他品种亲缘关系较近。

三是天然橡胶生物合成。天然橡胶主要成分为顺-1,4-聚异戊二烯，是多种产品尤其是医疗用品的关键原料。它来源于巴西橡胶树的乳胶，但巴西橡胶树遗传变异性小，易受病害影响，且可能导致过敏反应。因此，寻找替代来源至关重要。橡胶草（*Taraxacum kok-saghyz*）因其根系能产生天然橡胶而被视为潜在替代品。Amerik 等（2018）[8]综述了在橡胶草及其近缘植物中过表达的蛋白质，这些蛋白质参与聚异戊二烯链的合成，可增加乳胶中的天然橡胶浓度，并分析了它们对提高天然橡胶产量的潜在影响。高分子量天然橡胶在橡胶树的乳汁管细胞中合成，由橡胶顺式异戊基转移酶（CPT）复合物在橡胶颗粒表面催化完成。Epping 等（2015）[9]研究发现，蒲公英橡胶转移酶激活剂（TbRTA）是橡胶转移酶复合物的关键组成部分，通过 RNA 干扰技术降低 TbRTA 表达水平，可抑制橡胶合成，却不会影响多萜醇（dolichol）的积累或蛋白质的糖基化。研究认为 TbRTA 作为橡胶 CPT 结合蛋白，对形成活性橡胶转移酶复合物至关重要。莴苣（*Lactuca sativa*）也可合成天然橡胶。Qu 等（2015）[10]发现了一种不同寻常的顺戊烯基转移酶样蛋白 2（CPTL2），它缺乏传统顺戊烯基转移酶的保守基序，是莴苣合成天然橡胶所必需的。Qu 等还鉴定了一种传统的顺式异丙基转移酶 3（CPT3），它只表达于乳胶中。研究结果表明，CPTL2 是一个支架蛋白，可将 CPT3 连接在内质网上，是植物天然橡胶生物合成所必需的，但在体外酵母表达的 CPTL2 和 CPT3 不能合成高分子量天然橡胶。

5.3.1.2 前沿主题

以 1 年为一个时间切片，通过 CiteSpace 软件，选取每个子集前 1%的数据进行文献共被引分析，旨在探测出重要的节点文献。通过参数设置，得到平均轮廓值为 0.911 3、模块化 Q 值为 0.515 7（Q＞0.3 表示网络社团结构显著）的可视化网络。通过 LLR 算法寻找聚类，最终形成较为显著的 3 个聚类社团（图 5-3），对应的前沿主题词线索为"#0 蛋白质组学""#1 超高密度基因图谱构建""#2 转录组测序"。进一步综合评估网络中节点的 Sigma 值，观测引文网络中重要的文献节点，并在此基础上对这些文献的施引文献进行检索，结合对施引文献的分析，判定学科知识领域的研究前沿（表 5-5）。

5 天然橡胶研究领域竞争力及前沿格局解析

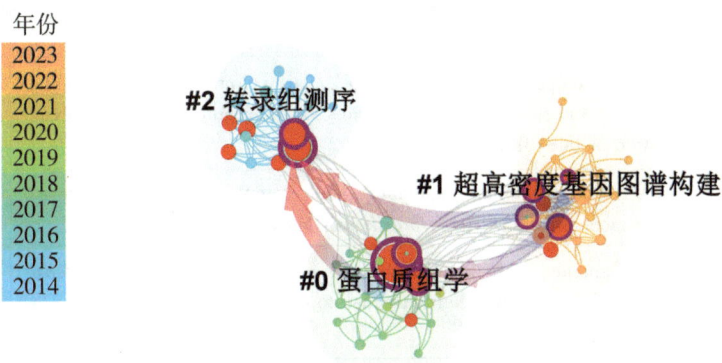

图 5-3 天然橡胶热带作物科学研究领域共被引网络图谱

注：节点年轮代表文章的引文历史，年轮的整体大小反映论文被引用的次数，引文年轮的颜色代表相应的引文时间；紫圈节点为高中介中心性节点（中介中心性不小于0.1）；红色节点为突发性节点；箭头代表路径依赖关系。

表 5-5 全球天然橡胶热带作物科学研究领域共被引网络重要文献

前沿名称	关键节点文献	被引频次
天然橡胶蛋白合成相关研究	Yokota 等（2018）. Cloning and aggregation characterization of rubber elongation factor and small rubber particle protein from *Ficus carica*[12]	3
	Wang 等（2019）. Proteomic landscape has revealed small rubber particles are crucial rubber biosynthetic machines for ethylene-stimulation in natural rubber production[11]	11
	Cherian 等（2019）. Natural rubber biosynthesis in plants, the rubber transferase complex, and metabolic engineering progress and prospects[13]	87
	Men 等（2019）. Biosynthesis of natural rubber: current state and perspectives[19]	76
	Liu 等（2018）. Transcriptome analysis of *Hevea brasiliensis* in response to exogenous methyl jasmonate provides novel insights into regulation of jasmonate-elicited rubber biosynthesis[20]	15
橡胶树基因组学相关研究	Priyadarshan（2022）. Molecular markers to devise predictive models for juvenile selection in *Hevea* rubber[21]	2
	Wu 等（2022）. Ultrahigh-density genetic map construction and identification of quantitative trait loci for growth in rubber tree (*Hevea brasiliensis*)[14]	3
	Tan 等（2023）. Advances in genome sequencing and natural rubber biosynthesis in rubber-producing plants[15]	1
	Kuluev 等（2023）. Molecular genetic research and genetic engineering of *Taraxacum kok-saghyz* L. E. Rodin[22]	7
	Dong 等（2023）. Transcriptome analysis of *Taraxacum kok-saghyz* reveals the role of exogenous methyl jasmonate in regulating rubber biosynthesis and drought tolerance[23]	1

(续表)

前沿名称	关键节点文献	被引频次
橡胶树转录组学分析	Chao 等（2015）. Comparative transcriptome analysis of latex from rubber tree clone catas 8-79 and pr 107 reveals new cues for the regulation of latex regeneration and duration of latex flow[17]	41
	Wei 等（2015）. Transcriptome sequencing and comparative analysis reveal long-term flowing mechanisms in *Hevea brasiliensis* latex[16]	14
	Zou 等（2015）. Genome-wide identification of rubber tree (*Hevea brasiliensis* Muell. Arg.) aquaporin genes and their response to ethephon stimulation in the laticifer, a rubber-producing tissue[24]	52
	Pirrello 等（2014）. Transcriptional and post-transcriptional regulation of the jasmonate signalling pathway in response to abiotic and harvesting stress in *Hevea brasiliensis*[25]	45
	Piyatrakul 等（2014）. Sequence and expression analyses of ethylene response factors highly expressed in latex cells from *Hevea brasiliensis*[26]	42
	Liu 等（2015）. Transcriptome sequencing and analysis of rubber tree (*Hevea brasiliensis* Muell.) to discover putative genes associated with tapping panel dryness (TPD)[18]	33

经分析发现，天然橡胶热带作物科学研究的前沿表现如下。

一是天然橡胶蛋白合成与蛋白质组学研究。天然橡胶蛋白合成相关研究的重要施引文献主要讲述了乙烯对橡胶颗粒蛋白质组的影响、橡胶延伸因子（REF）和小橡胶颗粒蛋白（SRPP）的特性，以及天然橡胶生物合成的研究进展和挑战。其中，Wang 等（2019）[11]通过差异凝胶电泳（DIGE）、同位素标记相对和绝对定量（iTRAQ）方法对乙烯刺激下橡胶颗粒的蛋白质组进行了定量分析，发现 79 个差异累积蛋白和 23 个橡胶延伸因子与小橡胶颗粒蛋白家族成员。此外，还鉴定了 138 个独特的磷酸化肽，其中大部分涉及丝氨酸和苏氨酸的磷酸化。这些发现表明，乙烯可能通过调节关键蛋白的积累来刺激乳胶产生，而 REF 和 SRPP 亚型的磷酸化修饰对天然橡胶生物合成至关重要，暗示橡胶颗粒可能是一个复杂的生物合成机器。橡胶延伸因子（REF）和小橡胶颗粒蛋白（SRPP）是从巴西橡胶树中发现的具有高度同源性的蛋白质。Yokota 等（2018）[12]克隆了 2 条编码 REF/SRPP 家族蛋白的 cDNA（FcREF/SRPP-1 和 FcREF/SRPP-2），这些蛋白不仅彼此间同源性高，与巴西橡胶树中的 HbREF 和 HbSRPP 也高度同源。在大肠杆菌中表达的重组 FcREF/SRPP-1 和 FcREF/SRPP-2 通过一系列试验被观察到具有聚集特性。FcREF/SRPP-1 在 PBS 中能形成纤维并迅速沉淀为非晶形聚集体，其行为与 HbREF 类似，但生长速度和大小稍逊。FcREF/SRPP-2 也形成聚集体，但不会发生沉淀。这些特性为 REF/SRPP 家族蛋白的分类提供了有用的参考。目前，对合成高分子量橡胶聚合物的最后步骤所涉及的蛋白质和基因的理解才刚刚开始。Cherian 等（2019）[13]综述了天然橡胶生物合成、体外重建、遗传和代谢途径改造的研究进展，并提出了新的橡胶转移酶复合物模型。同时，也指出了研究中的挑战，并对未来通过改造代谢途径加速替代橡胶作物商业化的可能性进行了展望。随着对天然橡胶的需求不断增长，以及橡胶树生产系统的局限性和脆弱性，科学家和企业正在寻找可替代的橡胶作物。通过基因、蛋白和代谢工程构建富含 NR 的植物基因型对于满足这一需求至关重要。

二是橡胶树基因与基因组学研究。橡胶树基因组学相关研究重要文献涉及橡胶树超高密度遗传图谱的构建和应用，以及天然橡胶生物合成途径的研究进展。超高密度遗传定位在基因发现和数量性状位点（QTL）定位中应用广泛。Wu 等（2022）[14]通过全基因组重测序（WGRS）对 IAN 873 与 REYAN 106 杂交的 214 个 F_1 后代进行基因分型，构建了包含 203 124 个 SNPs 的超高密度遗传图谱。这一图谱是首次通过 WGRS 方法构建的橡胶树遗传图谱。研究还调查了胸围（GBH）和树高（TH）2 种生长相关表型，发现了 6 个 QTL，其中 *qGBH11* 和 *qGBH18* 被重复检测。根据 QTL 的物理位置，选择了 *qGBH11* 位点内的 47 个候选基因，特别是编码对 - kaur - 16 - 烯合酶（KS）的 *HB11G00752* 基因。分析显示，KS 家族基因在生长快与生长慢的 F_1 个体之间存在表达差异。橡胶树和一些替代植物（如橡胶草、莴苣和银胶菊）均能产生高质量的橡胶。随着基因组测序技术的发展，发现不同橡胶植物中存在相似的橡胶生物合成途径。Tan 等（2023）[15]综述了基因组测序、天然橡胶生物合成和 RT 复合体在橡胶生产植物中的研究进展，并强调确定 RT 复合体的详细成分对于理解 NR 生物合成机制和加速橡胶生产植物的分子育种至关重要。

三是橡胶树转录组学分析。橡胶树转录组学分析揭示了乳胶长期流动（LFL）机制、乳胶再生的分子机制、与橡胶树死皮病（TPD）相关的基因和通路等。Wei 等（2015）[16]利用 Illumina 平台对 LFL 相关的转录本进行测序，组装出 98 697 个转录本和 38 584 个 unigenes。BLAST 搜索显示，65.17%的 unigenes 可以被注释。功能分类揭示了 853 个与 LFL 相关的单基因，KEGG 分类显示某些代谢通路（如半胱氨酸和蛋氨酸代谢、能量、氧化磷酸化等）在 LFL 中显著富集。这项工作为研究乳胶流动时间相关的基因和分子机制奠定了基础。Chao 等（2015）[17]通过比较橡胶树克隆 CATAS8-79 和 PR107 的转录组，揭示了调控乳胶再生的分子机制。研究产生了超过 2 600 万个有效读长，组装了 51 829 个 all-unigenes，并检测到 6 726 个差异表达的单基因。研究发现，甲羟戊酸（MVA）途径中的内源性茉莉酸、碳水化合物代谢、羟甲基戊二酰基辅酶 A 还原酶（HMGR）和橡胶树橡胶转移酶（HRT）对乳胶再生有重要影响，而内源性乙烯（ETH）、乳汁管细胞壁的木质素含量、抗氧化剂和葡聚糖酶水平对乳胶流动过程有重要影响。这些发现为理解乳胶再生和流动的分子调控机制提供了新线索。Liu 等（2015）[18]通过 Illumina Hiseq 2000 技术对健康橡胶树（H）和受 TPD 影响的橡胶树（T）的转录组进行比较分析，以识别与 TPD 相关的基因和通路。研究利用所获得的 34 632 012 个和 35 913 020 个原始 reads，分别组装出 141 456 个和 169 285 个 contig，以及 96 070 个和 112 243 个 unigenes。比较分析发现，在 73 597 个基因中，有 22 577 个差异表达基因。其中，与天然橡胶生物合成和茉莉酸合成相关的基因表达在 TPD 感染的树木中受到抑制。这些转录组数据为 TPD 相关基因的发现提供了线索。

5.3.1.3 机构前沿表现度评价

基于全球天然橡胶热带作物科学研究领域前沿文献集数据，统计分析全球各国机构在该学科中的前沿表现度，结果如表5-6所示。综合表现排名前3的机构分别为中国热带农业科学院、海南大学和法国农业国际合作研究发展中心。

表5-6 全球天然橡胶热带作物研究领域TOP10机构前沿表现度综合分析

机构名称	所属国家	前沿表现力		前沿贡献度		前沿影响度		前沿引领度	
		排名	得分	排名	得分	排名	得分	排名	得分
中国热带农业科学院	中国	1	1.13	1	0.55	1	0.13	1	0.45
海南大学	中国	2	0.28	2	0.17	5	0.03	2	0.08
法国农业国际合作研究发展中心	法国	3	0.26	3	0.14	3	0.04	2	0.08
蒙彼利埃大学	法国	4	0.24	4	0.13	4	0.04	2	0.08
中国科学院	中国	5	0.21	5	0.11	2	0.05	6	0.05
石河子大学	中国	6	0.17	6	0.09	10	0.01	2	0.08
法国国家农业食品与环境研究院	法国	7	0.14	7	0.08	8	0.01	6	0.05
坎皮纳斯州立大学	巴西	8	0.14	9	0.06	7	0.02	6	0.05
法国国立高等农学、食品与环境学院	法国	9	0.12	9	0.06	9	0.01	9	0.04
圣保罗大学	巴西	10	0.11	7	0.08	6	0.03	10	0.01

5.3.2 热带农业资源与环境科学研究的主题及前沿表现

5.3.2.1 研究主题

天然橡胶热带农业资源与环境科学研究领域耦合网络图谱显示，该领域主要关注3个方向，为橡胶园生态影响与恢复、橡胶园生物多样性研究、天然橡胶及其替代资源的可持续性和环境影响，其中，橡胶园生态影响与恢复与橡胶园生物多样性研究联系紧密、交叉明显（图5-4）。对不同聚类下的高频主题词进行统计（表5-7），结合聚类文献和高频词分布，了解该领域的研究热点和进展。

5 天然橡胶研究领域竞争力及前沿格局解析

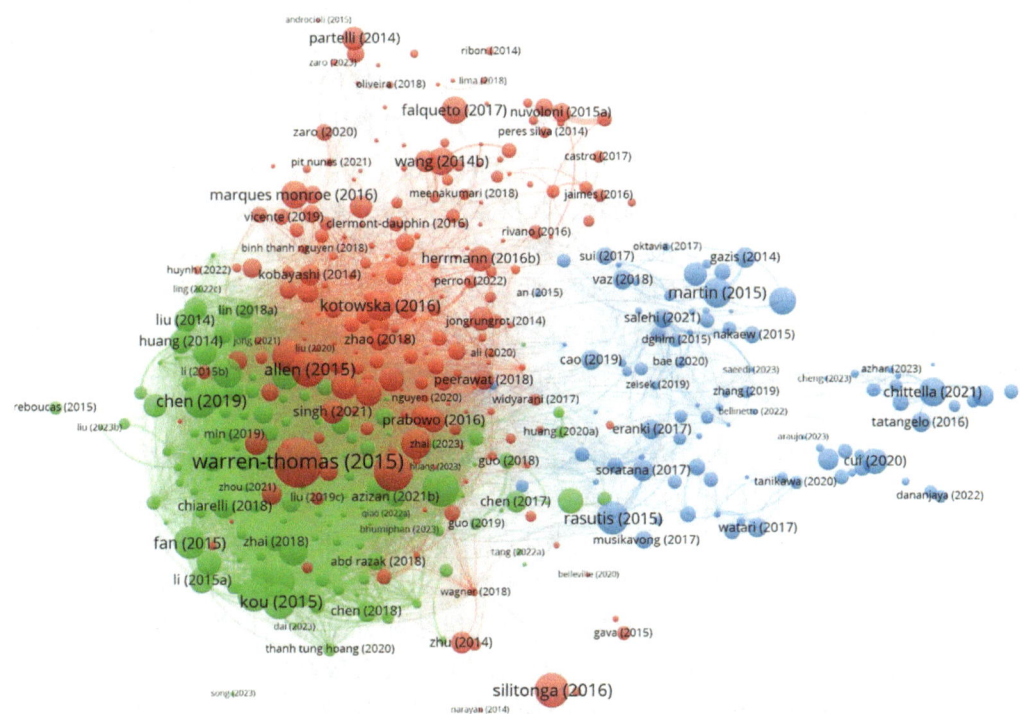

● 橡胶园生物多样性研究　● 橡胶园生态影响与恢复　● 天然橡胶及其替代资源的可持续性和环境影响

图 5-4　天然橡胶热带农业资源与环境科学研究领域耦合网络分析

注：节点代表文献，节点大小代表被引次数；连线代表存在耦合关系，连线的粗细代表耦合关系的强弱；颜色代表聚类。

表 5-7　天然橡胶热带农业资源与环境科学研究高频主题词

聚类	高频主题词
橡胶园生态影响与恢复	橡胶种植园（rubber plantation）、西双版纳（Xishuangbanna）、物候学（phenology）、树干年龄（stand age）、陆地卫星（landsat）、农林复合经营（agroforestry）、生物多样性（biodiversity）、土地利用变化（land use change）、稳定同位素（stable isotope）
橡胶园生物多样性研究	碳封存（carbon sequestration）、橡胶种植园（rubber plantation）、农林复合经营（agroforestry）、年代序列（chronosequence）、气候变化（climate change）、土地利用变化（land use change）、土壤肥力（soil fertility）、间作（intercropping）、吸附（adsorption）、丛枝菌根真菌（Arbuscular mycorrhizal fungi）、生物多样性（biodiversity）
天然橡胶及其替代资源的可持续性和环境影响	天然橡胶（natural rubber）、橡胶草（Taraxacum kok-saghyz）、生物降解（biodegradation）、天然橡胶处理废水（natural rubber processing wastewater）、乳胶（latex）、多样性（diversity）、干旱（drought）、银胶菊（guayule）、生命周期评估（life cycle assessment）、灰白银胶菊（Parthenium argentatum）

一是橡胶园生态影响与恢复。橡胶园的生态影响、生态恢复与可持续管理研究联系紧密。自20世纪以来，全球对乳胶的需求激增，导致橡胶园迅速扩张，2014—2023年新增了约200万公顷的种植面积。东南亚成为橡胶树种植的热点区域，虽然提高了当地农民的经济水平，但也对生态环境和功能造成了影响[27]。目前，关于橡胶树种植对生态系统功能影响的研究较少。Singh等（2021）[28]综合分析了橡胶树种植对土壤碳储量、地上和地下生物量、凋落物生产与分解、呼吸作用以及生物多样性（包括植物、动物、土壤动物和微生物）的影响。研究发现，与森林相比，橡胶种植园的生态系统功能通常较低，对一些人工林的影响更为严重，如地上生物量、地下生物量和植物多样性下降超过55%，且这种负面影响与种植年龄无关。农林复合经营、病虫害综合治理、覆盖作物种植、覆盖和堆肥等措施可以在一定程度上改善土壤肥力。

二是橡胶园生物多样性研究。Mishra等（2023）[29]探讨了热带雨林转变为橡胶种植园对土壤微生物群落的影响，比较了天然林、橡胶单作以及3种不同管理方式（覆盖作物、杂草作物和间作）的土壤微生物群落结构。研究发现，细菌在所有土地利用类型中占主导地位，而天然林的细菌丰富度和多样性最高。与其他土地利用类型相比，天然林在总功能多样性及趋化、鞭毛组装和分泌系统相关的基因方面也显著性较高。研究还发现，不同土地利用类型的土地具有较高的功能多样性和生物多样性丰度，表明适当的土地管理可促进热带地区可持续种植，对维护生物多样性和土壤功能具有重要作用。橡胶种植园的建立是一种常见的土地利用方式，可以在热带森林生态系统中影响植物多样性和土壤性质。Appiah-Badu等（2022）[30]研究了橡胶树种植土地利用方式对加纳Awudua森林树种多样性和土壤理化性质的影响。结果表明，橡胶林的树种丰富度、多样性、均匀度和断面积显著低于次生林和原始林。不同土地利用方式的土壤有机碳含量、全氮含量、钾含量、磷含量、镁含量和容重存在差异，但pH值和钙含量无明显差异。橡胶林土地利用方式对植物多样性和土壤性质产生了强烈的负面影响，应采取植树造林和补偿等缓解措施，确保保护区生物多样性的可持续利用和保护。Nguyen等（2020）[31]的研究结果表明，天然林土壤健康水平高于橡胶林，高生物量林土壤健康水平更高；幼龄橡胶园土壤健康状况较差；土壤健康取决于植被结构（土壤健康与冠层盖度、枯落物生物量、枯落物干盖度和地面植被盖度呈显著正相关）。该研究强调了严格的土地管理和土地使用转换政策的必要性。

三是天然橡胶及其替代资源的可持续性和环境影响。通过研究热带雨林转为橡胶树种植区对土壤微生物群落的影响，以及橡胶树种植对生态系统功能的影响，Martinez-Hernandez和Hernandez[32]提出了一个橡胶园与乳胶加工的技术生态整合概念，旨在通过系统地结合生态和技术过程来描述和模拟橡胶园与乳胶加工之间的相互作用，提升作物生产系统的可持续性。生态部分关注橡胶林中影响碳、氮、水、生物量和乳胶生产的过程，而技术部分则包括乳胶的浓缩工艺、废水处理和厌氧消化（AD）以回收水、营养和能量。该整合的主要协同效应是通过养分循环利用维持树木生长所需的养分并提高乳胶产量。回收的水在加工过程中循环使用，节省了85%的淡水，而灌溉用水则来自外部水源。与传统的橡胶园相比,这种技术生态整合系统可以提高16%的碳捕获能力和62%的乳胶产量。总的来说,这项研究强调了通过技术生态整合来提高橡胶园的可持续性,并通过明确地建模展示了这种整合对生态系统服务的潜在益处。这种方法可为其他生产系统提供参考,帮助它们在生产过程中实现更高的环境效益。

天然橡胶加工废水中含有高浓度的有机化合物、氮和其他污染物。Watari 等(2016)[33]采用折流板反应器(BR)、上流式厌氧污泥毯(UASB)和下流式悬挂海绵(DHS)反应器组成的处理系统处理天然橡胶加工废水。此外,天然橡胶生产过程中还涉及温室气体排放,因此,研究也关注如何通过改进橡胶加工技术减少环境污染。Tanikawa 等(2016)[34]评估了1个处理烟胶片(RSS)废水的开放式厌氧系统(OAS)的温室气体(GHGs)排放,并指出天然橡胶加工厂废水处理过程中排放的氧化亚氮和甲烷是温室气体的重要贡献者。

在天然橡胶可持续性方面,相关研究主要围绕着其替代资源的挖掘展开。Bell 等(2015)[35]聚焦于刺莴苣(*Lactuca serriola* L.),一种能够合成长链天然橡胶的植物。研究目的在于揭示影响橡胶生物合成的遗传和表型特征。研究表明,多刺莴苣不仅有助于阐明橡胶合成的机理,还具有成为生产橡胶的作物的潜力。

这些研究不仅涵盖了橡胶的生物合成、遗传改良和环境影响,还包括了橡胶废弃物的可持续管理,以及如何通过创新技术提高橡胶产业的可持续性。通过这些研究,可以为橡胶产业的未来发展提供科学依据,同时为环境保护和资源利用提供新思路。

综上所述,该研究领域涵盖了橡胶树的种植、管理和橡胶树对环境的影响。橡胶树种植对土壤微生物群落的影响,包括不同种植模式下土壤中细菌和真菌的变化,对土壤动物和昆虫群落的影响;橡胶树对气候变化的潜在影响;橡胶树的遗传改良,包括通过分子标记辅助育种来提高产量和质量;橡胶树对环境变化的适应性,包括对干旱和温度变化的响应;橡胶树种植对土壤物理和化学性质的影响,以及对土壤健康的影响;橡胶树种植对当地生态系统功能的影响,包括对土壤养分循环的影响;橡胶树种植对农业生产的影响,包括与其他作物的间作和轮作系统;橡胶树种植对土壤侵蚀和水土保持的影响;橡胶树种植对土壤温室气体排放的影响,等等。这些研究提供了对橡胶树种植在农业、环境管理和生物多样性保护方面影响的综合理解,并为橡胶树的可持续种植提供了科学依据。

5.3.2.2 前沿主题

以1年为一个时间切片,通过 CiteSpace 软件,选取每个子集前1%的数据进行文献共被引分析,旨在探测出重要的节点文献。通过参数设置,得到平均轮廓值为0.836、模块化Q值为0.541 3(Q>0.3 表示网络社团结构显著)的可视化网络。通过LLR算法寻找聚类,最终形成较为显著的4个聚类社团(图5-5),对应的前沿主题词线索为"#0 碳平衡""#1 间作复杂性""#2 时空模式""#3 橡胶园扩张映射"。进一步综合评估网络中节点的 Sigma 值,观测引文网络中重要的文献节点,并在此基础上对这些文献的施引文献进行检索,结合对施引文献的分析,判定学科知识领域的研究前沿(表5-8)。

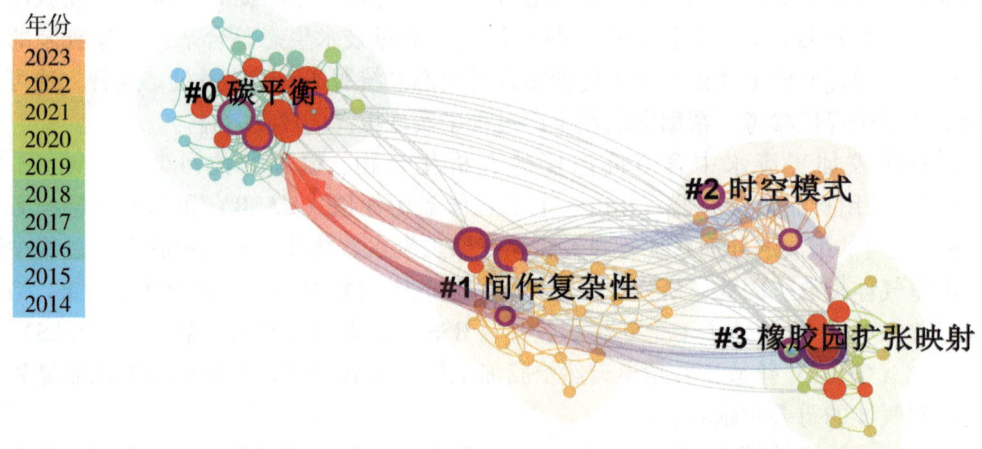

图 5-5 天然橡胶热带农业资源与环境研究领域共被引网络图谱

注：节点年轮代表文章的引文历史，年轮的整体大小反映论文被引用的次数，引文年轮的颜色代表相应的引文时间；紫圈节点为高中介中心性节点（中介中心性不小于0.1）；红色节点为突发性节点；箭头代表路径依赖关系。

表 5-8 天然橡胶热带农业资源与环境研究领域共被引网络重要文献

前沿名称	关键节点文献	被引频次
橡胶种植园碳平衡研究	Blagodatsky 等（2016）. Carbon balance of rubber (*Hevea brasiliensis*) plantations: a review of uncertainties at plot, landscape and production level[36]	65
	Yang 等（2016）. Land-use change impact on time-averaged carbon balances: rubber expansion and reforestation in a biosphere reserve, south-west China[37]	39
	Fan 等（2015）. Phenology-based vegetation index differencing for mapping of rubber plantations using landsat oli data[44]	76
	Langenberger 等（2017）. Rubber intercropping: A viable concept for the 21st century?[45]	50
	Chen 等（2016）. Mapping tropical forests and deciduous rubber plantations in Hainan island, China by integrating palsar 25-m and multi-temporal landsat images[46]	78
橡胶农林复合生态系统研究	Zeng 等（2022）. Effect of intercrops complexity on water uptake patterns in rubber plantations: evidence from stable isotopes (c-h-o) analysis[38]	4
	Gnanamoorthy 等（2022）. Seasonal fog enhances crop water productivity in a tropical rubber plantation[39]	1
	Wen 等（2022）. Implementing intercropping maintains soil water balance while enhancing multiple ecosystem services[40]	5
	Lai 等（2023）. Dry season temperature and rainy season precipitation significantly affect the spatio-temporal pattern of rubber plantation phenology in Yunnan province[41]	1
	Li 等（2023）. Comparison of different important predictors and models for estimating large-scale biomass of rubber plantations in Hainan island, China[42]	4

（续表）

前沿名称	关键节点文献	被引频次
橡胶园扩张影响研究	Chen 等（2023）. Identification of rubber plantations in southwestern china based on multi-source remote sensing data and phenology windows[47]	4
	Li 等（2023）. Preseason sunshine duration determines the start of growing season of natural rubber forests[48]	1
	Somching 等（2020）. Using machine learning algorithm and landsat time series to identify establishment year of para rubber plantations: a case study in Thalang district, Phuket island, Thailand[49]	7
	Xiao 等（2020）. Sentinel-2 red-edge spectral indices (resi) suitability for mapping rubber boom in Luang Namtha province, northern Lao PDR[43]	32
	Zou 等（2021）. Soil quality assessment of different *Hevea brasiliensis* plantations in tropical China[50]	22
	Azizan 等（2021）. Application of optical remote sensing in rubber plantations: A systematic review[51]	27

经分析发现，天然橡胶热带农业资源与环境研究的前沿表现如下。

一是橡胶种植园碳平衡研究。Blagodatsky 等（2016）[36]综述了橡胶林碳储量及其动态变化的研究，指出从森林转为橡胶园通常会导致碳损失，而从耕地转为橡胶园则可能出现碳汇。这些变化受气候、土壤和地形影响，亚热带干燥气候和高海拔地区的橡胶树种植降低了碳汇潜力。Blagodatsky 等还探讨了轮作长度和管理策略对碳储量的影响，以及估算中的不确定性。与土地利用变化相比，橡胶生产过程中的温室气体排放贡献较小。东南亚地区的橡胶种植园扩张是导致森林砍伐和退化的主要原因之一。在中国，由于天然林与商业种植之间的界限模糊，橡胶种植甚至扩展到了自然保护区的保护林区域。目前，对这种土地利用变化对保护区内碳平衡的影响研究还相对较少。以中国西双版纳纳板河流域国家级自然保护区为例，Yang 等（2016）[37]结合野外采样、遥感和 GIS 技术，采用了快速碳储量评估方法，对 6 种主要土地利用系统（低地森林、低地橡胶、高地橡胶、灌木和草地、农业作物）进行了碳储量评估。研究发现，橡胶林的碳储量虽然高于非森林土地利用类型，但远低于天然林。通过时间序列分析，在 23 年间，保护区整体景观（26 574 公顷）获得了 64.4 万吨的碳储量。随着遥感大数据、云平台和机器学习技术的发展，现在可以更精确地获取关键生理变量，如林龄和冠层高度，这些变量对于生物量估算至关重要。

二是橡胶农林复合生态系统研究。橡胶树单一种植的种植园扩张易造成各种环境问题，而以橡胶树为基础的农林复合系统可以提供更环保的橡胶树种植方法。Zeng 等（2022）[38]探讨了橡胶树单一种植与橡胶树农林复合系统对环境的影响。

研究发现，与单一橡胶树种植园相比，橡胶树与其他作物（如橘子树和茶树）的农林复合系统能更有效地利用土壤水分，提高土壤含水量，尤其是橡胶树与茶和橡胶树与橘树的复合种植系统。橡胶树展现出灵活的水分利用策略，能够根据生长阶段调整水分获取来源，从深层土壤中吸收更多水分以满足生长需求。研究还发现，橡胶树的土壤吸水性随季节变化，且不同栽培体系间存在显著差异。农林复合系统中的橡胶树似乎比单一种植的橡胶树更能从更深的土壤中吸收水分。这些发现为农林复合系统的种间水分利用模式提供了见解，有助于该地区橡胶农林复合系统的间作选择。Gnanamoorthy 等（2022）[39]以我国西南地区成熟橡胶林为研究对象，历时3年，研究了雾对橡胶林各生理参数的影响。研究发现，雾多发生在旱季，与低温、低水汽压差、高湿度和湿冠层条件有关。在旱季中的冷干季，橡胶树的生理活动受到抑制，碳同化和蒸散均减少，但这种不均衡的下降反而提高了作物水分生产力。间作可以改变人工林土壤的耗水、吸收和保持。然而，人们对土壤水分变化如何影响生态系统知之甚少。Wen 等（2022）[40]在橡胶林中种植了益智（*Alpinia oxyphylla* Miq.），并监测间作后表层（0~20 厘米）、中层（20~40 厘米）、深层（40~60 厘米）土壤含水量。结果表明，间作在不增加整个系统耗水的前提下，平衡了土壤水分分布，改善了多个生态系统服务功能。因此，间作不会加剧水分亏缺。在橡胶树种植中，间作可促进土地可持续利用的同时保护作物生产和改善生态系统服务。持续的全球变暖给植物生态系统带来了挑战，橡胶种植园尤其脆弱，因为它不仅影响植物生长周期和橡胶产量，而且还影响森林冠层和大气之间碳、水和能量交换等复杂的相互作用。Lai 等（2023）[41]利用遥感影像和物候指标分析了云南次生橡胶林对气候变化的响应。研究发现，近 20 年来橡胶林物候发生了显著变化，生长季开始提前，且结束推迟，生长季时长增加。橡胶林物候对温度变化和降水变化表现出敏感性，且受到季前气候变化的影响。这些发现有助于理解橡胶种植园在次优环境中如何应对气候变化，并为可持续橡胶生产管理提供见解。

三是橡胶园扩张影响研究。橡胶树种植园正在不断向北扩张，例如，老挝作为一个内陆山区国家，在热带北部边缘或非传统适宜种植区种植橡胶树，以提供稳定的天然乳胶供应，但这也导致了严重的生态退化，对水源保持、土壤质量、雨林生物多样性产生不良影响。由于温度和降水的季节性变化，东南亚大陆（MSEA）北部的橡胶林通常具有在旱季周期性落叶的特征，以及较长的落叶持续时间，这为使用多光谱（如近红外和短波红外波段）卫星，特别是陆地卫星进行动态监测奠定了物候和生理基础。Xiao 等（2020）[43]开发了一种红边光谱指数（RESI）方法，并应用该方法识别和绘制了老挝北部琅南塔省的橡胶种植园。该省的橡胶树种植热潮始于 21 世纪第一个十年的中期。2018 年该省成熟橡胶林面积为 771.2 千米^2，是 2011 年的近 2 倍，总体精度和 kappa 系数分别达到 92.50% 和 0.91。

5.3.2.3 机构前沿表现度评价

基于全球天然橡胶热带农业资源与环境科学研究领域前沿文献集数据，统计分析全球各国机构在该学科中的前沿表现度，结果如表 5-9 所示。综合表现排名前 3 位的机构分别为中国科学院、中国热带农业科学院和俄克拉何马大学系统。

表5-9 全球天然橡胶热带农业资源与环境科学研究领域
TOP10机构前沿表现度综合分析

机构名称	所属国家	前沿表现度		前沿贡献度		前沿影响度		前沿引领度	
		排名	得分	排名	得分	排名	得分	排名	得分
中国科学院	中国	1	0.98	1	0.50	1	0.15	1	0.33
中国热带农业科学院	中国	2	0.21	2	0.11	5	0.03	2	0.08
俄克拉何马大学系统	美国	3	0.17	4	0.08	3	0.04	5	0.05
西南林业大学	中国	4	0.15	3	0.09	2	0.04	9	0.02
复旦大学	中国	5	0.15	4	0.08	3	0.04	6	0.03
豪恩海姆大学	德国	6	0.14	9	0.06	8	0.02	3	0.06
云南师范大学	中国	7	0.14	4	0.08	10	0.00	3	0.06
哥廷根大学	德国	8	0.13	4	0.08	7	0.02	6	0.03
夏威夷大学系统	美国	9	0.12	9	0.06	6	0.03	6	0.03
南京林业大学	中国	10	0.09	4	0.08	9	0.01	10	0.00

5.3.3 热带植物保护与生物安全科学的研究主题及前沿表现

5.3.3.1 研究主题

天然橡胶热带植物保护与生物安全科学研究领域耦合网络图谱显示，该领域主要关注7个方向，分别为白粉病危害及其防治研究、虫害相关研究、南美叶疫病危害及其抗病性研究、根病危害及其防治研究、炭疽病致病性及其防治研究、多主棒孢多样性及其致病性研究、茎部病害相关研究（图5-6）。进一步对不同聚类下的高频主题词进行统计（表5-10），结合聚类文献和高频词分布，了解该领域的研究热点和进展。

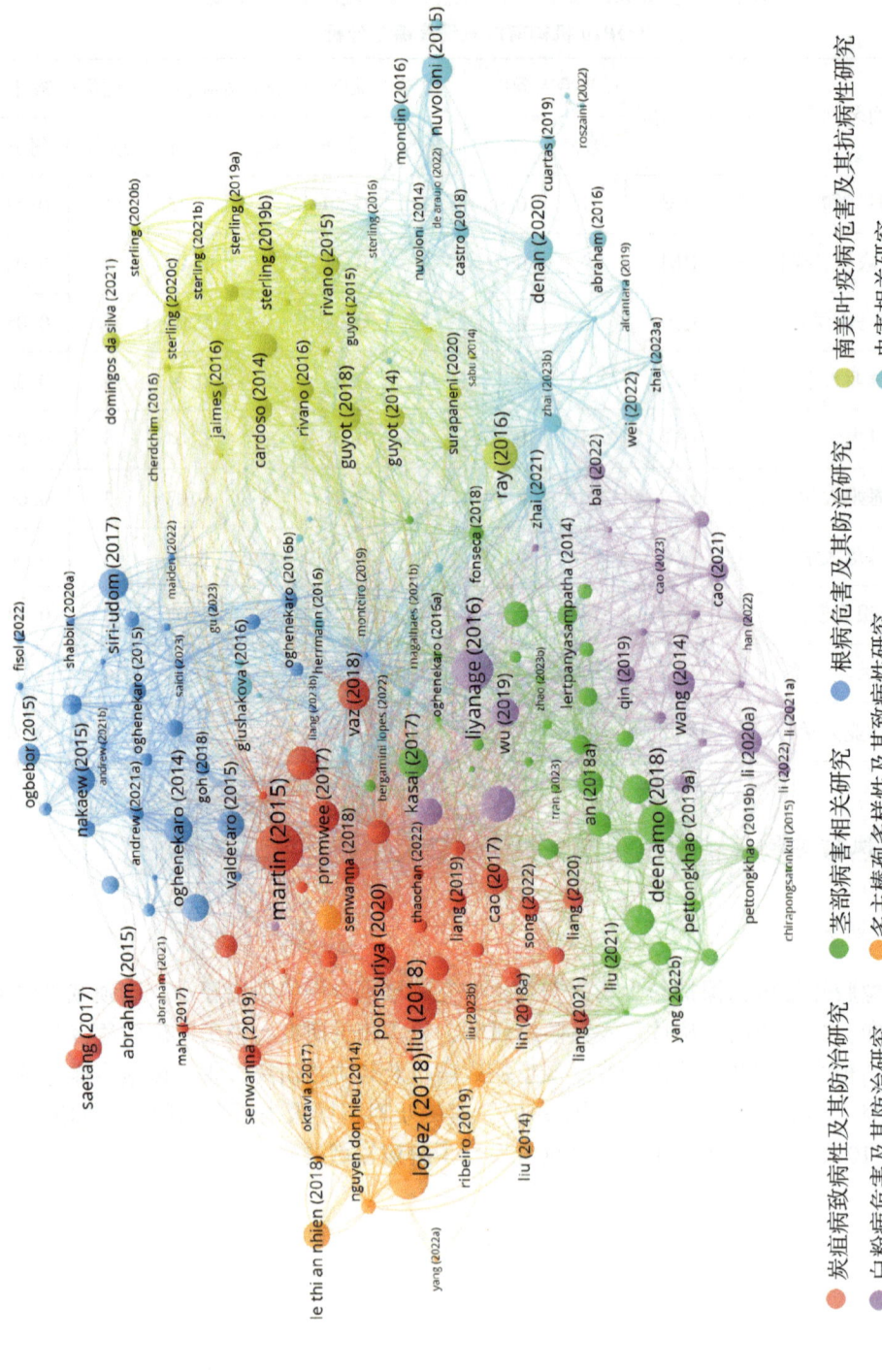

图5-6 天然橡胶热带植物保护与生物安全科学研究领域耦合网络分析

注：节点代表文献，节点大小代表被引次数，连线代表存在耦合关系，连线的粗细代表耦合关系的强弱；颜色代表聚类。

表 5-10 天然橡胶热带植物保护与生物安全科学研究领域高频主题词

聚类	高频主题词
白粉病危害及其防治研究	白粉（powdery mildew）、机器学习（machine learning）、植物免疫（plant immunity）、效应蛋白（effector protein）、白粉菌（*Erysiphe quercicola*）、特征选择（feature selection）、线粒体（mitochondria）、形态（morphology）
虫害相关研究	蜱螨亚纲（acari）、根状菌根真菌（arbuscular mycorrhizal fungi）、炭疽菌（*Colletotrichum*）、物候学（phenology）、炭疽病（*anthracnose*）、生物多样性（biodiversity）、茶叶瘿螨（*Calacarus*）、天蛾幼虫（hornworm）、分类学（taxonomy）、太平洋细须螨（*Tenuipalpus heveae*）
南美叶疫病危害及其抗病性研究	南美叶疫病菌（*Pseudocercospora ulei*）、南美叶疫病（south American leaf blight）、南美叶疫病菌（*Microcyclus ulei*）、敏感性（susceptibility）、疾病探测（disease detection）、厄瓜多尔（Ecuador）、流行病学（epidemiology）、逃逸区（escape area）、光合作用（photosynthesis）、抗性（resistance）、适应性（adaptability）
根病危害及其防治研究	小孔硬孔菌（*Rigidoporus microporus*）、生物防治（biocontrol）、白根病（white root rot disease）、16s rRNA 基因（16s rRNA gene）、拮抗活性（antagonistic activity）、枯草杆菌（*Bacillus subtilis* CZK1）、微管蛋白（beta-tubulin）、疾病抑制（disease suppression）、致病性（pathogenicity）、蛋白组（proteomics）
炭疽病致病性及其防治研究	形态学（morphology）、子囊菌门（Ascomycota）、胶孢炭疽菌（*Colletotrichum gloeosporioides*）、大戟科（Euphorbiaceae）、分类学（taxonomy）、生物防治（biological control）、尖孢炭疽（*Colletotrichum acutatum*）、内生植物（endophyte）、系统发生（phylogeny）、叶斑病（leaf spot）
多主棒孢多样性及其致病性研究	多主棒孢霉（*Corynespora cassiicola*）、毒素（cassiicolin）、次生代谢（secondary metabolites）、毒素类（toxin class）、毒力（virulence）、生物防治（biological control）、毒素基因（CAS gene）、棒孢霉落叶病（CLF disease）、比较基因组（comparative genomics）、分生孢子生产（conidiation）、棒孢科（Corynesporascaceae）、敲除突变体（deletion mutant）
茎部病害相关研究	胶孢炭疽菌（*Colletotrichum gloeosporioides*）、抗病性（disease resistance）、分生孢子生产（conidiation）、致病性（pathogenicity）、防御反应（defense response）、诱导抗性（induced resistance）、微小 RNA（microRNAs）、发病机理（pathogenesis）、棕榈疫霉（*Phytophthora palmivora*）、RNA 测序（RNA-Seq）

一是白粉病危害及其防治研究。白粉菌（*Oidium heveae* Steinm.）属于专性寄生菌，是橡胶树最重要的叶片病害之一，白粉病影响橡胶树的幼叶、芽、花序和其他未成熟组织，可使橡胶树的乳胶产量降低，在世界范围内造成橡胶产量的严重损失。然而，橡胶树与白粉菌相互作用的生理和分子过程的研究仍有待深入。Wang 等（2014）[52]研究了白粉病对橡胶树线粒体和叶绿体功能的影响。研究发现，白粉病破坏线粒体内外膜。接种 5 天后，线粒体膜完整率显著降低；细胞色素 C 氧化酶、NADH 氧化和苹果酸脱氢酶（malate dehydrogenase，MDH）活性显著降低；三羧酸循环和电子传递能力严重受损。叶绿素（Chl）含量、最大光化学效率（Fv/Fm）、实际光化学效率和光系统Ⅱ（FPSⅡ）的电子传递速率（ETR）在接种 10 天后均显著下降。研究结果为橡胶树与白粉病的相互作用机制提供了新见解。Mei 等（2016）[53]的研究揭示了 *O. heveae* HN1106 在拟南芥中的致病机制以及植物的防御反应。研究发现，*O. heveae* HN1106 能够通过激活 EDS1、PAD4 及 SA 依

赖的方式触发超敏反应（HR），这是植物免疫系统的一部分，有助于限制病原体的扩散。此外，研究还发现非 SA 依赖的抗性机制也参与了对 O. heveae HN1106 的防御，如 *npr*1、*sid*2 和 *NahG* 等基因的突变体表现出对 O. heveae HN1106 的敏感性增加。在研究中，还观察到 PMR4（白粉病抗性 4）在早期阶段阻止了 O. heveae HN1106 的入侵，这表明了另一个可能的抗性机制。通过对 47 个不同拟南芥品种的接种和分析，研究者发现 Lag2-2 品种对 O. heveae HN1106 表现出显著的敏感性，这可能与该品种中特定的抗性基因有关。这些发现为理解拟南芥对 O. heveae HN1106 的抗性机制提供了新的见解，并为未来的橡胶树白粉病管理和防治策略提供了科学依据。

橡胶树白粉病存在于所有橡胶种植区，在亚热带环境中发病率高。粉状霉菌分生孢子是风传播孢子，当生长条件有利时大量产生。孢子萌发的最佳条件是相对湿度 97%～100% 和温度 25～28℃。从关于气候—真菌关系的研究结果中可以清楚地看出，天气变化强烈影响疾病的发病率和严重程度[54]。一些新培育的橡胶无性系已显示出对该病的抗性，也可用一些杀菌剂和生物防治剂加以控制。通常通过向患病的植物喷撒硫黄粉来控制白粉病，然而这可能会对环境产生长期的负面影响。因此，有必要寻找环境友好型的白粉病控制方法。Liyanage 等（2018）[55] 的研究涉及葡萄霉菌（*Ampelomyces mycoparasite*）的形态学、分子特征以及 ITS rDNA 区的系统发育分析。Liyanage 等观察到葡萄霉菌能够寄生于橡胶白粉菌中并最终将其消灭。这对于制定有效的防治策略具有重要意义。

二是橡胶树虫害相关研究。橡胶树虫害是影响橡胶树生长和产胶量的重要因素之一。常见的橡胶树虫害包括叶螨、介壳虫和小蠹虫等。角虫（*Erinnyis ello*）和橡胶树灰介壳虫（*Leptopharsa heveae*）是橡胶树常见的两种重要害虫。角虫主要以幼虫形式为害橡胶树的嫩叶，可导致叶片脱落。而橡胶树灰介壳虫则群集在橡胶树的叶背及嫩枝上，吸食树液，形成黄色斑点，会造成枝条枯死。Sterling 等（2016）[56] 对哥伦比亚亚马孙地区两个地点的不同种植系统（大花可可树或香蕉树）中，3 个橡胶树无性系与对照 IAN 873 的害虫发病率和丰度进行了评估。结果表明角虫和灰介壳虫的发病率和丰度不仅受到时空变化的影响，而且还受到种植系统的影响，其中，克隆 FDR 5788 耐受性最强。该研究结果表明害虫的发病率和丰度受到多种因素的影响，包括种植系统和季节变化。*Calacarus heveae* Feres（Eriophyidae）和 *Tenuipalpus heveae* Baker（Tenuipalpidae）可导致橡胶树叶片脱落。从害虫综合治理的角度来看，栽培具有抗性的克隆是一种重要的防治策略。Vieira 等（2017）[57] 研究评估了橡胶树无性系对螨侵害的抵抗力。该研究对于理解橡胶树对害虫的抗性机制以及制定有效的害虫管理策略具有重要意义。通过监测和评估不同无性系的抗性，可为橡胶树种植提供科学依据，选择抗虫性强的无性系进行种植，可减少害虫对橡胶树的影响，保障橡胶产量。

三是南美叶疫病危害及其抗病性研究。南美橡胶树叶疫病（SALB）是由真菌 *Microcyclus ulei* 引起的一种严重疾病，对南美洲湿热地区种植的橡胶树构成了巨大威胁。南美橡胶树叶疫病可导致橡胶树叶片大量脱落，甚至死亡，严重影响天然橡胶的产量。为了应对这一挑战，围绕筛选和培育抗 SALB 的橡胶树基因型展开了一系列研究。通常采取多种管理策略，包括选择抗性树种和寻找逃逸区。逃逸区是指那些气候条件不利于病原体发展，使得橡胶树能够保持无病害的地区。然而，随着病原体的适应和进化，这些逃避区可能会逐渐减少。为了获得哥伦比亚的马格达莱纳（Magdalena）地区的气候和土壤参数，Jaimes 等（2016）[58]使用了分布在该地区 19 个气象站 1990—2010 年期间的温度、相对湿度和年降水量记录，以及该地区土壤单位的定义。研究结果发现从橡胶树年蒸散量来看，马格达莱纳中部地区适合橡胶树的种植；但考虑到该地区并不是一个逃逸区，因此建议在这些地区使用抗 *M. ulei* 的高产橡胶树无性系。巴西的一项为期 12 年的试验研究评估了 9 个抗 SALB 的橡胶树基因型。这项长期研究评估了多个农艺性状，包括 SALB 抗性、生长和产量，以及与胶乳生产相关的特征，如蔗糖和无机磷，以及抗 SALB 基因型的树皮结构特征[59]。Sterling 等（2019）[60]研究发现，在雨季，SALB 的强度最高，导致叶片受损面积为 16%~30%。研究识别了 23 个具有不同 SALB 抗性水平的哥伦比亚超级基因型，这些基因型可作为改进哥伦比亚亚马孙地区 SALB 管理的宝贵育种资源。这对于理解橡胶树对 SALB 的抗性机制以及制定有效的病害管理策略具有重要意义。通过监测和评估不同无性系的抗性，可为橡胶树种植提供科学依据，选择抗病性强的无性系进行种植，可减少病害对橡胶树的影响，保障橡胶产量。

四是根病危害及其防治研究。小孔硬孔菌（*Rigidoporus microporus*），也称为白根病菌，是热带和亚热带地区橡胶园中最具破坏性的根部病原体，对全球天然橡胶生产构成重大威胁。挥发性有机化合物（VOCs）的生物熏蒸法是一种用于控制橡胶树白根病的潜在方法。Siri-Udom 等（2017）[61]的研究结果表明，内生真菌 *Muscodor heveae* 产生的 VOCs 在体外对小孔硬孔菌具有抗菌活性，能够实现 100% 的生长抑制。使用 *M. heveae* 接种剂熏蒸的土壤明显抑制了白根病的发展。该发现表明，*M. heveae* 的生物活性 VOCs 是控制橡胶树白根病的一种替代方法。Goh 等（2018）[62]的研究结果表明，*Cladobotryum semicirculare*（一种真菌）能够在体外抑制小孔硬孔菌的菌丝生长，并有效减少橡胶树苗的白根病。此外，*C. semicirculare* 还被发现可以减少小孔硬孔菌菌丝体的再生。这些发现为使用生物控制剂来管理橡胶树的白根病提供了科学依据，有助于开发环保的病害管理策略。

五是炭疽病致病性及其防治研究。*Colletotrichum* leaf disease（CLD）是由 *Colletotrichum* 属的真菌引起的，对橡胶树构成严重威胁的病害。在橡胶树上表现出不同症状的炭疽菌病，在橡胶树不同品种上的致病性也不完全相同。这种差异通常归因于病原体的毒力因子，即碳水化合物活性酶（CAZymes）、次级代谢产物（SM）和小分泌蛋白（SSP）效应物。Liu 等（2020）[63]对 2 种炭疽菌（*C. siamense* 和 *C. australisinense*）的基因组草图展开研究，并开展潜在致病基因的功能注释，为进一步了解炭疽菌的生物学特性和生活方式提供了重要的基因组资源。尖锐炭疽菌复合体（*C. acutatum* species complex）具有多种重要特征，如广泛的宿主范围与宿主偏好、不同的繁殖方式和不同的宿主感染策略。Liu 等（2023）[64]使用比较基因组学研究了从橡胶树中获得的尖锐炭疽菌种群的系统发育关系和分类地位，并试图找到性状之间的相关性。该研究为中国橡胶树炭疽菌复合群的基因重组提供了证据。总体上，通过对 *C. siamense* 和

C. australisinense 等病原菌的基因组测序和功能注释，可以更好地理解它们的生物学特性，并为设计更有效的病害控制策略提供基础。

六是多主棒孢多样性及其致病性研究。Corynespora leaf fall（CLF）病是橡胶树的主要病害之一，由多主棒孢（*C. cassiicola*）引起，影响天然橡胶的生产。为了研究其发病机制，Liu 等（2014）[65]通过创建绿色荧光蛋白标记的 *C. cassiicola* 转化子，研究了其在橡胶树上的侵染过程。转化子保持致病性，通过伤口感染叶片，并在 48 小时内在叶片表面大量繁殖，72 小时内形成分生孢子。这项研究有助于预测 CLF 的发病路径，并评估橡胶树对 *C. cassiicola* 的抗性。多主棒孢的致病性与分泌性小糖蛋白 cassiicolin 有关。Déon 等（2015）[66]研究发现，*C. cassiicola* 中的 cassiicolin 效应因子的编码基因存在显著多样性。在不同宿主和地理来源的分离株中，cassiicolin 基因编码不同的蛋白质亚型。其中，携带 *Cas1* 基因的菌株在橡胶树品种上表现出最强的侵染性，并属于同一进化分支。这项研究为理解 *C. cassiicola* 种群生物学以及其在不同寄主植物上的流行病学提供了重要的基础信息。

七是茎部病害相关研究。疫霉在世界范围内对作物和自然生态系统造成毁灭性的影响。由疫霉属（*Phytophthora*）引起的落叶病和黑条病对橡胶树生长有害，导致天然橡胶产量下降。在泰国，*P. palmivora* 是橡胶树的重要致病菌，Chirapongsatonkul 等（2015）[67]研究旨在建立一种快速、同时检测疫霉属 *Phytophthora* 和 *P. palmivora* 的 PCR 方法。研究中建立了 2 种 PCR 方法：单轮巢式多重 PCR 和单轮半巢式多重 PCR，分别产生 1 025 bp 和 650 bp 的 PCR 产物，代表两种疫霉的特定基因区域。该技术成功检测到了橡胶树叶片和树皮样本中的疫霉属真菌和 *P. palmivora*，且即使在低模板量下也能准确识别。然而，从严重症状的叶片中提取的 DNA 有时显示出阴性结果，这与经典分离方法的结果一致。这项技术有助于检测和管理橡胶树疫霉感染，对保护作物具有重要意义。Ekchaweng 等（2017）[68]通过农杆菌介导的瞬时表达方法，在烟草（*Nicotiana benthamiana*）中表达了 *HbSPA*、*HbSPB* 和 *HbSPC* 基因，以研究枯草溶菌素样丝氨酸蛋白酶的分子功能。*HbSPA* 基因在叶片中表达的功能性蛋白酶增强了其对 *P. palmivora* 的抗性，表明 *HbSPA* 在植物防御中起重要作用。此外，*P. palmivora* 的 kazal 样细胞外蛋白酶抑制剂 10（PpEPI10）可抑制蛋白酶活性。研究还发现，*PpEPI10* 基因在 *P. palmivora* 定植过程中表达显著上调，而 *HbSPA* 基因在感染过程中也高表达。进一步试验表明，重组 PpEPI10 蛋白（rPpEPI10）能通过蛋白互作特异性地抑制 HbSPA，揭示了植物蛋白酶和病原蛋白酶抑制剂介导的防御—对抗机制。

综上所述，天然橡胶植物保护与生物安全科学研究领域主要围绕着关键性病害即白粉病、南美叶疫病、根病、炭疽病、棒孢霉落叶病、茎部病害展开。该领域涉及多个学科，主要包括以下几个方面。①病理学研究：研究橡胶树病虫害的成因、发病机制以及病原体的生物学特性，如炭疽病、多主棒孢和疫霉属真菌的致病机理。②基因组学和分子生物学：通过基因组测序和功能注释，了解橡胶树及病原菌的遗传信息，探索抗病基因和病原体的毒性基因，如橡胶树炭疽菌的比较基因组分析。③抗病育种：利用遗传学和分子生物学手段，培育具有抗性的橡胶树品种，如为了应对 SALB，监测和评估不同无性系的抗性。④生物化学和植物化学：研究生防菌次生代谢产物及其在植物抗病防御反应中的作用。⑤生物防治：利用有益微生物或其代谢产物来控制病害，如利用挥发性有机化合物进行生物熏蒸。除此之外，农业管理措施、物理防治、化学防治、病害监测和预警等这些领域的研究相互关联，共同构成了天然橡胶植物保护的科学基础。

5.3.3.2 前沿主题

以1年为一个时间切片，通过CiteSpace软件，选取每个子集前1%的数据进行文献共被引分析，旨在探测出重要的节点文献。通过参数设置，得到平均轮廓值为0.918 5、模块化Q值为0.600 6（Q＞0.3表示网络社团结构显著）的可视化网络。通过LSI算法寻找聚类，最终形成较为显著的3个聚类社团（图5-7），对应的前沿主题词线索为"#1 基因表达分析""#2 生物防治效力""#3 橡胶树白粉病"。进一步综合评估网络中节点的Sigma值，观测引文网络中重要的文献节点，并在此基础上对这些文献的施引文献进行检索，结合对施引文献的分析，判定学科知识领域的研究前沿（表5-11）。

图5-7 天然橡胶热带植物保护与生物安全科学研究领域共被引网络图谱

注：节点年轮代表文章的引文历史，年轮的整体大小反映论文被引用的次数，引文年轮的颜色代表相应的引文时间；紫圈节点为高中介中心性节点（中介中心性不小于0.1）；红色节点为突发性节点。

表5-11 天然橡胶热带植物保护与生物安全科学研究领域共被引网络重要文献

前沿名称	关键节点文献	被引频次
橡胶树病原菌致病机制研究	Ribeiro 等（2019）. Gene deletion of *Corynespora cassiicola* cassiicolin cas1 suppresses virulence in the rubber tree[69]	10
	Senwanna 等（2021）. Ascomycetes on para rubber (*Hevea brasiliensis*)[78]	15
	Chau 等（2022）. Identification and virulence evaluation of *Corynespora cassiicola* cassiicolin-encoding gene isolates from rubber trees in Vietnam[70]	2
	Yang 等（2022）. The effector protein cgnlp1 of *Colletotrichum gloeosporioides* affects invasion and disrupts nuclear localization of necrosis-induced transcription factor hbmyb 8-like to suppress plant defense signaling[71]	6

（续表）

前沿名称	关键节点文献	被引频次
橡胶树病害绿色防控研究	Go 等（2023）. Exploring the biocontrol efficacy of *Trichoderma* spp. against *Rigidoporus microporus*, the causal agent of white root rot disease in rubber trees (*Hevea brasiliensis*)[72]	5
	Wang 等（2023）. Functional characterization of powdery mildew resistance-related genes *Hbsgt1a* and *Hbsgt1b* in *Hevea brasiliensis* Muell. Arg[73]	3
橡胶树病害监测	Kong 等（2023）. Meteorological-data-driven rubber tree powdery mildew model and its application on spatiotemporal patterns: A case study of Hainan island[75]	1
	Zhai 等（2023）. Rubber latex yield is affected by interactions between antecedent temperature, rubber phenology, and powdery mildew disease[76]	2
	Zeng 等（2023）. Monitoring the severity of rubber tree infected with powdery mildew based on UAV multispectral remote sensing[77]	8

经分析发现，天然橡胶植物保护与生物安全科学研究领域的前沿表现如下。

一是橡胶树病原菌致病机制研究。近年来，针对炭疽菌与多主棒孢等病原菌多样性与致病机制研究取得了一些重要的进展。Ribeiro 等（2019）[69]通过创建 cassiicolin 基因 *Cas1* 的缺失突变体，发现 *Cas1* 基因缺失导致多主棒孢毒力丧失，但外源 cassiicolin 的补充可以恢复突变体的定植能力。Chau 等（2022）[70]鉴定了 cassiicolin 编码基因并对其在橡胶树品种中的毒力进行了评价。该研究利用 7 对引物对从越南橡胶园采集的 24 株多主棒孢分离株进行了 *Cas* 基因的鉴定。经 BLAST 分析和系统发育分析表明，其中 6 株分离株携带 *Cas2* 基因序列，与巴西的多主棒孢 *Cas2* 基因序列属同一群。Cassiicolin 编码基因与真菌毒力之间的联系尚不清楚，但 *Cas2* 基因对越南橡胶树品种也显示出极强的真菌毒力。真菌分泌许多效应子来调节宿主的防御系统。了解真菌效应物调控植物防御的分子机制对开发新的病害防治策略具有重要意义。Yang 等（2022）[71]的研究表明，橡胶树炭疽菌（*C. gloeosporioides*）中的效应因子 CgNLP1 是一种 Nep1 样蛋白（NLP），它在分生孢子萌发、附着胞形成和侵染生长中起作用。CgNLP1 在烟叶中的瞬时表达能够诱导植物产生乙烯，而在拟南芥中的表达则增强了对灰葡萄孢菌和甘蓝链格孢菌的抗性。研究还发现，橡胶树的 R2R3 型转录因子 HbMYB8-like 是 CgNLP1 的靶标，它在细胞核中定位并诱导细胞死亡。CgNLP1 能够破坏 HbMYB8-like 在细胞核中的积累。这些发现表明 CgNLP1 通过影响病原菌的入侵并抑制宿主防御调节因子 HbMYB8-like 来促进感染。

二是橡胶树病害绿色防控研究。橡胶树病害绿色防控研究包括橡胶树的抗病机制研究、病害生物防治研究等[72,73]。橡胶树白粉病、南美叶疫病影响橡胶树的幼叶、芽、花序和其他未成熟组织，使橡胶树的胶乳产量降低。虽然一些新培育的橡胶树克隆已经显示出对病害的抗性，但天气变化强烈影响疾病的发病率和严重程度[54,74]。随着植物抗病性的研究不断深入，科学家们正在探索如何培育抗病的作物品种。SGT1 是 R 蛋白触发植物抗病和防御反应所需的重要因子，其在模式植物中的重要作用已有研究。Wang 等（2023）[73]从橡胶树中克隆 HbSGT1a 和 HbSGT1b。HbSGT1a 和 HbSGT1b 氨基酸序列同源性为 64.82%，均具有保守的 TPR、CS 和 SGS 结构域，这是 SGT1 蛋白的特征结构域。表达分析显示，HbSGT1b 转录本在所有组织中均比 HbSGT1a 转录本丰富。橡胶树的白粉病会触发 HbSGT1a 和 HbSGT1b 的转录表达。此外，HbSGT1a 和 HbSGT1b 的转录本受到外源植物激素和非生物胁迫诱导。酵母双杂交试验表明，HbSGT1a 和 HbSGT1b 都与热休克蛋白 90（HbHSP90.1）相互作用。这些结果表明 HbSGT1 和 HbHSP90.1 形成了一个功能复合物，并在橡胶树抗白粉病、抗逆性及激素信号传导中发挥重要作用。

三是橡胶树病害监测。橡胶是一种重要的战略物资，橡胶树白粉病、南美叶疫病等的流行引起一系列严重的问题，橡胶树病害监测研究在了解和管理橡胶园方面变得越来越重要。通过加强监测，可以及时有效防控疾病流行，从而提高橡胶的产量和质量[74]。Kong 等（2023）[75]筛选显著气象因子，最终构建数据驱动的橡胶树白粉病病情指数（RTPM-DI）模型。Kong 等利用该模型对 1980—2018 年海南岛 RTPM-DI 的时空分布进行了分析。该研究构建的 RTPM-DI 模型增强了人们对气候变化和橡胶树白粉病影响的认识，为更深入地研究橡胶树白粉病的形成机制和控制策略提供了有效的工具。橡胶树乳胶生产对当地经济至关重要，但西双版纳的气候被认为不适合种植橡胶树。该地区白粉病的流行使乳胶年产量明显降低。乳胶产量受几个因素的影响，包括温度、疾病、其他生物条件和种植园管理。然而，很少有人对这些因素与乳胶产量之间的相互关系和潜在影响网络进行定量评估。为了弥补这一空白，Zhai 等（2023）[76]利用 2004—2010 年云南西双版纳某农场的日乳胶产量观测数据，结合详细的物候、白粉病和温度数据，研究了 3 月温度、物候和白粉病对橡胶产量的影响。综合定量评估揭示了日温差、物候和白粉病在影响乳胶产量方面的重要性，以及它们之间复杂的相互联系。该研究结果对今后白粉病和乳胶产量的研究具有重要意义。为了预防和控制白粉病，及时和准确的检测是必不可少的。近年来，无人机（UAV）遥感技术在农林领域得到了广泛应用，但在森林病害监测方面还没有得到广泛应用。Zeng 等（2023）[77]提出了一种基于无人机低空遥感和多光谱成像技术的白粉病严重程度监测方法。该方法利用无人机采集自然感染橡胶林冠层的多光谱图像，提取了 19 个光谱特征（5 个光谱带+14 个植被指数）、8 个纹理特征、10 个颜色特征。同时，采用 Pearson 相关分析和顺序向后选择（SBS）算法剔除冗余特征，发现敏感特征组合。特征组合包括光谱、纹理和颜色特征及其组合。这些特征的组合被用作 RF、BPNN 和 SVM 算法的输入，以构建白粉病严重程度模型，并识别不同病程阶段（无症状、健康、早期、中期和严重）。结果表明，融合光谱、纹理和颜色特征的 SVM 模型对早期白粉病的识别率最高。

5.3.3.3 机构前沿表现度评价

基于全球天然橡胶植物保护与生物安全科学研究领域前沿文献集数据,统计分析全球各国机构在该学科中的前沿表现度,结果如表 5-12 所示。综合表现排名第一的机构为海南大学。蒙彼利埃国际高等农学研究中心,法国农业国际合作研究发展中心,蒙彼利埃大学,法国国家农业食品与环境研究院,法国国立高等农学、食品与环境学院得分一致,皆为 0.69,居次位。

表 5-12 全球天然橡胶植物保护与生物安全科学研究领域 TOP10 机构前沿表现度综合分析

机构名称	所属国家	前沿表现度		前沿贡献度		前沿影响度		前沿引领度	
		排名	得分	排名	得分	排名	得分	排名	得分
海南大学	中国	1	0.92	1	0.29	6	0.34	1	0.29
蒙彼利埃国际高等农学研究中心	法国	2	0.69	2	0.24	1	0.39	4	0.06
法国农业国际合作研究发展中心	法国	2	0.69	2	0.24	1	0.39	4	0.06
蒙彼利埃大学	法国	2	0.69	2	0.24	1	0.39	4	0.06
法国国家农业食品与环境研究院	法国	2	0.69	2	0.24	1	0.39	4	0.06
法国国立高等农学、食品与环境学院	法国	2	0.69	2	0.24	1	0.39	4	0.06
中国热带农业科学院	中国	7	0.55	2	0.24	9	0.13	2	0.18
克莱蒙特奥弗涅大学	法国	8	0.45	8	0.12	7	0.27	4	0.06
马来西亚博特拉大学	马来西亚	9	0.30	8	0.12	10	0.07	3	0.12
贵州大学	中国	10	0.28	8	0.12	8	0.16	10	0.00

5.3.4 热带草业与饲料科学的研究主题

目前,天然橡胶在热带草业与饲料科学领域的相关研究少,该领域主要关注橡胶树籽粕作为动物饲料的替代潜力。发展中国家的珍珠鸡产量正在增加,这对于消除贫困具有重要作用。然而,由于饲料成本高昂,尤其是豆粕成本高,农民难以负担,导致动物无法获得满足其营养需求的饲料,从而表现不佳。有研究表明,橡胶树籽粕中n-3多不饱和脂肪酸(PUFAs)含量较高,占总脂肪酸(FAs)的21.2%。在珍珠鸡饲粮中添加橡胶树籽粕对其生长性能和胴体产量无不良影响,而使用腰果粕会对日增重和饲料系数等生产性能产生负面影响,因此腰果粕不适合作为饲粮中豆粕的部分替代品[79]。此外,使用橡胶树籽粕的珍珠鸡腹部脂肪比例非常低,血液甘油三酯和胆固醇含量也很低。饲粮中添加橡胶树籽粕可使珍珠鸡肉富含PUFAs,尤其是n-3 FAs,从而显著提高其营养价值。Kouassi等(2020)[80]的研究结果显示,通过在珍珠鸡的饲粮中添加大戟属植物种子和橡胶树种子粉,可以提高产蛋率,降低鸡蛋胆固醇含量,并增加鸡蛋中n-3 FAs的含量,从而提升鸡蛋的营养价值,同时不影响鸡蛋的感官品质。Kone等(2022)[81]的研究结果表明,饲喂饲粮(含有15%解毒胶木籽粕)的珍珠鸡肉更受消费者青睐。

此外,天然橡胶乳胶的含水部分(natural rubber serum, NRS)含有蛋白质,可以提取出来用于动物饲料,尽管在传统的橡胶加工方案中,它被丢弃在废水中。NRS蛋白具有作为动物饲料的巨大潜力。然而,关于其在动物饲粮中的适口性及其对生长性能影响的研究仍然很少。有研究发现,在基础日粮中添加不同水平的NRS蛋白后,各营养成分(粗蛋白质、碳水化合物、粗脂肪和能量)均发生变化。总的来说,饲粮中添加4.0% NRS蛋白对鸡的生长最有利,且对肠道形态和盲肠菌群没有影响[82]。该结果表明,NRS蛋白是一种可行的替代品,可作为肉鸡的饲料成分。

综上所述,这些研究为发展中国家的珍珠鸡等养殖业提供了一种降低成本、提高营养价值的饲料替代方案,促进珍珠鸡等养殖业的可持续发展。

5.3.5 热带农业工程的研究主题及前沿表现

5.3.5.1 研究主题

天然橡胶热带农业工程研究领域耦合网络图谱显示,该领域主要关注10类方向,为天然橡胶及其复合材料的应用、天然橡胶在生物医学领域的应用、纳米材料相关研究、填料与天然橡胶的相互作用、天然橡胶性能改善研究、开发新型天然橡胶复合材料、天然橡胶性能影响因素研究、天然橡胶的形状记忆和自我修复、天然橡胶泡沫复合材料、天然橡胶磁流变弹性体的动态性能(图5-8)。进一步对不同聚类下的高频主题词进行统计(表5-13),结合聚类文献和高频词分布,了解该领域的研究热点和进展。

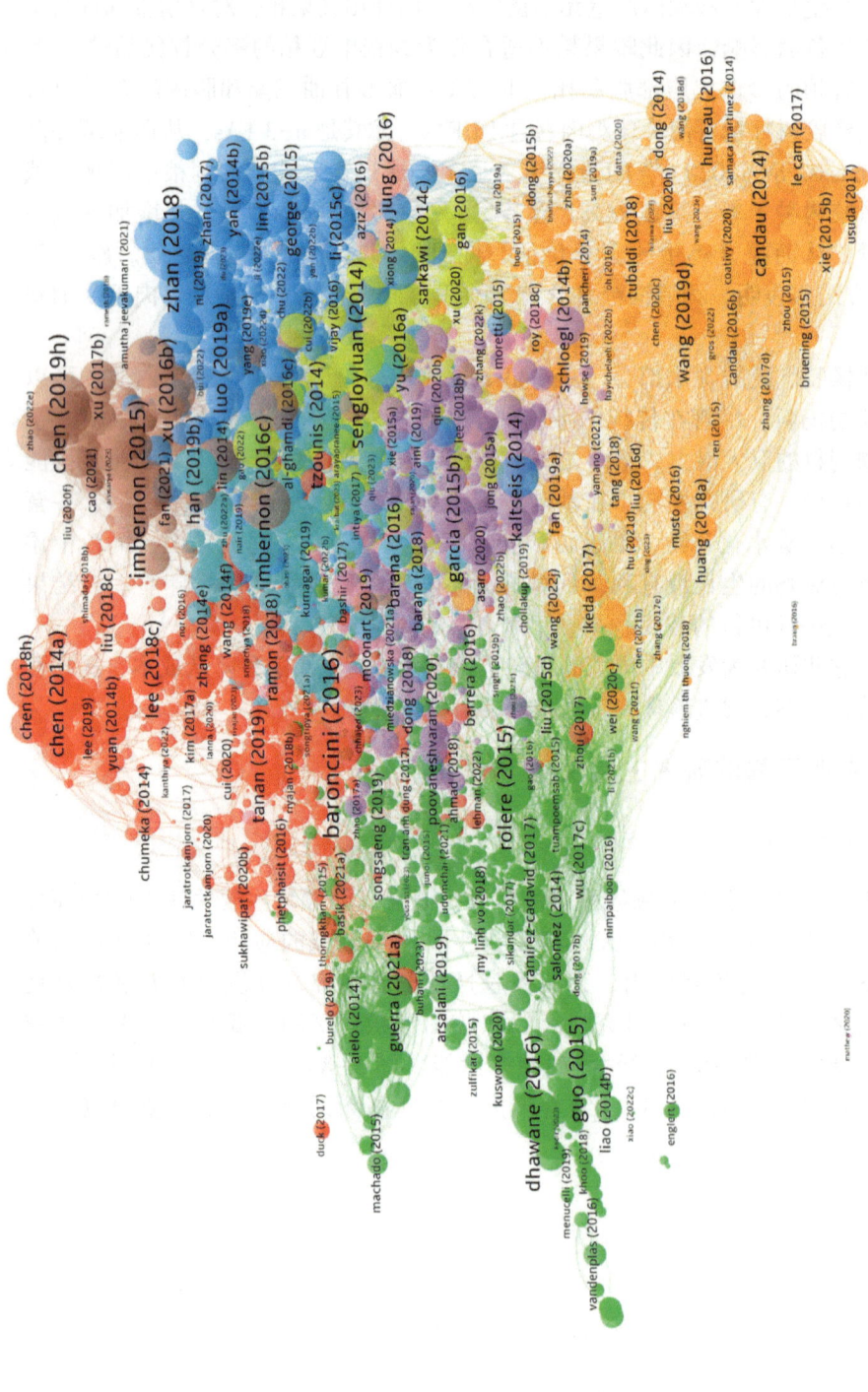

图5-8 天然橡胶热带农业工程研究领域耦合网络分析

注：节点代表文献，节点大小代表被引次数；连线代表存在耦合关系，连线的粗细代表耦合关系的强弱；颜色代表聚类。

表 5-13 天然橡胶热带农业工程研究领域各类高频主题词

聚类	高频主题词
天然橡胶及其复合材料的应用	环氧天然橡胶（epoxidized natural rubber）、机械性能（mechanical properties）、聚乳酸（poly lactic acid）、生物降解（biodegradation）、混合（blend）、形态（morphology）、动态硫化（dynamic vulcanization）、嫁接（grafting）、液体天然橡胶（liquid natural rubber）、壳聚糖（chitosan）
天然橡胶在生物医学领域的应用	机械性能（mechanical properties）、橡胶木（rubberwood）、吸附（adsorption）、生物材料（biomaterial）、流变学（rheology）、电纺丝（electro-spinning）、地面改进（ground improvement）、橡胶籽油（rubber seed oil）、银胶菊（guayule）、蛋白质（protein）
纳米材料相关研究	机械性能（mechanical properties）、纳米复合材料（nanocomposites）、碳纳米管（carbon nanotubes）、热导率（thermal conductivity）、石墨烯（graphene）、石墨烯氧化物（graphene oxide）、热性能（thermal properties）、复合材料（composites）、电气性能（electrical properties）、介电性能（dielectric properties）
填料与天然橡胶的相互作用	机械性能（mechanical properties）、硅（silica）、炭黑（carbon black）、复合材料（composites）、环氧天然橡胶（epoxidized natural rubber）、强化（reinforcement）、纳米复合材料（nanocomposites）、硅烷偶联剂（silane coupling agent）、形态（morphology）、表面改性（surface modification）
天然橡胶性能改善研究	机械性能（mechanical properties）、硫化（vulcanization）、回收（recycling）、脱硫（devulcanization）、交联（crosslinking）、交联密度（crosslink density）、热性能（thermal properties）、炭黑（carbon black）、退化（degradation）、老化（aging）
新型天然橡胶复合材料的开发	机械性能（mechanical properties）、复合材料（composites）、纳米复合材料（nanocomposites）、生物复合材料（biocomposites）、强化（reinforcement）、纤维素纳米晶体（cellulose nanocrystals）、硫化（vulcanization）、炭黑（carbon black）、纳米纤维素（nanocellulose）、回收（recycling）
天然橡胶性能影响因素研究	应变结晶（strain-induced crystallization）、机械性能（mechanical properties）、弹性体（elastomers）、乏力（fatigue）、结晶（crystallization）、炭黑（carbon black）、环氧天然橡胶（epoxidized natural rubber）、填充天然橡胶（filled natural rubber）、天然橡胶支座（natural rubber bearing）、地震隔离（seismic isolation）
天然橡胶的形状记忆和自我修复	自愈（self-healing）、环氧天然橡胶（epoxidized natural rubber）、机械性能（mechanical properties）、回收（recycling）、形状记忆（shape memory）、形状记忆聚合物（shape memory polymer）、类玻璃高分子（vitrimer）、壳聚糖（chitosan）、狄尔斯—阿尔德反应（diels-alder reaction）、弹性体（elastomers）
天然橡胶泡沫复合材料	泡沫（foam）、天然胶乳泡沫（natural rubber latex foam）、硅（silica）、机械性能（mechanical properties）、填料（filler）、能量吸收（energy absorption）、灵活的组合（flexible composite）、洋麻（kenaf）、液体天然橡胶（liquid natural rubber）、发泡剂（blowing agent）
天然橡胶磁流变弹性体的动态性能	磁流变弹性体（magnetorheological elastomer）、机械性能（mechanical properties）、羰基铁（carbonyl iron）、磁流变效应（magnetorheological effect）、炭黑（carbon black）、弹性体（elastomer）、振动（vibration）、添加剂（additive）、各向异性（anisotropic）、羰基铁颗粒（carbonyl iron particle）

一是天然橡胶及其复合材料的应用。天然橡胶及其复合材料应用研究包括探索环氧化技术、表面修饰、生物降解、生物基材料、纳米复合材料、机械性能、热性能、形态学特性、生物降解性、动态硫化、增塑剂影响、分子量和测试速率、混合比、橡胶乳胶、化学修饰等[83-86]。这些研究展示了天然橡胶在提高材料性能、开发新型复合材料以及在环境友好型应用中的潜力。

二是天然橡胶在生物医学领域的应用。关于天然橡胶在生物医学领域应用的研究论文很多,例如,有研究探讨了用于生物医学的天然橡胶和磷酸钙(CA/P)混合物的生产过程及其特性[87];另一项研究关注了天然橡胶膜在特定条件下的光致发光性质,以及金纳米颗粒对其发光性质的影响[88]。天然橡胶乳胶作为一种具有生物相容性和生物活性的天然聚合物,已被用于促进组织修复和作为药物释放的基质。Guerra 等(2021)[89]讨论了利用天然橡胶乳胶开发生物医用设备的最新进展,包括用于慢性创面和骨缺损修复的设备,以及设计药物释放系统。同时,还探讨了天然乳胶在生物医学应用中的关键问题,并展望了其未来的发展机遇。这些研究表明,天然橡胶及其衍生材料在生物医学领域,从提高现有产品的生物相容性到开发新型医疗设备和药物输送系统,均有广泛的应用潜力。

三是纳米材料相关研究。在纳米材料相关研究方面涉及了多壁碳纳米管(MWCNTs)、氧化石墨烯、二硫化钼(MoS2)等不同纳米材料与天然橡胶复合研究,其目的是提高天然橡胶的介电性能、微波吸收性能、机械性能、热性能和气体阻隔性能等。例如,通过简单方法制备的高度敏感的天然橡胶/原始石墨烯应变传感器[90];通过在 NR/SBR 基轮胎胎面胶中加入多壁碳纳米管(MWCNTs),改善其散热性,MWCNTs 的加入提高了复合材料的导热率,减少了热量积聚,提升了轮胎的性能[91]。这些研究表明,通过引入不同的纳米材料,可以显著改善天然橡胶的性能,拓宽其在各个领域的应用范围。

四是填料与天然橡胶的相互作用。填料相关研究主要探讨了天然橡胶与各种填料(如硅灰石、炭黑、纳米黏土、二氧化硅等)的相互作用及其对橡胶性能(包括硫化特性、力学性能、形态学、膨胀评估等)的影响[92-95]。研究还包括天然橡胶的增强效率以及不同表面改性技术对橡胶性能的影响,此外,还涉及天然橡胶的可持续性、环境友好性以及在轮胎工业中的应用潜力。这些研究为开发高性能、环保的橡胶复合材料提供了科学依据。

五是天然橡胶性能改善研究。研究如何采用各种方法改善天然橡胶的性能,如使用回收的乙丙橡胶(EPDM)、磁复合材料及电子束辐照增强机械和动态机械性能[96,97]。研究还探讨了天然橡胶的硫化过程、老化特性以及与不同填料(如碳黑、纳米二氧化硅、回收轮胎橡胶)的混合对天然橡胶性能的影响[98,99]。这些研究旨在提高天然橡胶的热稳定性、抗疲劳性、形态和流变性能,以及在特定应用中的性能,如道路沥青改性、轮胎工业和生物基材料。

六是新型天然橡胶复合材料的开发。开发新型天然橡胶复合材料是一个值得重点关注的方向,这些材料通过添加各种天然填充剂,如大麻、纤维素纳米纤维、木材纤维、甘蔗渣灰等,以提升机械性能、电导率、生物降解性等特性[100,101]。同时,研究也涉及了电子束辐射、过氧化苯甲酰等加工技术对材料性能的影响,以及不同加工方法、表面处理、纤维长度等因素对复合材料性能的作用[102]。此外，还探讨了天然橡胶复合材料在环保、生物基材料、辐射屏蔽等方面的应用潜力[103]。这些研究不仅推动了天然橡胶基复合材料的发展，也为可持续材料科学领域研究提供了新的方向。

七是天然橡胶性能影响因素研究。天然橡胶性能影响因素研究涉及天然橡胶在不同条件下的应变诱导结晶、疲劳性能、裂纹行为、复合材料的增强效果以及相关模型和实验技术的研究[104-106]。研究内容包括了从微观到宏观的多尺度分析，探讨了温度、应力、填充物种类和含量、硫化系统等因素对天然橡胶性能的影响，以及如何通过实验和模型来预测和改善橡胶的机械行为和耐久性。这些研究对于橡胶材料的设计、应用和性能提升具有重要意义。

八是天然橡胶的形状记忆和自我修复。在天然橡胶的形状记忆和自我修复方面，研究人员开发了多种基于天然橡胶的形状记忆聚合物和自我修复材料，这些材料通过不同的交联技术和可逆化学键，如 Oxa-Michael 反应、动态硫化、离子交联等，实现了可编程的形状记忆和自我修复能力[107,108]。这些材料在医疗、工业和环境应用中展现出广泛的潜力，同时注重可持续性和生物基材料的使用。

九是天然橡胶泡沫复合材料。天然橡胶泡沫复合材料相关研究主要集中在多种天然橡胶泡沫复合材料的制备、性能和应用，包括使用高岭土、氧化铝、蛋壳、纳米填料、发泡剂、纤维增强材料等作为填充物，以及通过辐射、化学处理、微波加热等方法来改善其热绝缘、机械、声学和环境响应性能，旨在开发具有特定功能的新型材料，如用于热绝缘、油水分离、电磁屏蔽、防弹和环境修复等[109,110]。

十是天然橡胶磁流变弹性体的动态性能。相关研究包括磁场对其剪切模式下的影响、不同铁基填料和添加剂的增强效果、界面黏附和机械性能，以及在大应变下的磁响应特性[111-113]。研究还涉及磁流变弹性体的制备、表征、磁敏感性、热稳定性、流变性能，以及在不同应用中的性能[111,114]。此外，还探讨了磁流变弹性体的磁畴结构、循环剪切疲劳以及不同分散剂对其性能的影响。

综上所述，天然橡胶热带农业工程是一个多学科交叉的领域，涉及材料科学、化学工程、机械工程、环境科学等多个方面。

5.3.5.2 前沿主题

以 1 年为一个时间切片，通过 CiteSpace 软件，选取每个子集前 1% 的数据进行文献共被引分析，旨在探测出重要的节点文献。通过参数设置，得到平均轮廓值为 0.910 2、模块化 Q 值为 0.721 4（Q>0.3 表示网络社团结构显著）的可视化网络。通过 LLR 算法寻找聚类，最终形成较为显著的 10 个聚类社团（图 5-9），对应的前沿主题词线索为"#0 界面特性""#1 天然橡胶生物复合材料""#2 自我修复性能""#3 热导率""#4 天然橡胶纳米复合材料""#5 胶乳粒子""#6 应变诱导结晶""#7 天然乳胶泡沫""#8 生物医学应用""#9 制剂流变性能""#10 丙二橡胶共混物"。进一步综合评估网络中节点的 Sigma 值，观测引文网络中重要的文献节点，并在此基础上对这些文献的施引文献进行检索，结合对施引文献的分析，判定学科知识领域的研究前沿（表 5-14）。

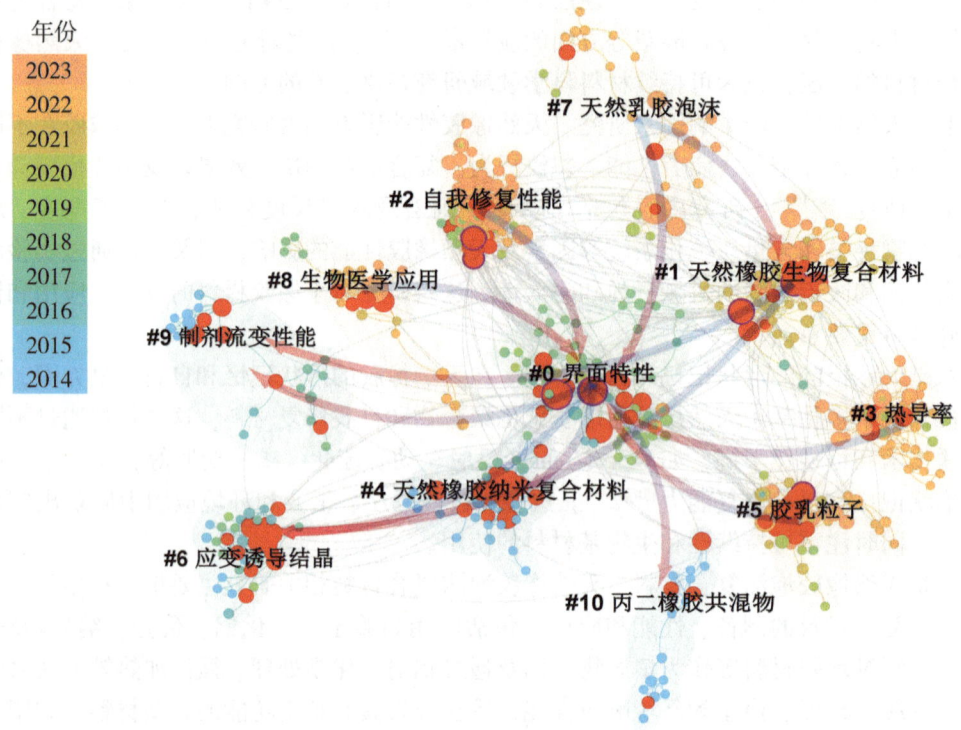

图 5-9 天然橡胶热带农业工程研究领域共被引网络图谱

注：节点年轮代表文章的引文历史，年轮的整体大小反映论文被引用的次数，引文年轮的颜色代表相应的引文时间；紫圈节点为高中介中心性节点（中介中心性不小于 0.1）；红色节点为突发性节点；箭头代表路径依赖关系。

表 5-14 天然橡胶热带农业工程研究领域共被引网络重要文献

前沿名称	关键节点文献	被引频次
天然橡胶纳米复合材料研究	Sethulekshmi 等（2022）. A comprehensive review on the recent advancements in natural rubber nanocomposites[115]	50
	Trinh 等（2023）. Recyclable and self-healing natural rubber vitrimers from anhydride-epoxy exchangeable covalent bonds[116]	2
	Yasin 等（2021）. Effects of ionic liquid on cellulosic nanofiller filled natural rubber bionanocomposites[127]	41
	Tanpichai 等（2023）. Property enhancement of epoxidized natural rubber nanocomposites with water hyacinth-extracted cellulose nanofibers[117]	9
	Supramaniam 等（2022）. Nano-engineered zno/cnf-based epoxidized natural rubber with enhanced strength for novel self-healing glove fabrication[118]	27
	Tang 等（2022）. Current trends in bio-based elastomer materials[119]	52
	Wu 等（2022）. Strengthened self-healable natural rubber composites based on carboxylated cellulose nanofibers participated in ionic supramolecular network[120]	13

（续表）

前沿名称	关键节点文献	被引频次
天然橡胶纳米复合材料研究	Sethulekshmi 等（2022）．Recent developments in natural rubber nanocomposites containing graphene derivatives and its hybrids[121]	22
	Duan 等（2022）．Improved mechanical, thermal conductivity and low heat build-up properties of natural rubber composites with nano-sulfur modified graphene oxide/silicon carbide[122]	20
	Frasca 等（2015）．Multifunctional multilayer graphene/elastomer nanocomposites[123]	42
	Lin 等（2015）．Influence of graphene functionalized with zinc dimethacrylate on the mechanical and thermal properties of natural rubber nanocomposites[124]	17
	Yaragalla 等（2015）．Chemistry associated with natural rubber-graphene nanocomposites and its effect on physical and structural properties[125]	66
	Li 等（2017）．Nanocomposites of graphene nanoplatelets in natural rubber: microstructure and mechanisms of reinforcement[126]	41
天然橡胶及其复合材料性能改善研究	Chen 等（2018）．Bio-based pla/nr-pmma/nr ternary thermoplastic vulcanizates with balanced stiffness and toughness: "soft-hard" core-shell continuous rubber phase, in situ compatibilization, and properties[137]	116
	Cao 等（2018）．Green method to reinforce natural rubber with tunicate cellulose nanocrystals via one-pot reaction[136]	29
	Wang 等（2022）．Effect of non-rubber components on the crosslinking structure and thermo-oxidative degradation of natural rubber[135]	30
	Wei 等（2022）．In-situ observation of spatial organization of natural rubber latex particles and exploring the relationship between particle size and mechanical properties of natural rubber[134]	11
	Yu 等（2020）．Toughening natural rubber by the innate sacrificial network[133]	19
	Zhang 等（2020）．The role of non-rubber components on molecular network of natural rubber during accelerated storage[132]	16
	Chen 等（2014）．Dynamically vulcanized biobased polylactide/natural rubber blend material with continuous cross-linked rubber phase[85]	186
	Zhang 等（2014）．Thermal and mechanical properties of natural rubber composites reinforced with cellulose nanocrystals from southern pine[131]	40
	Zhang 等（2014）．Reinforcing natural rubber with cellulose nanofibrils extracted from bleached eucalyptus kraft pulp[130]	15
	Nabil 等（2014）．Simultaneous enhancement of mechanical and dynamic mechanical properties of natural rubber/recycled ethylene-propylene-diene rubber blends by electron beam irradiation[129]	11
	Nabil 和 Ismail（2014）．Enhancing the thermal stability of natural rubber/recycled ethylene-propylene-diene rubber blends by means of introducing pre-vulcanised ethylene-propylene-diene rubber and electron beam irradiation[128]	18

(续表)

前沿名称	关键节点文献	被引频次
天然橡胶在生物医学领域应用研究	Brasil 等（2022）．Natural latex serum：characterization and biocompatibility assessment using galleria mellonella as an alternative in vivo model[138]	9
	De Paiva 等（2022）．Latex-collagen membrane：an alternative treatment for tibial bone defects[139]	3
	Borges 等（2022）．Metronidazole-loaded gold nanoparticles in natural rubber latex as a potential wound dressing[140]	9
	Pichayakorn 等（2022）．Propranolol hydrochloride film coated tablets using natural rubber latex blends as film former[141]	3
	Marcatto 等（2022）．3D printed-polylactic acid scaffolds coated with natural rubber latex for biomedical application[142]	8
	Andrade 等（2022）．Latex and natural rubber：recent advances for biomedical applications[143]	13

经分析发现，天然橡胶热带农业工程研究领域的前沿表现如下。

一是天然橡胶纳米复合材料研究。天然橡胶纳米复合材料在增强性能、制备技术、改性技术、功能化及电性能等方面的发展，为天然橡胶的应用提供了新的可能性。相关文献包括"综述天然橡胶纳米复合材料的研究进展""由酸酐—环氧交换共价键生成的可回收和自修复的天然橡胶 Vitrimer 材料""离子液体对纤维素纳米填料填充天然橡胶生物纳米复合材料的影响""水葫芦提取纤维素纳米纤维增强环氧化天然橡胶纳米复合材料的性能""纳米工程化 ZnO/CNF 增强型环氧化天然橡胶——用于新型自修复手套制造""生物基弹性体材料的发展趋势""基于羧酸化纤维素纳米纤维的增强型自修复天然橡胶复合材料——离子超分子网络参与体系""含石墨烯衍生物及其杂化物的天然橡胶纳米复合材料研究进展""纳米硫改性氧化石墨烯/碳化硅提高天然橡胶复合材料的机械性能、导热性能和低生热性能""多功能多层石墨烯/弹性体纳米复合材料""二甲基丙烯酸锌功能化石墨烯对天然橡胶纳米复合材料力学和热性能的影响""天然橡胶—石墨烯纳米复合材料的相关化学性能及其对物理和结构性能的影响""天然橡胶/石墨烯纳米片的纳米复合材料：微观结构和增强机制"[115-127]。

二是天然橡胶及其复合材料性能改善研究。通过不同方法增强天然橡胶性能的相关研究涉及的文献如"生物基 PLA/NR-PMMA/NR 三元热塑性硫化胶：具有'软—硬'核壳连续橡胶相、原位相容化及优异刚韧平衡性能""基于一锅法反应的被囊纤维素纳米晶增强天然橡胶的绿色制备方法""非橡胶组分对天然橡胶交联结构及热氧降解的影响""天然橡胶胶乳粒子的原位空间结构观测及其粒径与力学性能关系研究""利用天然牺牲网络增韧天然橡胶""非橡胶组分在加速储存过程中对天然橡胶分子网络的作用机制""具有连续交联橡胶相的动态硫化生物基聚乳酸/天然橡胶共混材料""南方松纤维素纳米晶增强天然橡胶复合材料的热学与力学性能""漂白桉木硫酸盐浆提取的纤维素纳米纤丝增强天然橡胶""电子束辐照同步增强天然橡胶/再生乙丙三元橡胶共混物的力学与动态力学性能""通过引入预硫化乙丙三元橡胶及电子束辐照提升天然橡胶/

再生乙丙橡胶共混物的热稳定性"[85, 128-137]。

三是天然橡胶在生物医学领域的应用研究。这类研究主要介绍了天然橡胶在生物医学领域的多种应用，包括作为骨缺损治疗的替代材料、潜在的伤口敷料、药物包膜片的成膜剂等。天然橡胶在生物医学的应用研究最新进展相关文献如"乳胶—胶原复合膜：胫骨缺损的替代治疗新方案""甲硝唑负载金纳米颗粒/天然胶乳复合材料：一种潜在伤口敷料""天然胶乳共混物作为成膜材料的盐酸普萘洛尔薄膜包衣片""天然胶乳涂覆3D打印聚乳酸支架及其生物医学应用""乳胶和天然橡胶：生物医学应用的最新进展"[138-143]。

5.3.5.3 机构前沿表现度评价

基于全球天然橡胶热带农业工程研究领域前沿文献集数据，统计分析全球各国机构在该学科中的前沿表现度，结果如表5-15所示。综合表现排名前3位的机构分别为华南理工大学、宋卡王子大学和四川大学。

表5-15 全球天然橡胶热带农业工程研究领域TOP10机构前沿表现度综合分析

机构名称	所属国家	前沿表现度		前沿贡献度		前沿影响度		前沿引领度	
		排名	得分	排名	得分	排名	得分	排名	得分
华南理工大学	中国	1	0.26	2	0.08	1	0.10	1	0.08
宋卡王子大学	泰国	2	0.20	1	0.09	3	0.04	2	0.07
四川大学	中国	3	0.15	3	0.06	4	0.04	3	0.05
海南大学	中国	4	0.11	4	0.05	10	0.01	4	0.05
法国国家科学研究中心	法国	5	0.11	4	0.05	5	0.03	5	0.03
广西大学	中国	6	0.10	9	0.04	2	0.04	8	0.02
北京化工大学	中国	7	0.08	10	0.04	6	0.03	5	0.03
朱拉隆功大学	泰国	8	0.08	8	0.04	8	0.02	7	0.03
保利斯塔大学	巴西	9	0.08	6	0.04	9	0.02		
中国热带农业科学院	中国	10	0.08	7	0.04	7	0.02	10	0.02

5.3.6 热带农业经济与乡村振兴的研究主题及前沿表现

5.3.6.1 研究主题

天然橡胶热带农业经济与乡村振兴研究领域耦合网络图谱显示，该领域主要关注2个方向，为生态服务与农林经营、小农生产（图5-10）。进一步对不同聚类下的高频主题词进行统计（表5-16），结合聚类文献和高频词分布，了解该领域的研究热点和进展。

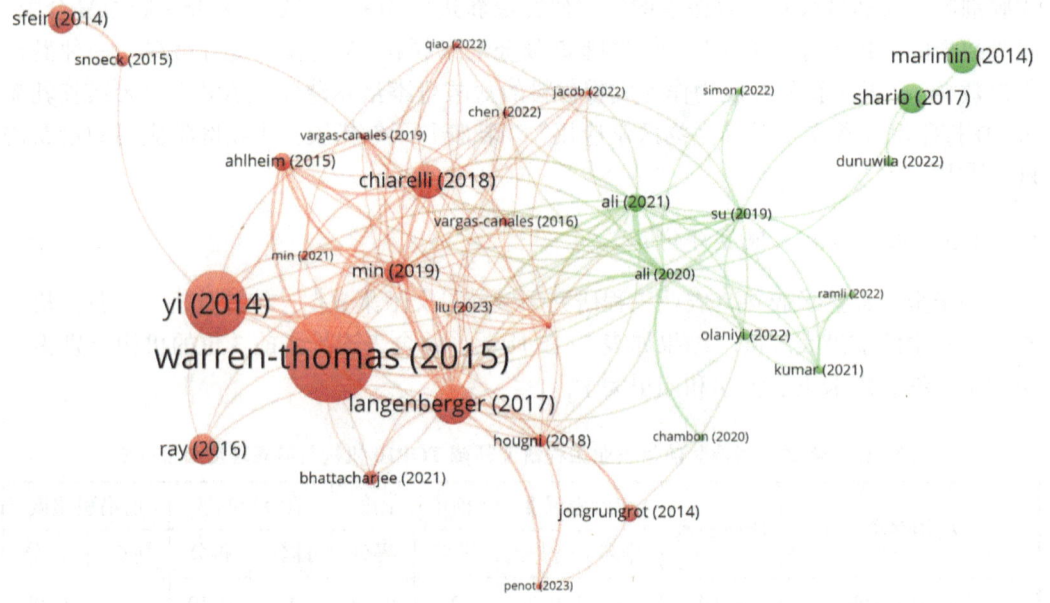

● 橡胶种植业的生态保护与经济发展研究　● 橡胶种植对小农生计与环境可持续性的影响研究

图5-10　天然橡胶热带农业经济与乡村振兴研究领域耦合网络分析

注：节点代表文献，节点大小代表被引次数；连线代表存在耦合关系，连线的粗细代表耦合关系的强弱；颜色代表聚类。

表5-16　天然橡胶热带农业经济与乡村振兴研究领域耦合网络分析各类高频主题词

聚类	高频主题词
橡胶种植业的生态保护与经济发展研究	生态系统服务（ecosystem services）、农林复合经营（agroforestry）、碳封存（carbon sequestration）、经济可行性（economic viability）、地理信息系统（GIS）、地中海地区（mediterranean region）、植树造林（reforestation）、橡胶种植（rubber farming）、西双版纳（Xishuangbanna）、农业社会服务（agricultural social services）
橡胶种植对小农生计与环境可持续性的影响研究	绿色生产力（green productivity）、橡胶生产（rubber production）、小农（smallholder）、农民（farmers）、田间乳胶（field latex）、天然橡胶价格（natural rubber price）、天然橡胶回归（natural rubber return）、质量（quality）、供应（supply）、交易员（traders）

一是橡胶种植业的生态保护与经济发展研究。生态服务与农林经营之间的矛盾主要体现在生态保护与经济发展之间的平衡问题。一方面，生态服务强调保护自然环境、维

护生物多样性等,这往往需要限制农林活动的范围和强度;另一方面,农林经营追求的是经济效益最大化,可能会通过扩大种植面积、增加化肥与农药使用等方式提高产量,这又往往对生态环境造成破坏。因此,如何在保护生态的同时实现农林产业的可持续发展,是两者之间需要协调解决的主要矛盾。云南省西双版纳地区的橡胶树种植带来了巨大的经济发展,但同时也带来了巨大的环境挑战。大规模的橡胶树种植园正在迅速侵占该地区的原始雨林,导致许多珍稀动植物面临灭绝的风险,破坏了当地的自然水资源管理,甚至改变了区域小气候。Ahlheim 等(2015)[144]的研究旨在评估一项重新造林项目的环境效益,并在西双版纳进行民意评估调查,以了解当地居民是否支持将现有橡胶种植园恢复为森林再造林的计划。研究显示,当地居民对橡胶树种植园扩张带来的环境问题有着较高的认识,尽管橡胶树种植园带来了经济效益,但他们仍然愿意为缩减橡胶树种植园的面积作出经济上的牺牲,以促进当地雨林的部分恢复。这可为西双版纳生态系统服务付费系统的实际应用提供参考。

二是橡胶树种植对小农生计与环境可持续性的影响研究。全球天然橡胶产量中有85%来自小农。因此,天然橡胶价格波动对小农生计会产生重大影响。决策支持系统在农业中已被广泛用于解决复杂问题和保持作物生产的盈利性,它们通过优化农场管理实践和制定针对小农的有效政策来促进生产改进。然而,对于决策支持系统在小农橡胶生产中的潜在作用,目前关注较少。Ali 等(2020)[145]的综述旨在确定影响天然橡胶生产的因素,并探讨如何将这些因素整合到现有决策支持系统的设计中。该综述讨论了决策支持系统在提升小农橡胶生产方面的现状,并识别了未来改进的潜在限制和机会。尽管橡胶树是一种小农作物,但关于社会和制度因素对其生产影响的研究却相对缺乏。目前,橡胶生产决策支持系统主要关注于预测生长和产量、评估盈利能力和可行性、评估不确定情况下的替代农场管理实践,以及制定可持续天然橡胶生产政策。该综述识别出3个主要限制:一是对广泛数据的需求;二是社会制度因素未被纳入考量;三是向小农传达模型结果的困难。在泰国,天然乳胶是一种重要的原料,由大量小农生产,它经过当地众多贸易商之手,最终送达工厂。生产和销售链中涉及的多元化利益相关者可能导致最终交付给工厂的乳胶质量出现波动。乳胶加工业需要质量稳定且符合特定标准的原料,因此,识别影响乳胶品质的因素变得尤为关键。然而,目前对于从农场到工厂整个链条中的实践细节尚缺乏完整描述。为此,Chambon 等(2020)[146]开展研究,对泰国南部8个省份的398名乳胶生产者和182名乳胶贸易商进行了调查。调查结果显示,成熟橡胶园中的一些农艺做法(如种植材料、杂草控制、植株行间的管理)具有一致性,而其他做法(如施肥、割胶面板处理、收割方式)则表现出较大差异。由此可知,特定农艺做法对天然乳胶品质的影响。乳胶贸易商作为关键利益相关者,在处理品质问题方面也扮演着重要角色。

综上所述,生态服务与农林经营之间的矛盾点在于如何平衡生态保护与经济发展。生态服务强调自然环境和生物多样性的保护,而农林经营追求经济效益最大化,这两者之间的冲突在橡胶树种植中尤为明显。

5.3.6.2 前沿主题

以1年为一个时间切片,通过 CiteSpace 软件,选取每个子集前10%的数据进行文献共被引分析,旨在探测出重要的节点文献。通过参数设置,得到平均轮廓值为 0.979 9、模块化 Q 值为 0.910 4(Q>0.3 表示网络社团结构显著)的可视化网络。通过 LLR 算法寻找聚类,最终形成较为显著的 4 个聚类社团(图 5-11),对应的前沿主题词线索为 "#0 小农橡胶生产" "#1 需求增长" "#2 生态修复计划" "#3 农户经济"。进一步综合评估网络中节点的 Sigma 值,观测引文网络中重要的文献节点,并在此基础上对这些文献的施引文献进行检索,结合对施引文献的分析,判定学科知识领域的研究前沿(表 5-17)。

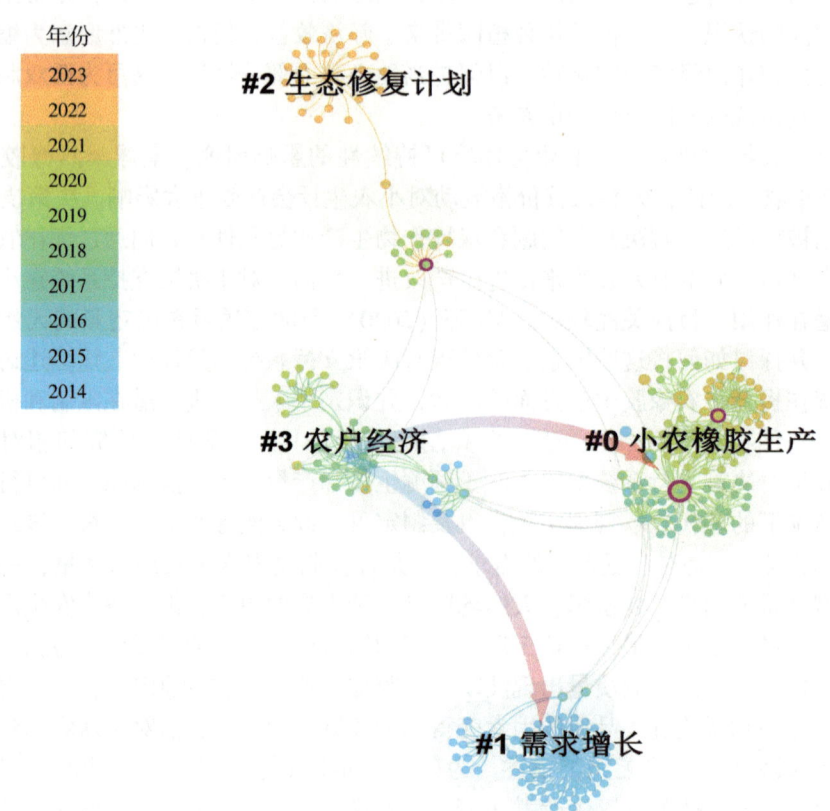

图 5-11 天然橡胶热带农业经济与乡村振兴研究领域共被引网络图谱

注:节点年轮代表文章的引文历史,年轮的整体大小反映论文被引用的次数,引文年轮的颜色代表相应的引文时间;紫圈节点为高中介中心性节点(中介中心性不小于 0.1);箭头代表路径依赖关系。

表5-17 天然橡胶热带农业经济与乡村振兴研究领域共被引网络重要文献

前沿名称	关键节点文献	被引频次
天然橡胶产量下降及其经济影响研究	Ali 等（2020）. The role of decision support systems in smallholder rubber production: applications, limitations and future directions[145]	5
	Ali 等（2021）. The dynamics of rubber production in Malaysia: potential impacts, challenges and proposed interventions[147]	14
橡胶需求对生态的影响研究	Warren-Thomas 等（2015）. Increasing demand for natural rubber necessitates a robust sustainability initiative to mitigate impacts on tropical biodiversity[27]	169
天然橡胶种植与小农生产之间相互影响研究	Hougni 等（2018）. The household economics of rubber intercropping during the immature period in Northeast Thailand[148]	9
	Chambon 等（2020）. Field latex production in southern Thailand: a study on farmers'and traders'practices that may affect the quality of natural rubber latex delivered to the factories[146]	2

经分析发现，天然橡胶热带农业经济与乡村振兴研究领域的前沿表现如下。

一是天然橡胶产量下降及其经济影响研究。橡胶工业是马来西亚经济的重要支柱之一，对该国的国内生产总值（GDP）贡献巨大。但在过去几十年中，橡胶产量持续下降，这一趋势在可可等其他作物中也有所体现。产量的减少对依赖橡胶树种植的小农生计造成了严重影响。Ali 等（2021）[147]的分析显示，全球需求与供应、国家天然橡胶价格以及小农收入之间的相互作用，共同决定了当地天然橡胶的生产规模。总体来看，由于全球出口限制政策的执行不力、国家层面的价格激励措施不足，以及缺乏有效的进口管理，天然橡胶价格长期低迷，导致小农的盈利能力下降。这促使小农减少了割胶和农场维护活动，部分人甚至完全退出了橡胶树种植行业，进而导致橡胶树种植面积和产量的进一步减少。

二是橡胶需求对生态的影响研究。国际市场对天然橡胶的高需求正促使工业和小型农户扩展他们的种植园。东南亚和中国西南地区成为橡胶树种植迅速扩张的热点。Warren-Thomas 等（2015）[27]综合分析了这种扩张对森林生态系统和生物多样性的影响。该研究预计，到2024年，为了满足预期需求，需要新增430万~850万公顷的橡胶种植面积，这可能会威胁到亚洲的大片森林，包括众多的保护区。现有种植园的产量提升潜力存在不确定性，这可能减轻对新增橡胶种植面积的需求，同时还应考虑更有利可图的油棕种植可能取代橡胶树种植的可能性。将森林或荒地转变为单一橡胶树种植园对鸟类、蝙蝠和无脊椎动物的生物多样性有负面影响。目前需要进一步研究探索以橡胶树为主的复合林在维持生物多样性的同时保持橡胶产量的潜力。

三是天然橡胶种植与小农生产之间相互影响研究。为了缓解泰国东北部的贫困问题，泰国政府鼓励农民种植橡胶树。但由于橡胶树的成熟期较长，农民在种植的最初几年会面临收入损失。Hougni 等（2018）[148]分析了橡胶树未成熟期间的间作策略如何帮助农民弥补这部分损失。通过问卷调查收集了35名农民的信息，并对他们的橡胶树种植系统的经济表现进行了分析。进一步对其中22名农民进行了深入访谈，以评估橡胶间作在未成熟期对年度总收入的贡献。研究结果显示，农民对橡胶树间作的兴趣日益增加，木薯和水稻是主要的间作作物。与单一种植橡胶树相比，橡胶树—木薯间作系统每年额外成本约为14 169泰铢/公顷（2018年，1泰铢≈0.2元人民币），但在3年期间，其毛利率估计为11 340泰铢/公顷。橡胶树—木薯间作系统在橡胶树未成熟的6年期间，管理成本比单一橡胶树种植园低59%。从间作中获得的现金收入占家庭总收入的比例为0~26.8%，这对低收入农民具有重要意义。

5.3.6.3 机构前沿表现度评价

基于全球天然橡胶热带农业经济与乡村振兴研究领域前沿文献集数据，统计分析全球各国机构在该学科中的前沿表现度，结果如表5-18所示。综合表现排名前3位的机构分别为东英吉利大学、谢菲尔德大学、马来西亚橡胶委员会。

表5-18 全球天然橡胶热带农业经济与乡村振兴研究领域机构前沿表现度综合分析

机构名称	所属国家	前沿表现度		前沿贡献度		前沿影响度		前沿引领度	
		排名	得分	排名	得分	排名	得分	排名	得分
东英吉利大学	英国	1	0.97	6	0.14	1	0.68	2	0.14
谢菲尔德大学	英国	2	0.82	6	0.14	1	0.68	8	0.00
马来西亚橡胶委员会	马来西亚	3	0.66	1	0.29	5	0.09	1	0.29
昆士兰大学	澳大利亚	4	0.52	1	0.29	5	0.09	2	0.14
豪恩海姆大学	德国	5	0.49	6	0.14	3	0.21	2	0.14
法国农业国际合作研究发展中心	法国	6	0.48	1	0.29	7	0.05	2	0.14
蒙彼利埃大学	法国	6	0.48	1	0.29	7	0.05	2	0.14
汉诺威莱布尼茨大学	德国	8	0.35	6	0.14	3	0.21	8	0.00
孔敬大学	泰国	9	0.34	1	0.29	7	0.05	8	0.00
浙江大学	中国	10	0.29	6	0.14	13	0.00	2	0.14
蒙彼利埃国际高等农学研究中心	法国	11	0.19	6	0.14	10	0.04	8	0.00
法国国家农业食品与环境研究院	法国	11	0.19	6	0.14	10	0.04	8	0.00
法国国立高等农学、食品与环境学院	法国	11	0.19	6	0.14	10	0.04	8	0.00
海南大学	中国	14	0.14	6	0.14	13	0.00	8	0.00

5.4 结论与建议

全球范围来看，2014—2023年，与天然橡胶有关的研究共计发表5 065篇文献。全球天然橡胶研究呈现稳步增长的趋势。从科技论文发文量来看，中国、马来西亚、泰国等均在特定领域中的发文量排名靠前；在科研机构中，中国热带农业科学院、中国科学院、海南大学、宋卡王子大学在特定领域中文献产出数量居首位。全球天然橡胶研究领域排名前20的机构的科技论文竞争力分析结果显示，中国热带农业科学院、宋卡王子大学、华南理工大学、中国科学院、北京化工大学在天然橡胶研究领域的竞争力综合表现较强。其中，中国热带农业科学院在生产力和发展力方面均居首位；华南理工大学在发展力方面与中国热带农业科学院相当；华南理工大学在影响力方面居首位；泰国的宋卡王子大学在合作力方面居首位。从合作力方面来看，中国机构较法国和泰国有一定差距，反映出我国整体科技成果跨国合作方面的能力有较大的提升空间。通过比较不同学科领域的机构综合竞争力，中国热带农业科学院、中国科学院、海南大学和宋卡王子大学在热带作物科学、热带农业资源与环境、热带植物保护与生物安全、热带农业工程领域表现较为突出。

基于领域前沿文献集数据统计分析，在天然橡胶热带作物科学研究领域，排名前3的机构分别为中国热带农业科学院、海南大学和法国农业国际合作研究发展中心；在天然橡胶热带农业资源与环境科学研究领域，中国科学院、中国热带农业科学院和俄克拉何马大学系统的前沿表现居前3位；在天然橡胶植物保护与生物安全科学研究领域，海南大学在该领域的前沿表现力突出，排名第一；在天然橡胶热带农业工程研究领域，综合表现排名前3位的机构分别为华南理工大学、宋卡王子大学和四川大学；在天然橡胶热带农业经济与乡村振兴研究领域，东英吉利大学、谢菲尔德大学前沿综合表现突出。

天然橡胶热带作物科学研究领域主要关注方向分别为橡胶树产胶与非生物胁迫、天然橡胶生物合成、橡胶树栽培与遗传育种。分析发现，天然橡胶热带作物科学研究领域的前沿涉及天然橡胶蛋白合成与蛋白质组学研究、橡胶树基因与基因组学研究、橡胶树转录组学分析。天然橡胶热带农业资源与环境科学研究领域主要关注方向分别为橡胶园的生物多样性研究、生态影响研究、生态恢复与可持续管理研究、天然橡胶及其替代资源的可持续性和环境影响研究。分析发现，天然橡胶热带农业资源与环境科学研究领域的前沿为碳平衡研究、橡胶农林复合系统研究、橡胶园生态研究、橡胶园扩张影响研究。天然橡胶植物保护与生物安全科学研究领域主要关注7个方向，分别为白粉病危害及植物防御相关研究、虫害相关研究、南美叶疫病危害及其抗病性研究、根病危害及其防治研究、炭疽病致病性及其防治研究、多主棒孢多样性及其致病性研究、茎部病害相关研究。分析发现，天然橡胶植物保护与生物安全科学研究领域的前沿涉及橡胶树病原菌致病机制研究、橡胶树病害绿色防控研究、橡胶树病害监测研究。天然橡胶热带农业工程研究领域关注方向主要围绕着天然橡胶及其复合材料的应用研究、天然橡胶在生物医学领域的应用研究、纳米材料相关研究、填料与天然橡胶相互作用的研究、天然橡胶性能改善研究、开发新型天然橡胶复合材料研究、天然橡胶性能影响因素研究、天然橡胶的形状记忆和自我修复研究、天然橡胶泡沫复合材料研究、天然橡胶磁流变弹性体的动态性能研究展开。分析发现，天然橡胶热带农业工程研究领域的前沿主要包括天然橡胶纳米复合材料研究、天然橡胶及其复合材料性能改善研究、天然橡胶在生物医学领域应用研究等。天然橡胶热带农业经济与乡村振兴研究领域关注方向主要围绕着生态服务与农林经营、小农生产展开，分析发现，该领域的前沿主要包括橡胶产量下降及其经济影响研究、橡胶需求对生态的影响研究、天然橡胶种植与小农生产之间相互影响研究。目前，天然橡胶热带饲料科学领域研究较少，该领域主要关注橡胶树籽粕作为动物饲料替代潜力，此外，天然乳胶的含水部分含有蛋白质，可提取出来应用于动物饲料。

综上所述，全球天然橡胶相关研究的主要涉及多个领域和方向。天然橡胶的生产与应用的可持续发展研究已成为全球关注的焦点，主要涉及天然橡胶生产端，即橡胶树的产排胶机制研究、产排胶影响因素研究、橡胶树品种选育与遗传改良等；其次是天然橡胶消费端，即天然橡胶及其复合材料的开发研究、天然橡胶及其复合材料的性能改良研究、天然橡胶及其复合材料在各领域的应用研究等。在天然橡胶的研究中，可以看出科技创新是推动天然橡胶产业发展的关键驱动力。例如，通过采用先进的种植技术，结合生物技术等手段提高产胶效率；通过应用大数据等技术手段，明确天然橡胶园的生态环境问题；前沿科技如电动汽车、新材料、3D打印、人工智能等对橡胶生产模式、产品市场、销售服务模式等产生了巨大影响，为传统橡胶工业转型升级提供了强有力的支撑。这些研究不仅为天然橡胶的可持续发展提供了坚实的科学基础，同时也为全球农业科技的进步作出了显著贡献。

针对天然橡胶未来的研究方向，提出以下建议：一强化橡胶树遗传改良与产胶植物生物技术科技创新研究。着重在栽培关键技术、优良新品种培育、产排胶机制研究等方面开展研究，继续寻找可替代的橡胶作物，通过改造代谢途径等方法，提高橡胶作物中的天然橡胶含量，提升天然橡胶产业的竞争力和可持续性。二持续开展生态橡胶园建设研究。继续开展天然橡胶种植过程中对环境生态的影响研究，研究如何推广绿色生产方式、可持续生产方式，强化环境与社会影响评估，并根据情况制定科学合理的政策和措施，在减轻天然橡胶种植对环境的负面影响，同时保障小农的生计和权益。三对深化天然橡胶产业政策研究。在天然橡胶种植区，尤其在海南省和云南省等生产基地展开调研，结合市场需求与区域经济发展规律，对当地的橡胶作物良种补贴和种植补贴等政策提出建议，引导当地农民积极发展天然橡胶生产。四拓宽天然橡胶应用领域研究。继续加大应用领域的科技创新研究，使得天然橡胶的应用能够拓展到更多领域。

随着全球天然橡胶应用领域的扩展与延伸，天然橡胶相关的研究热点与研究前沿将继续演变。未来的生产将更加注重跨区域合作，未来的研究也将更注重跨学科合作，尤其是整合工程学、材料学、生物学、环境科学、社会科学等多学科的知识和技术，以实现天然橡胶产业的可持续发展目标。

参考文献

[1] HAYASHI Y. Production of natural rubber from para rubber tree [J]. Plant Biotechnology, 2009, 26: 67-70.

[2] WANG X, WANG D, SUN Y, et al. Comprehensive proteomics analysis of laticifer latex reveals new insights into ethylene stimulation of natural rubber production [J].

Sci. Rep., 2015, 5: 13778.

[3] NIE Z Y, KANG G J, LI Y, et al. Whole-transcriptome survey of the putative ATP-binding cassette (ABC) transporter family genes in the latex-producing laticifers of *Hevea brasiliensis* [J]. PLoS One, 2015, 10 (1): e0116857.

[4] DENG X, GUO D, YANG S, et al. Jasmonate signalling in the regulation of rubber biosynthesis in laticifer cells of rubber tree, *Hevea brasiliensis* [J]. J. Exp. Bot., 2018, 69 (15): 3559-3571.

[5] SILVA G A P, GOUVêA L R L, VERARDI C K, et al. Annual growth increment and stability of rubber yield in the tapping phase in rubber tree clones: Implications for early selection [J]. Industrial Crops and Products, 2014, 52: 801-808.

[6] BOMBONATO A L, GOUVêA L R L, VERARDI C K, et al. Rubber tree ortet-ramet genetic correlation and early selection efficiency to reduce rubber tree breeding cycle [J]. Industrial Crops and Products, 2015, 77: 855-860.

[7] PETHIN D, NAKKANONG K, NUALSRI C. Performance and genetic assessment of rubber tree clones in Southern Thailand [J]. Sci. Agric., 2015, 72 (4): 306-313.

[8] AMERIK A Y, MARTIROSYAN Y T, GACHOK I V. Regulation of natural rubber biosynthesis by proteins associated with rubber particles [J]. Russ. J. Bioorg. Chem., 2018, 44 (2): 140-149.

[9] EPPING J, VAN DEENEN N, NIEPHAUS E, et al. A rubber transferase activator is necessary for natural rubber biosynthesis in dandelion [J]. Nat. Plants., 2015, 1 (5): 9.

[10] QU Y, CHAKRABARTY R, IRAN H T, et al. A lettuce (*Lactuca sativa*) homolog of human Nogo-B receptor interacts with cis-prenyltransferase and is necessary for natural rubber biosynthesis [J]. J. Biol. Chem., 2015, 290 (4): 1898-1914.

[11] WANGD, XIE Q L L, SUN Y, et al. Proteomic landscape has revealed small rubber particles are crucial rubber biosynthetic machines for ethylene-stimulation in natural rubber production [J]. Int. J. Mol. Sci., 2019, 20 (20): 5082. DOI: 10.3099/ijms20205082.

[12] YOKOTA S, SUZUKI Y, SAITOH K, et al. Cloning and aggregation characterization of rubber elongation factor and small rubber particle protein from *Ficus carica* [J]. Mol. Biotechnol., 2018, 60 (2): 83-91.

[13] CHERIAN S, RYU S B, CORNISH K. Natural rubber biosynthesis in plants, the rubber transferase complex, and metabolic engineering progress and prospects [J]. Plant Biotechnol. J., 2019, 17 (11): 2041-2061.

[14] WU W G, ZHANG X F, DENG Z, et al. Ultrahigh-density genetic map construction and identification of quantitative trait loci for growth in rubber tree (*Hevea bra-*

siliensis) [J]. Industrial Crops and Products, 2022, 178: 11. DOI: 10.1016/j.indcrop.2022.114560.

[15] TAN Y C, CAO J, TANG C R, et al. Advances in genome sequencing and natural rubber biosynthesis in rubber-producing plants [J]. Curr. Issues Mol. Biol., 2023, 45 (12): 9342-9353.

[16] WEI F, LUO S G, ZHENG Q K, et al. Transcriptome sequencing and comparative analysis reveal long-term flowing mechanisms in *Hevea brasiliensis* latex [J]. Gene, 2015, 556 (2): 153-162.

[17] CHAO J Q, CHEN Y Y, WU S H, et al. Comparative transcriptome analysis of latex from rubber tree clone CATAS8-79 and PR107 reveals new cues for the regulation of latex regeneration and duration of latex flow [J]. BMC Plant Biol., 2015, 15: 120-121.

[18] LIU J P, XIA Z Q, TIAN X Y, et al. Transcriptome sequencing and analysis of rubber tree (*Hevea brasiliensis* Muell.) to discover putative genes associated with tapping panel dryness (TPD) [J]. BMC Genomics, 2015, 16. DOI: 10.1186/S12864-015-1562-9.

[19] MEN X, WANG F, CHEN G Q, et al. Biosynthesis of natural rubber: Current state and perspectives [J]. Int. J. Mol. Sci., 2019, 20 (1): 22.

[20] LIU J P, HU J, LIU Y H, et al. Transcriptome analysis of *Hevea brasiliensis* in response to exogenous methyl jasmonate provides novel insights into regulation of jasmonate-elicited rubber biosynthesis [J]. Physiol. Mol. Biol. Plants, 2018, 24 (3): 349-358.

[21] PRIYADARSHAN P M. Molecular markers to devise predictive models for juvenile selection in *Hevea* rubber [J]. Plant Breed, 2022, 141 (2): 159-183.

[22] KULUEV B, UTEULIN K, BARI G, et al. Molecular genetic research and genetic engineering of *Taraxacum kok-saghyz* L. E. Rodin [J]. Plants-Basel, 2023, 12 (8): 19.

[23] DONG G Q, WANG H A, QI J Y, et al. Transcriptome analysis of *Taraxacum kok-saghyz* reveals the role of exogenous methyl jasmonate in regulating rubber biosynthesis and drought tolerance [J]. Gene, 2023, 867. DOI: 10.1016/j.gene.2023.147346.

[24] ZOU Z, GONG J, AN F, et al. Genome-wide identification of rubber tree (*Hevea brasiliensis* Muell. Arg.) aquaporin genes and their response to ethephon stimulation in the laticifer, a rubber-producing tissue [J]. BMC Genomics, 2015, 16: 18.

[25] PIRRELLO J, LECLERCQ J, DESSAILLY F, et al. Transcriptional and post-transcriptional regulation of the jasmonate signalling pathway in response to abiotic and harvesting stress in *Hevea brasiliensis* [J]. BMC Plant Biol., 2014, 14:

341-358.

[26] PIYATRAKUL P, YANG M, PUTRANTO R A, et al. Sequence and expression analyses of ethylene response factors highly expressed in latex cells from *Hevea brasiliensis* [J]. PloS One, 2014, 9 (6): 20.

[27] WARREN-THOMAS E, DOLMAN P M, EDWARDS D P. Increasing demand for natural rubber necessitates a robust sustainability initiative to mitigate impacts on tropical biodiversity [J]. Conservation Letters, 2015, 8.

[28] SINGH A K, LIU W, ZAKARI S, et al. A global review of rubber plantations: Impacts on ecosystem functions, mitigations, future directions, and policies for sustainable cultivation [J]. Sci. Total Environ, 2021, 796: 148948.

[29] MISHRA A, SINGH D, HATHI Z J, et al. Soil microbiome dynamics associated with conversion of tropical forests to different rubber based land use management systems [J]. Applied Soil Ecology, 2023. DOI: 10. 1016/j.apsoil.2023. 104933.

[30] APPIAH-BADU K, ESHUN B, ANNING A K, et al. Land use effects on tree species diversity and soil properties of the Awudua forest, Ghana [J]. Global Ecology and Conservation, 2022, 34: e02051.

[31] NGUYEN T T, DO T T, HARPER R, et al. Soil health impacts of rubber farming: The implication of conversion of degraded natural forests into monoculture plantations [J]. Agriculture, 2020, 10 (8): 357.

[32] MARTINEZ-HERNANDEZ E, HERNANDEZ J E. Conceptualization, modeling and environmental impact assessment of a natural rubber techno-ecological system with nutrient, water and energy integration [J]. J. Clean Prod., 2018, 185: 707-722.

[33] WATARI T, THANH N T, TSURUOKA N, et al. Development of a BR-UASB-DHS system for natural rubber processing wastewater treatment [J]. Environ. Technol., 2016, 37 (4): 459-465.

[34] TANIKAWA D, SYUTSUBO K, WATARI T, et al. Greenhouse gas emissions from open-type anaerobic wastewater treatment system in natural rubber processing factory [J]. J. Clean Prod., 2016, 119: 32-37.

[35] BELL J L, BURKE I C, NEFF M M. Genetic and biochemical evaluation of natural rubber from Eastern Washington prickly lettuce (*Lactuca serriola* L.) [J]. J. Agric. Food Chem., 2015, 63 (2): 593-602.

[36] BLAGODATSKY S, XU J-C, CADISCH G. Carbon balance of rubber (*Hevea brasiliensis*) plantations: A review of uncertainties at plot, landscape and production level [J]. Agriculture, Ecosystems & Environment, 2016, 221: 8-19.

[37] YANG X Q, BLAGODATSKY S, LIPPE M, et al. Land-use change impact on time-averaged carbon balances: Rubber expansion and reforestation in a biosphere reserve, South-West China [J]. Forest Ecology and Management,

2016, 372: 149-163.

[38] ZENG H, WU J, SINGH A K, et al. Effect of intercrops complexity on water uptake patterns in rubber plantations: Evidence from stable isotopes (C-H-O) analysis [J]. Agriculture, Ecosystems & Environment, 2022, 338. DOI: 10. 106/j. agee. 2022. 108086.

[39] GNANAMOORTHY P, SONG Q, ZHAO J, et al. Seasonal fog enhances crop water productivity in a tropical rubber plantation [J]. Journal of Hydrology, 2022, 611. DOI: 10. 10. 16/j. jhydrol. 2022. 128016.

[40] WEN Z, WU J, YANG Y Z, et al. Implementing intercropping maintains soil water balance while enhancing multiple ecosystem services [J]. CATENA, 2022, 217. DOI: 10. 1016/j. catena. 2022. 106426.

[41] LAI H, CHEN B, YIN X, et al. Dry season temperature and rainy season precipitation significantly affect the spatio-temporal pattern of rubber plantation phenology in Yunnan province [J]. Front Plant Sci., 2023, 14: 1283315.

[42] LI X, WANG X, GAO Y, et al. Comparison of different important predictors and models for estimating large-scale biomass of rubber plantations in Hainan island, China [J]. Remote Sensing, 2023, 15 (13): 3447.

[43] XIAO C W, LI P, FENG Z M, et al. Sentinel-2 red-edge spectral indices (RESI) suitability for mapping rubber boom in Luang Namtha province, northern Lao PDR [J]. Int. J. Appl Earth Obs. Geoinformation, 2020, 93: 102176.

[44] FAN H, FU X H, ZHANG Z, et al. Phenology-based vegetation index differencing for mapping of rubber plantations using landsat OLI data [J]. Remote Sensing, 2015, 7 (5): 6041-6058.

[45] LANGENBERGER G, CADISCH G, MARTIN K, et al. Rubber intercropping: A viable concept for the 21st century? [J]. Agro. for Syst., 2017, 91 (3): 577-596.

[46] CHEN B Q, LI X P, XIAO X M, et al. Mapping tropical forests and deciduous rubber plantations in Hainan island, China by integrating PALSAR 25-m and multi-temporal Landsat images [J]. Int. J. Appl. Earth Obs. Geoinf., 2016, 50: 117-130.

[47] CHEN G K, LIU Z C, WEN Q K, et al. Identification of rubber plantations in Southwestern China based on multi-source remote sensing data and phenology windows [J]. Remote Sensing, 2023, 15 (5): 22.

[48] LI N, XIAO J F, BAI R, et al. Preseason sunshine duration determines the start of growing season of natural rubber forests [J]. Int. J. Appl. Earth Obs. Geoinf., 2023, 124: 10.

[49] SOMCHING N, WONGSAI S, WONGSAI N, et al. Using machine learning algorithm and landsat time series to identify establishment year of para rubber plan-

[50] ZOU X, ZHU X A, ZHU P, et al. Soil quality assessment of different *Hevea brasiliensis* plantations in tropical China [J]. J. Environ. Manage, 2021, 285: 12.

[51] AZIZAN F A, KILOES A M, ASTUTI I S, et al. Application of optical remote sensing in rubber plantations: A systematic review [J]. Remote Sensing, 2021, 13 (3): 36.

[52] WANG L F, WANG M, ZHANG Y. Effects of powdery mildew infection on chloroplast and mitochondrial functions in rubber tree [J]. Trop Plant Pathol, 2014, 39 (3): 242-250.

[53] MEI S S, HOU S G, CUI H T, et al. Characterization of the interaction between *Oidium heveae* and *Arabidopsis thaliana* [J]. Mol. Plant Pathol., 2016, 17 (9): 1331-1343.

[54] LIYANAGE K K, KHAN S, MORTIMER P E, et al. Powdery mildew disease of rubber tree [J]. Forest Pathology, 2016, 46 (2): 90-103.

[55] LIYANAGE K K, KHAN S, BROOKS S, et al. Morpho-molecular characterization of two *Ampelomyces* spp. (Pleosporales) strains mycoparasites of powdery mildew of *Hevea brasiliensis* [J]. Frontiers in Microbiology, 2018, 9: 10.

[56] STERLING A, SALAS-TOBóN Y M, VIRGüEZ-DíAZ Y. *Erinnyis ello* (Lepidoptera: Sphingidae) and *Leptopharsa heveae* (Hemiptera: Tingidae) in *Hevea brasiliensis* in agroforestry system [J]. Rev. Colomb. Entomol., 2016, 42 (2): 124-132.

[57] VIEIRA M R, CELOTO F J, SCALOPPI E J, et al. Mites resistance of rubber tree clones in the northwestern Sao Paulo State conditions [J]. Bragantia, 2017, 76 (1): 102-107.

[58] JAIMES Y, ROJAS J, CILAS C, et al. Suitable climate for rubber trees affected by the South American Leaf Blight (SALB): Example for identification of escape zones in the Colombian Middle Magdalena [J]. Crop Prot., 2016, 81: 99-114.

[59] CARDOSO S E A, FREITAS T A, SILVA D D, et al. Comparison of growth, yield and related traits of resistant *Hevea* genotypes under high South American leaf blight pressure [J]. Industrial Crops and Products, 2014, 53: 337-349.

[60] STERLING A, MARTíNEZ-VIUCHE E J, PIMENTEL-PARRA G A, et al. Dynamics of adaptive responses in growth and resistance of rubber tree clones under South American leaf blight non-escape conditions in the Colombian Amazon [J]. Industrial Crops and Products, 2019, 141: 9.

[61] SIRI-UDOM S, SUWANNARACH N, LUMYONG S. Applications of volatile compounds acquired from *Muscodor heveae* against white root rot disease in

rubber trees (*Hevea brasiliensis* Mull. Arg.) and relevant allelopathy effects [J]. Fungal. Biol., 2017, 121 (6-7): 573-581.

[62] GOH Y K, MARZUKI N F, LIEW Y A, et al. Antagonistic effects of fungicolous ascomycetous *Cladobotryum semicirculare* on *Rigidoporus microporus* white root disease in rubber trees (*Hevea brasiliensis*) under in vitro and nursery experiments [J]. J. Rubber Res., 2018, 21 (1): 62-72.

[63] LIU X B, LI B X, YANG Y, et al. Pathogenic adaptations revealed by comparative genome analyses of two *Colletotrichum* spp. , the causal agent of anthracnose in rubber tree [J]. Frontiers in Microbiology, 2020, 11: 12.

[64] LIU X B, LI B X, CAI J M, et al. Whole genome resequencing reveal patterns of genetic variation within *Colletotrichum acutatum* species complex from rubber trees in China [J]. Fungal. Genet. Biol., 2023, 167: 11.

[65] LIU X M, QI Y X, ZHANG X, et al. Infection process of *Corynespora cassiicola* tagged with GFP on *Hevea brasiliensis* [J]. Austral. Plant Pathol., 2014, 43 (5): 523-525.

[66] DéON M, FUMANAL B, GIMENEZ S, et al. Diversity of the cassiicolin gene in *Corynespora cassiicola* and relation with the pathogenicity in *Hevea brasiliensis* [J]. Fungal. Biol., 2014, 118 (1): 32-47.

[67] CHIRAPONGSATONKUL N, U-TAYNAPUN K, CHANWUN T, et al. Development of a multiplex PCR assay for rapid and simultaneous detection of rubber tree pathogens *Phytophthora* spp. and *P. palmivora* [J]. Scienceasia, 2015, 41 (3): 170-179.

[68] EKCHAWENG K, EVANGELISTI E, SCHORNACK S, et al. The plant defense and pathogen counterdefense mediated by *Hevea brasiliensis* serine protease HbSPA and *Phytophthora palmivora* extracellular protease inhibitor PpEPI10 [J]. PLoS One, 2017, 12 (5): 16.

[69] RIBEIRO S, TRAN D M, DÉON M, et al. Gene deletion of *Corynespora cassiicola* cassiicolin Cas1 suppresses virulence in the rubber tree [J]. Fungal. Genet. Biol., 2019, 129: 101-114.

[70] CHAU N N B, VAN MINH N, NGHIEP N M, et al. Identification and virulence evaluation of *Corynespora cassiicola* cassiicolin-encoding gene isolates from rubber trees in Vietnam [J]. Trop Plant Pathol. , 2022, 47 (3): 378-385.

[71] YANG G, YANG J, ZHANG Q, et al. The effector protein CgNLP1 of *Colletotrichum gloeosporioides* affects invasion and disrupts nuclear localization of necrosis-induced transcription factor HbMYB8-Like to suppress plant defense signaling [J]. Front Microbiol, 2022, 13: 911479.

[72] GO W Z, CHIN K L, H'NG P S, et al. Exploring the biocontrol efficacy of *Trichoderma* spp. against *Rigidoporus microporus*, the causal agent of white root rot

disease in rubber trees (*Hevea brasiliensis*) [J]. Plants, 2023, 12 (5): 1066.

[73] WANG M, XIAO H, LI X, et al. Functional characterization of powdery mildew resistance-related genes *HbSGT1a* and *HbSGT1b* in *Hevea brasiliensis* Muell. Arg [J]. European Journal of Plant Pathology, 2023, 165 (1): 153-161.

[74] CAO X, XU X, CHE H, et al. Effects of temperature and leaf age on conidial germination and disease development of powdery mildew on rubber tree [J]. Plant Pathology, 2021, 70 (2): 484-491.

[75] KONG J, AN Y, SHI X, et al. Meteorological-data-driven rubber tree powdery mildew model and its application on spatiotemporal patterns: A case study of Hainan island [J]. Sustainability, 2023, 15 (16): 12119.

[76] ZHAI D L, THALER P, WORTHY F R, et al. Rubber latex yield is affected by interactions between antecedent temperature, rubber phenology, and powdery mildew disease [J]. Int. J. Biometeorol., 2023, 67 (10): 1569-1579.

[77] ZENG T, ZHANG H, LI Y, et al. Monitoring the severity of rubber tree infected with powdery mildew based on UAV multispectral remote sensing [J]. Forests, 2023, 14 (4): 717.

[78] SENWANNA C, MAPOOK A, SAMARAKOON M C, et al. Ascomycetes on para rubber (*Hevea brasiliensis*) [J]. Mycosphere, 2021, 12 (1): 1230-1408.

[79] KONE G A, GOOD M, KOUBA M. Performance of guinea fowl fed *Hevea* seed meal or cashew nut meal as a partial substitute for soya bean meal [J]. Animal, 2020, 14 (1): 206-214.

[80] KOUASSI G F, KONé G A, GOOD M, et al. Effect of *Hevea brasiliensis* seed meal or *Euphorbia heterophylla* seed supplemented diets on performance, physicochemical and sensory properties of eggs, and egg yolk fatty acid profile in guinea fowl (*Numida meleagris*) [J]. Poult. Sci., 2020, 99 (1): 342-349.

[81] KONE G A, GOOD M, TIHO T, et al. Sensory characteristics and consumer preference for meat from guinea fowl fed *Hevea* seed meal or cashew nut meal supplemented diets [J]. Poult. Sci., 2022, 101 (12): 10.

[82] ISMAIL A I, MUHAMAD A K, MOHAMMAD M I, et al. Natural rubber serum protein as a potential feed ingredient for growing broiler chickens [J]. J. Rubber Res., 2023, 26 (3): 193-204.

[83] PIRE M, NORVEZ S, ILIOPOULOS I, et al. Dicarboxylic acids may compete with standard vulcanisation processes for crosslinking epoxidised natural rubber [J]. Compos. Interfaces, 2014, 21 (1): 45-50.

[84] RIYAJAN S A, JITDAPHON W, LEEJARKPAI T. Effect of additives on the physical properties of a biopolymer hydrogel from epoxidized natural rubber, poly (vinyl alcohol), and starch [J]. KGK-Kautsch Gummi Kunstst, 2014, 67

(3): 34-40.

[85] CHEN Y K, YUAN D S, XU C H. Dynamically vulcanized biobased polylactide/natural rubber blend material with continuous cross-linked rubber phase [J]. ACS Appl. Mater. Interfaces, 2014, 6 (6): 3811-3816.

[86] NOUPARVAR H, HASSAN A, MOHAMAD Z, et al. The effect of organo-clay contents on morphological characterization, mechanical and thermal properties of epoxidized natural rubber-50 toughened polyamide 6 nanocomposites [J]. J. Polym. Eng., 2014, 34 (1): 59-68.

[87] NASCIMENTO R M, FAITA F L, AGOSTINI D L S, et al. Production and characterization of natural rubber - Ca/P blends for biomedical purposes [J]. Mater. Sci. Eng. C-Mater Biol. Appl., 2014, 39: 29-34.

[88] CABRERA F C, AGOSTINI D L S, DOS SANTOS R J, et al. Organic acids and protein compounds causing the photoluminescence properties of natural rubber membranes and the quenching phenomena from Au nanoparticle incorporation [J]. Luminescence, 2014, 29 (8): 1047-1052.

[89] GUERRA N B, PEGORIN G S, BORATTO M H, et al. Biomedical applications of natural rubber latex from the rubber tree *Hevea brasiliensis* [J]. Mater. Sci. Eng. C-Mater Biol. Appl., 2021, 126: 18.

[90] LIU H J, GAO H Y, HU G X. Highly sensitive natural rubber/pristine graphene strain sensor prepared by a simple method [J]. Compos. Pt B-Eng., 2019, 171: 138-145.

[91] XIAO W, YU S T, CAO X J, et al. High-speed shear dispersion of MWCNTs assisted by PVP in water and its effective combination with wet-mixing technology for NR/MWCNTs nanocomposites [J]. Polym. Compos., 2022, 43 (6): 3858-3870.

[92] SARKAWI S S, DIERKES W K, NOORDERMEER J W M. Effect of a silane coupling agent on the morphology of silica reinforced natural rubber [J]. KGK-Kautsch Gummi Kunstst, 2014, 67 (3): 29-33.

[93] RUAMCHAROEN J, RATANA T, RUAMCHAROEN P. Bentonite as a reinforcing and compatibilizing filler for natural rubber and polystyrene blends in latex stage [J]. Polym. Eng. Sci., 2014, 54 (6): 1436-1443.

[94] ZACHARIAH A K, GEETHAMMA V G, CHANDRA A K, et al. Rheological behaviour of clay incorporated natural rubber and chlorobutyl rubber nanocomposites [J]. RSC Adv., 2014, 4 (101): 58047-58058.

[95] KATATHIKANKUL C, KANKING S, NILTUI P, et al. A correlation between reinforcing effect and antibacterial performance of carbon black and silica filled natural rubber vulcanizates containing HPQM - based neusilin [J]. Polym. Polym. Compos., 2015, 23 (8): 563-574.

[96] HAYEEMASAE N, RATHNAYAKE W, ISMAIL H. Effect of zno nanoparticles on the simultaneous improvement in curing and mechanical properties of nr/recycled epdm blends [J]. Prog. Rubber Plast Recycl. Technol., 2018, 34 (1): 1-18.

[97] KRUZELáK J, SYKORA R, DOSOUDIL R, et al. Magnetic composites based on natural rubber prepared by using peroxide and sulfur curing system [J]. Polym. Adv. Technol., 2014, 25 (9): 995-1000.

[98] LI S D, CHEN J, LI L F, et al. Investigation of the vulcanization characteristics of natural rubber coagulated by microorganisms [J]. Rubber Chem. Technol., 2017, 90 (3): 521-535.

[99] ZHENG T T, ZHENG X Q, ZHAN S Q, et al. Study on the ozone aging mechanism of natural rubber [J]. Polym. Degrad. Stabil., 2021, 186: 8.

[100] XU Z H, KONG Z N. Mechanical and thermal properties of short-coirfiber-reinforced natural rubber/polyethylene composites [J]. Mech. Compos. Mater., 2014, 50 (3): 353-358.

[101] DOS SANTOS R J, AGOSTINI D, CABRERA F C, et al. Sugarcane bagasse ash: New filler to natural rubber composite [J]. Polimeros, 2014, 24 (6): 646-653.

[102] JONG L. Effect of processing methods on the mechanical properties of natural rubber filled with stearic acid-modified soy protein particles [J]. J. Elastomer Plast., 2014, 46 (5): 413-26.

[103] SAMBHUDEVAN S, SHANKAR B, SARITHA A, et al. Development of X-ray protective garments from rare earth-modified natural rubber composites [J]. J. Elastomer Plast., 2017, 49 (6): 527-544.

[104] GROS A, TOSAKA M, HUNEAU B, et al. Dominating factor of strain-induced crystallization in natural rubber [J]. Polymer, 2015, 76: 230-236.

[105] YAO H, WENG G S, LIU Y P, et al. Effect of silane coupling agent on the fatigue crack propagation of silica-filled natural rubber [J]. J. Appl. Polym. Sci., 2015, 132 (20): 6.

[106] PHAKKEEREE T, IKEDA Y, YOKOHAMA H, et al. Network-like structure of lignin in natural rubber matrix to form high performance elastomeric bio-composite [J]. J. Fiber. Sci. Technol., 2016, 72 (7): 160-165.

[107] LE H H, HAIT S, DAS A, et al. Self-healing properties of carbon nanotube filled natural rubber/bromobutyl rubber blends [J]. Express Polym. Lett., 2017, 11 (3): 230-242.

[108] WANG Q, MENG J, MA Y, et al. Thermally assisted self-healing and shape memory behaviour of natural rubber based composites [J]. Express Polym. Lett., 2021, 15 (10): 929-939.

[109] BASHIR A S M, MANUSAMY Y, CHEW T L, et al. Mechanical, thermal, and morphological properties of (eggshell powder)-filled natural rubber latex foam [J]. J. Vinyl. Addit. Technol., 2017, 23 (1): 3-12.

[110] VAHIDIFAR A, ESMIZADEH E, ROSTAMI E, et al. Morphological, rheological, and mechanical properties of hybrid elastomeric foams based on natural rubber, nanoclay, and nanocarbon black [J]. Polym. Compos., 2019, 40 (11): 4289-4299.

[111] AN J S, KWON S H, CHOI H J, et al. Modified silane-coated carbonyl iron/natural rubber composite elastomer and its magnetorheological performance [J]. Compos. Struct., 2017, 160: 1020-1026.

[112] SONG X C, WANG W J, YANG F F, et al. Study on dynamic mechanical properties of magnetorheological elastomers based on natural rubber/thermoplastic elastomer hybrid matrix [J]. Mater. Res. Express, 2018, 5 (11): 11.

[113] LEE C J, KWON S H, CHOI H J, et al. Enhanced magnetorheological performance of carbonyl iron/natural rubber composite elastomer with gamma-ferrite additive [J]. Colloid. Polym. Sci., 2018, 296 (9): 1609-1613.

[114] SONG R M, MAZLAN S A, JOHARI N, et al. Semi-active controllable stiffness engine mount utilizing natural rubber-based magnetorheological elastomers [J]. Front Mater., 2022, 9: 12.

[115] SETHULEKSHMI A S, SARITHA A, JOSEPH K. A comprehensive review on the recent advancements in natural rubber nanocomposites [J]. Int. J. Biol. Macromol., 2022, 194: 819-842.

[116] TRINH B, OWEN P, VANDERHEIDE A, et al. Recyclable and self-healing natural rubber vitrimers from anhydride-epoxy exchangeable covalent bonds [J]. ACS Appl. Polym. Mater., 2023, 5 (11): 8890-8906.

[117] TANPICHAI S, THONGDEELERD C, CHANTARAMANEE T, et al. Property enhancement of epoxidized natural rubber nanocomposites with water hyacinth-extracted cellulose nanofibers [J]. Int. J. Biol. Macromol., 2023, 234: 10.

[118] SUPRAMANIAM J, LOW D Y S, WONG S K, et al. Nano-engineered ZnO/CNF-based epoxidized natural rubber with enhanced strength for novel self-healing glove fabrication [J]. Chem. Eng. J., 2022, 437: 13.

[119] TANG S, LI J, WANG R G, et al. Current trends in bio-based elastomer materials [J]. SusMat, 2022, 2 (1): 2-33.

[120] WU M L, YANG L, ZHENG Z J, et al. Strengthened self-healable natural rubber composites based on carboxylated cellulose nanofibers participated in ionic supramolecular network [J]. Int. J. Biol. Macromol., 2022, 222: 587-598.

[121] SETHULEKSHMI A S, JAYAN J S, SARITHA A, et al. Recent developments

［121］ in natural rubber nanocomposites containing graphene derivatives and its hybrids［J］. Industrial Crops and Products, 2022, 177: 18.

［122］ DUAN X Y, TAO R Y, CHEN Y C, et al. Improved mechanical, thermal conductivity and low heat build-up properties of natural rubber composites with nano-sulfur modified graphene oxide/silicon carbide［J］. Ceram. Int., 2022, 48 (15): 22053-22063.

［123］ FRASCA D, SCHULZE D, WACHTENDORF V, et al. Multifunctional multilayer graphene/elastomer nanocomposites［J］. Eur. Polym. J., 2015, 71: 99-113.

［124］ LIN Y, LIU K H, CHEN Y Z, et al. Influence of graphene functionalized with zinc dimethacrylate on the mechanical and thermal properties of natural rubber nanocomposites［J］. Polym. Compos., 2015, 36 (10): 1775-1785.

［125］ YARAGALLA S, MEERA A P, KALARIKKAL N, et al. Chemistry associated with natural rubber-graphene nanocomposites and its effect on physical and structural properties［J］. Industrial Crops and Products, 2015, 74: 792-802.

［126］ LI S H, LI Z L, BURNETT T L, et al. Nanocomposites of graphene nanoplatelets in natural rubber: Microstructure and mechanisms of reinforcement［J］. J. Mater Sci., 2017, 52 (16): 9558-9572.

［127］ YASIN S, HUSSAIN M, ZHENG Q, et al. Effects of ionic liquid on cellulosic nanofiller filled natural rubber bionanocomposites［J］. J. Colloid Interface Sci., 2021, 591: 409-417.

［128］ NABIL H, ISMAIL H. Enhancing the thermal stability of natural rubber/recycled ethylene-propylene-diene rubber blends by means of introducing prevulcanised ethylene-propylene-diene rubber and electron beam irradiation［J］. Mater. Des., 2014, 56: 1057-1567.

［129］ NABIL H, ISMAIL H, RATNAM C T. Simultaneous enhancement of mechanical and dynamic mechanical properties of natural rubber/recycled ethylene-propylene-diene rubber blends by electron beam irradiation［J］. Int. J. Polym. Anal. Charact., 2014, 19 (3): 272-285.

［130］ ZHANG C M, ZHAI T L, SABO R, et al. Reinforcing natural rubber with cellulose nanofibrils extracted from bleached eucalyptus kraft pulp［J］. J. Biobased Mater. Bioenergy, 2014, 8 (3): 317-324.

［131］ ZHANG C M, DAN Y, PENG J, et al. Thermal and mechanical properties of natural rubber composites reinforced with cellulose nanocrystals from southern pine［J］. Adv. Polym. Technol., 2014, 33: 7.

［132］ ZHANG H F, ZHANG L, CHEN X, et al. The role of non-rubber components on molecular network of natural rubber during accelerated storage［J］. Polymers., 2020, 12 (12): 14.

[133] YU W W, XU W Z, XIA J H, et al. Toughening natural rubber by the innate sacrificial network [J]. Polymer, 2020, 194: 7.

[134] WEI Y C, ZHU D, XIE W Y, et al. In-situ observation of spatial organization of natural rubber latex particles and exploring the relationship between particle size and mechanical properties of natural rubber [J]. Industrial Crops and Products, 2022, 180: 10.

[135] WANG M Y, WANG R, CHEN X F, et al. Effect of non-rubber components on the crosslinking structure and thermo-oxidative degradation of natural rubber [J]. Polym. Degrad. Stabil., 2022, 196: 11.

[136] CAO L M, YUAN D S, FU X F, et al. Green method to reinforce natural rubber with tunicate cellulose nanocrystals via one-pot reaction [J]. Cellulose, 2018, 25 (8): 4551-4563.

[137] CHEN Y K, WANG W T, YUAN D S, et al. Bio-based PLA/NR-PMMA/NR ternary thermoplastic vulcanizates with balanced stiffness and toughness: "soft-hard" core-shell continuous rubber phase, in situ compatibilization, and properties [J]. ACS Sustain. Chem. Eng., 2018, 6 (5): 6488-6496.

[138] BRASIL G S P, DE BARROS P P, MIRANDA M C R, et al. Natural latex serum: characterization and biocompatibility assessment using Galleria mellonella as an alternative in vivo model [J]. J. Biomater Sci-Polym. Ed., 2022, 33 (6): 705-726.

[139] DE PAIVA M B, BRASIL G S P, CHAGAS A L D, et al. Latex-collagen membrane: An alternative treatment for tibial bone defects [J]. J. Mater. Sci., 2022, 57: 22019-22041.

[140] BORGES F A, DRAGO B D, BAGGIO L O, et al. Metronidazole-loaded gold nanoparticles in natural rubber latex as a potential wound dressing [J]. Int. J. Biol. Macromol., 2022, 211: 568-579.

[141] PICHAYAKORN W, PANRAT K, SUKSAEREE J, et al. Propranolol hydrochloride film coated tablets using natural rubber latex blends as film former [J]. J. Polym. Environ., 2022, 30 (3): 925-937.

[142] MARCATTO V A, PEGORIN G S, BARBOSA G F, et al. 3D printed-polylactic acid scaffolds coated with natural rubber latex for biomedical application [J]. J. Appl. Polym. Sci., 2022, 139 (9). DOI: 10.1002/APP.51728.

[143] ANDRADE K L, RAMLOW H, FLORIANO J F, et al. Latex and natural rubber: Recent advances for biomedical applications [J]. Polimeros, 2022, 32 (2): 12.

[144] AHLHEIM M, BöRGER T, FRöR O. Replacing rubber plantations by rain forest in Southwest China—who would gain and how much? [J]. Environmental

Monitoring and Assessment, 2015, 187 (2): 1-20.

[145] ALI M F, AZIZ A A, SULONG S H. The role of decision support systems in smallholder rubber production: Applications, limitations and future directions [J]. Comput. Electron. Agric., 2020, 173: 105442.

[146] CHAMBON B, DUANGTA K, PROMKHAMBUT A, et al. Field latex production in Southern Thailand: A study on farmers' and traders' practices that may affect the quality of natural rubber latex delivered to the factories [J]. J. Rubber Res., 2020, 23: 125-137.

[147] ALI M F, AKBER M A, SMITH C S, et al. The dynamics of rubber production in Malaysia: Potential impacts, challenges and proposed interventions [J]. Forest Policy and Economics, 2021, 127: 102449.

[148] HOUGNI D-G J M, CHAMBON B, PENOT E, et al. The household economics of rubber intercropping during the immature period in Northeast Thailand [J]. Journal of Sustainable Forestry, 2018, 37 (8): 787-803.

6 木薯研究领域竞争力及前沿格局解析

木薯（*Manihot esculenta* Crantz）是大戟科木薯属的多年生植物，主要分布在热带地区，广泛种植于美洲、非洲和亚洲等百余个国家及地区，与甘薯、马铃薯并称三大薯类作物。木薯原产于巴西，是世界热区重要的粮食作物。木薯耐旱、抗贫瘠且适应性强，能够种植在山地、平原等地。木薯的块根富含淀粉，是许多国家的主要粮食作物，同时也是生产淀粉、酒精（乙醇）和生物燃料的重要原料[1]。木薯的主要价值包括食用价值、饲用价值、能源与工业价值，以及药用价值等[2]。

木薯是热带农业中非常重要的作物，尤其对于非洲国家来说，木薯是重要的主食作物和生计来源。近年来，粮食安全和能源安全问题在国际社会上备受关注，随着木薯及其副产品功能价值的不断开发，木薯产业的稳定发展对各国来说显得尤为重要。从政策上看，非洲、东南亚等地区的国家纷纷加快支持木薯向高附加值加工产品转型升级[3]。木薯产业的发展对保障热带地区粮食安全、促进当地经济发展和农业可持续发展具有重要作用。根据联合国粮食及农业组织（FAO）数据，2021年非洲木薯收获面积约为2 840.73万公顷，占全球总收获面积的82.99%；产量约19 572.64万吨，占全球总产量的63.96%。其中，尼日利亚是全球木薯生产第一大国。

中国于19世纪20年代引进并栽培木薯，主栽品种分工业木薯和食用木薯，不同区域的主栽品种存在差异。木薯种植模式也与当地产业布局和种植习惯有关[4]。研究报告指出，2020年中国木薯种植面积约30.21万公顷，产量约504.14万吨，其中，广东和广西是主要的木薯种植区域，福建、台湾、海南和云南等地也有栽培[5]。

本部分旨在对全球关注木薯研究的科研机构的科研表现竞争力进行全面分析，同时为读者提供关于木薯研究领域在热带作物科学、热带农业资源与环境科学、热带植物保护与生物安全科学、热带草业与饲料科学、热带农业工程、热带农业经济与乡村振兴六大学科方向上的研究主题和前沿信息，以深入了解各科研机构在全球木薯研究中的重要贡献和地位，同时掌握木薯研究领域的最新研究动态和未来发展方向。

6.1 文献产出基本情况

全球范围来看，2014—2023年，木薯相关研究领域共发表了4 381篇文献。从发表论文数来看，自2014年的335篇上升至2021年的584篇达到顶峰，后回落至2023年的526篇。从规模指数来看，2021年产出最高，占比达13.3%。整体而言，文献发表量呈现波动上升的趋势，发文量年均增长率约为5.54%（图6-1）。

为展现国际上木薯领域科研情况，按照文献数量排序，从高产国家、高产机构等方面展现研究文献产出的基本情况（表6-1）。高产国家中，在各领域的文献产出数量方面，美国、中国、巴西、尼日利亚均属于高产国家。高产机构中，中国热带农业科学院在热带作物科学领域的文献产出数量居首位；国际农业研究磋商组织（CGIAR）在热

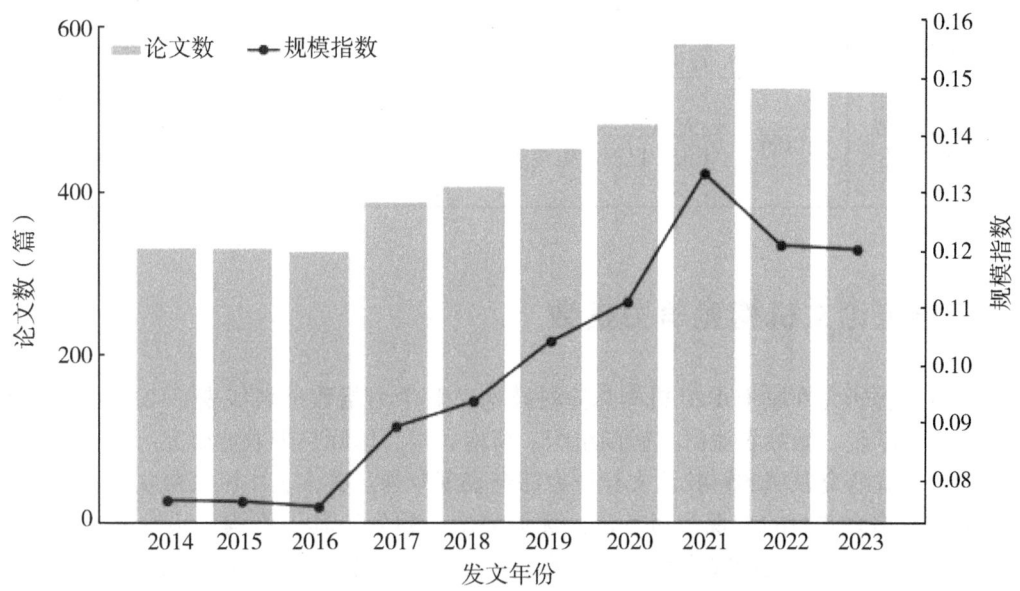

图 6-1 2014—2023 年木薯相关研究文献产出年度趋势

带农业工程科学、热带农业经济与乡村振兴领域的文献产出数量居前列；巴西农业研究院在热带农业资源与环境科学领域的文献产出数量居前列；国际热带农业中心在热带植物保护与生物安全科学领域的文献产出数量居前列。

表 6-1 木薯相关研究领域信息（2014—2023 年）

领域分类	文献数量（篇）	高产国家 TOP5	高产机构 TOP5
热带作物科学	917	美国、中国、尼日利亚、巴西、哥伦比亚	中国热带农业科学院、巴西农业研究院、国际农业研究磋商组织（法国）、海南大学、国际热带农业研究所（尼日利亚）
热带农业资源与环境科学	411	巴西、中国、泰国、尼日利亚、美国	巴西农业研究院、圣保罗大学（巴西）、西巴拉那州立大学（巴西）、泰国农业大学、圣保罗州立大学（巴西）
热带植物保护与生物安全科学	602	美国、巴西、中国、坦桑尼亚、哥伦比亚	国际热带农业中心（哥伦比亚）、国际农业研究磋商组织（法国）、巴西农业研究院、格林威治大学（英国）、海南大学
热带草业与饲料科学	224	泰国、巴西、尼日利亚、中国、印度尼西亚	孔敬大学（泰国）、泰国拉贾曼加拉理工大学、伯南布哥联邦农村大学（巴西）、巴西农业研究院、西巴拉那州立大学（巴西）
热带农业工程	2 455	巴西、中国、泰国、尼日利亚、印度	国际农业研究磋商组织（法国）、广西大学、泰国农业大学、圣保罗大学（巴西）、阿根廷国家科学技术委员会

(续表)

领域分类	文献数量（篇）	高产国家 TOP5	高产机构 TOP5
热带农业经济与乡村振兴	106	尼日利亚、美国、英国、巴西、坦桑尼亚	国际农业研究磋商组织（法国）、国际热带农业研究所（尼日利亚）、康奈尔大学（美国）、伊巴丹大学（尼日利亚）、格林威治大学（英国）

6.2 科技论文机构竞争力指数

全球木薯研究领域 TOP20 机构总体科技论文竞争力指数排名如表 6-2 所示，中国热带农业科学院、国际农业研究磋商组织、海南大学、国际热带农业研究所和康奈尔大学在木薯基础研究领域的科技论文竞争力综合表现较强。其中，中国热带农业科学院在生产力和影响力方面的表现均居首位，优势突出，领先于其他机构。从发展力方面来看，海南大学、中国热带农业科学院和圣保罗大学表现出色，中国热带农业科学院得分较低于海南大学位居第二，与第三名相比优势较为明显。从合作力方面来看，中国热带农业科学院较国际农业研究磋商组织有一定差距，但在我国的科研机构中表现仍突出，反映出我国整体科技成果跨国合作方面能力的提升空间较大。

表 6-2 全球木薯研究领域 TOP 20 机构总体科技论文竞争力指数

机构名称	所属国家	综合表现		生产力		影响力		发展力		合作力	
		排名	得分	排名	得分	排名	得分	排名	得分	排名	得分
中国热带农业科学院	中国	1	0.82	1	0.91	1	0.94	2	0.82	11	0.13
国际农业研究磋商组织	法国	2	0.74	2	0.86	2	0.63	4	0.66	1	0.99
海南大学	中国	3	0.64	3	0.85	3	0.57	1	0.87	15	0.07
国际热带农业研究所	尼日利亚	4	0.57	5	0.49	4	0.56	6	0.59	2	0.79
康奈尔大学	美国	5	0.46	11	0.20	6	0.51	5	0.65	4	0.59
孔敬大学	泰国	6	0.43	9	0.30	5	0.52	7	0.48	8	0.25
泰国农业大学	泰国	7	0.37	8	0.33	9	0.40	8	0.48	10	0.18
圣保罗大学	巴西	8	0.37	10	0.21	10	0.39	3	0.67	9	0.19
国际热带农业中心	哥伦比亚	9	0.37	6	0.45	11	0.21	9	0.47	3	0.68
阿根廷国家科学技术研究委员会	阿根廷	10	0.32	15	0.14	7	0.44	12	0.45	17	0.07
中国科学院	中国	11	0.30	12	0.18	8	0.43	15	0.28	13	0.09
巴西农业研究院	巴西	12	0.23	4	0.58	13	0.09	17	0.13	12	0.13
法国农业国际合作研究发展中心	法国	13	0.21	13	0.17	12	0.11	13	0.30	5	0.58
格林威治大学	英国	14	0.20	19	0.08	14	0.09	10	0.47	6	0.51

(续表)

机构名称	所属国家	综合表现		生产力		影响力		发展力		合作力	
		排名	得分	排名	得分	排名	得分	排名	得分	排名	得分
广西大学	中国	15	0.19	7	0.35	16	0.05	11	0.47	20	0.00
泰国科技发展署	泰国	16	0.12	16	0.12	15	0.06	14	0.30	16	0.07
印度农业研究委员会	印度	17	0.10	18	0.10	17	0.04	16	0.27	18	0.05
圣保罗州立大学	巴西	18	0.08	14	0.14	18	0.04	18	0.07	14	0.08
哥伦比亚国立大学	哥伦比亚	19	0.06	20	0.07	19	0.02	20	0.04	7	0.27
巴伊亚联邦大学	巴西	20	0.04	17	0.12	20	0.00	19	0.05	19	0.02

全球木薯研究领域科技论文竞争力排名前20位的科研机构在热带作物科学、热带农业资源与环境科学、热带植物保护与生物安全科学、热带草业与饲料科学、热带农业工程、热带农业经济与乡村振兴六大学科领域中的竞争力分析结果如表6-3所示。在不同学科领域比较方面，中国热带农业科学院、国际农业研究磋商组织和海南大学在热带作物科学领域表现突出，其中，中国热带农业科学院的科技论文综合竞争力指数（0.87）明显高于第二名（0.63）。从热带农业资源与环境科学领域来看，国际热带农业中心、广西大学和孔敬大学相较其他科研机构具有科技论文竞争优势，其中，国际热带农业中心的生产力和合作力，以及广西大学的发展力表现强。另外，孔敬大学和国际农业研究磋商组织分别在热带草业与饲料科学、热带农业经济与乡村振兴两个学科领域上综合表现排名第一。在热带农业工程领域方面，圣保罗大学、泰国农业大学和阿根廷国家科学技术研究委员会整体实力较强。

表6-3 全球木薯研究领域TOP 20机构不同学科科技论文竞争力指数

机构名称	所属国家	热带作物科学		热带农业资源与环境科学		热带植物保护与生物安全科学		热带草业与饲料科学		热带农业工程		热带农业经济与乡村振兴	
		排名	得分	排名	得分	排名	得分	排名	得分	排名	得分	排名	得分
中国热带农业科学院	中国	1	0.87	16	0.13	2	0.55	2	0.32	15	0.15	15	0.00
国际农业研究磋商组织	法国	2	0.63	7	0.32	4	0.48	4	0.18	5	0.36	1	0.68
海南大学	中国	3	0.56	12	0.24	1	0.57	3	0.32	6	0.31	9	0.06
国际热带农业研究所	尼日利亚	4	0.56	13	0.16	6	0.33	15	0.00	10	0.24	2	0.55
康奈尔大学	美国	5	0.55	20	0.02	7	0.29	15	0.00	9	0.24	3	0.33
孔敬大学	泰国	12	0.15	3	0.52	20	0.03	1	0.70	4	0.43	15	0.00
泰国农业大学	泰国	15	0.08	6	0.34	16	0.11	6	0.12	2	0.53	14	0.01
圣保罗大学	巴西	18	0.07	2	0.40	17	0.10	5	0.17	1	0.56	12	0.02
国际热带农业中心	哥伦比亚	6	0.43	1	0.62	5	0.47	15	0.00	14	0.17	4	0.33

（续表）

机构名称	所属国家	热带作物科学		热带农业资源与环境科学		热带植物保护与生物安全科学		热带草业与饲料科学		热带农业工程		热带农业经济与乡村振兴	
		排名	得分	排名	得分	排名	得分	排名	得分	排名	得分	排名	得分
阿根廷国家科学技术研究委员会	阿根廷	20	0.01	19	0.03	19	0.08	13	0.03	3	0.52	15	0.00
中国科学院	中国	7	0.32	11	0.26	12	0.16	10	0.07	8	0.29	15	0.00
巴西农业研究院	巴西	11	0.18	10	0.26	11	0.18	7	0.11	13	0.18	15	0.00
法国农业国际合作研究发展中心	法国	8	0.32	9	0.27	10	0.20	14	0.01	11	0.21	8	0.09
格林威治大学	英国	13	0.11	14	0.14	3	0.51	15	0.00	18	0.10	7	0.16
广西大学	中国	9	0.25	2	0.54	8	0.27	15	0.00	7	0.31	5	0.29
泰国科技发展署	泰国	16	0.08	4	0.43	13	0.15	8	0.09	12	0.20	6	0.25
印度农业研究委员会	印度	10	0.25	15	0.14	9	0.21	12	0.03	17	0.10	13	0.01
圣保罗州立大学	巴西	19	0.03	8	0.27	18	0.09	9	0.07	16	0.13	11	0.02
哥伦比亚国立大学	哥伦比亚	17	0.07	18	0.10	15	0.14	15	0.00	19	0.05	10	0.04
巴伊亚联邦大学	巴西	14	0.08	17	0.11	14	0.14	11	0.06	20	0.02	15	0.00

通过横向分析各机构在不同学科领域的表现，可以清晰识别各机构的优势学科。例如，中国热带农业科学院在热带作物科学、热带植物保护与生物安全科学、热带草业与饲料科学3个学科的综合排名处于前列，而在热带农业资源与环境科学、热带农业工程、热带农业经济与乡村振兴3个学科科技论文竞争力较弱；国际热带农业研究所在热带农业经济与乡村振兴领域位列前茅，而在热带农业资源与环境、热带草业与饲料科学两个方向的排名未进入前10位。综合来看，在木薯研究领域，国际农业研究磋商组织在六大学科的科技论文竞争中均表现出较高水平，排名均位于前50%，这表明该机构在木薯研究的各学科领域中具有相对均衡的科研实力。

6.3 学科领域热点及前沿表现分析

本部分旨在利用VOSviewer信息可视化软件，分别绘制热带作物科学、热带农业资源与环境科学、热带植物保护与生物安全科学、热带草业与饲料科学、热带农业工程、热带农业经济与乡村振兴六大学科领域的耦合网络图谱，结合耦合网络聚类下高频词信息，明晰研究六大学科领域的主要研究方向。进一步运用CiteSpace软件，绘制六大学科领域的共被引网络知识图谱，针对网络中节点的整体分布情况、节点大小、各节点的颜色变化、突现节点、中介中心性等一系列指标，从整体上探测研究的前沿方向。最后，根据学术机构前沿表现力指标体系完成对学术机构在相应前沿表现力的分析。

6.3.1 热带作物科学研究的主题及前沿表现

6.3.1.1 研究主题

木薯热带作物科学研究领域耦合网络图谱显示，该领域主要关注3类方向，为木薯生理生态和栽培管理研究、逆境生理与分子适应机制研究、遗传多样性与分子育种研究（图6-2）。进一步对不同聚类下的高频主题词进行统计（表6-4），结合聚类文献和高频词分布，了解该领域的研究热点和进展。

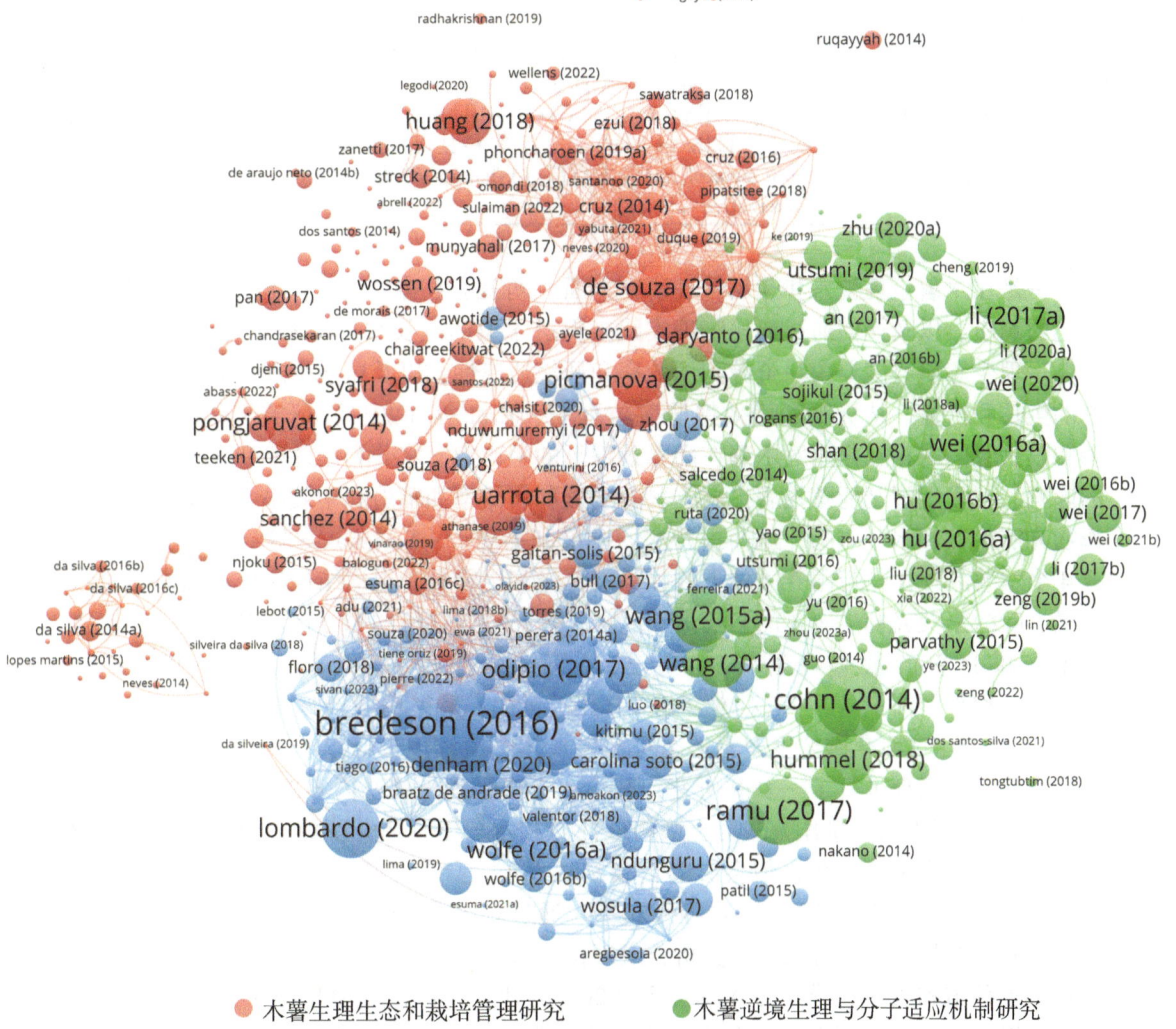

图6-2 木薯热带作物科学研究领域耦合网络分析

注：节点代表文献，节点大小代表被引次数；连线代表存在耦合关系，连线的粗细代表耦合关系的强弱；颜色代表聚类。

表 6-4　木薯热带作物科学研究领域各类高频主题词

聚类	高频主题词
木薯生理生态和栽培管理研究	育种（breeding）、类胡萝卜素（carotenoids）、氮元素（nitrogen）、光合作用（photosynthesis）、单位产量（yield）、淀粉（starch）、木薯制品加力（gari）、糊化性质（pasting properties）、生物强化（biofortification）、间作（intercropping）
木薯逆境生理与分子适应机制研究	遗传多样性（genetic diversity）、育种（breeding）、基因组预测（genomic prediction）、单核苷酸多态性（snp）、胚状体发生（somatic embryogenesis）、木薯花叶病（cassava mosaic disease）、流式细胞术（flow cytometry）、遗传资源（genetic resources）、种质（germplasm）、转基因木薯（transgenic cassava）、易碎胚性愈伤组织（friable embryogenic callus）
木薯遗传多样性与分子育种研究	基因表达（gene expression）、非生物胁迫（abiotic stress）、转录组（transcriptome）、干旱胁迫（drought stress）、转录组测序（RNA-seq）、采后生理退化（postharvest physiological deterioration）、贮藏根（storage root）、驯化（evolution）、生物科技（biotechnology）、蔗糖代谢（sucrose metabolism）、木质部（xylem）、启动子（promoter）、选择性剪接（alternative splicing）

一是在木薯生理生态和栽培管理研究方面，涵盖了木薯在生理和生态层面上对环境变化的响应，以及如何通过栽培管理实践来促进木薯的生长和提高木薯的产量。其中，木薯生理生态研究主要关注资源利用效率和环境适应性，以及这些生理过程如何影响作物的生长和产量。从资源利用效率研究方面看，Ezui 等（2017）研究了钾及其与氮、磷和收获时间的相互作用对木薯在雨养条件下的生产力、水分利用效率和光能利用效率的影响，并发现钾肥能够显著提高木薯的水分利用效率和辐射利用效率，氮肥能够改善作物光照拦截和水分蒸腾，从而提升木薯产量和品质[6]；Sawatraksa 等（2018）通过研究 4 个木薯品种在热带雨养条件下的叶绿素荧光和生物量，得出结论生长环境对相对水含量、叶绿素荧光和生物量的影响大于品种，但品种与环境的相互作用对总干重、储藏根干重和淀粉产量有显著影响[7]。从环境适应性研究方面看，Phoncharoen 等（2019）评估了不同种植季节对木薯分叉日期、叶生长和贮藏根产量的影响[8]；Cruz 等（2014）研究了二氧化碳浓度及氮形态对木薯气体交换和生长的影响[9]。另外，不少学者就木薯栽培管理进行了一系列研究，其中，土壤管理是核心内容之一。Figueiredo 等（2017）研究了不同的耕作方式对土壤物理性质和木薯干物质分配的影响，并发现保护性耕作可以减少土壤退化，但会影响土壤物理性质，导致土壤压实，从而影响木薯产量[10]。除土壤管理研究外，Enesi 等（2022）通过对不同种植日期、作物年龄、施肥和品种对木薯产量进行综合比对和分析，发现推迟收获时间可以增加产量，为木薯种植户们提供了种植和收获指导[11]；Visses 等（2018）评估了巴西主要木薯生产区域的产量差距，提出了减少产量差距的策略，如合理施肥、使用抗旱品种和改善土壤结构[12]。综上所述，研究木薯在不同环境条件下的生理响应和适应机制，以及优化栽培管理策略，不仅对科学提高木薯本身产量和品质具有重要意义，也对全球农业的可持续发展和食品安全具有深远影响。

二是在木薯逆境生理与分子适应机制研究方面，研究涉及木薯对干旱、盐胁迫、低温、涝害及病害等逆境的生理和分子响应机制。就干旱胁迫而言，Wang 等（2021）通过比较转录组分析揭示了木薯叶片肉和叶脉在干旱胁迫下具有完全不同的响应机制，为理解木薯如何在干旱条件下维持生存和生长提供了新的见解[13]；Hu 等（2015）、Yan 等（2016）和 Liu 等（2018）分别对木薯中的 NAC 转录因子家族、丝裂原活化蛋白激酶（MAPK）基因家族、糖转运蛋白基因家族进行了全基因组鉴定和表达分析，并探讨这些基因在干旱逆境响应中扮演的角色和参与度[14-16]。转录组测序技术（RNA-seq）不仅在木薯干旱胁迫响应机制研究中起到重要作用，也是盐胁迫等其他逆境响应机制研究的关键技术，如利用转录组测序技术挖掘到组蛋白去乙酰化酶（HDAC）、热休克蛋白（HSPs）和 14-3-3 蛋白基因家族等在木薯响应逆境环境中起关键作用[17-19]。在生物胁迫方面，部分学者从分子层面研究了木薯对主要病虫害的抗性基因和信号途径。例如，Irigoyen 等（2020）分析了木薯病程相关蛋白（PR）对白粉虱侵害、水杨酸和茉莉酸的转录组响应，揭示了植物免疫反应的分子机制[20]。此外，Wilson 等（2017）利用测序技术为 11 种木薯组织或器官提供了分子特征，并在充分考虑木薯生理学的基础上开发了能够开放获取和查询的网页数据库，同时鉴定了能够在多个组织或器官中驱动强表达的启动子，对后续生物技术改良研究起到关键作用[21]。这些研究涵盖了木薯在干旱、盐胁迫和生物胁迫等条件下的生理和分子适应机制，为培育更适应逆境的木薯品种提供了重要的科学依据和基础信息。

三是在木薯遗传多样性与分子育种研究方面，当前学者的研究重点分布在基因家族的功能与进化、基因调控网络、生物技术改良应用、基因组资源和数据库建设 4 个方向。首先，基因家族的功能与进化主要研究的是基因家族在生物学功能上的作用及其在不同物种中随时间演变的过程，有助于理解生物体的分子机制，如鉴定木薯中 NRT2 家族基因在氮素吸收和利用中的作用[22]、bZIP 转录因子基因家族在非生物胁迫下的表达模式[23]等，这类研究结论能够为作物改良提供重要的基因资源。其次，基因调控网络指的是细胞内调控基因表达的复杂的相互作用系统，包括基因、转录因子、非编码 RNA 等，它们共同作用以精确控制基因的表达。Utsumi 等（2022）通过整合代谢物、植物激素和基因转录的分析，揭示了在木薯块根发育过程中植物激素之间的相互作用，构建了一个涉及多个基因和激素信号的调控网络[24]。研究基因表达调控网络有助于理解生物体如何响应环境变化，如木薯响应干旱胁迫[25]。再次，生物技术改良应用涉及多种先进技术手段，例如，基因组编辑技术，研究通过 CRISPR/Cas9 技术成功在木薯中编辑了 Phytoene desaturase（MePDS）基因，以提高植物对环境胁迫的耐受性[26]；瞬时转化技术，研究探讨了一种使用农杆菌（GV2101 和 AGL-1）介导的基因瞬时过表达（Gene Transient Overexpression）和基于病毒（TRV）诱导的基因瞬时沉默技术（Virus-induced Gene Silencing，VIGS）[27]；代谢工程，研究通过整合代谢物、植物激素和基因转录的分析，揭示了在木薯块根发育过程中植物激素之间的相互作用，这对于理解调控木薯块根发育的代谢途径和提高产量具有重要意义[24]。最后，关于基因组资源和数据库建设应用研究，Ramu 等（2017）通过深度测序构建了木薯的单倍型图谱并识别大量多态性变异[28]，Wang 等（2015）提供了木薯（栽培品种 TME 7）全基因组甲基化模式的单碱基对分辨率数据，是木薯基因组资源的重要组成部分[29]。这些研究提供的基因组序列、基因家族鉴定、表达模式等基因组资源数据都对基础研究、作物改良和生物技术应用具有重要价值。

综上所述，木薯热带作物科学研究涵盖了生理生态和栽培管理、逆境生理与分子适应机制，以及遗传多样性与分子育种等多个方面。在生理生态和栽培管理领域，研究着重于理解木薯的生长周期、光合作用效率，以及土壤和气候条件对产量和品质的影响，旨在优化栽培技术以提高木薯的生产力和适应性。逆境生理与分子适应机制的研究则聚焦于木薯对干旱、高温、病害等逆境的响应，通过解析相关的信号传导途径和基因表达调控网络，发掘关键的抗逆境基因和分子标记，为育种提供理论基础。遗传多样性与分子育种研究则利用基因组学、分子标记辅助选择等技术，评估木薯的遗传多样性，开发新的抗病、抗逆品种，以提高木薯的产量和市场竞争力。这些研究的综合应用，为木薯可持续生产和全球粮食安全提供了科学支撑。

6.3.1.2 前沿主题

以 1 年为一个时间切片，通过 CiteSpace 软件，选取每个子集前 1% 的数据进行文献共被引分析，旨在探测出重要的节点文献。通过参数设置，得到平均轮廓值为 0.860 9、模块化 Q 值为 0.577 9（Q>0.3 表示网络社团结构显著）的可视化网络。通过 LLR 算法寻找聚类，最终形成较为显著的 7 个聚类社团（图 6-3），对应的前沿主题词线索为

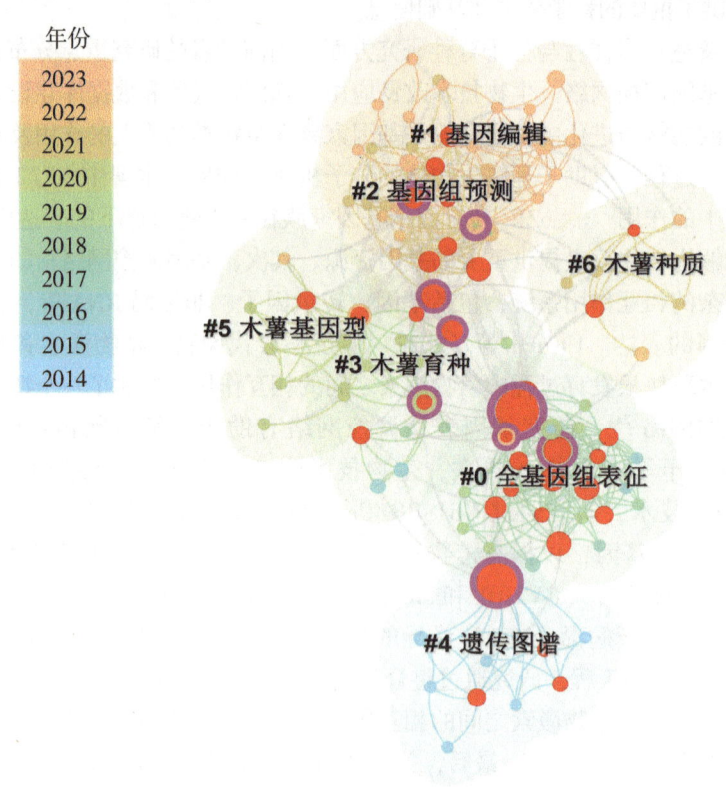

图 6-3 木薯热带作物科学研究领域共被引网络图谱

注：节点年轮代表文章的引文历史，年轮的整体大小反映论文被引用的次数，引文年轮的颜色代表相应的引文时间；紫圈节点为高中介中心性节点（中介中心性不小于 0.1）；红色节点为突发性节点。

"#0 全基因组表征""#1 基因编辑""#2 基因组预测""#3 木薯育种""#4 遗传图谱""#5 木薯基因型""#6 木薯种质"。进一步综合评估网络中节点的 Sigma 值，观测引文网络中重要的文献节点，并在此基础上对这些文献的施引文献进行检索，结合对施引文献的分析，判定学科知识领域的研究前沿（表6-5）。

表6-5 木薯热带作物科学研究领域共被引网络重要文献

前沿名称	关键节点文献	被引频次
木薯全基因组表征和功能研究	Zhao 等（2019）. Genomic analysis of the core components of aba signaling reveals their possible role in abiotic stress response in cassava[31]	11
	Ding 等（2017）. Genome-wide characterization and expression profiling of hd-zip gene family related to abiotic stress in cassava[33]	41
	Wei 等（2016）. Genome-wide identification and expression analysis of the wrky gene family in cassava[32]	87
基因组编辑技术及其在木薯中的应用	Wang 等（2022）. A transformation and genome editing system for cassava cultivar sc8[34]	9
基因组预测及木薯育种研究	Phumichai 等（2022）. Genome-wide association mapping and genomic prediction of yield-related traits and starch pasting properties in cassava[35]	9

分析发现，木薯热带作物科学领域研究的前沿表现如下。

一是木薯全基因组表征和功能研究。全基因组表征和功能研究包括对整个基因组的全面分析，以及基因功能和相互作用的深入研究。Zhao 等（2019）对木薯中脱落酸（ABA）信号通路的核心组分进行了全基因组分析，鉴定出13个 PYLs、80个 PP2Cs 和10个 SnRK2s，并解释了这些核心组分在木薯非生物胁迫响应中的潜在作用[30]。此外，木薯中 *WRKY* 基因家族和与非生物胁迫相关的 *HD-ZIP* 基因家族都有研究团队进行过全基因组表征和分析[31,32]。全基因组表征和功能研究在木薯耐旱性研究中的应用，不仅加强了对木薯耐旱性分子机制的理解，还为通过基因改良提高作物的非生物胁迫耐受性提供了潜在的靶标。

二是基因组编辑技术及其在木薯中的应用。基因组编辑技术是利用序列特异性核酸酶在基因组水平上对 DNA 序列进行高效和定向修饰的遗传操作技术。应用较为广泛的基因组编辑技术包括 ZFNs、TALENs 和 CRISPR/Cas，这3类基因组编辑技术均能够实现基因组的定点敲除、插入和替换。研究人员已经成功利用 CRISPR/Cas9 系统对木薯的基因组进行了编辑，如 Wang 等（2022）的研究首次提出了一种由农杆菌菌株 LBA4404 介导的木薯 SC8 的高效转化系统，实现了基因转化并建立了基因编辑系统，为木薯抗病品种的遗传改良开辟了实用的途径[33]。由此可见，基因组编辑技术为木薯育种和遗传改良研究提供了强大的工具，此项技术的应用能够显著提高木薯的产量、抗病性和其他关键性状。

三是基因组预测及木薯育种研究。基因组预测研究主要涉及利用基因组数据来预测表型特征，技术核心是基于历史基因型和表型数据建立预测模型，主要应用在作物育种领域。Phumichai 等（2022）通过基因组关联分析和基因组预测技术，利用了来自泰国木薯发展研究所、国际热带农业中心（CIAT）和国际热带农业研究所（IITA）等多个育种计划的 276 个木薯基因型，通过基因测序鉴定出近 9 万个 SNP 标记，开发了基因组选择模型，揭示了与产量性状（QTLs）相关的 31 个 SNPs 显著关联[34]。该研究为木薯育种计划中的标记开发和候选基因的功能验证提供了基础。随着测序技术的发展和计算能力的提升，基因组预测技术在木薯育种领域的广泛应用提高了品种选育的精准度，同时加快了木薯育种进程。

6.3.1.3 机构前沿表现度评价

基于全球木薯热带作物科学研究领域前沿文献集数据，统计分析全球各国机构在该学科中的前沿表现度，结果如表 6-6 所示。综合表现排名前 3 位的机构分别为中国热带农业科学院、海南大学和康奈尔大学。从数据来看，在木薯热带作物科学领域前沿研究中，中国的研究机构占据了绝对优势。

表 6-6　全球木薯热带作物科学研究领域 TOP10 机构前沿表现度综合分析

机构名称	所属国家	前沿表现度		前沿贡献度		前沿影响度		前沿引领度	
		排名	得分	排名	得分	排名	得分	排名	得分
中国热带农业科学院	中国	1	1.08	1	0.34	1	0.44	1	0.30
海南大学	中国	2	0.39	3	0.14	2	0.13	2	0.11
康奈尔大学	美国	3	0.37	2	0.17	2	0.13	3	0.08
国际农业研究磋商组织	法国	4	0.30	4	0.13	5	0.11	5	0.06
国际热带农业研究所	尼日利亚	5	0.26	5	0.11	6	0.10	7	0.05
国际热带农业中心	哥伦比亚	6	0.25	7	0.08	4	0.12	6	0.06
巴西农业研究院	巴西	7	0.23	6	0.10	9	0.05	3	0.08
华中科技大学	中国	8	0.17	8	0.06	8	0.08	8	0.03
中国科学院	中国	9	0.15	10	0.05	7	0.09	9	0.01
巴伊亚联邦大学	巴西	10	0.07	9	0.06	10	0.02	10	0.00

6.3.2 热带农业资源与环境研究的主题及前沿表现

6.3.2.1 研究主题

木薯热带农业资源与环境科学研究领域耦合网络图谱显示，该领域主要关注 3 类方向，为木薯农业资源与土壤环境管理、副产品转化与能源化利用、生物能源与可持续性评估（图 6-4）。进一步对不同聚类下的高频主题词进行统计（表 6-7），结合聚类文献和高频词分布，了解该领域的研究热点和进展。

6 木薯研究领域竞争力及前沿格局解析

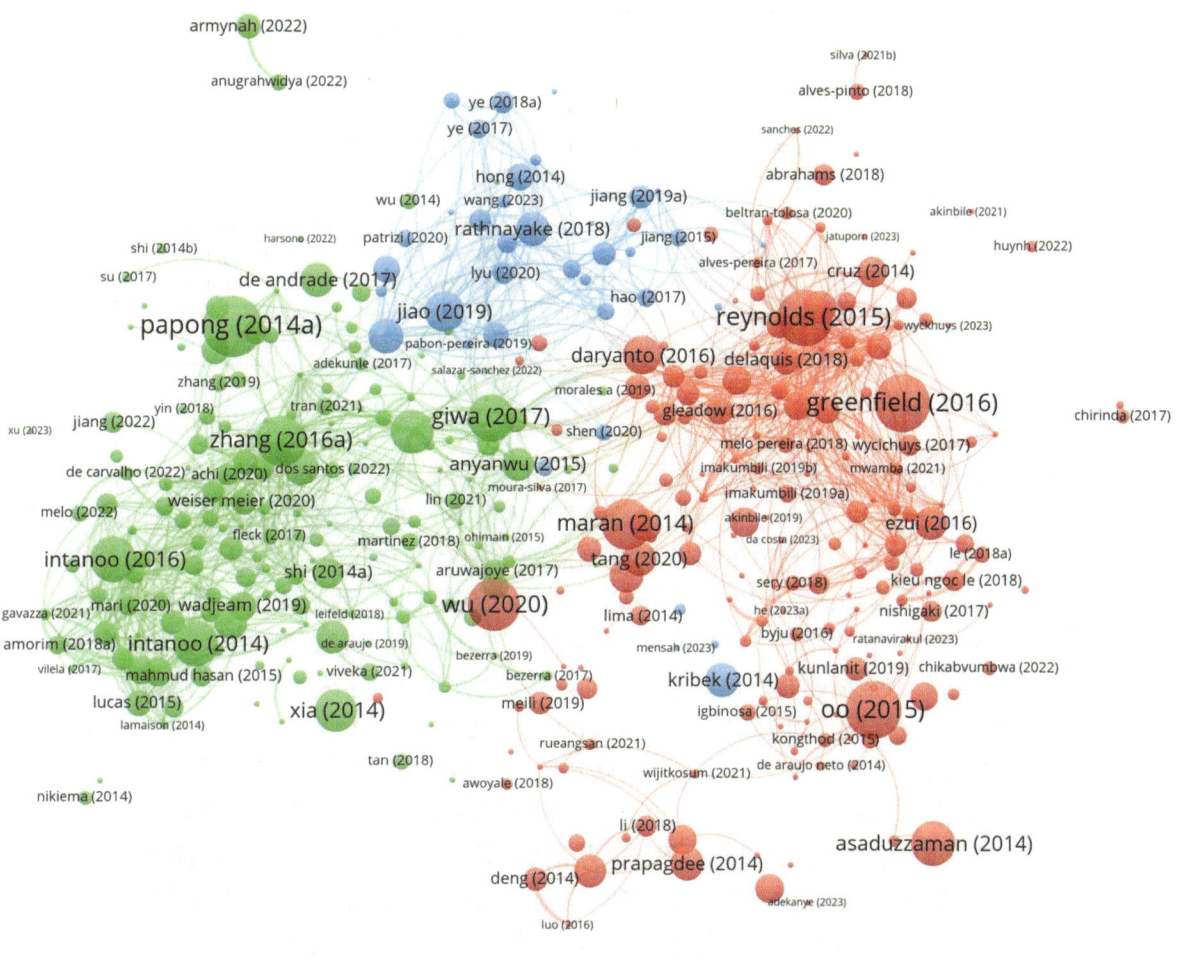

● 木薯农业资源与土壤环境管理　● 木薯副产品转化与能源化利用
● 木薯生物能源与可持续性评估

图 6-4　木薯热带农业资源与环境科学研究领域耦合网络分析

注：节点代表文献，节点大小代表被引次数；连线代表存在耦合关系，连线的粗细代表耦合关系的强弱；颜色代表聚类。

表 6-7　木薯热带农业资源与环境科学研究领域各类高频主题词

聚类	高频主题词
木薯农业资源与土壤环境管理	土壤肥力（soil fertility）、气候变化（climate change）、粮食安全（food security）、吸附作用（adsorption）、间作（intercropping）、单位产量（yield）、生物炭（biochar）、生物质（biomass）、干旱（drought）、氮素（nitrogen）

（续表）

聚类	高频主题词
木薯副产品转化与能源化利用	木薯废水（cassava wastewater）、厌氧消化（anaerobic digestion）、沼气（biogas）、生物能源（bioenergy）、发酵（fermentation）、甲烷（methane）、生物质（biomass）、可再生能源（renewable energy）、manipueira（木薯加工废料）、氰化物（cyanide）
木薯生物能源与可持续性评估	生物乙醇（bioethanol）、生命周期评估（life cycle assessment）、生物燃料（biofuels）、生物地球化学过程模型（biogeochemical process model）、堆肥（compost）、边际土地（marginal land）、成熟度（maturity）、过程模拟（process simulation）、木薯渣（cassava residue）、木薯乙醇发酵（cassava ethanol fermentation）、水足迹（water footprint）

在木薯农业资源与土壤环境管理方面，研究重点在于木薯种植对土壤环境的影响，包括土壤微生物活性、土壤物理化学性质的变化，以及农业实践对木薯产量的影响。其中，不少学者针对土壤微生物活性的变化以及变化对木薯生长的影响进行了一系列研究。例如，Braga 等（2014）研究了木薯苗期使用的除草剂对杂草控制和木薯早期生长的影响[35]；Silveira 等（2015）评估了不同剂量的草甘膦和氟唑酮在两个评估时期对木薯品种 Cacau-UFV 的土壤微生物活性和生物量的影响，以及丛枝菌根真菌的定植情况[36]。研究均揭示了部分除草剂虽能有效控制杂草，但会改变土壤微生物指标并影响土壤微生物活性。此外，部分学者关注生物炭在植物营养和土壤修复中的应用，研究发现木薯茎和木薯废料作为生物炭，能够一定程度增强植物营养吸收、提高土壤质量和修复土壤污染[37,38]。

在木薯副产品转化与能源化利用方面，主要研究木薯副产品的能源转化，如废水和残渣等，通过多种生物技术和厌氧消化过程转化为清洁能源，为木薯产业副产品带来新的经济价值的同时，减少环境污染，推动木薯产业的可持续性发展。其中，学者们长期探索从木薯加工废水中回收生物氢和生物甲烷的潜力[39]，以及木薯废弃物在生物能源生产中的应用[40]。就木薯废水的能源化利用研究而言，Amorim 等（2014）利用上流式厌氧固定床反应器（UAFBR）对木薯废水的生物制氢能力进行探索，并在发现调整水力停留时间（HRT）和有机负荷率（OLR）能够提升氢气生产效率[41]；另有研究指出生物量积累（biomass accumulation）是决定制氢时间的重要因素，建议控制生物量积累以保持有机负荷率有利于制氢[42]；还有研究表明木薯废水和生活污水结合有利于生物制氢[43]，为木薯废水能源化提供了新的方法和策略。除了木薯废水外，木薯皮和木薯渣都能够被能源化利用[44,45]。其中，木薯渣不仅可以通过酶解和发酵转化为生物乙醇作为绿色燃料使用，还能通过热解转化为生物炭（biochar）进行碳封存以缓解气候变化[46]，具有良好的经济效益和环境效益。

在木薯生物能源与可持续性评估方面，研究聚焦木薯作为生物能源作物的潜力，包括生物能源生产、生命周期评估、能源消耗和水足迹分析，以及可持续性评价。从地区上看，Lauven 等（2014）和 Lecksiwilai 等（2017）分别对中国广西和泰国的生物燃料进行了生命周期影响评估，前者结合经济和生态因素对广西生物乙醇生产进行评估，并确定了不同产能的权衡[47]；后者将木薯基乙醇和棕榈油生物柴油两者与化石燃料进行比较，并指出生物燃料对环境的影响都低于化石燃料，特别是温室气体排放[48]。另外，在边际土地利用潜力评估研究上,有学者对越南钨矿开采后的土地种植木薯进行生命周期评估,并提出了木薯种植的环境可持续修复方案[49];Shen 等(2020)通过田间试验发现,在重金属严重污染的土地上种植木薯能够使得土壤肥力和酸度得到改善,土壤中流动金属和生物有效金属含量降低[50];Jiang 等(2015)通过生物地球化学过程模型和环境政策综合气候模型 EPIC,模拟了土壤、木薯和大气管理系统的时空动态,评估了中国广西边际土地上木薯的生物能源潜力[51]。

综上所述,这些研究从农业资源与土壤环境管理、副产品转化与能源化利用以及生物能源可持续性评估等角度出发,为木薯产业可持续发展提供了重要的科学理论基础。在农业资源与土地环境管理领域,研究指出合理的肥料管理和土壤改良措施能够提高木薯产量,并减少对环境的负面影响。在副产品转化与能源化利用领域,研究者重点关注木薯加工废水、木薯皮、木薯渣等副产品的能源化利用潜力,也有研究探讨了木薯副产品的土壤改良潜力,如木薯渣对土壤有机质和养分供应的积极作用。在生物能源与可持续性评估领域,研究评估了木薯基生物燃料的环境影响,探讨了边际土地木薯种植的潜力,不仅为木薯生物能源的可持续发展提供了科学依据,同时也为环境保护和资源可持续利用提供了新的策略。

6.3.2.2 前沿主题

以 1 年为一个时间切片,通过 CiteSpace 软件,选取每个子集前 1% 的数据进行文献共被引分析,旨在探测出重要的节点文献。通过参数设置,得到平均轮廓值为 0.890 7、模块化 Q 值为 0.851 6(Q>0.3 表示网络社团结构显著)的可视化网络。通过 LSI 算法寻找聚类,最终形成较为显著的 6 个聚类社团(图 6-5),对应的前沿主题词线索为

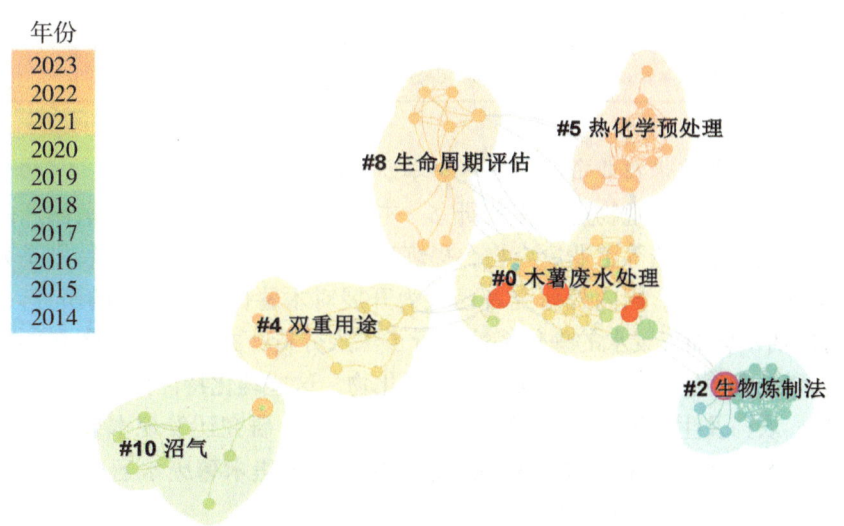

图 6-5 木薯热带农业资源与环境科学研究领域共被引网络图谱

注:节点年轮代表文章的引文历史,年轮的整体大小反映论文被引用的次数,引文年轮的颜色代表相应的引文时间;紫圈节点为高中介中心性节点(中介中心性不小于 0.1);红色节点为突发性节点。

"0# 木薯废水处理""#2 生物炼制法""#4 双重用途""#5 热化学预处理""#8 生命周期评估""#10 沼气"。进一步综合评估网络中节点的 Sigma 值,观测引文网络中重要的文献节点,并在此基础上对这些文献的施引文献进行检索,结合对施引文献的分析,判定学科知识领域的研究前沿(表6-8)。

表6-8 木薯农业资源与环境科学研究领域共被引网络重要文献

前沿名称	关键节点文献	被引频次
木薯副产品提炼生物燃料相关研究	Costa 等(2022). Critical analysis and predictive models using the physicochemical characteristics of cassava processing wastewatergenerated in brazil[52]	12
	Araujo 等(2021). Nutrient removal by arthrospira platensis cyanobacteria in cassava processing wastewater[53]	13
木薯产业可持续性评估研究	Shen 等(2020). Using bioenergy crop cassava (*Manihot esculenta*) for reclamation of heavily metal-contaminated land[50]	19
	Zhu 等(2023). Impacts of climate change on cassava yield and lifecycle energy and greenhouse gas performance of cassava ethanol systems:An example from Guangxi Province, China[54]	2
	Li 等(2023). The implications for potential marginal land resources of cassava across worldwide under climate change challenges[55]	2
	Andrade 等(2022). Integrated biorefinery and life cycle assessment of cassava processing residue-from production to sustainable evaluation[56]	10
	He 等(2023). Optimization of composting methods for efficient use of cassava waste, using microbial degradation[57]	6

分析发现,木薯热带农业资源与环境科学研究的前沿表现如下。

一是木薯副产品提炼生物燃料相关研究。本前沿的研究重点关注木薯副产品,如木薯废水、木薯皮及木薯渣等工业废弃物,提炼生物燃料的方法及应用,特别是如何提升生物氢产量及效率方面。国内外研究者已大力开展对木薯提炼生物氢的研究。Costa 等(2022)对巴西木薯加工废水的理化特性进行了深入分析,并指出其中含有高浓度的有机物、氮、磷等营养物质,固体物质,以及氰化物,这些理化特性使得木薯加工废水成为获取肥料、农药及生物燃料的替代性原料[52]。同时,研究还发现木薯生产面粉比生产淀粉产生的废水污染物浓度高。Araujo 等(2021)聚焦木薯废水通过去除污染物并生产生物质用于生物燃料生产[53]。

二是木薯产业可持续性评估研究。木薯产业可持续性评估包括两个方面:一是对木薯生产系统在环境、经济和社会3个维度进行评价,即围绕木薯种植对生态系统的影响、经济效益以及对区域的影响等方面进行评价;二是木薯作为生物能源,在生物能源生产过程中的可持续性评价,如生物能源生产与环境影响、供应链管理、资源利用与废物管理情况等方面。一方面，在木薯种植对生态系统的影响上，有研究表明，种植木薯能够改善土壤肥力和酸度，降低土壤中金属含量，能够修复重金属污染严重的土地[50]。这些研究反映了木薯种植在土壤资源利用、生态修复等方面具有积极影响。同时，研究者还围绕气候变化对木薯种植系统产生的影响进行了研究。Zhu 等（2023）以中国广西木薯制乙醇为例，探讨了气候变化对木薯产量及其生命周期能源和温室气体性能的影响[54]；Li 等（2023）则通过机器学习的方法，在不同气候变化下，对全球范围内适合木薯种植的边际土地资源变化情况进行模拟，为评估气候变化对木薯种植的潜在影响提供了思路和见解[55]。另一方面，Andrade 等（2022）研究讨论了木薯加工残留物的生物炼制和生命周期评估，强调了将这些残留物转化为生物燃料和非能源产品的潜力，以及如何最小化外部资源地使用，如水、燃料、电力和土地使用[56]。He 等（2023）探讨了如何通过堆肥高效利用木薯残渣，通过考察碳氮比（C/N）、初始湿度和填充比例（木薯残渣与砾石的体积比）对添加了枯草芽孢杆菌（*Bacillus subtilis*）和固氮菌（*Azotobacter chroococcum*）的木薯残渣堆肥成熟度的影响，为木薯残渣堆肥化应用提供了新的策略，能够提高堆肥质量和成熟度，促进农业废弃物的有效转化和利用[57]。

6.3.2.3 机构前沿表现度评价

基于全球木薯热带农业资源与环境科学领域前沿文献集数据，统计分析全球各国机构在该学科中的前沿表现度，结果如表 6-9 所示。综合表现排名前 3 位的机构分别为隆德里纳州立大学、西巴拉那州立大学和联邦植物科学技术教育中心。从数据看，在木薯热带农业资源与环境科学领域前沿研究中，巴西的研究机构优势明显。

表 6-9　全球木薯热带农业资源与环境科学领域 TOP10 机构前沿表现度综合分析

机构名称	所属国家	前沿表现度		前沿贡献度		前沿影响度		前沿引领度	
		排名	得分	排名	得分	排名	得分	排名	得分
隆德里纳州立大学	巴西	1	0.47	1	0.15	1	0.18	1	0.15
西巴拉那州立大学	巴西	2	0.40	1	0.15	1	0.18	3	0.07
联邦植物科学技术教育中心	巴西	3	0.24	4	0.07	3	0.09	3	0.07
素拉那立皇家大学	泰国	4	0.24	3	0.11	10	0.02	2	0.11
蒂拉登特斯大学	巴西	5	0.17	4	0.07	7	0.02	3	0.07
塞阿拉联邦大学	巴西	6	0.17	4	0.07	6	0.05	6	0.04
巴西毛乌亚理工学院	巴西	7	0.16	4	0.07	4	0.09	7	0.00
圣保罗大学	巴西	8	0.15	4	0.07	5	0.08	7	0.00
舍布鲁克大学	加拿大	9	0.10	4	0.07	7	0.02	7	0.00
印度巴巴萨赫布—比姆拉奥—安贝德卡尔大学	印度	9	0.10	4	0.07	7	0.02	7	0.00

6.3.3 热带植物保护与生物安全科学研究的主题及前沿表现

6.3.3.1 研究主题

木薯植物保护与生物安全科学耦合网络图谱显示，2014—2023 年该领域关注的主要方向分别为木薯病虫害防控与生物安全综合研究，木薯花叶病的发生、传播及防治，木薯褐条病的发生、传播及防治，以及木薯病害的图像识别与早期诊断（图 6-6）。进一步对不同聚类下的高频主题词进行统计（表 6-10），结合聚类文献和高频词分布，了解该领域的研究热点和进展。

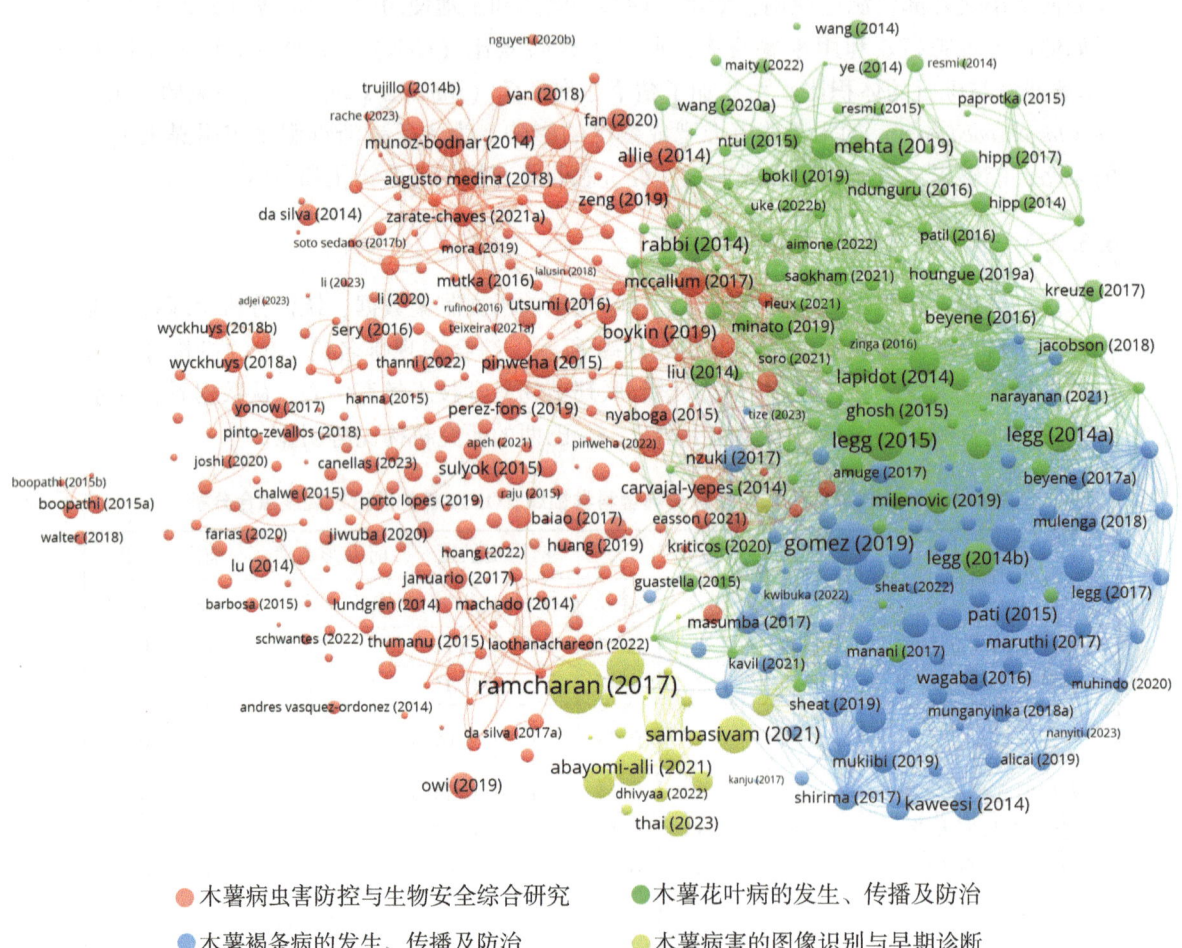

图 6-6 木薯植物保护与生物安全科学研究领域耦合网络分析

注：节点代表文献，节点大小代表被引次数；连线代表存在耦合关系，连线的粗细代表耦合关系的强弱；颜色代表聚类。

表 6-10　木薯热带植物保护与生物安全科学研究领域各类高频主题词

聚类	高频主题词
木薯病虫害防控与生物安全综合研究	木薯细菌性枯萎病（cassava bacterial blight）、生物防治（biological control）、抗性（resistance）、水杨酸（salicylic acid）、抗病性（disease resistance）、生态系统服务（ecosystem services）、食品安全（food security）、木薯绵粉蚧（*Phenacoccus manihoti*）、转录因子（transcription factor）、粉虱（whitefly）
木薯花叶病的发生、传播及防治	木薯花叶病（cassava mosaic disease）、烟粉虱（*Bemisia tabaci*）、粉虱（whitefly）、双生病毒（*Geminivirus*）、菜豆金黄花叶病毒属（*Begomovirus*）、遗传多样性（genetic diversity）、mtCOI、流行病学（epidemiology）、基因工程（genetic engineering）、病毒抗性（virus resistance）
木薯褐条病的发生、传播及防治	木薯褐条病（cassava brown streak disease，CBSD）、木薯褐条病毒（cassava brown streak virus，CBSV）、乌干达木薯褐条病毒（Ugandan Cassava Brown Streak Virus，UCBSV）、食品安全（food security）、番薯病毒属（*Ipomovirus*）、抗性（resistance）、抗病毒性（virus resistance）、烟粉虱（*Bemisia tabaci*）、流行病学（epidemiology）、发生率（incidence）、RNAi、严重程度（severity）、监测（surveillance）、粉虱（whitefly）
木薯病害的图像识别与早期诊断	深度学习（deep learning）、农业（agriculture）、注意（attention）、卷积神经网络（convolutional neural networks）、迁移学习（transfer learning）、木薯病害检测（cassava disease detection）、数据增强（data augmentation）、EfficientNet、木薯叶部病害（cassava leaf diseases）、精准农业（precision agriculture）

在木薯病虫害防控与生物安全综合研究方面，主要聚焦于木薯病虫害的生物防治、抗性机制的分子基础，以及这些因素如何共同作用以保障木薯的生物安全和食品安全等方面。可以概括为以下3个方面：一是木薯病虫（螨）害的生物防治研究。相关研究探索了如何利用天敌来控制木薯绵粉蚧、粉虱、木薯绿螨等害虫（螨）的方法[58-60]。二是木薯的抗性机制研究。相关研究鉴定了木薯中与抗病性相关的基因和QTL位点[61]，分析了水杨酸等信号分子在诱导木薯抗病反应中的作用[62,63]，并探索了转录因子在调控木薯抗性中的功能[64]。三是木薯综合管理策略对病虫害防控的研究。相关研究提出农户的知识、态度和信念是影响木薯病虫害综合治理的重要因素，提出应提高农民的病虫害管理意识和技术水平等[65]。

在木薯花叶病的发生、传播及防治方面，主要聚焦于流行病学监测、病毒抗性育种、基因组学研究等方面。木薯花叶病（cassava mosaic disease，CMD）是由双生病毒科（Geminiviridae）菜豆金黄花叶病毒属（*Begomovirus*）的病毒引起的病害[66]。受感染的植株叶片呈扭曲或卷曲状，叶面发黄，表现出斑驳的马赛克图案。该病毒通过烟粉虱（*Bemisia tabaci*）和带病毒的扦插经传播，广泛分布于亚洲、非洲和南美洲，在世界范围内造成作物大面积减产[67]。具体研究内容可以概括为以下4个方面：一是病毒传播与流行病学。相关研究调查了非洲木薯花叶病毒（ACMV）、东非木薯花叶喀麦隆病毒（EACMCV）、东非木薯花叶肯尼亚病毒（EACMKV）、东非木薯花叶病毒（EACMV）、南非木薯花叶病毒（SACMV）、木薯花叶马达加斯加病毒（CMMGV）等的分子特征，发现这些病毒有明显的地理分布[68]，且和粉虱的种群与分布存在关联性[68,69]。二是病毒抗性育种。例如，面对 CMD 的威胁，相关研究通过 RNAi 等基因工程手段，开发出具有病毒抗性的木薯品种[70]。三是环境管理与病虫害控制，研究者探讨了不同的管理策略，包括化学防治、生物控制及农艺实践，对减少烟粉虱种群和控制 CMD 传播的影响[71]。四是基因组学与分子标记。随着基因组测序技术的发展，相关研究利用高密度单核苷酸多态性图谱来识别与 CMD 抗性相关的分子标记[72]。这些分子标记不仅有助于理解抗性基因的遗传基础，也为快速筛选和培育具有病毒抗性的木薯品种提供了工具。

在木薯褐条病的发生、传播及防治方面，主要聚焦于木薯褐条病的流行病学、抗性品种的筛选与培育、监测与诊断技术的发展以及生物技术的应用等方面。引起木薯褐条病（cassava brown streak disease，CBSD）的病原主要为木薯褐条病毒（cassava brown streak virus，CBSV）和乌干达木薯褐条病毒（Ugandan cassava brown streak virus，UCBSV）。CBSD 的特征包括沿叶脉呈羽毛状褪绿，有时在主脉之间出现圆形的褪绿斑块，茎上出现棕色坏死条纹，严重时茎枯死。结节根淀粉组织呈褐色、软木状坏死，偶尔呈放射状缩窄，淀粉和氰化物含量减少[73]。在受影响最严重的地区，CBSD 可以造成高达 100%的根系产量损失，并且容易通过插枝传播[74]。从高频词来看，木薯褐条病毒（CBSV）和乌干达木薯褐条病毒（UCBSV）是研究的重点，同时，烟粉虱作为主要传播媒介也受到广泛关注。具体研究内容可以概括为以下 4 个方面：一是病害的流行病学研究。相关研究分析了 CBSD 的传播途径和机制。例如，烟粉虱是 CBSD 的主要传播媒介，它们能够在短时间内获得并传播病毒，且病毒在粉虱体内可保留长达 48 小时[75]。二是抗性品种的筛选与培育。为了减少 CBSD 对木薯产量的影响，研究者致力于筛选和培育抗性品种。例如，Kaleso、NAROCASS 1 和 NAROCASS 2 等品种在田间试验中表现出较低的病毒浓度和较轻的症状，显示出较强的抗病能力[76,77]。分子生物学研究进一步揭示了这些抗性品种中与植物激素信号通路和次生代谢产物相关的基因表达模式，这为理解抗性的遗传基础提供了重要线索[76]。三是监测与诊断技术的发展。为了更好地管理和控制 CBSD，研究者开发了监测与诊断技术。高通量 qPCR 诊断技术的发展，使得研究人员能够快速、准确地检测和量化木薯中的 CBSV 和 UCBSV，这对于监测病毒的传播动态和评估木薯品种的抗性水平至关重要[78]。四是生物技术的在抗 CBSD 上的应用。RNAi 技术为 CBSD 的防治开辟了新途径。通过将 RNAi 构建体导入木薯，研究人员成功培育出对 CBSD 具有较高抗性的转基因株系[79,80]。

在木薯病害的图像识别与早期诊断方面，主要聚焦于开发和优化深度学习模型，以实现木薯叶部病害的快速、准确识别，为木薯病害的早期诊断和管理提供了强有力的工具。具体内容可以概括为以下 4 个方面：一是基于深度学习的木薯病害的检测和分类。在对提高木薯产量和质量的强烈需求驱动下，研究者开发了基于深度学习的病害识别模型，这些模型通过分析木薯叶部的图像来识别病害。相关研究利用迁移学习技术，提高了模型在有限标注数据集上的训练效率[81]，并采用数据增强技术提升了深度学习模型在低质量测试图像上的准确性[82]。此外，将图像识别与深度学习相结合的方法成功地应用于木薯叶病分类。注意力机制被引入到深度学习模型中，以定位和识别木薯叶片中的微小感染区域[83]。相关研究还关注了模型在不同环境条件下的表现，提出应该通过优化模型结构来提高检测的准确性[84]。二是木薯病害检测模型在农业的应用。开展用于诊断植物病虫害的深度学习对象检测模型 Nuru 作为诊断工具有效性的调查，发现其诊断准确率高于当地的农业推广机构和农民[85]。由此证明了深度学习模型在田间条件下的应用潜力，不仅提高了木薯病害的管理效率，也为全球粮食安全提供了技术支持。三是木薯病害检测的数据科学。相关研究还关注了如何通过分析大量的木薯病害图像数据来提升检测模型的性能。这包括了对图像数据的预处理、特征提取和分类算法的优化[86]。

综上所述，植物保护与生物安全科学研究聚焦于病虫害的生物防治、抗病性机理机制及综合管理策略。研究内容涵盖了病媒昆虫种群动态、土壤微生物群落结构、基因工程与转录因子调控、抗病品种的开发、生物防治方法的应用、合理施肥与灌溉、农民管理意识的提升、病害早期诊断技术及田间流行病学调查等。这些研究深化了对木薯抗病虫害机制的认识，有助于减少对化学农药的依赖，并为木薯产业的可持续管理提供了坚实的科学基础。

6.3.3.2 前沿主题

以1年为一个时间切片，通过 CiteSpace 软件，选取每个子集前1%的数据进行文献共被引分析，旨在探测出重要的节点文献。通过参数设置，得到平均轮廓值为0.880 9、模块化 Q 值为0.647 2（Q＞0.3 表示网络社团结构显著）的可视化网络。通过 LLR 算法寻找聚类，最终形成较为显著的6个聚类社团（图6-7），对应的前沿主题词线索为

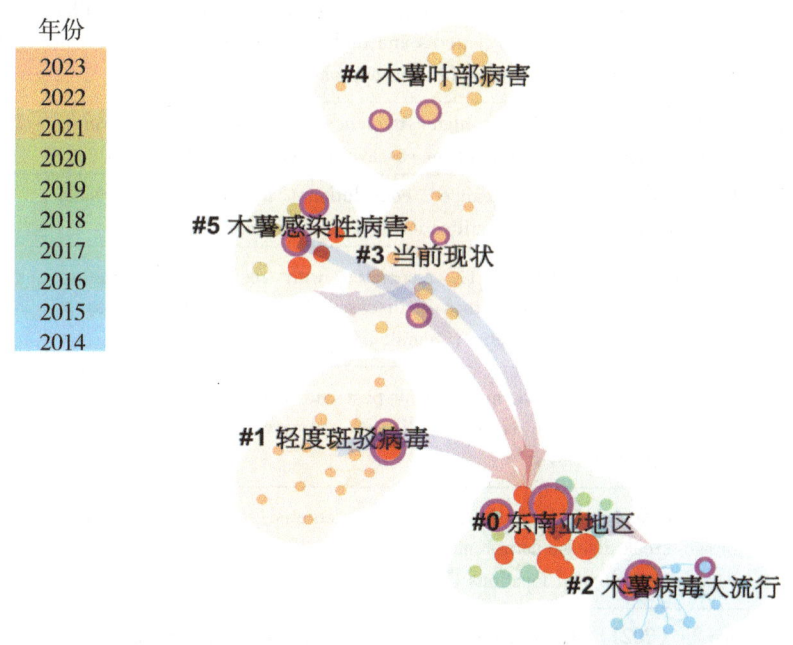

图 6-7 木薯热带植物保护与生物安全科学研究领域共被引网络图谱

注：节点年轮代表文章的引文历史，年轮的整体大小反映论文被引用的次数，引文年轮的颜色代表相应的引文时间；紫圈节点为高中介中心性节点（中介中心性不小于0.1）；红色节点为突发性节点；箭头代表路径依赖关系。

"#0 东南亚地区""#1 轻度斑驳病毒""#2 木薯病毒大流行""#3 当前现状""#4 木薯叶部病害""#5 木薯感染性病害"。进一步综合评估网络中节点的 Sigma 值，观测引文网络中重要的文献节点，并在此基础上对这些文献的施引文献进行检索，结合对施引文献的分析，判定学科知识领域的研究前沿（表6-11）。

表6-11 木薯热带植物保护与生物安全科学研究领域共被引网络重要文献

前沿名称	关键文献	被引频次
木薯病毒性病害的传播与危害研究	Tugume 等（2023）. Endemism and reemergence potential of the ipomovirus sweet potato mild mottle virus (family potyviridae) in eastern africa: Half a century of mystery[87]	1
	Munguti 等（2023）. Survey of cassava brown streak disease and association of factors influencing its epidemics in smallholder cassava cropping systems of coastal kenya[96]	2
	Namuddu 等（2023）. Distribution of bemisia tabaci in different agro-ecological regions in uganda and the threat of vector-borne pandemics into new cassava growing areas[88]	1
木薯病毒性病害的鉴定研究	Zhong 等（2022）. Classification of cassava leaf disease based on a non-balanced dataset using transformer-embedded resnet[89]	13
	Acar 等（2022）. Automatic identification of cassava leaf diseases utilizing morphological hidden patterns and multi-feature textures with a distributed structure-based classification approach[92]	3
	Zhang 等（2022）. Pseudo high-frequency boosts the generalization of a convolutional neural network for cassava disease detection[91]	2
	Lilhore 等（2022）. Enhanced convolutional neural network model for cassava leaf disease identification and classification[90]	24
木薯病毒性病害的抗病性研究	Masumba 等（2017）. QTL associated with resistance to cassava brown streak and cassava mosaic diseases in a bi-parental cross of two tanzanian farmer varieties, namikonga and albert[94]	29
	Nzuki 等（2017）. QTL mapping for pest and disease resistance in cassava and coincidence of some qtl with introgression regions derived from manihot glaziovii[95]	41
	Wagaba 等（2017）. Field level rnai-mediated resistance to cassava brown streak disease across multiple cropping cycles and diverse east african agro-ecological locations[79]	34
	Ige 等（2021）. Conversion and validation of uniplex snp markers for selection of resistance to cassava mosaic disease in cassava breeding programs[93]	5

分析发现，木薯热带植物保护与生物安全科学研究的前沿表现如下。

一是木薯病毒性病害的传播与危害研究。病毒因其固有的高遗传多样性和进化可塑性，能够频繁地适应新的宿主和生态位。木薯褐条病（CBSD）是一种由木薯褐条病毒（CBSV）和乌干达木薯褐条病毒（UCBSV）引起的毁灭性病毒性疾病，它们主要通过白蝇传播，且常因使用受感染的茎插条作为种植材料而导致传播[87]。先前在撒哈拉以南非洲的研究已经表明，木薯花叶病（CMD）和木薯褐条病（CBSD）的大规模流行是通过烟粉虱的高种群密度传播到不同木薯种植区的。撒哈拉以南非洲1号（SSA1）和撒哈拉以南非洲2号（SSA2）的烟粉虱物种复合成员与CMD和CBSD病毒的传播密切相关。在20世纪90年代CMD严重流行的时期，SSA2是最主要的传播者，直到21世纪初，SSA1尤其是SSA1亚群1（SSA1-SG1）重新出现。木薯作为一种抗旱作物，已经成为重要的粮食安全作物，并被引种到新的地区。考虑到烟粉虱在木薯病毒流行向邻近地区传播中的作用，Namuddu等（2023）对乌干达9个不同农业生态区的烟粉虱遗传多样性和分布进行了调查[88]。在研究中，鉴定出了木薯烟粉虱SSA1［包括SG1、SG2、Hoslundia（以前称为SSA1-SG1/2）、SG3］、SSA2和SSA3。SSA3是西非木薯上的主要烟粉虱种之一，在乌干达首次被发现。SSA1-SG1分布广泛，以木薯为主要寄主，在其他17种寄主植物上也有发现。SSA1-SG1在木薯生长有限或不生长的环境中的存在，构成了病毒流行继续传播的风险。因此，鉴于病媒的存在，必须采取措施防止将病媒材料引入新的地区。

二是木薯病毒性病害的鉴定研究。现有的用于木薯叶病分类的卷积神经网络（CNN）容易受到环境背景噪声的影响，使得CNN无法提取出木薯叶病的鲁棒特征。针对上述问题，Zhong等（2022）首次将变压器结构引入木薯叶病分类任务中，提出了一种变压器嵌入式ResNet（T-RNet）模型，该模型通过建模全局信息和抑制背景噪声的干扰，增强了对目标区域的关注[89]。此外，提出了一种新的损失函数FAMP-Softmax，该函数可以指导模型学习严格的分类边界，同时对抗木薯叶病数据集的不平衡特性。同时，为了增强分类结果的可解释性，该研究还通过梯度加权类激活图（Grad-CAM）和二维T-SNE技术对提取的特征图进行了可视化分析。大量的试验结果表明，Zhong等提出的方法可以从复杂的非平衡疾病数据集中提取鲁棒特征，有效地进行木薯叶病分类。现有木薯病害研究面临检出率低、处理时间长、准确性低等挑战。现有的标准CNN模型利用了大量的数据处理特征，增加了计算开销。Lilhore等（2022）提出基于增强CNN模型（ECNN）的木薯叶片病害实时识别，利用深度可分卷积层来解决CNN问题[90]。此功能可以最大限度地减少功能计数和计算开销。频率在信号传输中是至关重要的，尤其是在卷积神经网络中。维持卷积神经网络的信号频率是维持卷积神经网络性能的关键。卷积神经网络中由于信号的破坏性传输，导致信道中信号频率的下降导致空间信息不完整。在通信理论中，傅里叶级数系数的个数决定了信道中传输信息的完整性。因此，可以补充信号的傅里叶级数系数的数目，以减少信息的传输损失。为了实现这一目标，Zhang等（2022）提出了ArsenicNetPlus神经网络在木薯病害检测中的信号传输调制的方法且证明了该方法的有效性[91]。开发植物病原病害自动识别系统，对建立有效的农业生产具有重要意义。Acar等（2022）通过揭示木薯植物图像纹理特征和多特征纹理（LBP、TEM、HOG、GLCM和GABOR）模式中存在的形态学特征差异，解决病害鉴定问题[92]。

三是木薯病毒性病害的抗病性研究。木薯花叶病（CMD）是影响非洲和亚洲木薯生产的主要病毒性疾病。非洲木薯的生产受到木薯褐条病（CBSD）和木薯花叶病

(CMD) 的严重影响。通过双亲本数量性状位点 (QTL) 定位和全基因组关联研究，已经在非洲木薯种质中定位了具有抗病能力的基因组区域[93]。为了降低成本并提高抗性育种的精确度，Masumba 等 (2017) 开展了一项 QTL（数量性状位点）研究，对木薯褐条病引起的根坏死和叶面症状的抗性进行了跨季节的 QTL 检测[94]。研究发现 CMD2 位点在一个东非地方品种中被检测到，由两个 QTL 组成。Nzuki 等 (2017) 利用坦桑尼亚地方品种 Kiroba 与选育品系 AR37-80 之间的 F_1 杂交，对木薯褐条病（CBSD）、木薯花叶病（CMD）和木薯绿螨（CGM）抗性的数量性状位点（QTL）进行了遗传定位[95]。在坦桑尼亚的两个地点对种群进行了连续两年的评估。从 106 个 F_1 后代和 1 974 个 SNP 标记中获得了遗传连锁图谱，跨越 18 条染色体，覆盖 1 698 厘摩。鉴定出 15 个显著 QTL；所有这些 QTL 都是在 106 个个体的小表型群体中检测到的，需要在扩大的群体规模上进行验证，以获得更高的准确性。一旦通过 MAS 或基因组选择得到验证和应用，该研究将有助于培育具有多重抗病能力的木薯，为非洲的粮食安全和促进经济增长作出贡献。木薯褐条病（CBSD）对东非和中非木薯生产构成严重威胁。目前，没有对 CBSD 具有高水平抗性的品种可供农民使用。Wagaba 等 (2017) 采用转基因 RNAi 技术，通过融合乌干达木薯褐条病毒（UCBSV）和木薯褐条病毒（CBSV）的外壳蛋白（CP）序列，构建由木薯静脉花叶病毒启动子驱动的反向重复构建体（p5001），对抗 CBSD[79]。结果表明，p5001 RNAi 构建体在不同的农业生态位置和整个植被种植周期中对 CBSD 具有非常高的田间抗性。

6.3.3.3 机构前沿表现度评价

根据全球木薯热带植物保护与生物安全科学研究领域前沿文献集数据，统计分析全球各国机构在该学科中的前沿表现度，结果如表 6-12 所示。综合表现排名前 3 位的机构分别为格林威治大学、唐纳德·丹佛斯植物科学中心和国际热带农业中心。

表 6-12　全球木薯热带植物保护与生物安全科学研究领域 TOP10 机构前沿表现度综合分析

机构名称	所属国家	前沿表现度		前沿贡献度		前沿影响度		前沿引领度	
		排名	得分	排名	得分	排名	得分	排名	得分
格林威治大学	英国	1	0.45	1	0.15	2	0.18	1	0.11
唐纳德·丹佛斯植物科学中心	美国	2	0.40	3	0.10	1	0.20	2	0.10
国际热带农业中心	哥伦比亚	3	0.24	2	0.11	6	0.06	3	0.07
国际农业研究磋商组织	法国	4	0.18	4	0.07	5	0.06	4	0.04
麦克雷雷大学	乌干达	5	0.17	6	0.06	3	0.10	6	0.01
西澳大利亚大学	澳大利亚	6	0.17	6	0.06	4	0.08	6	0.03
内罗毕大学	肯尼亚	7	0.15	4	0.07	7	0.05	6	0.03
泰国农业大学	泰国	8	0.13	6	0.06	8	0.03	4	0.04
中国科学院	中国	9	0.12	6	0.06	9	0.03	6	0.03
国际热带农业研究所	尼日利亚	10	0.10	6	0.06	10	0.03	9	0.01

6.3.4 热带草业与饲料科学研究的主题及前沿表现

6.3.4.1 研究主题

木薯热带草业与饲料科学研究领域耦合网络图谱显示，该领域主要关注3类方向，为木薯饲料化利用与营养价值评估、木薯副产品反刍动物饲料应用研究、木薯副产品发酵技术与饲料创新研究（图6-8）。进一步对不同聚类下的高频主题词进行统计（表6-13），结合聚类文献和高频词分布，了解该领域的研究热点和进展。

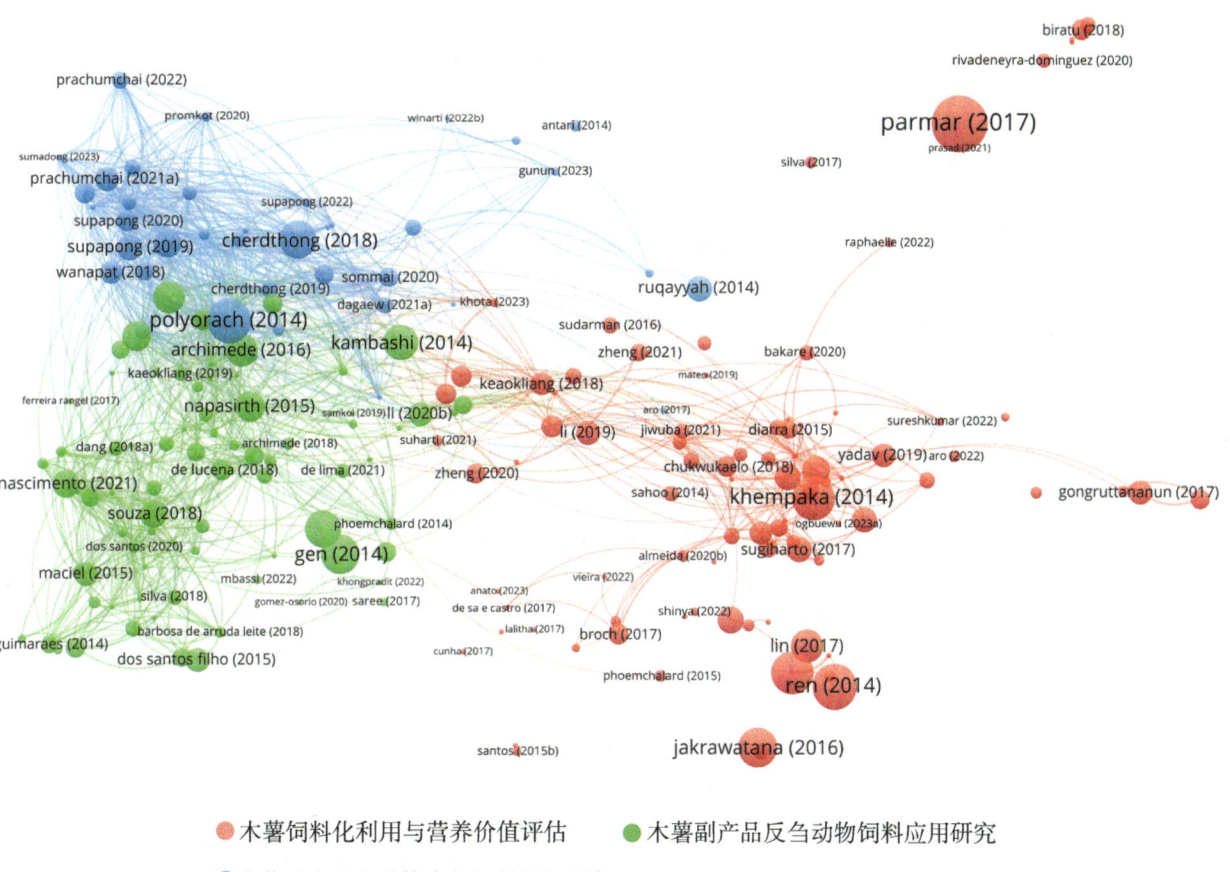

图6-8 木薯热带草业与饲料科学研究领域耦合网络分析

注：节点代表文献，节点大小代表被引次数；连线代表存在耦合关系，连线的粗细代表耦合关系的强弱；颜色代表聚类。

表 6-13　木薯热带草业与饲料科学研究各类高频主题词

聚类	高频主题词
木薯饲料化利用与营养价值评估	消化性（digestibility）、生长性能（growth performance）、肉质（meat quality）、副产品（by-product）、动物胴体（carcass）、瘤胃发酵（rumen fermentation）、羊（sheep）、产奶量（milk production）、木薯渣（cassava pulp）、木薯叶（cassava foliage）
木薯副产品反刍动物饲料应用研究	木薯渣（cassava pulp）、瘤胃发酵（rumen fermentation）、消化性（digestibility）、采食量（feed intake）、性能（performance）、可降解性（degradability）、饲料转化比（feed conversion ratio）、体外产气量（in vitro gas production）、产蛋鸡（laying hen）、反刍动物粗饲料（forage）
木薯副产品发酵技术与饲料创新研究	木薯渣（cassava pulp）、鸡蛋品质（egg quality）、肉质（meat quality）、糖蜜（molasses）、蛋白质（protein）、寡孢根霉（Rhizopus oligosporus）、瘤胃发酵（rumen fermentation）、固态发酵（solid-state fermentation）、尿素（urea）

在木薯饲料化利用与营养价值评估方面，研究主要集中在木薯副产品，如木薯渣、木薯叶、木薯根等，在动物饲料中的应用，具体涵盖3个方向。一是木薯副产品的营养成分分析。Aro 等（2017）[97]比较了未发酵的木薯淀粉残渣（UFCSR）与发酵后的木薯淀粉残渣（MFCSR）在营养成分上的差异，包括粗蛋白、粗纤维、氰化物含量等，并评估了这些成分对家兔生长性能的影响。二是副产品对动物生长性能、肉质、消化率和健康的影响。Castro 等（2017）和 Okrathok 等（2018）分别就脱水木薯副产品在断奶猪仔饲料中的应用，以及改良木薯浆（M-DFCP）作为肉鸡饲料膳食纤维来源的效果进行了研究和探讨，都发现适量添加木薯副产品可以提高饲料营养利用率，并且有利于动物健康和肉质性能提升[98,99]。同时，Ogbuewu 和 Mbajiorgu（2023）对木薯产品在肉鸡和蛋鸡饮食中的能量和蛋白质进行了综述评估，并整理汇总了不同木薯副产品的营养成分及其对鸡健康和生产指标的影响，有利于产业决策[100]。三是木薯副产品在不同动物饲料配方中的替代比例和效果，如替代玉米、豆粕等传统饲料原料。Chukwukaelo 等（2018）、Li 等（2020）和 Gunun 等（2023）分别研究了发酵木薯根和棕榈仁饼混合物作为玉米饲料替代品对肉鸡生长和肉质特性的影响[101]，木薯叶在鹅饲料中应用[102]，以及发酵木薯皮替代精饲料对山羊的采食量、饲料消化率、瘤胃发酵和生长性能的影响[103]。

在木薯副产品反刍动物饲料应用研究方面，相较于非反刍动物饲料化利用研究，这一研究方向专注于木薯及其加工副产品在反刍动物（如牛、羊等）饲料中的应用。反刍动物因其复杂的瘤胃拥有独特的消化生理特点，它们不仅对粗纤维的需求较高，并且对特定营养成分的适应性不同。因此，反刍动物饲料的加工和添加剂应用研究与非反刍动物饲料应用研究存在差异。考虑到反刍动物需要高比例的粗纤维来维持瘤胃健康和消化功能，木薯副产品中能够作为反刍动物饲料的产品主要来自木薯根，研究覆盖了新鲜木薯根对泰国肉牛的饲料利用、瘤胃特性、微生物蛋白合成以及血液代谢等的影响[104]，木薯根青贮饲料对饲喂肉牛的瘤胃参数和氮平衡的影响[105]，以及含酵母发酵木薯根的饲料对婆罗门牛饲料消化率的影响[106]，研究均表明木薯副产品作为饲料对动物生长性能和消化健康有益。

6 木薯研究领域竞争力及前沿格局解析

在木薯副产品发酵技术与饲料创新研究方面,研究侧重于通过生物技术创新,提高木薯副产品的饲料利用效率和营养价值,研究内容包括利用微生物发酵技术改善木薯副产品的营养价值[107],评估发酵木薯副产品对动物生长性能、肉质和健康的影响[108],以及发酵过程中微生物种群的变化及其对饲料品质的影响[109]。此外,还包括利用发酵木薯副产品开发新型饲料配方[110],提高饲料的经济效益和环境可持续性。

综上所述,这些研究从木薯饲料化利用与营养价值评估、副产品反刍动物饲料应用以及副产品发酵技术与饲料创新研究等角度出发,为提升木薯副产品的饲料价值作出了科学贡献。将木薯副产品转化为动物饲料不仅能够节约成本、带来经济效益,并且能够提升农业废弃物管理能力、改善木薯产业发展对环境的影响。同时,此类替代饲料的开发和应用能够减少对传统饲料的依赖,增强农业系统韧性,符合全球农业可持续发展战略。

6.3.4.2 前沿主题

以 1 年为一个时间切片,通过 CiteSpace 软件,选取每个子集前 10% 的数据进行文献共被引分析,旨在探测出重要的节点文献。通过参数设置,得到平均轮廓值为 0.988 3、模块化 Q 值为 0.955 9(Q>0.3 表示网络社团结构显著)的可视化网络。通过 LLR 算法寻找聚类,最终形成较为显著的 5 个聚类社团(图 6-9),对应的前沿关键

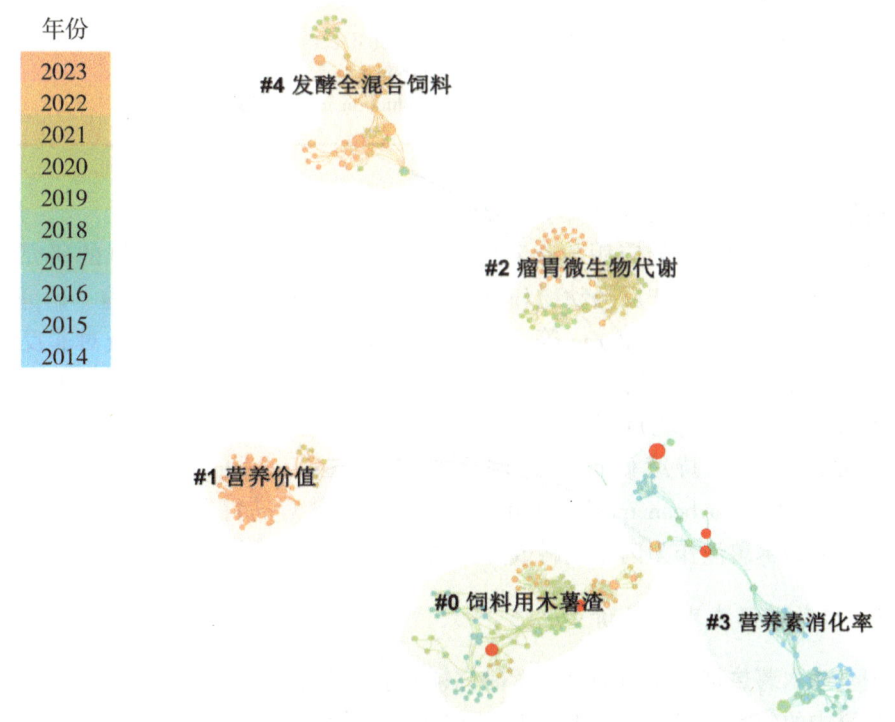

图 6-9 木薯热带草业与饲料科学研究领域共被引网络图谱

注:节点年轮代表文章的引文历史,年轮的整体大小反映论文被引用的次数,引文年轮的颜色代表相应的引文时间;红色节点为突发性节点。

词线索为"#0 饲料用木薯渣""#1 营养价值""#2 瘤胃微生物代谢""#3 营养素消化率""#4 发酵全混合饲料"。进一步综合评估网络中节点的 Sigma 值,观测引文网络中重要的文献节点,并在此基础上对这些文献的施引文献进行检索,结合对施引文献的分析,判定学科知识领域的研究前沿(表6-14)。

表6-14 木薯热带草业与饲料科学研究领域共被引网络重要文献

前沿名称	关键节点文献	被引频次
木薯副产品在动物饲料中的应用研究	Sugiharto 等(2017). Effects of feeding cassava pulp fermented with acremonium charticola on growth performance, nutrient digestibility and meat quality of broiler chicks[111]	16
	Dagaew 等(2021). Manipulation of in vitro ruminal fermentation and feed digestibility as influenced by yeast waste-treated cassava pulp substitute soybean meal and different roughage to concentrate ratio[112]	7
	Dagaew 等(2022). Feed utilization efficiency and ruminal metabolites in beef cattle fed with cassava pulp fermented yeast waste replacement soybean meal[113]	5
	Dagaew 等(2023). The effects of fermented cassava pulp with yeast waste and different roughage-to-concentrate ratios on ruminal fermentation, nutrient digestibility, and milk production in lactating cows[114]	1

分析发现,木薯草业与饲料科学研究的前沿表现如下。

木薯渣在动物饲料中的应用与营养价值是木薯草业与饲料科学领域的研究前沿之一。其中,发酵木薯渣对非反刍动物和反刍动物瘤胃健康及肉质的影响这一研究方向有较多学者关注。一方面,Sugiharto 等(2017)研究探讨使用发酵木薯渣对非反刍动物肉鸡的生长性能、营养素消化率以及肉质的影响,并发现发酵木薯渣作为饲料成分能够提升肉鸡对饲料的营养素消化率,并改善肉鸡生长表现[111]。另一方面,Dagaew 团队(2021、2022、2023)持续研究了发酵木薯渣(cassava pulp fermented yeast waste,CSYW)代替豆粕(soybean meal,SBM)作为肉牛饲料对瘤胃发酵和饲料消化率的影响,这些研究为木薯渣作为肉牛饲料成分提供了科学依据[112-114]。

6.3.4.3 机构前沿表现度评价

基于全球木薯热带草业与饲料科学研究领域前沿文献集数据,统计分析全球各国机构在该学科中的前沿表现度,结果如表6-15所示。综合表现排名前3位的机构分别为孔敬大学、伯南布哥联邦乡村大学和迪波内戈罗大学。另外,巴伊亚州西南部州立大学排名第四,中国热带农业科学院和海南大学排名并列第五。数据显示,在木薯草业与饲料科学研究领域前沿研究中,泰国、巴西、印度尼西亚和中国的科研机构表现较好。

表 6-15 全球木薯热带草业与饲料科学研究领域 TOP10 机构前沿表现度综合分析

机构名称	所属国家	前沿表现度		前沿贡献度		前沿影响度		前沿引领度	
		排名	得分	排名	得分	排名	得分	排名	得分
孔敬大学	泰国	1	0.84	1	0.32	1	0.24	1	0.28
伯南布哥联邦乡村大学	巴西	2	0.35	2	0.12	2	0.11	2	0.12
迪波内戈罗大学	印度尼西亚	3	0.27	3	0.08	3	0.11	3	0.08
巴伊亚州西南部州立大学	巴西	4	0.16	3	0.08	6	0.04	4	0.04
海南大学	中国	5	0.16	3	0.08	7	0.04	4	0.04
中国热带农业科学院	中国	5	0.16	3	0.08	7	0.04	4	0.04
那空帕农大学	泰国	7	0.16	3	0.08	4	0.08	9	0.00
日本国际农业科学研究中心	日本	8	0.12	8	0.04	9	0.04	4	0.04
泰国先皇理工大学	泰国	9	0.11	8	0.04	10	0.03	4	0.04
阿拉戈斯联邦大学	巴西	10	0.09	8	0.04	5	0.05	9	0.00

6.3.5 热带农业工程研究的主题及前沿表现

6.3.5.1 研究主题

木薯热带农业工程研究领域耦合网络图谱显示，该领域主要关注 4 类方向，分别为木薯淀粉基材料和生物复合材料研究、木薯副产品能源转化和环境应用研究、木薯淀粉物理化学性质和改性研究，以及木薯食品安全、营养和健康影响研究（图 6-10）。进一步对不同聚类下的高频主题词进行统计（表 6-16），结合聚类文献和高频词分布，了解该领域的研究热点和进展。

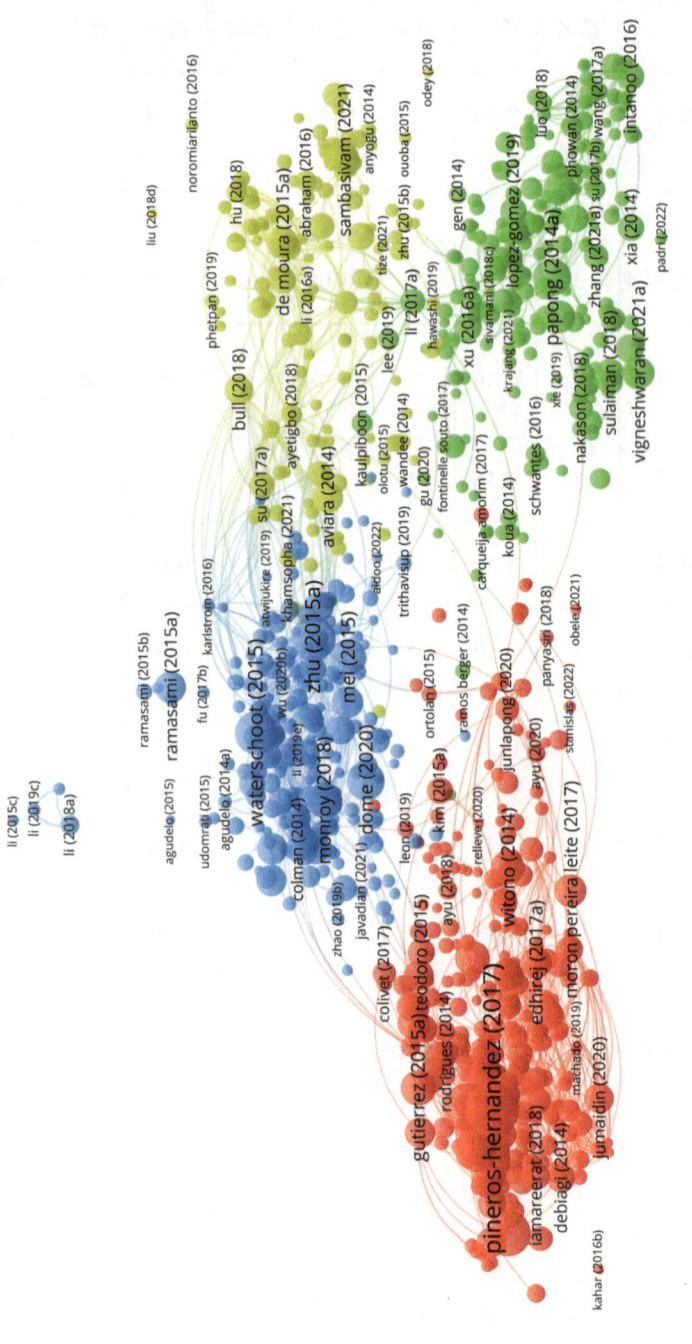

图6-10 木薯热带农业工程研究领域耦合网络分析

注：节点代表文献，节点大小代表被引次数；连线代表存在耦合关系，连线的粗细代表耦合关系的强弱；颜色代表聚类。

表 6-16　木薯热带农业工程研究领域各类高频主题词

聚类	高频主题词
木薯淀粉基材料和生物复合材料研究	力学性能（mechanical properties）、生物可降解（biodegradable）、食品包装（food packaging）、热塑性淀粉（thermoplastic starch）、壳聚糖（chitosan）、生物可降解薄膜（biodegradable films）、可食用膜（edible film）、活性包装（active packaging）、抗氧化剂（antioxidant）、生物可降解性（biodegradability）
木薯副产品能源转化和环境应用研究	生物质乙醇（bioethanol）、吸附（adsorption）、发酵（fermentation）、厌氧消化（anaerobic digestion）、生物能源（bioenergy）、木薯废水（cassava wastewater）、响应面方法（response surface methodology）、生物燃气（biogas）、生物炭（biochar）、同步糖化与发酵（simultaneous saccharification and fermentation）
木薯淀粉物理化学性质和改性研究	淀粉改性（starch modification）、热性能（thermal properties）、物理化学性质（physicochemical properties）、结构（structure）、糊化（gelatinization）、糊化性质（pasting properties）、老化（retrogradation）、流变性质（rheological properties）、改性淀粉（modified starch）
木薯食品安全、营养和健康影响研究	发酵（fermentation）、乳酸菌（lactic acid bacteria）、木薯叶（cassava leaves）、木薯制品加力（gari）、β-胡萝卜素（beta-carotene）、生物强化（biofortification）、木薯粉（cassava flour）、氰化物（cyanide）、氰苷（cyanogenic glycosides）、木薯淀粉（tapioca starch）、黄木薯（yellow cassava）、类胡萝卜素（carotenoids）

在木薯淀粉基材料和生物复合材料研究方面，研究内容涵盖材料合成与配方开发、生物降解性研究以及生物复合材料的开发 3 个具体方向。一是材料合成与配方开发相关研究集中在开发新型的木薯淀粉基材料，通过调整配方中的不同组分来优化材料性能。例如，Amaraweera 等（2021）研究发现经过酸水解处理的木薯淀粉薄膜具有增强的拉伸强度、降低的水吸收率、可生物降解性和良好的热稳定性，且无毒性、低成本，为提升木薯淀粉薄膜性能提供了科学依据[115]。二是生物降解性研究关注木薯淀粉基材料在自然环境中的降解行为。Maran 等（2014）通过分析土壤微生物对材料的降解作用，评估了木薯淀粉基复合材料的生物降解性，并发现木薯淀粉基复合材料在生物环境中的使用寿命有限，适合在使用后进行填埋处理[116]。另外，有学者利用生命周期评估法分析了巴西木薯淀粉基薄膜的环境影响，并提出使用可再生甘油和生物膜能够降低能源损耗，提高资源利用率，同时，利用可再生乙醇（酒精）替代甘蔗乙醇能够减少环境影响[117]。这些研究评估了木薯淀粉基材料的环境影响，为木薯淀粉基材料的可持续性评估提供了科学基础。三是生物复合材料的开发。研究者通过将木薯淀粉与其他天然纤维或纳米材料结合，包括巴西绿椰子纤维、木质纤维素纳米纤维、预硫化天然橡胶等，开发出性能更优的生物复合材料[118-120]。

在木薯副产品能源转化和环境应用研究方面，旨在利用木薯副产品生产可再生能源（如生物乙醇、生物甲烷等）并探索其在环境保护中的应用。从可再生能源生产上看，Xia 等（2014）探讨了通过合并氢发酵和甲烷生成的方式，提高了利用木薯淀粉和绿藻混合生物质生产能源的效率[121]；Cheng 等（2015）研究了木薯残渣在不同预处理条件下，在发酵同时产生氢气和甲烷的效果[122]。从环境应用上看，Owamah（2014）探讨了使用木薯皮活性炭在废水处理中的作用，尤其是在去除废水中的铅和铜这两类重金属方面的效果[123]。这些研究不仅有助于提高木薯加工产业的可持续性，还为可再生能源的开发应用提供了科学依据，有利于减少环境污染。

在木薯淀粉物理化学性质和改性研究方面，主要涉及木薯淀粉的物理化学性质、结构特征以及通过不同方法改性后的应用研究。其中包括木薯淀粉的物理化学性质研究、木薯淀粉的结构特征分析以及木薯淀粉在食品工业中的应用等。研究者比较研究了木薯淀粉和从糖棕榈树（*Arenga pinnata*）[124]、竹芋（*Maranta arundinacea*）[125]、千年芋（*Xanthosoma sagittifolium*）[126]、芋头（*Colocasia esculenta*）[127]等植物提取的淀粉的物理化学性质，尤其是糊化性质[128]。另外，有研究使用臭氧氧化[129]、湿热处理[130]、微波辐射[131]、交叉耦合[132]、喷射大气氩[133]等离子体等方法使木薯淀粉改性，并探索其结构性质变化情况。这些研究为木薯淀粉的深入理解和应用提供了科学基础，同时也为食品科学提供了科技创新思路和方案，有利于满足不断变化的市场需求和消费者偏好。

在木薯食品安全、营养和健康影响研究方面，主要关注木薯食品的安全性、营养价值和对健康的影响等内容。从木薯加工过程中的食品安全和营养变化看，Eyinla 等（2021）研究了不同品种木薯加工成流行食品后，对淀粉消化率和血糖指数的影响[134]。从木薯的营养价值和对健康的影响上看，Peprah 等（2020）研究了加纳种植的富含前维生素 A 的木薯在煮沸后的近似组成、氰化物含量和类胡萝卜素保留情况，对于理解木薯作为主食的重要性提供了数据支持[135]；Laya 等（2022）研究评估了木薯食品消费对特定健康问题（如糖尿病、肥胖、营养不良）的影响，以及如何通过改良木薯品种和加工方法来提高其营养价值并减少健康风险[136]。这些关于木薯食品的安全性、营养和健康影响的研究对于保障食品安全、改善营养状况、促进健康、支持农业可持续发展以及应对全球营养挑战具有重要的研究意义。

6.3.5.2 前沿主题

以 1 年为一个时间切片，通过 CiteSpace 软件，选取每个子集前 1%的数据进行文献共被引分析，旨在探测出重要的节点文献。通过参数设置，得到平均轮廓值为 0.905 2、模块化 Q 值为 0.728（Q＞0.3 表示网络社团结构显著）的可视化网络。通过 LLR 算法寻找聚类，最终形成较为显著的 13 个聚类社团（图 6-11），对应的前沿主题词线索为"#0 可生物降解食品包装""#1 糖棕纤维""#2 化学改性""#3 木薯淀粉薄膜""#4 结构特征""#5 智能包装""#6 生理恶化""#7 热塑性木薯淀粉复合材料""#8 木薯废水""#9 降解酶""#10 采后处理""#11 淀粉基泡沫托盘""#12 薄膜"。进一步综合评估网络中节点的 Sigma 值，观测引文网络中重要的文献节点，并在此基础上对这些文献的施引文献进行检索，结合对施引文献的分析，判定学科知识领域的研究前沿（表 6-17）。

6 木薯研究领域竞争力及前沿格局解析

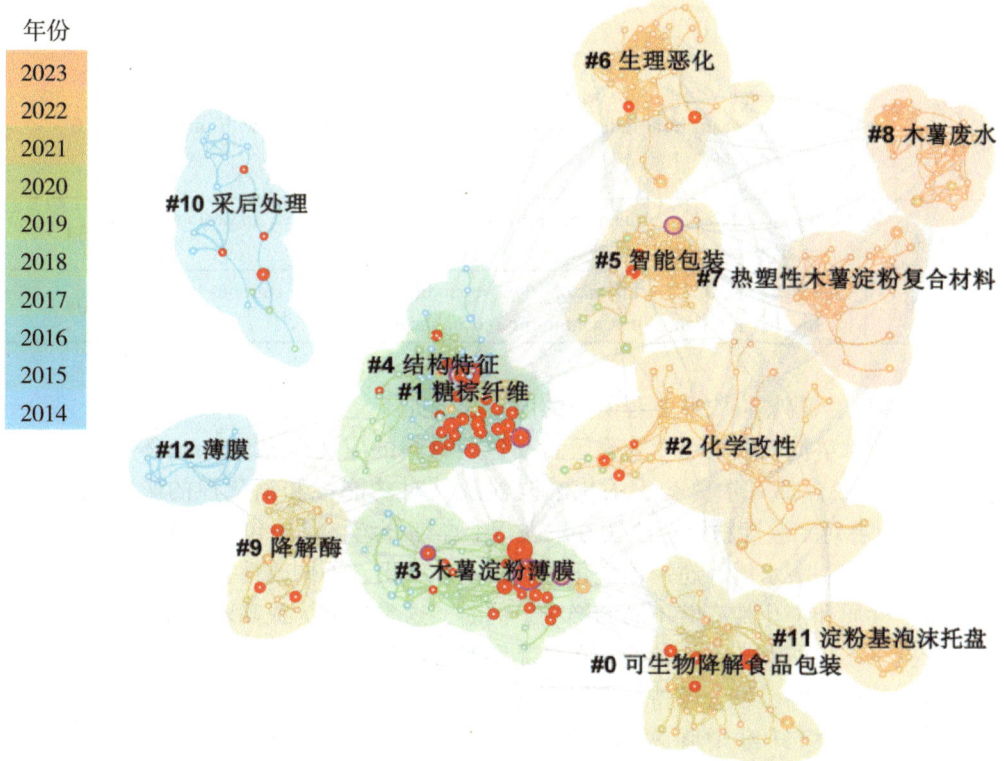

图 6-11 木薯热带农业工程研究领域共被引网络图谱

注：节点年轮代表文章的引文历史，年轮的整体大小反映论文被引用的次数，引文年轮的颜色代表相应的引文时间；紫圈节点为高中介中心性节点（中介中心性不小于 0.1）；红色节点为突发性节点。

表 6-17 木薯热带农业工程研究领域共被引网络重要文

前沿名称	关键节点文献	被引频次
基于木薯淀粉开发可生物降解食品包装材料的应用研究	Mhaske 等（2022）. Green and clean modification of cassava starch-effects on composition, structure, properties and digestibility[138]	13
	Wang 等（2022）. Cassava starch: Chemical modification and its impact on functional properties and digestibility, a review[137]	42
利用糖棕纤维增强木薯淀粉复合材料的物理化学性质研究	Edhirej 等（2017）. Cassava: Its polymer, fiber, composite, and application[140]	42
	Edhirej 等（2017）. Cassava/sugar palm fiber reinforced cassava starch hybrid composites: Physical, thermal and structural properties[141]	113
	Edhirej 等（2017）. Tensile, barrier, dynamic mechanical, and biodegradation properties of cassava/sugar palm fiber reinforced cassava starch hybrid composites[139]	28

(续表)

前沿名称	关键节点文献	被引频次
木薯淀粉的物理化学性质和生物可降解性研究	Laureanti 等（2021）. Development of active cassava starch films reinforced with waste from industrial wine production and enriched with pink pepper extract[142]	6
木薯淀粉基材料在智能包装中的应用研究	Cheng 等（2022）. Aneco-friendly film of ph-responsive indicators for smart packaging[144]	34
	Cheng 等（2022）. Effect of dual-modified cassava starches on intelligent packaging films containing red cabbage extracts[143]	104

分析发现，木薯热带农业工程研究的前沿表现如下。

一是基于木薯淀粉开发可生物降解食品包装材料的应用研究。Wang 等（2022）和 Mhaske 等（2022）都对木薯淀粉的化学改性及其对功能性和消化性的影响进行了综述[137,138]。后者对木薯淀粉绿色改性方法进行了详细介绍，其中包括超声波微波、高静压热处理、冷冻—酸水解、超声乙酰化等。研究总结出，不同改性技术对木薯淀粉的组成、结构、性质和消化性有着不同的影响。同时，这类研究为提高木薯淀粉功能性提供了科学依据，不仅能够拓宽木薯淀粉在食品和非食品工业中的应用选择，同时还强调了绿色清洁和环境友好，符合可持续发展理念。

二是利用糖棕纤维增强木薯淀粉复合材料的物理化学性质研究。Edhirej 等（2017）使用木薯渣和糖棕纤维作为增强剂、木薯淀粉作为基体、果糖作为增塑剂，在木薯淀粉复合膜中添加不同比例的糖棕纤维，对复合膜的拉伸性能、动态力学性能、阻隔性能及生物降解性能等特性进行了定量研究[139-141]。研究结论显示，添加糖棕纤维能够增强木薯淀粉基复合材料的力学和阻隔性能，还可能增强其生物降解性。这类研究为开发可持续和环境友好的生物塑料提供了有价值的参考，特别是在食品包装领域。

三是木薯淀粉的物理化学性质和生物可降解性研究。环境保护问题一直以来都备受关注，木薯淀粉基复合材料生物可降解性的研究也成为热门方向。Laureanti 等（2021）研究团队使用葡萄茎作为增强剂、粉红胡椒提取物作为抗氧化剂，将木薯淀粉与甘油混合，开发研制了一种新型的活性木薯淀粉薄膜[142]。这种薄膜不仅能够生物降解，还能够一定程度地延长食品保质期并提升食品质量，是非常具有前景的生物可降解包装材料替代品。这类研究对于可持续发展和环境保护具有重要意义。

四是木薯淀粉基材料在智能包装中的应用研究。在木薯农业工程科学领域，智能包装是一个重要的研究方向，特别是使用天然材料及其提取物来开发环境友好的包装材料。Cheng 团队（2022）的多项研究利用木薯淀粉和红甘蓝提取物开发了适用于智能包装的性能良好的淀粉基薄膜[143,144]。该研究既从不同改性技术角度对智能薄膜性能变化进行验证探索，又为食品智能包装提供了具有潜力的绿色新型替代材料，展示了木薯淀粉在智能包装领域的应用潜力。

6.3.5.3 机构前沿表现度评价

基于全球木薯热带农业工程研究领域前沿文献集数据，统计分析全球各国机构在该学科中的前沿表现度，结果如表6-18所示。综合表现排名前3位的机构分别为南大河联邦大学、阿根廷国家科学和技术研究委员会、布宜诺斯艾利斯大学。

表6-18 全球木薯热带农业工程研究领域TOP10机构前沿表现度综合分析

机构名称	所属国家	前沿表现度		前沿贡献度		前沿影响度		前沿引领度	
		排名	得分	排名	得分	排名	得分	排名	得分
南大河联邦大学	巴西	1	0.26	1	0.07	3	0.12	1	0.07
阿根廷国家科学和技术研究委员会	阿根廷	2	0.24	4	0.04	1	0.16	2	0.04
布宜诺斯艾利斯大学	阿根廷	3	0.20	8	0.03	2	0.14	4	0.03
圣保罗大学	巴西	4	0.13	2	0.05	5	0.05	4	0.03
巴西农业研究院	巴西	5	0.12	2	0.05	6	0.05	9	0.02
马来西亚博特拉大学	马来西亚	6	0.11	8	0.03	4	0.05	7	0.03
广西大学	中国	7	0.10	5	0.04	9	0.03	3	0.03
圣卡塔琳娜联邦大学	巴西	8	0.09	6	0.03	7	0.03	7	0.03
巴拉那联邦大学	巴西	9	0.09	8	0.03	8	0.03	4	0.03
约翰内斯堡大学	南非	10	0.04	6	0.03	10	0.01	10	0.00

6.3.6 热带农业经济与乡村振兴研究的主题及前沿表现

6.3.6.1 研究主题

木薯热带农业经济与乡村振兴研究领域耦合网络图谱显示，该领域主要关注3类方向，为木薯产业优化与区域发展研究、木薯及其副产品营养安全及生计策略研究、木薯产业可持续发展与农村生态经济研究（图6-12）。进一步对不同聚类下的高频主题词进行统计（表6-19），结合聚类文献和高频词分布，了解该领域的研究热点和进展。

下篇 基于主要热带作物的竞争力及前沿格局解析

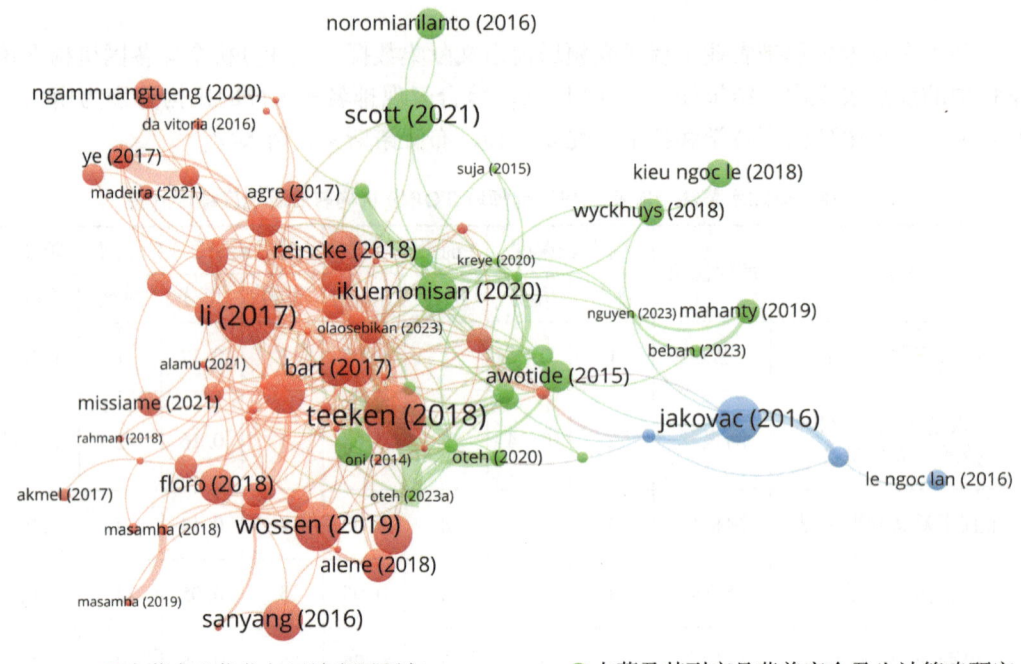

图 6-12 木薯热带农业经济与乡村振兴研究领域耦合网络分析

注：节点代表文献，节点大小代表被引次数；连线代表存在耦合关系，连线的粗细代表耦合关系的强弱；颜色代表聚类。

表 6-19 木薯热带农业经济与乡村振兴研究领域各类高频主题词

聚类	高频主题词
木薯产业优化与区域发展研究	尼日利亚（Nigeria）、非洲（Africa）、粮食安全（food security）、采纳（adoption）、黄曲霉素（aflatoxin）、农业（agriculture）、生物经济（bio-economy）、木薯种植户（cassava farmers）、内生转换回归模型（endogenous switching regression）、食品安全（food safety）
木薯及其副产品营养安全及生计策略研究	粮食安全（food security）、尼日利亚（Nigeria）、采纳（adoption）、生物强化（biofortification）、生物强化木薯（biofortified cassava）、木薯生产（cassava production）、生产（production）
木薯产业可持续发展与农村生态经济研究	生态补偿机制（PES）、农业生物多样性（agrobiodiversity）、巴西林业补贴计划（Bolsa floresta）、巴西农业补贴计划（Bolsa verde）、森林砍伐（deforestation）、民族植物学（ethnobotany）、食用植物（food plants）

在木薯产业优化与区域发展研究方面，研究关注通过对木薯产业链的各个环节进行系统分析和改进，包括生产技术的提升、加工方法的创新、市场流通的优化、

产品质量的改进以及对环境影响的控制,从而促进区域经济的发展。从区域上看,研究围绕尼日利亚讨论了如何通过机械化提高木薯生产效率,增加附加值,从而为尼日利亚农村贫困地区创造财富[145];评估了木薯废弃物作为生物能源的潜力,展示了如何通过循环利用农业废弃物来优化木薯产业,同时促进农村地区的能源自给自足和经济发展[46]。此外,有学者分析研究了中国的木薯生产效率和木薯基生物乙醇供应链运作机制等[146,147]。这些研究涵盖木薯产业链的各环节,包括生产、加工、市场以及对区域发展的影响,能够为农业从业者和政策制定者提供见解和策略,促进木薯产业优化和区域经济发展。

在木薯及其副产品营养安全及生计策略研究方面,研究涵盖木薯及其副产品的食品安全、农村居民营养改善及生计策略等多个方面。其中,有研究以布基纳法索为例,调查研究了当地木薯起源、生产和利用情况,强调了木薯产业在提高农村妇女经济赋权和营养安全方面的重要性[148];也有研究以马达加斯加为例,梳理了木薯产业对农村家庭食物自给自足和生计策略的影响[149];还有研究以非洲地区国家坦桑尼亚、肯尼亚和加纳为例,分析了木薯产业在促进当地农村经济发展和营养改善中的作用[150]。

在木薯产业可持续发展与农村生态经济研究方面,研究主要关注木薯种植在农村可持续发展中的作用以及如何促进木薯产业经济发展和生态平衡。在木薯生产可持续性研究方面,部分学者围绕巴西亚马孙地区的木薯种植系统进行了评估,一是 Jakovac 等(2016)分析了农业集约化对管理实践和轮作生产力的影响,发现重复的轮作周期导致木薯产量下降,杂草覆盖增加,从而增加了除草工作量,降低了农民的生产力和收入[151];二是 Alves-Pinyo 等(2018)通过走访 158 户农户评估了生态补偿机制(payment for ecosystem services,PES)的经济效益,并发现森林恢复时间每增加一年,木薯产量每户每年增加 22.83 千克,表明生态补偿机制能够增加农民收入[152];三是在巴西东北部半干旱地区,研究考察了木薯品种的分布以及社会经济特征如何影响农民对木薯品种的认知和使用情况,并得出结论:社交网络在维持区域木薯多样性中起着重要作用,农民大多基于传统知识和个人偏好来选择木薯品种进行种植[153]。

综上所述,研究涵盖了木薯在热带农业经济与乡村振兴中的多个重要方面,从产业优化与区域发展,到营养安全及生计策略,再到可持续发展与农村生态经济。这些研究对于制定有效的政策和战略,从而促进木薯产业的发展和农村地区的经济振兴具有重要意义。

6.3.6.2 前沿主题

以 1 年为一个时间切片,通过 CiteSpace 软件,选取每个子集前 1% 的数据进行文献共被引分析,旨在探测出重要的节点文献。通过参数设置,得到平均轮廓值为 0.983 1、模块化 Q 值为 0.925 2(Q>0.3 表示网络社团结构显著)的可视化网络。通过 LLR 算法寻找聚类,最终形成较为显著的 3 个聚类社团(图 6-13),对应的前沿主题词线索为"#0 生态创新评估""#8 生物质转化""#13 可持续生物经济"。进一步综合评估网络中节点的 Sigma 值,观测引文网络中重要的文献节点,并在此基础上对这些文献的施引文献进行检索,结合对施引文献的分析,判定学科知识领域的研究前沿(表 6-20)。

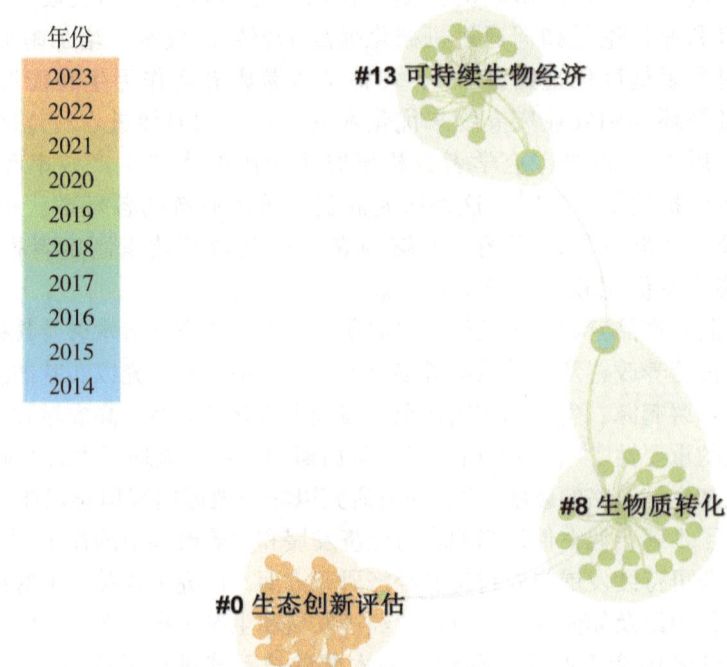

图 6-13　木薯热带农业经济与乡村振兴研究领域共被引网络图谱

注：节点年轮代表文章的引文历史；年轮的整体大小反映论文被引用的次数；引文年轮的颜色代表相应的引文时间。

表 6-20　木薯热带农业经济与乡村振兴研究领域共被引网络重要文献

前沿名称	关键节点文献	被引频次
可持续木薯加工与生物能源创新研究	de Jesusnaff 等（2022）. Eco-innovation assessment of biodigesters technology: an application in cassava processing industries in the south of brazil, parana state[153]	3
木薯生物质能源转化与经济评估研究	Garcia-Velasquez 等（2020）. Economic and energy valorization of cassava stalks as feedstock for ethanol and electricity production[154]	4
	Ngammuangtueng 等（2020）. Nexus resources efficiency assessment and management towards transition to sustainable bioeconomy in thailand[155]	22

分析发现，木薯热带农业经济与乡村振兴研究的前沿表现如下。

一是可持续木薯加工与生物能源创新研究。从生态创新评估的角度出发，有研究针对木薯加工产业面临的环境问题和资源利用效率低的双重挑战，聚焦木薯加工废弃物处理中应用的生物消化技术（biodigesters technology），对巴西巴拉纳州南部木薯加工业进行案例研究，利用 INOVA-tec 评估模型，全面分析了生物消化技术在减少温室气体排放、保护水质和土壤健康方面的效果,并提出了一套生态创新评估指标体系[154]。研究结果反映出,当前生物消化技术虽然在理论层面具有价值和应用潜力,但在实际应用中仍面临挑战。这类研究不仅有助于推动木薯加工产业的绿色转型,还能为全球农业废弃物管理和生物能源开发提供新的解决方案。通过实现木薯加工废弃物的高值化利用,该研究有望为农业可持续发展和农村经济发展开辟新的道路。

二是木薯生物质能源转化与经济评估研究。随着全球对可再生能源和环境可持续性的关注度日益增加,生物质能源作为一种清洁能源,其开发和利用成为研究热点。木薯是热带和亚热带地区的主要农作物,而木薯秸秆作为一种丰富且未充分利用的农业副产品,具有转化为生物能源的巨大潜力。研究评估了木薯秸秆作为生物质能源,在生物化学及热化学两种转化途径下生产能源的成本、市场竞争力和整体能源效率,为木薯秸秆的能源转化利用提供了科学依据和技术支持[155,156]。生物质能源转化是农业领域和能源领域的关键交叉点,学科的交叉融合和技术创新不仅能够促进木薯产业可持续发展,更能为全球能源转型提供新思路。

6.3.6.3 机构前沿表现度评价

基于全球木薯热带农业经济与乡村振兴研究领域前沿文献集数据,统计分析全球各国机构在该学科中的前沿表现度,结果如表6-21所示。综合表现排名前3位的机构分别为清迈大学、哥伦比亚国立大学和国王科技大学。另外,圣犹大塔杜大学和七月九日大学分别排名第四、第五。数据显示,在木薯热带农业经济与乡村振兴前沿研究中,泰国、哥伦比亚和巴西的科研机构表现较为突出。

表6-21 全球木薯热带农业经济与乡村振兴研究领域机构前沿表现度综合分析

机构名称	所属国家	前沿表现度		前沿贡献度		前沿影响度		前沿引领度	
		排名	得分	排名	得分	排名	得分	排名	得分
清迈大学	泰国	1	1.07	1	0.33	1	0.40	1	0.33
哥伦比亚国立大学	哥伦比亚	2	0.76	1	0.33	3	0.09	1	0.33
国王科技大学	泰国	3	0.73	1	0.33	1	0.40	4	0.00
圣犹大塔杜大学	巴西	4	0.72	1	0.33	4	0.05	1	0.33
七月九日大学	巴西	5	0.39	1	0.33	4	0.05	4	0.00

6.4 结论与建议

木薯不仅是重要的粮食作物和经济作物,也是一种重要的生物能源作物。木薯研究对产业可持续发展、保障全球粮食安全以及促进区域经济发展有着重要意义,受到学术界和产业界的持续关注。本研究通过对2014—2023年发表的4 381篇文献进行综合分析，旨在揭示全球木薯研究的主要趋势、学科领域热点及前沿表现，并对未来的研究方向提出建议。

从文献产出情况来看，木薯相关研究呈现波动增长的趋势，2021年产出最高，达到584篇，总体来看，文献发表量呈现上升趋势，年均增长率为5.54%。这反映出全球对木薯产业可持续发展的重视程度和科研投入持续增强。在学科分类上，热带农业工程、热带作物科学及热带植物保护与生物安全科学等领域的发文量位居前列，这表明这些学科在关于木薯的研究中扮演着关键角色。

从科技论文机构竞争力指数来看，中国、巴西等国家的科研机构在木薯研究领域表现突出。中国热带农业科学院、国际农业研究磋商组织及国际热带农业中心等机构在多个学科领域排名靠前，体现了这些机构在木薯研究领域的科研实力。这些领先机构的科研产出对于促进木薯产业科技发展和创新具有重大影响。

研究主题方面，本研究通过信息可视化和知识图谱软件工具，分析整理了木薯六大学科领域的主要研究方向。在热带作物科学研究领域，研究关注木薯生理生态和栽培管理研究、逆境生理与分子适应机制研究以及遗传多样性与分子育种研究等方面，为优化栽培技术、开发木薯优良品种、提高木薯生产力和品质提供了科学理论基础。在热带农业资源与环境研究领域，研究聚焦木薯农业资源与土壤环境管理、副产品转化与能源化利用以及生物能源与可持续性评估等方面，为木薯生物能源可持续发展、环境保护和资源可持续利用提供了新的策略和思路。在热带植物保护与生物安全研究领域，研究内容包括木薯病虫害防控与生物安全综合研究，木薯花叶病的发生、传播及防治，木薯褐条病的发生、传播及防治，以及木薯病害的图像识别与早期诊断等。这些研究深化了对木薯抗病虫害机制的认识，有助于减少对化学农药的依赖，并为木薯产业可持续管理提供了坚实的科学基础。在热带草业与饲料科学研究领域，研究聚焦于木薯饲料化利用与营养价值评估、木薯副产品反刍动物饲料应用研究、木薯副产品发酵技术与饲料创新研究等方向，这些研究通过木薯基替代饲料的开发应用减少了对传统饲料的依赖、增强了全球农业系统的韧性，为木薯产业发展和整个农业系统可持续发展提供了新的策略。在热带农业工程研究领域，研究涵盖木薯淀粉基材料和生物复合材料研究、木薯副产品能源转化和环境应用研究、木薯淀粉物理化学性质和改性研究，以及木薯食品安全、营养和健康影响研究等多个方面。这些研究不仅有助于提高木薯加工产业的可持续性，为包括木薯淀粉在内的木薯副产品以及可再生能源的开发应用提供了科学依据，同时对保障食品安全、改善营养健康也有着重要意义。在热带农业经济与乡村振兴研究领域，研究内容包括木薯产业优化与区域发展、木薯及其副产品营养安全及生计策略、木薯产业可持续发展与农村生态经济等方面，这些研究对于制定有效的政策和战略，以促进木薯产业的发展和农村地区的经济振兴具有重要意义。

前沿主题方面，本研究基于共被引分析和关键节点论文总结，揭示了2014—2023年木薯六大学科领域的研究前沿主题。在热带作物科学领域主要聚焦木薯全基因组表征和功能研究、基因组编辑技术及其在木薯中的应用、基因组预测及木薯育种研究；在热带农业资源与环境科学领域主要聚焦木薯副产品提炼生物燃料相关研究、木薯产业可持续性评估研究；在热带植物保护与生物安全科学领域主要聚焦木薯病毒性病害的传播与危害研究、木薯病毒性病害的鉴定研究、木薯病毒性病害的抗病性研究；在热带草业与饲料科学领域主要聚焦木薯渣在动物饲料中的应用研究、木薯副产品对反刍动物瘤胃健康及肉质的影响研究；在热带农业工程领域主要聚焦基于木薯淀粉开发可生物降解食品包装材料的应用研究、利用糖棕纤维增强木薯淀粉复合材料的物理化学性质研究、木薯淀粉的物理化学性质和生物可降解性研究、木薯淀粉基材料在智能包装中的应用研究；在热带农业经济与乡村振兴领域主要聚焦可持续木薯加工与生物能源创新研究、木薯生物质能源转化与经济评估研究。

根据上述分析结果，对未来木薯研究的发展方向提出以下建议：一是加强基础研究，利用生物育种技术，提高木薯的遗传改良效率，并持续深化木薯生理生态和逆境生理机制研究，以适应不断变化的环境条件，从而培育高产、抗病且适应性强的木薯品种；二是进一步研究木薯种植对土壤和水资源的影响，探索木薯副产品的综合利用，推广可持续农业应用，提高资源利用率，减少对环境的负面影响；三是开发木薯在生物能源领域的应用，提高副产品的经济价值，通过开发高效的生物能源转化技术，研究木薯副产品在饲料、工业原料及能源等方面的应用，增加产业附加值；四是对木薯产业政策和经济规律的深入研究，结合国内外市场需求、区域经济社会发展规律和全球农业可持续发展策略等，对环境政策、财政支持等进行深入调查，为小农提供更好的发展策略，为区域和产业经济发展提供坚实的科学基础和依据。

参考文献

[1] 陈松笔，蔡杰，安飞飞，等. 木薯育种现状及发展趋势 [J]. 中国科学（生命科学），2024，54（10）：1833-1842.

[2] 唐杰，李明娟，张雅媛，等. 食用木薯的加工现状及发展前景 [J]. 食品工业科技，2023，44（2）：469-476.

[3] 徐宇佳，徐锦玲，李丛希，等. 世界木薯产业政策新动向及对中国的启示 [J]. 中国热带农业，2023（6）：5-11.

[4] 曹升，陈江枫，黄富宇，等. 广西木薯产业现状分析及其发展建议 [J]. 南方农业学报，2021，52（6）：1468-1476.

[5] 中研普华产业研究院. 木薯行业种植面积、产量及发展现状分析 [Z]. 2023.

[6] EZUI K S, FRANKE A C, LEFFELAAR P A, et al. Water and radiation use efficiencies explain the effect of potassium on the productivity of cassava [J]. Eur. J. Agron., 2017, 83: 28-39.

[7] SAWATRAKSA N, BANTERNG P, JOGLOY S, et al. Chlorophyll fluorescence and biomass of four cassava genotypes grown under rain-fed upper paddy field conditions in the tropics [J]. J. Agron. Crop. Sci., 2018, 204 (6): 554-565.

[8] PHONCHAROEN P, BANTERNG P, VORASOOT N, et al. The impact of seasonal environments in a tropical savanna climate on forking, leaf area index, and biomass of cassava genotypes [J]. Agronomy-Basel, 2019, 9 (1): 15.

[9] CRUZ J L, ALVES A A C, LECAIN D R, et al. Effect of elevated CO_2 concentration and nitrate: Ammonium ratios on gas exchange and growth of cassava (*Manihot esculenta* Crantz) [J]. Plant Soil, 2014, 374 (1-2): 33-43.

[10] FIGUEIREDO P G, BICUDO S J, CHEN S B, et al. Effects of tillage options on soil physical properties and cassava-dry-matter partitioning [J]. Field Crop Res., 2017, 204: 191-198.

[11] ENESI R O, HAUSER S, PYPERS P, et al. Understanding changes in cassava root dry matter yield by different planting dates, crop ages at harvest, fertilizer application and varieties [J]. Eur. J. Agron., 2022, 133: 9.

[12] VISSES F D, SENTELHAS P C, PEREIRA A B. Yield gap of cassava crop as a measure of food security-an example for the main Brazilian producing regions [J]. Food Secur., 2018, 10 (5): 1191-1202.

[13] WANG S J, LU C, CHEN X, et al. Comparative transcriptome profiling indicated that leaf mesophyll and leaf vasculature have different drought response mechanisms in cassava [J]. Trop Plant Biol., 2021, 14 (4): 396-407.

[14] HU W, WEI Y X, XIA Z Q, et al. Genome-wide identification and expression analysis of the NAC transcription factor family in cassava [J]. PLoS One, 2015, 10 (8): 25.

[15] YAN Y, WANG L Z, DING Z H, et al. Genome-wide identification and expression analysis of the mitogen-activated protein kinase gene family in cassava [J]. Front Plant Sci., 2016, 7: 15.

[16] LIU Q, DANG H J, CHEN Z J, et al. Genome-wide identification, expression, and functional analysis of the sugar transporter gene family in cassava (*Manihot esculenta*) [J]. Int. J. Mol. Sci., 2018, 19 (4): 18.

[17] PATANUN O, UEDA M, ITOUGA M, et al. The histone deacetylase inhibitor suberoylanilide hydroxamic acid alleviates salinity stress in cassava [J]. Front Plant Sci., 2017, 7: 16.

[18] WANG C Y, RAN F F, ZANG Y W, et al. Genome-wide identification and expression analysis of heat shock protein gene family in cassava [J]. Plant Genome, 2023, 16 (4): 17.

[19] PAN R R, WANG Y J, AN F F, et al. Genome-wide identification and characterization of 14-3-3 gene family related to negative regulation of starch accumulation in storage root of Manihot esculenta [J]. Front Plant Sci., 2023, 14: 12.

[20] IRIGOYEN M L, GARCEAU D C, BOHORQUEZ-CHAUX A, et al. Genome-wide analyses of cassava *Pathogenesis-related* (*PR*) gene families reveal core transcriptome responses to whitefly infestation, salicylic acid and jasmonic acid [J]. BMC Genomics, 2020, 21 (1): 18.

[21] WILSON M C, MUTKA A M, HUMMEL A W, et al. Gene expression atlas

for the food security crop cassava [J]. New Phytol., 2017, 213 (4): 1632-1641.

[22] YOU L L, WANG Y, ZHANG T T, et al. Genome-wide identification of nitrate transporter 2 (NRT2) gene family and functional analysis of MeNRT2. 2 in cassava (*Manihot esculenta* Crantz) [J]. Gene, 2022, 809: 11.

[23] HU W, YANG H B, YAN Y, et al. Genome-wide characterization and analysis of bZIP transcription factor gene family related to abiotic stress in cassava [J]. Sci. Rep., 2016, 6: 12.

[24] UTSUMI Y, TANAKA M, UTSUMI C, et al. Integrative omics approaches revealed a crosstalk among phytohormones during tuberous root development in cassava [J]. Plant Molecular Biology, 2022, 109 (3): 249-269.

[25] ZHAO P J, LIU P, SHAO J F, et al. Analysis of different strategies adapted by two cassava cultivars in response to drought stress: Ensuring survival or continuing growth [J]. J. Exp. Bot., 2015, 66 (5): 1477-1488.

[26] ODIPIO J, ALICAI T, INGELBRECHT I, et al. Efficient CRISPR/Cas9 genome editing of *Phytoene desaturase* in cassava [J]. Front Plant Sci, 2017, 8: 11.

[27] ZENG H Q, XIE Y W, LIU G Y, et al. *Agrobacterium*-mediated gene transient overexpression and tobacco rattle virus (TRV) -based gene silencing in cassava [J]. Int. J. Mol. Sci., 2019, 20 (16): 13.

[28] RAMU P, ESUMA W, KAWUKI R, et al. Cassava haplotype map highlights fixation of deleterious mutations during clonal propagation [J]. Nature Genet., 2017, 49 (6): 959-963.

[29] WANG H F, BEYENE G, ZHAI J X, et al. CG gene body DNA methylation changes and evolution of duplicated genes in cassava [J]. Proc. Natl. Acad. Sci. USA, 2015, 112 (44): 13729-13734.

[30] ZHAO H, WU C L, YAN Y, et al. Genomic analysis of the core components of ABA signaling reveals their possible role in abiotic stress response in cassava [J]. Environ. Exp. Bot., 2019, 167: 11.

[31] WEI Y X, SHI H T, XIA Z Q, et al. Genome-wide identification and expression analysis of the *WRKY* gene family in cassava [J]. Front Plant Sci., 2016, 7: 18.

[32] DING Z H, FU L L, YAN Y, et al. Genome-wide characterization and expression profiling of HD-Zip gene family related to abiotic stress in cassava [J]. PLoS One, 2017, 12 (3): 20.

[33] WANG Y J, LU X H, ZHEN X H, et al. A transformation and genome editing system for cassava cultivar SC8 [J]. Genes, 2022, 13 (9): 16.

[34] PHUMICHAI C, AIEMNAKA P, NATHAISONG P, et al. Genome-wide asso-

ciation mapping and genomic prediction of yield-related traits and starch pasting properties in cassava [J]. Theor. Appl. Genet., 2022, 135 (1): 145-171.

[35] BRAGA R R, SILVA D V, FERREIRA E A, et al. Soil microbial activity, weed control and growth of cassava after application of herbicide [J]. Biosci. J., 2014, 30 (4): 1050-1058.

[36] SILVEIRA H M, SILVA D V, MELO C A D, et al. Mycorrhizal association and microbial activity of soil cultivated with cassava after application of mesotrione and fluazifop-p-butyl [J]. Planta Daninha, 2015, 33 (2): 275-282.

[37] PRAPAGDEE S, PIYATIRATITIVORAKUL S, PETSOM A, et al. Application of biochar for enhancing cadmium and zinc phytostabilization in *Vigna radiata* L. cultivation [J]. Water Air Soil Pollution, 2014, 225 (12): 13.

[38] DENG H, YU H M, CHEN M, et al. Sorption of atrazine in tropical soil by biochar prepared from cassava waste [J]. BioResources, 2014, 9 (4): 6627-6643.

[39] INTANOO P, RANGSANVIGIT P, MALAKUL P, et al. Optimization of separate hydrogen and methane production from cassava wastewater using two-stage upflow anaerobic sludge blanket reactor (UASB) system under thermophilic operation [J]. Bioresour. Technol., 2014, 173: 256-265.

[40] PAPONG S, ROTWIROON P, CHATCHUPONG T, et al. Life cycle energy and environmental assessment of bio-CNG utilization from cassava starch wastewater treatment plants in Thailand [J]. Renew Energy, 2014, 65: 64-69.

[41] AMORIM N C S, ALVES I, MARTINS J S, et al. Biohydrogen production from cassava wastewater in an anaerobic fluidized bed reactor [J]. Braz. J. Chem. Eng., 2014, 31 (3): 603-612.

[42] OKUDOH V, TROIS C, WORKNEH T, et al. The potential of cassava biomass and applicable technologies for sustainable biogas production in South Africa: A review [J]. Renew Sust Energ Rev, 2014, 39: 1035-1052.

[43] VILELA L M B, MACÊDO W V, AMORIM E L C. Biohydrogen production from cassava wastewater and domestic sewage in an anaerobic fluidized bed reactor [J]. Latin. Am. Appl. Res., 2017, 47 (1-2): 29-34.

[44] ADEKUNLE A, GARIEPY Y, LYEW D, et al. Energy recovery from cassava peels in a single-chamber microbial fuel cell [J]. Energy Sources Part A-Recovery Util. Environ. Eff., 2016, 38 (17): 2495-2502.

[45] OZOEGWU C G, EZE C, ONWOSI C O, et al. Biomass and bioenergy potential of cassava waste in Nigeria: Estimations based partly on rural-level garri processing case studies [J]. Renew Sust. Energ. Rev., 2017, 72: 625-638.

[46] ASO S N, PULLAMMANAPPALLIL P C, TEIXEIRA A A, et al. Biogasification

of cassava residue for on-site biofuel generation for food production with potential cost minimization, health and environmental safety dividends [J]. Environ. Prog. Sustain. Energy, 2019, 38 (4): 10.

[47] LAUVEN L P, LIU B B, GELDERMANN J. Determinants of economically optimal cassava-to-ethanol plant capacities with consideration of GHG emissions [J]. Appl. Therm. Eng., 2014, 70 (2): 1246-1252.

[48] LECKSIWILAI N, GHEEWALA S H, SILALERTRUKSA T, et al. LCA of biofuels in Thailand using Thai Ecological Scarcity method [J]. J. Clean Prod., 2017, 142: 1183-1191.

[49] TRAN H, LUONG A D, VAN A D, et al. Energy crop as an environmentally sustainable reclamation option for post-mining sites: A life cycle assessment of cassava planting in Vietnam [J]. Environ. Sci. Pollut Res., 2022, 29 (5): 6722-6732.

[50] SHEN S L, CHEN J Q, CHANG J J, et al. Using bioenergy crop cassava (*Manihot esculenta*) for reclamation of heavily metal-contaminated land [J]. Int. J. Phytoremediat, 2020, 22 (12): 1313-1320.

[51] JIANG D, HAO M M, FU J Y, et al. Evaluating the bioenergy potential of cassava on marginal land using a biogeochemical process model in Guangxi, China [J]. J.Appl. Remote Sens., 2015, 9: 11.

[52] COSTA R C, RAMOS M D N, FLECK L, et al. Critical analysis and predictive models using the physicochemical characteristics of cassava processing wastewater generated in Brazil [J]. J.Water Process Eng., 2022, 47: 10.

[53] ARAUJO G S, SANTIAGO C S, MOREIRA R T, et al. Nutrient removal by *Arthrospira platensis* cyanobacteria in cassava processing wastewater [J]. J.Water Process Eng., 2021, 40: 7.

[54] ZHU L Y, YI H, GUIKEMA S, et al. Impacts of climate change on cassava yield and lifecycle energy and greenhouse gas performance of cassava ethanol systems: An example from Guangxi Province, China [J]. J. Environ. Manage, 2023, 347: 10.

[55] LI Y P, DING F Y, HAO M M, et al. The implications for potential marginal land resources of cassava across worldwide under climate change challenges [J]. Sci. Rep., 2023, 13 (1): 11.

[56] ANDRADE L R S, FELISARDO R J A, CRUZ I A, et al. Integrated biorefinery and life cycle assessment of cassava processing residue-from production to sustainable evaluation [J]. Plants-Basel., 2022, 11 (24): 13.

[57] HE X N, CONG R Y, GAO W, et al. Optimization of composting methods for efficient use of cassava waste, using microbial degradation [J]. Environ. Sci. Pollut. Res., 2023, 30 (17): 51288-51302.

[58] LUNDGREN J G, LÓPEZ-LAVALLE L A B, PARSA S, et al. Molecular determination of the predator community of a cassava whitefly in Colombia: Pest-specific primer development and field validation [J]. Journal of Pest Science, 2013, 87 (1): 125-131.

[59] WYCKHUYS K A G, ZHANG W, PRAGER S D, et al. Biological control of an invasive pest eases pressures on global commodity markets [J]. Environmental Research Letters, 2018, 13 (9). DOI: 10.1088/1748-9326/aad8f0.

[60] COSTA É C, TEODORO A V, RÊGO A S, et al. Functional response of *Euseius concordis* to densities of different developmental stages of the cassava green mite [J]. Experimental and Applied Acarology, 2014, 64 (3): 277-286.

[61] SOTO SEDANO J C, MORA MORENO R E, MATHEW B, et al. Major novel QTL for resistance to cassava bacterial blight identified through a multi-environmental analysis [J]. Frontiers in Plant Science, 2017, 8. DOI: 10.3389/fpls.2017.01169.

[62] IRIGOYEN M L, GARCEAU D C, BOHORQUEZ-CHAUX A, et al. Genome-wide analyses of cassava Pathogenesis - related (PR) gene families reveal core transcriptome responses to whitefly infestation, salicylic acid and jasmonic acid [J]. BMC Genomics, 2020, 21 (1). DOI: 10.1186/s12864-019-6443-1.

[63] SANGPUEAK R, PHANSAK P, THUMANU K, et al. Effect of salicylic acid formulations on induced plant defense against cassava anthracnose disease [J]. The Plant Pathology Journal, 2021, 37 (4): 356-364.

[64] LI X, FAN S, HU W, et al. Two cassava basic leucine zipper (bZIP) transcription factors (MebZIP3 and MebZIP5) confer disease resistance against cassava bacterial blight [J]. Frontiers in Plant Science, 2017, 8: 2110.

[65] UPADHYAY B, BURRA D D, NGUYEN T T, et al. Caught off guard: Folk knowledge proves deficient when addressing invasive pests in Asian cassava systems [J]. Environment, Development and Sustainability, 2018, 22 (1): 425-445.

[66] CHIKOTI P C, MULENGA R M, TEMBO M, et al. Cassava mosaic disease: A review of a threat to cassava production in Zambia [J]. Journal of Plant Pathology, 2019, 101 (3): 467-477.

[67] MCCALLUM E J, ANJANAPPA R B, GRUISSEM W. Tackling agriculturally relevant diseases in the staple crop cassava (*Manihot esculenta*) [J]. Current Opinion in Plant Biology, 2017, 38: 50-58.

[68] HARIMALALA M, CHIROLEU F, GIRAUD-CARRIER C, et al. Molecular epidemiology of cassava mosaic disease in Madagascar [J]. Plant Pathology,

2014, 64 (3): 501-507.

[69] LEGG J P, SSERUWAGI P, BONIFACE S, et al. Spatio-temporal patterns of genetic change amongst populations of cassava *Bemisia tabaci* whiteflies driving virus pandemics in East and Central Africa [J]. Virus Research, 2014, 186: 61-75.

[70] ZHANG P, NTUI V O, KONG K, et al. Resistance to Sri Lankan cassava mosaic virus (SLCMV) in genetically engineered cassava cv. KU50 through RNA silencing [J]. PloS ONE, 2015, 10 (4): e0120551.

[71] LEGG J P, SHIRIMA R, TAJEBE L S, et al. Biology and management of Bemisia whitefly vectors of cassava virus pandemics in Africa [J]. Pest Management Science, 2014, 70 (10): 1446-1453.

[72] RABBI I Y, HAMBLIN M T, KUMAR P L, et al. High-resolution mapping of resistance to cassava mosaic geminiviruses in cassava using genotyping-by-sequencing and its implications for breeding [J]. Virus Research, 2014, 186: 87-96.

[73] PATIL B L, LEGG J P, KANJU E, et al. Cassava brown streak disease: A threat to food security in Africa [J]. J. Gen. Virol., 2015, 96 (Pt 5): 956-968.

[74] KWIBUKA Y, NYIRAKANANI C, BIZIMANA J P, et al. Risk factors associated with cassava brown streak disease dissemination through seed pathways in Eastern D. R. Congo [J]. Frontiers in Plant Science, 2022, 13: 803980.

[75] MARUTHI M N, JEREMIAH S C, MOHAMMED I U, et al. The role of the whitefly, *Bemisia tabaci* (Gennadius), and farmer practices in the spread of cassava brown streak ipomoviruses [J]. Journal of Phytopathology, 2017, 165 (11-12): 707-717.

[76] MARUTHI M N, BOUVAINE S, TUFAN H A, et al. Transcriptional response of virus-infected cassava and identification of putative sources of resistance for cassava brown streak disease [J]. PloS ONE, 2014, 9 (5): e96642.

[77] MUKIIBI D R, ALICAI T, KAWUKI R, et al. Resistance of advanced cassava breeding clones to infection by major viruses in Uganda [J]. Crop Protection (Guildford, Surrey), 2019, 115: 104-112.

[78] OTTI G, BOUVAINE S, KIMATA B, et al. High-throughput multiplex real-time PCR assay for the simultaneous quantification of DNA and RNA viruses infecting cassava plants [J]. J. Appl. Microbiol., 2016, 120 (5): 1346-1356.

[79] WAGABA H, BEYENE G, ALEU J, et al. Field level RNAi-mediated resistance to cassava brown streak disease across multiple cropping cycles and diverse East African agro-ecological locations [J]. Frontiers in Plant Science,

2017, 7.

[80] BEYENE G, CHAUHAN R D, ILYAS M, et al. A virus-derived stacked RNAi construct confers robust resistance to cassava brown streak disease [J]. Frontiers in Plant Science, 2017, 7: 2060.

[81] RAMCHARAN A, BARANOWSKI K, MCCLOSKEY P, et al. Deep learning for image-based cassava disease detection [J]. Front Plant Sci., 2017, 8: 1852.

[82] ABAYOMI-ALLI O O, DAMAŠEVIČIUS R, MISRA S, et al. Cassava disease recognition from low-quality images using enhanced data augmentation model and deep learning [J]. Expert Systems, 2021, 38 (7). DOI: 10.1111/exsy.12746.

[83] RAVI V, ACHARYA V, PHAM T D. Attention deep learning-based large-scale learning classifier for cassava leaf disease classification [J]. Expert Systems, 2021, 39 (2). DOI: 10.1111/exsy.12862.

[84] RAMCHARAN A, MCCLOSKEY P, BARANOWSKI K, et al. A mobile-based deep learning model for cassava disease diagnosis [J]. Front Plant Sci., 2019, 10: 272.

[85] MRISHO L M, MBILINYI N A, NDALAHWA M, et al. Accuracy of a smartphone-based object detection model, plant village nuru, in identifying the foliar symptoms of the viral diseases of cassava-CMD and CBSD [J]. Front Plant Sci., 2020, 11: 590889.

[86] LIU M, LIANG H, HOU M. Research on cassava disease classification using the multi-scale fusion model based on EfficientNet and attention mechanism [J]. Front Plant Sci., 2022, 13: 1088531.

[87] TUGUME A K, MBANZIBWA D R, ALICAI T, et al. Endemism and reemergence potential of the ipomovirus sweet potato mild mottle virus (family potyviridae) in Eastern Africa: Half a century of mystery [J]. Phytobiomes Journal, 2023, 7 (1): 5-28.

[88] NAMUDDU A, SEAL S, VAN BRUNSCHOT S, et al. Distribution of *Bemisia tabaci* in different agro-ecological regions in Uganda and the threat of vector-borne pandemics into new cassava growing areas [J]. Frontiers in Sustainable Food Systems, 2023, 7.

[89] ZHONG Y, HUANG B, TANG C. Classification of cassava leaf disease based on a non-balanced dataset using transformer-embedded ResNet [J]. Agriculture, 2022, 12 (9): 1360.

[90] LILHORE U K, IMOIZE A L, LEE C-C, et al. Enhanced convolutional neural network model for cassava leaf disease identification and classification [J]. Mathematics, 2022, 10 (4): 580.

[91] ZHANG J, QI C, MECHA P, et al. Pseudo high-frequency boosts the generali-

zation of a convolutional neural network for cassava disease detection [J]. Plant Methods, 2022, 18 (1): 136.

[92] ACAR E, ERTUGRUL O F, ALDEMIR E, et al. Automatic identification of cassava leaf diseases utilizing morphological hidden patterns and multi-feature textures with a distributed structure-based classification approach [J]. Journal of Plant Diseases and Protection, 2022, 129 (3): 605-621.

[93] IGE A D, OLASANMI B, MBANJO E G N, et al. Conversion and validation of uniplex snp markers for selection of resistance to cassava mosaic disease in cassava breeding programs [J]. Agronomy, 2021, 11 (3): 420.

[94] MASUMBA E A, KAPINGA F, MKAMILO G, et al. QTL associated with resistance to cassava brown streak and cassava mosaic diseases in a bi-parental cross of two Tanzanian farmer varieties, Namikonga and Albert [J]. Theor. Appl. Genet., 2017, 130 (10): 2069-2090.

[95] NZUKI I, KATARI M S, BREDESON J V, et al. QTL Mapping for pest and disease resistance in cassava and coincidence of some QTL with introgression regions derived from *Manihot glaziovii* [J]. Frontiers in Plant Science, 2017, 8: 1168.

[96] MUNGUTI F M, NYABOGA E N, KILALO D C, et al. Survey of cassava brown streak disease and association of factors influencing its epidemics in smallholder cassava cropping systems of coastal Kenya [J]. Frontiers in Sustainable Food Systems, 2023, 6: 1015315.

[97] ARO S O, FALOWO A B, OMOJOLA T O. Nutrient composition, growth response and economics of production of rabbits fed diet containing graded levels of fermented cassava starch residues [J]. Anim. Nutr. Feed Technol., 2017, 17 (1): 65-73.

[98] CASTRO D, CARVALHO P L D, DE OLIVEIRA N T E, et al. Dehydrated cassava co-product in starting piglets feeding [J]. Semin-Cienc. Agrar., 2017, 38 (4): 2775-2787.

[99] OKRATHOK S, PASRI P, THONGKRATOK R, et al. Effects of cassava pulp fermented with *Aspergillus oryzae* as a feed ingredient substitution in laying hen diets [J]. J. Appl. Poult. Res., 2018, 27 (2): 188-197.

[100] OGBUEWU I P, MBAJIORGU C A. Utilisation of cassava as energy and protein feed resource in broiler chicken and laying hen diets [J]. Trop Anim. Health Prod., 2023, 55 (3): 19.

[101] CHUKWUKAELO A K, ALADI N O, OKEUDO N J, et al. Performance and meat quality characteristics of broilers fed fermented mixture of grated cassava roots and palm kernel cake as replacement for maize [J]. Trop Anim. Health Prod., 2018, 50 (3): 485-493.

[102] LI M, ZI X J, TANG J, et al. Effects of cassava foliage on feed digestion, meat

quality, and antioxidative status of geese [J]. Poult. Sci., 2020, 99 (1): 423-429.

[103] GUNUN P, CHERDTHONG A, KHEJORNSART P, et al. Replacing concentrate with yeast-or EM-fermented cassava peel (YFCP or EMFCP): Effects on the feed intake, feed digestibility, rumen fermentation, and growth performance of goats [J]. Animals, 2023, 13 (4): 9.

[104] SUPAPONG C, CHERDTHONG A, WANAPAT M, et al. Effects of sulfur levels in fermented total mixed ration containing fresh cassava root on feed utilization, rumen characteristics, microbial protein synthesis, and blood metabolites in Thai Native beef cattle [J]. Animals, 2019, 9 (5): 11.

[105] VIEIRA P A S, AZEVÊDO J A G, DA SILVA F F, et al. Ruminal parameters and nitrogen balance in fed cattle feeding with cassava root silage [J]. Pesqui. Vet. Bras., 2017, 37 (8): 883-890.

[106] PROMKOT C, NITIPOT P, PIAMPHON N, et al. Cassava root fermented with yeast improved feed digestibility in Brahman beef cattle [J]. Anim. Prod. Sci., 2017, 57 (8): 1613-1617.

[107] SHINYA T Y, ELSNER V H P, DE LIMA D S, et al. Bioprocess development with special yeasts for cassava bagasse enrichment nutritional to use in animal feed [J]. Anim. Feed Sci. Technol., 2022, 290: 17.

[108] LEI L, FENG Z, LI Q, et al. Fermented cassava bioethanol waste as substitute of protein in diet for growth performance and carcass evaluation on meat ducks [J]. Trop Anim. Health Prod., 2019, 51 (5): 1049-1056.

[109] PRACHUMCHAI R, CHERDTHONG A, WANAPAT M. Screening of cyanide-utilizing bacteria from rumen and in vitro evaluation of fresh cassava root utilization with pellet containing high sulfur diet [J]. Vet. Sci., 2021, 8 (1): 14.

[110] CHERDTHONG A, SUPAPONG C. Improving the nutritive value of cassava bioethanol waste using fermented yeast as a partial replacement of protein source in dairy calf ration [J]. Trop Anim.Health Prod., 2019, 51 (8): 2139-2144.

[111] SUGIHARTO S, YUDIARTI T, ISROLI I, et al. Effects of feeding cassava pulp fermented with *Acremonium charticola* on growth performance, nutrient digestibility and meat quality of broiler chicks [J]. South Afr. J. Anim. Sci., 2017, 47 (2): 130-138.

[112] DAGAEW G, CHERDTHONG A, WONGTANGTINTHARN S, et al. Manipulation of in vitro ruminal fermentation and feed digestibility as influenced by yeast waste-treated cassava pulp substitute soybean meal and different roughage to concentrate ratio [J]. Fermentation, 2021, 7 (3): 13.

[113] DAGAEW G, WONGTANGTINTHARN S, SUNTARA C, et al. Feed utilization efficiency and ruminal metabolites in beef cattle fed with cassava pulp

fermented yeast waste replacement soybean meal [J]. Sci. Rep., 2022, 12 (1): 7.

[114] DAGAEW G, WONGTANGTINTHARN S, PRACHUMCHAI R, et al. The effects of fermented cassava pulp with yeast waste and different roughage-to-concentrate ratios on ruminal fermentation, nutrient digestibility, and milk production in lactating cows [J]. Heliyon, 2023, 9 (4): 9.

[115] AMARAWEERA S M, GUNATHILAKE C, GUNAWARDENE O H P, et al. Preparation and characterization of biodegradable cassava starch thin films for potential food packaging applications [J]. Cellulose, 2021, 28 (16): 10531-10548.

[116] MARAN J P, SIVAKUMAR V, THIRUGNANASAMBANDHAM K, et al. Degradation behavior of biocomposites based on cassava starch buried under indoor soil conditions [J]. Carbohydr. Polym., 2014, 101: 20-28.

[117] DE LEIS C M, NOGUEIRA A R, KULAY L, et al. Environmental and energy analysis of biopolymer film based on cassava starch in Brazil [J]. J. Clean Prod., 2017, 143: 76-89.

[118] LOMELÍ-RAMÍREZ M G, KESTUR S G, MANRÍQUEZ-GONZÁLEZ R, et al. Bio-composites of cassava starch-green coconut fiber: Part Ⅱ-Structure and properties [J]. Carbohydr. Polym., 2014, 102: 576-583.

[119] TRAVALINI A P, LAMSAL B, MAGALHAES W L E, et al. Cassava starch films reinforced with lignocellulose nanofibers from cassava bagasse [J]. Int. J. Biol. Macromol., 2019, 139: 1151-1161.

[120] VUDJUNG C, SAENGSUWAN S. Biodegradable IPN hydrogels based on pre-vulcanized natural rubber and cassava starch as coating membrane for environment-friendly slow-release urea fertilizer [J]. J. Polym. Environ., 2018, 26 (9): 3967-3980.

[121] XIA A, CHENG J, DING L K, et al. Enhancement of energy production efficiency from mixed biomass of *Chlorella pyrenoidosa* and cassava starch through combined hydrogen fermentation and methanogenesis [J]. Appl. Energy, 2014, 120: 23-30.

[122] CHENG J, LIN R C, DING L K, et al. Fermentative hydrogen and methane cogeneration from cassava residues: Effect of pretreatment on structural characterization and fermentation performance [J]. Bioresour. Technol., 2015, 179: 407-413.

[123] OWAMAH H I. Biosorptive removal of Pb (Ⅱ) and Cu (Ⅱ) from wastewater using activated carbon from cassava peels [J]. J. Mater. Cycles Waste Manag., 2014, 16 (2): 347-358.

[124] SAHARI J, SAPUAN S M, ZAINUDIN E S, et al. Physico-chemical and ther-

mal properties of starch derived from sugar palm tree (*Arenga pinnata*) [J]. Asian J. Chem., 2014, 26 (4): 955-959.

[125] HOYOS-LEYVA J D, ALONSO-GOMEZ L, RUEDA-ENCISO J, et al. Morphological, physicochemical and functional characteristics of starch from *Marantha ruiziana* Koern [J]. LWT-Food Sci. Technol., 2017, 83: 150-156.

[126] FARIAS F D C, MORETTI M M D, COSTA M S, et al. Structural and physicochemical characteristics of taioba starch in comparison with cassava starch and its potential for ethanol production [J]. Ind. Crop Prod., 2020, 157: 9.

[127] APRIANITA A, VASILJEVIC T, BANNIKOVA A, et al. Physicochemical properties of flours and starches derived from traditional Indonesian tubers and roots [J]. J. Food Sci. Technol-Mysore, 2014, 51 (12): 3669-3679.

[128] AIDOO R, ODURO I N, AGBENORHEVI J K, et al. Physicochemical and pasting properties of flour and starch from two new cassava accessions [J]. Int. J. Food Prop., 2022, 25 (1): 561-569.

[129] KLEIN B, VANIER N L, MOOMAND K, et al. Ozone oxidation of cassava starch in aqueous solution at different pH [J]. Food Chem., 2014, 155: 167-173.

[130] ANDRADE M M P, DE OLIVEIRA C S, COLMAN T A D, et al. Effects of heat – moisture treatment on organic cassava starch thermal, rheological and structural study [J]. J. Therm. Anal. Calorim., 2014, 115 (3): 2115-2122.

[131] COLMAN T A D, DEMIATE I M, SCHNITZLER E. The effect of microwave radiation on some thermal, rheological and structural properties of cassava starch [J]. J. Therm. Anal. Calorim., 2014, 115 (3): 2245-2252.

[132] WONGSAGONSUP R, PUJCHAKARN T, JITRAKBUMRUNG S, et al. Effect of cross – linking on physicochemical properties of tapioca starch and its application in soup product [J]. Carbohydr. Polym., 2014, 101: 656-665.

[133] WONGSAGONSUP R, DEEYAI P, CHAIWAT W, et al. Modification of tapioca starch by non-chemical route using jet atmospheric argon plasma [J]. Carbohydr. Polym., 2014, 102: 790-798.

[134] EYINLA T E, SANUSI R A, MAZIYA-DIXON B. Effect of processing and variety on starch digestibility and glycemic index of popular foods made from cassava (*Manihot esculenta*) [J]. Food Chem., 2021, 356: 8.

[135] PEPRAH B B, PARKES E Y, HARRISON O A, et al. Proximate composition, cyanide content, and carotenoid retention after boiling of provitamin A-rich cassava grown in ghana [J]. Foods, 2020, 9 (12): 13.

[136] LAYA A, KOUBALA B B, NEGI P S. Antidiabetic (α-amylase and α-glucosidase) and anti-obesity (lipase) inhibitory activities of edible cassava (*Man-

ihot esculenta Crantz) as measured by in vitro gastrointestinal digestion: effects of phenolics and harvested time [J]. Int. J. Food Prop., 2022, 25 (1): 492-508.

[137] WANG Z Y, MHASKE P, FARAHNAKY A, et al. Cassava starch: Chemical modification and its impact on functional properties and digestibility, a review [J]. Food Hydrocolloids, 2022, 129: 19.

[138] MHASKE P, WANG Z Y, FARAHNAKY A, et al. Green and clean modification of cassava starch-effects on composition, structure, properties and digestibility [J]. Crit. Rev. Food Sci. Nutr., 2022, 62 (28): 7801-7826.

[139] EDHIREJ A, SAPUAN S M, JAWAID M, et al. Tensile, Barrier, Dynamic mechanical, and biodegradation properties of cassava/sugar palm fiber reinforced cassava starch hybrid composites [J]. BioResources, 2017, 12 (4): 7145-7160.

[140] EDHIREJ A, SAPUAN S M, JAWAID M, et al. Cassava: Its polymer, fiber, composite, and application [J]. Polym. Compos., 2017, 38 (3): 555-570.

[141] EDHIREJ A, SAPUAN S M, JAWAID M, et al. Cassava/sugar palm fiber reinforced cassava starch hybrid composites: Physical, thermal and structural properties [J]. Int. J. Biol. Macromol., 2017, 101: 75-83.

[142] LAUREANTI E J G, PAIVA T S, TASSO I D, et al. Development of active cassava starch films reinforced with waste from industrial wine production and enriched with pink pepper extract [J]. J. Appl. Polym. Sci., 2021, 138 (36): 16.

[143] CHENG M, CUI Y J, YAN X R, et al. Effect of dual-modified cassava starches on intelligent packaging films containing red cabbage extracts [J]. Food Hydrocolloids, 2022, 124: 8.

[144] CHENG M, YAN X R, CUI Y J, et al. An eco-friendly film of pH-responsive indicators for smart packaging [J]. J. Food Eng., 2022, 321: 9.

[145] ONI K C, OYELADE O A. Mechanization of cassava for value addition and wealth creation by the rural poor of Nigeria [J]. AMA-Agric. Mech. Asia. Afr. Lat. A, 2014, 45 (1): 66-78.

[146] FU H L, QU Y, PAN Y. Efficiency of cassava production in China: Empirical analysis of field surveys from six provinces [J]. Appl. Sci-Basel., 2018, 8 (8): 12.

[147] YE F, LI Y N, LIN Q, et al. Modeling of China's cassava-based bioethanol supply chain operation and coordination [J]. Energy, 2017, 120: 217-228.

[148] GUIRA F, SOME K, KABORE D, et al. Origins, production, and utilization

of cassava in Burkina Faso, a contribution of a neglected crop to household food security [J]. Food Sci. Nutr., 2017, 5 (3): 415-423.

[149] NOROMIARILANTO F, BRINKMANN K, FARAMALALA M H, et al. Assessment of food self-sufficiency in smallholder farming systems of south-western Madagascar using survey and remote sensing data [J]. Agric. Syst., 2016, 149: 139-149.

[150] SENKORO C J, TETTEH F M, KIBUNJA C N, et al. Cassava yield and economic response to fertilizer in Tanzania, Kenya and Ghana [J]. Agron. J., 2018, 110 (4): 1600-1606.

[151] JAKOVAC C C, PEÑA-CLAROS M, MESQUITA R C G, et al. Swiddens under transition: Consequences of agricultural intensification in the Amazon [J]. Agric. Ecosyst. Environ., 2016, 218: 116-125.

[152] ALVES-PINTO H N, HAWES J E, NEWTON P, et al. Economic impacts of payments for environmental services on livelihoods of agro-extractivist communities in the Brazilian Amazon [J]. Ecol. Econ., 2018, 152: 378-388.

[153] SANTOS M N, ZÁRATE-SALAZAR J R, DE CARVALHO R, et al. Intraspecific variation, knowledge and local management of cassava (*Manihot esculenta Crantz*) in the semiarid region of Pernambuco, Northeast Brazil [J]. Environ Dev Sustain, 2020, 22 (4): 2881-2903.

[154] DE JESUSNAFF M A S, DUTRA A R D, CIRANI C B S, et al. Eco-innovation assessment of biodigesters technology: An application in cassava processing industries in the south of Brazil, Parana state [J]. Clean Technol. Environ. Policy, 2022, 24 (3): 931-948.

[155] GARCÍA-VELÁSQUEZ C A, DAZA L, CARDONA C A. Economic and energy valorization of cassava stalks as feedstock for ethanol and electricity production [J]. BioEnergy Res., 2020, 13 (3): 810-823.

[156] NGAMMUANGTUENG P, JAKRAWATANA N, GHEEWALA S H. Nexus resources efficiency assessment and management towards transition to sustainable bioeconomy in Thailand [J]. Resour. Conserv. Recycl, 2020, 160: 16.

7 香蕉研究领域竞争力及前沿格局解析

香蕉是芭蕉科（Musaceae）芭蕉属（*Musa*）多年生草本植物，以地下茎的形式生长，从根茎中长出由紧密排列的叶鞘组成的假茎[1]。香蕉也是全球130多个国家生产的主要粮食作物和重要园艺作物，它为非洲、亚洲、美洲、大洋洲和太平洋热带地区数以百万计的小农户提供主食和收入[2]。迄今为止，香蕉最重要的生产国是印度，其次是中国。大量出口的香蕉品种是卡文迪许（Cavendish），每年大约生产5 000万吨，出口超过2 000万吨。最重要的出口国是厄瓜多尔、菲律宾、危地马拉、哥斯达黎加和哥伦比亚，而欧盟和美国是最重要的进口国家与地区[1]。

本部分旨在对全球关注香蕉研究的科研机构的科研表现竞争力进行全面分析，同时为读者提供关于香蕉研究领域在热带作物科学、热带农业资源与环境科学、热带植物保护与生物安全科学、热带草业与饲料科学、热带农业工程、热带农业经济与乡村振兴六大学科方向的研究主题和前沿信息，以深入了解各科研机构在全球香蕉研究中的重要贡献和地位，同时掌握香蕉研究领域的最新研究动态和未来发展方向。

7.1 文献产出基本情况

全球范围来看，2014—2023年，香蕉相关研究领域共发布了5 364篇文献。在2018年之前，每年的平均发文量为385篇；2018年之后，年均发文量提升至687篇。整体而言，文献发表量呈现逐年上升的趋势，年增长率约为5%（图7-1）。

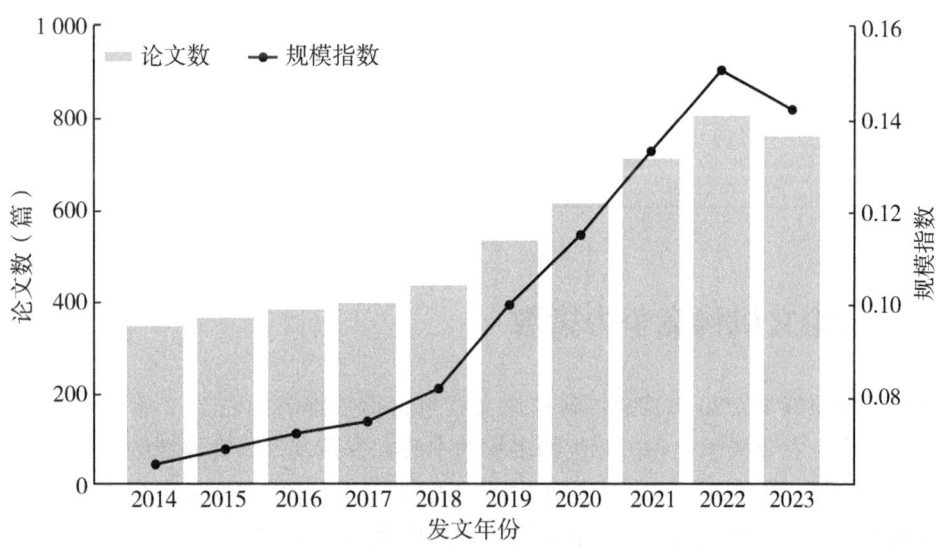

图7-1　2014—2023年香蕉相关研究文献产出年度趋势

为展现国际上香蕉领域科研情况，按照文献数量排序，从高产国家、高产机构等方面展现研究文献产出的基本情况（表7-1）。高产国家中，就各领域的文献产出数量，中国、印度都属于高产国家且排名都在前5位。高产机构中，中国热带农业科学院在热带作物科学、热带植物保护与生物安全科学领域的文献产出数量居首位；印度农业研究委员会在热带作物科学、热带农业资源与环境科学、热带植物保护与生物安全科学、热带草业与饲料科学、热带农业工程等领域的文献产出数量居前列；巴西农业研究院在热带作物科学、热带农业资源与环境科学领域的文献产出数量居前列。

表 7-1 香蕉相关研究领域信息（2014—2023 年）

领域分类	文献数量（篇）	高产国家（地区）TOP5	高产机构 TOP5
热带作物科学	1 320	中国、印度、巴西、美国、法国	中国热带农业科学院、国际生物多样性中心（意大利）、巴西农业研究院、华南农业大学、印度农业研究委员会
热带农业资源与环境科学	837	印度、巴西、中国、马来西亚、法国	巴西农业研究院、海南大学、印度农业研究委员会、法国农业国际合作研究发展中心、巴伊亚联邦技术学院（巴西）
热带植物保护与生物安全科学	898	中国、印度、巴西、美国、法国	中国热带农业科学院、国际生物多样性中心（意大利）、印度农业研究委员会、海南大学、法国农业国际合作研究发展中心
热带草业与饲料科学	62	巴西、泰国、中国台湾、柬埔寨、美国	蒙特斯克拉罗斯州立大学（巴西）、孔敬大学（泰国）、米纳斯吉拉斯联邦大学（巴西）、屏东科技大学（中国台湾）、巴伊亚联邦技术学院（巴西）
热带农业工程	2 926	印度、中国、巴西、泰国、马来西亚	印度国家理工学院、华南农业大学、印度理工学院、墨西哥民族工业大学、印度农业研究委员会
热带农业经济与乡村振兴	116	乌干达、德国、中国、印度、荷兰	国际生物多样性中心（意大利）、国际农业研究磋商组织（法国）、海南大学、瓦赫宁根大学及研究中心（荷兰）、国际马铃薯中心（秘鲁）

7.2 科技论文机构竞争力指数

全球香蕉领域TOP20机构总体科技论文竞争力指数排名如表7-2所示。华南农业大学、中国热带农业科学院和国际生物多样性中心在香蕉基础研究领域的科技论文竞争力综合表现较强，居前3位。其中，在生产力表现方面，华南农业大学表现居首位，中国热带农业科学院与之表现相当，居第二位，两所机构得分表现领先于其他机构。在影响力表现方面，中国热带农业科学院表现居首位，华南农业大学和中国科学院分别居第二位和第三位。在发展力表现方面，华南农业大学、海南大学和中国科学院表现优秀，居前3位,领先于其他机构。在合作力表现方面,国际生物多样性中心、荷语鲁汶大学和国际农业研究磋商组织表现突出,居前3位。总体而言,我国的科研机构在香蕉基础科学研究领域表现突出,彰显了优异的实力,但是在跨国合作方面,仍有较大的提升空间。

表7-2 全球香蕉研究领域TOP 20机构总体科技论文竞争力指数

机构名称	所属国家	综合表现		生产力		影响力		发展力		合作力	
		排名	得分	排名	得分	排名	得分	排名	得分	排名	得分
华南农业大学	中国	1	0.83	1	0.96	2	0.84	1	1.00	9	0.20
中国热带农业科学院	中国	2	0.78	2	0.91	1	0.94	4	0.53	13	0.14
国际生物多样性中心	意大利	3	0.57	6	0.51	4	0.58	8	0.39	1	0.97
海南大学	中国	4	0.53	4	0.64	6	0.51	2	0.71	17	0.09
中国科学院	中国	5	0.50	8	0.36	3	0.60	3	0.65	10	0.20
广东省农业科学院	中国	6	0.40	11	0.22	5	0.53	7	0.41	8	0.27
蒙彼利埃大学	法国	7	0.38	9	0.30	8	0.43	12	0.26	6	0.49
法国农业国际合作研究发展中心	法国	8	0.37	5	0.53	14	0.23	11	0.30	4	0.63
荷语鲁汶大学	比利时	9	0.36	10	0.25	12	0.40	17	0.17	2	0.80
瓦赫宁根大学及研究中心	荷兰	10	0.36	14	0.15	11	0.41	5	0.42	5	0.56
法国国家农业食品与环境研究院	法国	11	0.34	12	0.22	10	0.42	10	0.31	7	0.39
印度科学与工业研究委员会	印度	12	0.29	19	0.09	9	0.42	6	0.41	20	0.00
印度国家理工学院	印度	13	0.28	15	0.13	7	0.44	13	0.25	19	0.05
印度农业研究委员会	印度	14	0.28	3	0.77	16	0.09	15	0.19	18	0.08
印度理工学院	印度	15	0.28	17	0.11	13	0.38	9	0.38	16	0.09
国际农业研究磋商组织	法国	16	0.21	13	0.21	17	0.08	14	0.25	3	0.72
巴西农业研究院	巴西	17	0.19	7	0.44	15	0.11	19	0.07	12	0.15
圣保罗大学	巴西	18	0.10	16	0.12	18	0.06	18	0.16	14	0.13
马来西亚博特拉大学	马来西亚	19	0.09	18	0.11	19	0.02	16	0.18	11	0.19
圣保罗州立大学	巴西	20	0.05	20	0.08	20	0.00	20	0.07	15	0.11

进一步分析全球香蕉研究领域TOP20机构在不同学科科技论文竞争力的表现,分

析结果如表 7-3 所示。

表 7-3　全球香蕉研究领域 TOP 20 机构不同学科科技论文竞争力指数

机构名称	所属国家	热带作物科学		热带农业资源与环境科学		热带植物保护与生物安全科学		热带草业与饲料科学		热带农业工程		热带农业经济与乡村振兴	
		排名	得分	排名	得分	排名	得分	排名	得分	排名	得分	排名	得分
华南农业大学	中国	1	0.80	9	0.29	12	0.24	7	0.00	1	0.87	9	0.06
中国热带农业科学院	中国	2	0.79	8	0.34	1	0.77	7	0.00	10	0.34	13	0.00
国际生物多样性中心	意大利	3	0.60	2	0.42	3	0.67	7	0.00	13	0.32	3	0.50
海南大学	中国	14	0.20	1	0.86	2	0.72	2	0.18	8	0.38	2	0.60
中国科学院	中国	5	0.49	12	0.24	7	0.35	7	0.00	2	0.57	13	0.00
广东省农业科学院	中国	9	0.45	20	0.01	5	0.39	7	0.00	17	0.24	13	0.00
蒙彼利埃大学	法国	6	0.49	18	0.12	14	0.22	7	0.00	18	0.23	11	0.04
法国农业国际合作研究发展中心	法国	4	0.55	11	0.24	8	0.34	7	0.00	14	0.32	10	0.05
荷语鲁汶大学	比利时	7	0.49	7	0.37	11	0.29	1	0.23	16	0.27	13	0.00
瓦赫宁根大学及研究中心	荷兰	10	0.30	10	0.25	4	0.54	7	0.00	19	0.23	4	0.38
法国国家农业食品与环境研究院	法国	8	0.45	13	0.20	15	0.17	3	0.16	20	0.17	8	0.06
印度科学与工业研究委员会	印度	20	0.00	4	0.40	19	0.00	7	0.00	4	0.51	5	0.24
印度国家理工学院	印度	11	0.26	3	0.42	18	0.02	7	0.00	5	0.42	6	0.12
印度农业研究委员会	印度	13	0.22	15	0.15	10	0.29	7	0.00	9	0.38	7	0.08
印度理工学院	印度	19	0.03	5	0.38	19	0.00	7	0.00	3	0.54	13	0.00
国际农业研究磋商组织	法国	15	0.20	6	0.37	6	0.37	7	0.00	6	0.41	1	0.66
巴西农业研究院	巴西	16	0.19	14	0.18	13	0.24	7	0.00	15	0.28	13	0.00
圣保罗大学	巴西	17	0.08	19	0.11	16	0.09	6	0.05	7	0.38	12	0.03
马来西亚博特拉大学	马来西亚	12	0.23	17	0.13	9	0.29	4	0.14	12	0.33	13	0.00
圣保罗州立大学	巴西	18	0.06	16	0.14	17	0.05	5	0.14	11	0.34	13	0.00

经过对各学科领域的比较与分析，得出以下结论。

在热带作物科学领域，综合得分在 0.5 分以上的机构为华南农业大学、中国热带农业科学院、国际生物多样性中心和法国农业国际合作研究发展中心。其中，华南农业大学和中国热带农业科学院在热带农业科学领域的综合表现相当，具有明显优势。在热带农业资源与环境科学领域，海南大学、国际生物多样性中心和印度国家理工学院的表现居前 3 位。海南大学因其在生产力、影响力和发展力方面的优异表现，综合表现得分领先于其他机构，展现出了明显的优势。在热带植物保护与生物安全学科领域，中国热带农业科学院综合表现居首位，海南大学和国际生物多样性中心表现分别居第二位和第三位。在热带草业与饲料科学学科领域，荷语鲁汶大学综合表现居首位，海南大学和法国国家农业食品与环境研究院分别居第二位和第三位。在热带农业工程学科领域，华南农业大学综合表现居首位，中国科学院和印度理工学院分别居第二位和第三位。

综上所述，全球香蕉研究领域 TOP20 机构在不同学科的表现上有所差异，纵览中国的机构，华南农业大学在热带作物科学和热带农业工程领域有着较好的基础；中国热带农业科学院在热带植物保护与生物安全科学和热带作物科学领域有着相对的优势；海南大学在热带农业资源与环境、热带草业与饲料科学、热带农业经济与乡村振兴方面有优势；中国科学院则在热带农业工程领域表现突出；广东省农业科学院在六大领域发展都较为均衡，有较大的提升潜力。

7.3 学科领域热点及前沿表现分析

本部分旨在利用 VOSviewer 信息可视化软件，分别绘制热带作物科学、热带农业资源与环境科学、热带植物保护与生物安全科学、热带草业与饲料科学、热带农业工程、热带农业经济与乡村振兴六大学科领域的耦合网络图谱，结合耦合网络聚类下高频词信息，明晰研究六大学科领域下主要的研究方向。进一步运用 CiteSpace 软件，绘制六大学科领域内的共被引网络知识图谱，针对网络中节点的整体分布情况、节点大小、各节点的颜色变化、突现节点、中介中心性等一系列指标，从整体上探测研究的前沿方向。最后，根据学术机构前沿表现力指标体系完成对学术机构在相应前沿的表现力分析。

7.3.1 热带作物科学研究的主题及前沿表现

7.3.1.1 研究主题

香蕉热带作物科学研究耦合网络图谱显示，该领域主要关注 3 类方向，为香蕉作物遗传改良与栽培管理、香蕉果实成熟与逆境响应生理及分子机制、香蕉果实生理与代谢变化研究（图 7-2）。进一步对不同聚类下的高频主题词进行统计（表 7-4），结合聚类文献和高频词分布，了解该领域的研究热点和进展。

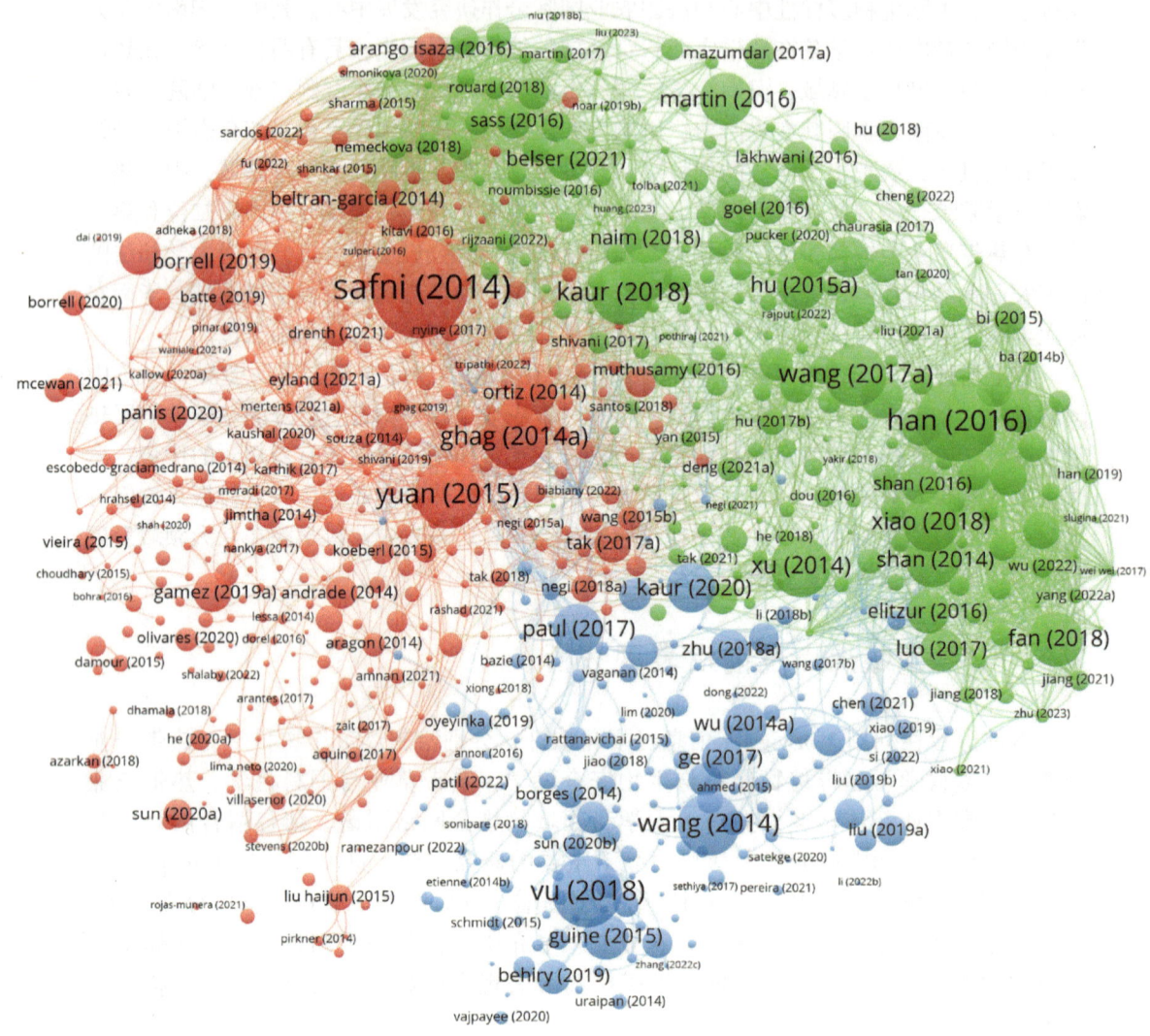

● 香蕉作物遗传改良与栽培管理　　● 香蕉果实生理与代谢变化研究
● 香蕉果实成熟与逆境响应生理及分子机制

图 7-2　香蕉热带作物科学研究领域耦合网络分析

注：节点代表文献，节点大小代表被引次数；连线代表存在耦合关系，连线的粗细代表耦合关系的强弱；颜色代表聚类。

表 7-4　香蕉热带作物科学研究领域各类高频主题词

聚类	高频主题词
香蕉作物遗传改良与栽培管理	微体繁殖（micropropagation）、转录组（transcriptome）、非生物胁迫（abiotic stress）、抗病性（disease resistance）、香蕉枯萎病（fusarium wilt）、遗传多样性（genetic diversity）、黑叶尖枯病（black sigatoka）、基因组学（genomics）、体细胞胚胎发生（somatic embryogenesis）、转基因（transgenic）
香蕉果实成熟与逆境响应生理及分子机制	果实成熟（fruit ripening）、非生物胁迫（abiotic stress）、香蕉果实（banana fruit）、转录调控（transcriptional regulation）、乙烯（ethylene）、表达分析（expression analysis）、基因表达（gene expression）、转录因子（transcription factor）、miRNA、转录组（transcriptome）
香蕉果实生理与代谢变化研究	冷害（chilling injury）、香蕉果实（banana fruit）、抗氧化活性（antioxidant activity）、抗氧化剂（antioxidant）、类胡萝卜素（carotenoids）、淀粉（starch）、生物营养强化（biofortification）、乙烯（ethylene）、代谢组学（metabolomics）、酚类化合物（phenolic compounds）

在香蕉作物遗传改良与栽培管理方面，主要聚焦于利用分子标记和基因组编辑技术提高香蕉的遗传多样性和抗病性，以及通过优化栽培管理措施提高香蕉的生产效率。具体可以概括为以下几个方面：一是香蕉的遗传改良与分子生物学研究。通过基因组学和转录组学手段，鉴定与抗病性和耐逆性等相关的候选基因和分子标记，为香蕉的遗传改良提供理论依据[3,4]。此外，通过基因编辑技术，如CRISPR/Cas9系统，通过多路复用对植物基因组进行精确的改变和性状叠加，加速香蕉的抗病育种进程[5]。二是香蕉耐逆性与适应性研究。随着气候变化的加剧，香蕉经常面临干旱、高温等逆境胁迫。相关研究通过生理学、分子生物学等方法，探究香蕉在逆境下的生理响应机制，如根系对水分的吸收、气孔对蒸腾的调节等，并筛选出具有较强耐逆性的品种[6-8]。此外，还研究了香蕉对土壤养分的吸收和利用效率[9,10]，以提高其在贫瘠土壤中的适应能力。三是栽培技术与土壤管理。香蕉的高产和稳产离不开科学的栽培管理。例如，相关研究探索了不同的灌溉技术对香蕉作物生产的影响[11,12]。同时，还关注了土壤微生物多样性对香蕉生长的影响，通过微生物肥料的应用，以增强肥料对植物的有益作用[13,14]。

在香蕉果实成熟与逆境响应生理及分子机制方面，主要聚焦在果实成熟过程中的关键调控因子、逆境胁迫下的适应性反应以及相关的基因表达调控网络研究。果实成熟是一个复杂的过程，受到多种内外因素的影响，包括乙烯信号传导、转录调控网络等作用。乙烯生物合成和信号转导作为调控香蕉果实的重要调控途径，获得了广泛的研究。例如，MaXB3、MaNACs、MaERF11、MaACS1和MaACO1的多层级联调控香蕉果实乙烯生物合成和果实成熟[15]。MaERF11通过招募MaHDA1转录抑制其靶点 *MaACO*1 和扩展蛋白，从而负向调控香蕉果实成熟[16]。MaNAC029通过在果实成熟过程中直接调节启动子活性，转录激活与乙烯生物合成相关的基因以及与果实品质形成相关的各种细胞代谢产物，从而促进果实的成熟和品质形成[17]。在非生物胁迫方面，香蕉果实的逆境响应涉及多种转录因子和miRNAs，这些分子在调节基因表达、保护细胞膜稳定性等方面起着关键作用。例如，*MaDREB*1*F* 过表达引发了可溶性糖和脯氨酸的积累，激活了抗氧化系统，促进了茉莉酸盐和乙烯的合成，从而增强香蕉对寒冷和干旱胁迫的抵抗力[18]。*MusaPIP2;6* 基因过表达后提高了植物对盐胁迫的耐受性，并提示这与降低膜损伤和改善光合效率有关，参与了香蕉的盐胁迫信号传导和耐受性[19]。miRNAs 作为转录后基因调控因子，调控干旱胁迫下基因的表达，相关研究表明 miR169、miR156 和 miR2118 在土壤水分亏缺胁迫下表达上调，miR169 在转录水平上间接调控脱水蛋白和水通道蛋白基因表达[20]。

在香蕉果实生理与代谢变化研究方面，主要聚焦于果实成熟过程中的一系列生理与代谢变化，以及如何通过生物技术手段提高果实的耐贮性和营养价值，主要包括以下方面。一是果实成熟过程中淀粉含量的变化研究。在果实成熟过程中，淀粉转化为糖类是关键的代谢事件之一。淀粉分解为糖类不仅是成熟标志之一，也是决定果实甜度和口感的重要因素。研究表明，淀粉降解酶的活性调控在果实成熟过程中发挥重要作用，而相关酶的表达受乙烯信号途径的调控[21]。二是酚类化合物相关研究。酚类物质是重要的次生代谢物，与其他水果相比，香蕉皮中的酚类物质含量较高。就单个酚类物质而言，已从香蕉皮中鉴定出 40 多种化合物，大致可分为羟基肉桂酸、黄酮醇、黄烷-3-醇和儿茶酚胺 4 个亚组，其含量受品种和作物成熟度影响[22]。三是类胡萝卜素的合成和调控机制研究。类胡萝卜素作为一种类异戊二烯代谢物，不仅在光合作用中的光收集和光保护中起着重要的作用，而且还作为一些植物激素的重要前提，使植物能够应对一些不利条件。香蕉在果实成熟的过程中会积累类胡萝卜素，其含量受到基因型和果实成熟阶段的影响[23]。相关研究进一步揭示了香蕉果实中类胡萝卜素的调节机制，MaERF124 作为转录抑制因子，直接靶向类胡萝卜素生物合成基因的启动子，负向调节类胡萝卜素的形成[24]。四是香蕉冷害发生及控制技术研究。冷害是导致果实品质下降的主要问题之一。研究表明，低温储存会诱导香蕉果实发生冷害，表现为细胞膜脂质过氧化、抗氧化酶活性下降、能量水平下降、渗透调节物质增加（脯氨酸、多胺、甜菜碱、糖醇等）、乙烯结合能力下降[25]。通过外源应用抗氧化剂（如一氧化氮）可以减轻冷害症状，提高果实的抗氧化能力，维持果实品质[26]。

综上所述，通过对香蕉作物遗传改良与栽培管理、香蕉果实成熟与逆境响应生理及分子机制和香蕉果实生理与代谢变化方面的研究，不仅可以加深对香蕉作物育种、栽培及果实成熟过程中生理与代谢变化全局的理解，也为新品种培育以及开发改善果实品质及保鲜技术的生物技术手段提供了坚实的理论基础。

7.3.1.2 前沿主题

以 1 年为一个时间切片，通过 CiteSpace 软件，选取每个子集前 1% 的数据进行文献共被引分析，旨在探测出重要的节点文献。通过参数设置，得到平均轮廓值为 0.897、模块化 Q 值为 0.630 9（Q>0.3 表示网络社团结构显著）的可视化网络。通过 LLR 算法寻找聚类，最终形成较为显著的 6 个聚类社团，对应的前沿主题词线索为 "#0 全基因组分析" "#1 乙烯生物合成途径调节" "#2 染色体绘制" "#3 全基因组鉴定" "#4 基因组编辑" "#5 T2T 参考基因组"（图 7-3）。进一步综合评估网络中节点的 Sigma 值，观测引文网络中重要的文献节点，并在此基础上对这些文献的施引文献进行检索，结合对施引文献的分析，判定学科知识领域的研究前沿（表 7-5）。

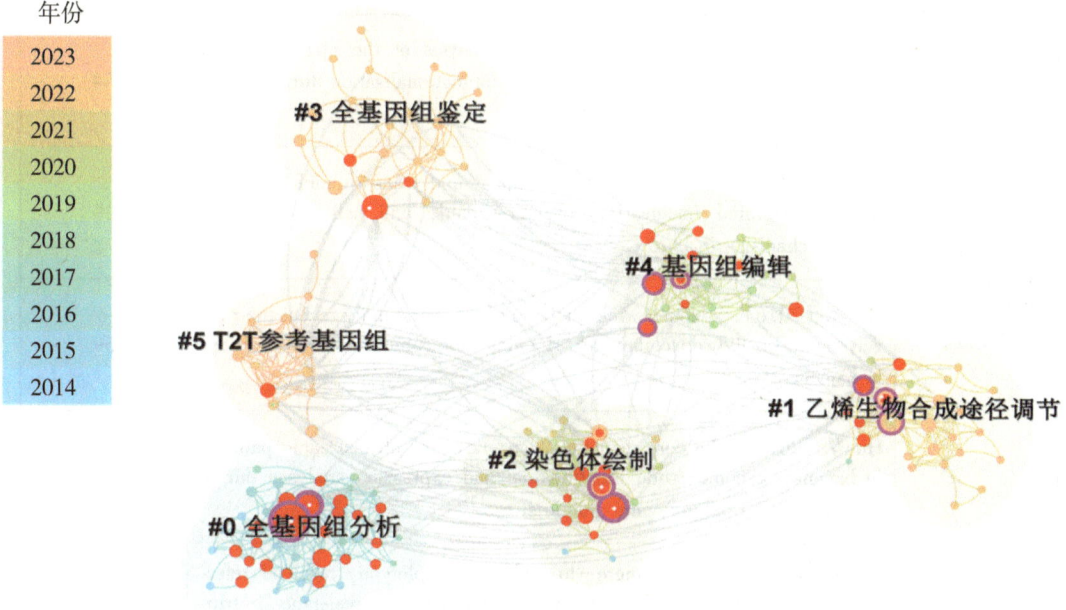

图 7-3　香蕉热带作物科学研究领域共被引网络图谱

注：节点年轮代表文章的引文历史，年轮的整体大小反映论文被引用的次数，引文年轮的颜色代表相应的引文时间；紫圈节点为高中介中心性节点（中介中心性不小于 0.1）；红色节点为突发性节点。

表 7-5　香蕉热带作物科学研究领域共被引网络重要文献

前沿名称	关键文献	被引频次
香蕉果实成熟分子调控机制	Wei 等（2023）. MaNAC029 modulates ethylene biosynthesis and fruit quality and undergoes maxb3-mediated proteasomal degradation during banana ripening[17]	5
	Chen 等（2023）. Mahda6-manac154 module regulates the transcription of cell wall modification genes during banana fruit ripening[29]	4
	Wu 等（2023）. Banana mkk1 modulates fruit ripening via the mkk1-mpk6-3/11-4-bzip21 module[31]	4
	Zhu 等（2023）. Methionine oxidation and reduction of the ethylene signaling component maeil9 are involved in banana fruit ripening[28]	16
	Wei 等（2023）. Mamads1-manac083 transcriptional regulatory cascade regulates ethylene biosynthesis during banana fruit ripening[27]	2
	Yang 等（2023）. Mitogen-activated protein kinase 14-mediated phosphorylation of mamyb4 negatively regulates banana fruit ripening[30]	5

（续表）

前沿名称	关键文献	被引频次
基于基因组和转录组分析的香蕉果实成熟和逆境响应的调控机制	Lakhwani 等（2016）. Genome-wide analysis of the ap2/erf family in musa species reveals divergence and neofunctionalisation during evolution[32]	54
	Hu 等（2017）. comparative physiological and transcriptomic analyses provide integrated insight into osmotic, cold, and salt stress tolerance mechanisms in banana[33]	39
	Hu 等（2016）. genome-wide analyses of the bzip family reveal their involvement in the development, ripening and abiotic stress response in banana[34]	59
	Hu 等（2017）. the core regulatory network of the abscisic acid pathway in banana: genome-wide identification and expression analyses during development, ripening, and abiotic stress[35]	42
香蕉基因组测序、组装与数据库建设	Huang 等（2023）. Telomere-to-telomere haplotype-resolved reference genome reveals subgenome divergence and disease resistance in triploid cavendish banana[36]	6
	Droc 等（2022）. The banana genome hub: A community database for genomics in the musaceae[37]	12
	Rouard 等（2022）. A digital catalog of high-density markers for banana germplasm collections[38]	8
野生香蕉种群的遗传多样性、染色体结构与保护策略	Eyland 等（2021）. filling the gaps in gene banks: Collecting, characterizing, and phenotyping wild banana relatives of papua new guinea[39]	22
	Simonikova 等（2020）. Chromosome painting in cultivated bananas and their wild relatives (musa spp.) reveals differences in chromosome structure[40]	12
	Mertens 等（2021）. Conservation status assessment of banana crop wild relatives using species distribution modelling[41]	19

分析发现，香蕉热带作物科学研究的前沿表现如下。

一是香蕉果实成熟分子调控机制。果实成熟是一个高度协调的过程，涉及多种与成熟相关的生理变化和生化途径。乙烯作为控制果实成熟和品质的主要调节分子，了解其在果实成熟过程中的调节机制十分重要。在分子水平上，果实成熟受多个功能基因和多种转录因子调控，其中 NAC 家族作为已知的最大的植物特异性 TF 家族，可以调节植物生长、发育、果实成熟、衰老和胁迫反应。Wei 等（2023）揭示了一种影响香蕉果实成熟过程中乙烯生物合成和与水果品质相关的各种细胞代谢的调节模块 MaXB3-MaNAC029[17]。MaNAC029 是一种定位于细胞核的 NAC 家族转录因子，它通过在成熟过程中直接调节与乙烯生物合成相关的基因以及与果实品质形成相关的各种细胞代谢来转录激活这些基因。同时，发现 E3 连接酶 MaXB3 可以与 MaNAC029 相互作用，诱导其泛素化和蛋白酶体降解，并减弱 MaNAC029 反式激活，导致延迟果实成熟和品质形成。作为乙烯信号通路中的下游转录因子，EIN3/EIL 在多种植物生物和生理事件中起着重要的调节作用。Wei 等（2023）还揭示 MaMADS1-MaNAC083 转录调控级联反应调节香蕉果实成熟过程中乙烯的生物合成过程，即在采后成熟过程中，*MaMADS1* 基因表达被激活[27]。*MaMADS1* 直接与 *MaNAC*083 启动子结合并抑制其表达。这种负调节拮抗 MaNAC083 对 *MaACS*1、*MaACO*1、*MaACO*4、*MaACO*5 和 *MaACO*8 的转录抑制，共同调节乙烯生物合成，为水果成熟发育提供了新的转录见解。Zhu 等（2022）发现 13 个 *MaEILs* 在自然、乙烯诱导和 1-MCP 延迟成熟条件下在香蕉果实期间表现出差异表达谱，其中 *MaEIL9* 在成熟过程中表现出更高的表达水平，提出了 MaEIL9 转录因子氧化还原修饰调控香蕉果实成熟的新机制[28]。果实软化是果实成熟的感官品质特征之一，也是决定果实收获后商业价值的关键因素。Chen 等（2023）发现一种定位于细胞核的香蕉 NAC 转录抑制因子 MaNAC154，与 *MaEXP*1/2、*MaPL*2、*MaPG*1/X 和 *MaXTH*5/23/28 的启动子结合并抑制它们的表达，是果实成熟的负调节剂[29]。此外，果实成熟还受到表观遗传和蛋白质翻译后修饰等多层次的精细调控。MAPK/MPK 级联反应在植物生长、发育过程、免疫能力和胁迫反应中起着至关重要的作用。Yang 等（2023）报告了 MaMPK14 与 MaMYB4 合作介导采后香蕉果实成熟。MaMYB4 可以抑制与乙烯生物合成和果实软化相关基因的转录，如 *MaACS*1、*MaXTH*5、*MaPG*3 和 *MaEXPA*15[30]。此外，MaMPK14 通过直接相互作用在 Ser160 位点磷酸化 MaMYB4。MaMPK14 对 MaMYB4 的磷酸化增强了 MaMYB4 介导的转录抑制、结合强度、蛋白质稳定性和对果实成熟的抑制。Wu 等（2023）揭示了一条调控香蕉果实成熟的 MKK1-MPK6-3/11-4-bZIP21 的新通路，MaMKK1 主要在 pTEpY 残基处与 MaMPK6-3 和 MaMPK11-4 相互作用并磷酸化 MaMPK6-3 和 MaMPK11-4，从而导致 MPK 激活[31]。MaMPK11-4 磷酸化 MabZIP21 以提高其转录激活能力。此外，MabZIP21 激活 MaMPK11-4 和 MaMKK1 转录，形成调控反馈回路。

二是基于基因组和转录组分析的香蕉果实成熟和逆境响应的调控机制。AP2/ERF 转录因子调控植物不同的发育过程以及胁迫反应。Lakhwani 等（2016）进行了全基因组分析，以确定 *Musa acuminata*（A 基因组）和 *Musa balbisiana*（B 基因组）中的 AP2/ERF 家族成员以及导致基因新功能化的变化[32]。比较分析表明，AP2/ERF 家族在 *Musa* A 和 *Musa* B 基因组的进化和物种形成过程中经历了重复、丢失和分化。Hu 等（2017）通过比较转录组学分析发现赋予粉蕉对多种胁迫的耐受性基因，并且发现 ABA 和 ROS 信号转导网络在渗透、低温和盐处理下在粉蕉中优先被激活，这可能有助于其较强的耐受性[33]。此外，还通过对全基因组分析鉴定出 121 个 bZIP 转录因子[34]。通过系统发育分析表明，MabZIPs 分为 11 个亚家族。同一亚家族中的大多数 *MabZIP* 基因具有相似的基因结构和保守的基序。进一步通过两种香蕉基因型的综合转录组分析，揭示了 *MabZIP* 基因在不同器官、果实发育和成熟不同阶段以及对非生物胁迫（包括干旱、寒冷和盐分）的响应中的差异表达模式。相互作用网络和共表达测定显示 A 组 MabZIP 介导的网络参与各种应激信号传导,这在 *Musa* ABB Pisang Awak 中被强烈激活。此外,Hu 等(2017)还报告了基于全基因组鉴定和表达分析的香蕉脱落酸途径的核心调控网络[35],即鉴定了 24 个 *PYL*、87 个 *PP2C* 和 11 个 *SnRK*2 基因,并通过进化、保守蛋白基序和基因结构分析研究了它们的分类和进化关系,揭示了 *PYL-PP2C-SnRK*2 基因参与香蕉果实的发育、成熟和对非生物胁迫的反应。

三是香蕉基因组测序、组装与数据库建设。香蕉高质量分型基因组的组装和注释将有助于深刻理解栽培香蕉的起源和驯化历史,为香蕉种质资源的遗传评价和种质创新奠定坚实基础。Huang 等(2023)报告了首个三倍体栽培香蕉 T2T 参考基因组,3 个组装的单倍型基因组的大小分别为 477.16 Mb、477.18 Mb 和 469.57 Mb,基因组总大小为 1.42Gb[36]。分别识别到 19 个、17 个和 17 个端粒,除 2 号和 10 号染色体外均存在无端粒缺失染色体。经过补洞后全基因组仅在 BXJ2 上存在 2 个 gap。BXJ1、BXJ2 和 BXJ3 组装 BUSCO 评估分别为 97.40%、97.80% 和 93.80%。BXJ1 注释了 37 185 个蛋白编码基因,重复序列比例为 53.76%。BXJ2 注释了 37 241 个蛋白编码基因,重复序列比例为 54.14%。BXJ3 注释了 37 178 个蛋白编码基因,重复序列比例为 55.13%。此外,随着各种越来越多参考基因组的发布,构建相关的数据平台,为相关科研工作提供便利的条件变得十分重要。Droc 等(2022)公布了一个 Banana Genome Hub 数据库,提供集中访问用于香蕉和香蕉亲缘的基因组组装、注释和广泛的相关组学资源[37]。Rouard 等(2021)提出了香蕉种质资源在国际香蕉收集保存高密度标记的数字目录[38]。通过促进对遗传多样性信息子集的获取,该目录有可能最大限度地保护和利用气候适应型品种,并优化育种策略。

四是野生香蕉种群的遗传多样性、染色体结构与保护策略。作物野生近缘种,即栽培作物的野生祖先,可以成为新的等位基因多样性的来源,优先从物种的本地分布范围中收集种子,对于填补空白和安全保护物种多样性至关重要。Eyland 等(2021)报告了在巴布亚新几内亚的收集任务,发现了 *Musa acuminata* ssp. *banksii* 种群中具有独特性状的个体,这些性状对于耐旱性育种计划具有重要意义[39]。Simonikova 等(2020)利用荧光原位杂交和染色体臂特异性寡核苷酸染色探针对一组野生芭蕉和可食用香蕉无性系进行了研究,对 20 个典型的芭蕉属真芭蕉组的染色体绘制,揭示了区分 *M. acuminata* 亚种的染色体重排和培养无性系的结构染色体杂合性[40]。染色体易位的鉴定表明,特定的芭蕉属亚种可能是栽培克隆的亲本,同时,为其起源假说提供了独立的支持。Mertens 等(2021)建立了一个包含野生香蕉种和亚种地理参考发生记录的综合数据集[41]。随后,使用 MaxEnt 对潜在物种分布进行建模。最后,根据 IUCN 标准 B 对野生香蕉的灭绝风险进行了初步评估,并利用最近开发的生物多样性和可持续发展目标指标对野生香蕉的保护状况进行了评估。

7.3.1.3 机构前沿表现度评价

基于全球香蕉热带作物科学研究领域前沿文献集数据,统计分析全球各国机构在该学科中的前沿表现度,结果如表 7-6 所示。综合表现排名前 3 位的机构分别为华南农业大学、国际生物多样性中心和中国热带农业科学院。

表7-6 全球香蕉热带作物科学研究领域TOP10机构前沿表现度综合分析

机构名称	所属国家	前沿表现度		前沿贡献度		前沿影响度		前沿引领度	
		排名	得分	排名	得分	排名	得分	排名	得分
华南农业大学	中国	1	0.63	2	0.18	1	0.28	1	0.16
国际生物多样性中心	意大利	2	0.41	1	0.20	3	0.16	4	0.06
中国热带农业科学院	中国	3	0.37	4	0.11	2	0.18	2	0.08
荷语鲁汶大学	比利时	4	0.35	3	0.17	4	0.13	4	0.06
法国农业国际合作研究发展中心	法国	5	0.26	5	0.10	7	0.10	3	0.06
蒙彼利埃大学	法国	6	0.26	5	0.10	6	0.10	7	0.05
中国科学院	中国	7	0.23	8	0.08	5	0.11	10	0.04
法国国家农业食品与环境研究院	法国	8	0.23	7	0.09	8	0.09	8	0.04
法国国立高等农学、食品与环境学院	法国	9	0.18	9	0.07	9	0.06	8	0.04
印度农业研究委员会	印度	10	0.15	10	0.06	10	0.04	4	0.06

7.3.2 热带农业资源与环境科学研究的主题及前沿表现

7.3.2.1 研究主题

香蕉热带农业资源与环境科学研究耦合网络图谱显示，该领域主要关注3类方向，为香蕉作物种植的可持续管理与生态适应性、香蕉农业废弃物资源化与环境影响评估、香蕉副产物改性材料在环境修复中的应用（图7-4）。进一步对不同聚类下的高频主题词进行统计（表7-7），结合聚类文献和高频词分布，了解该领域的研究热点和进展。

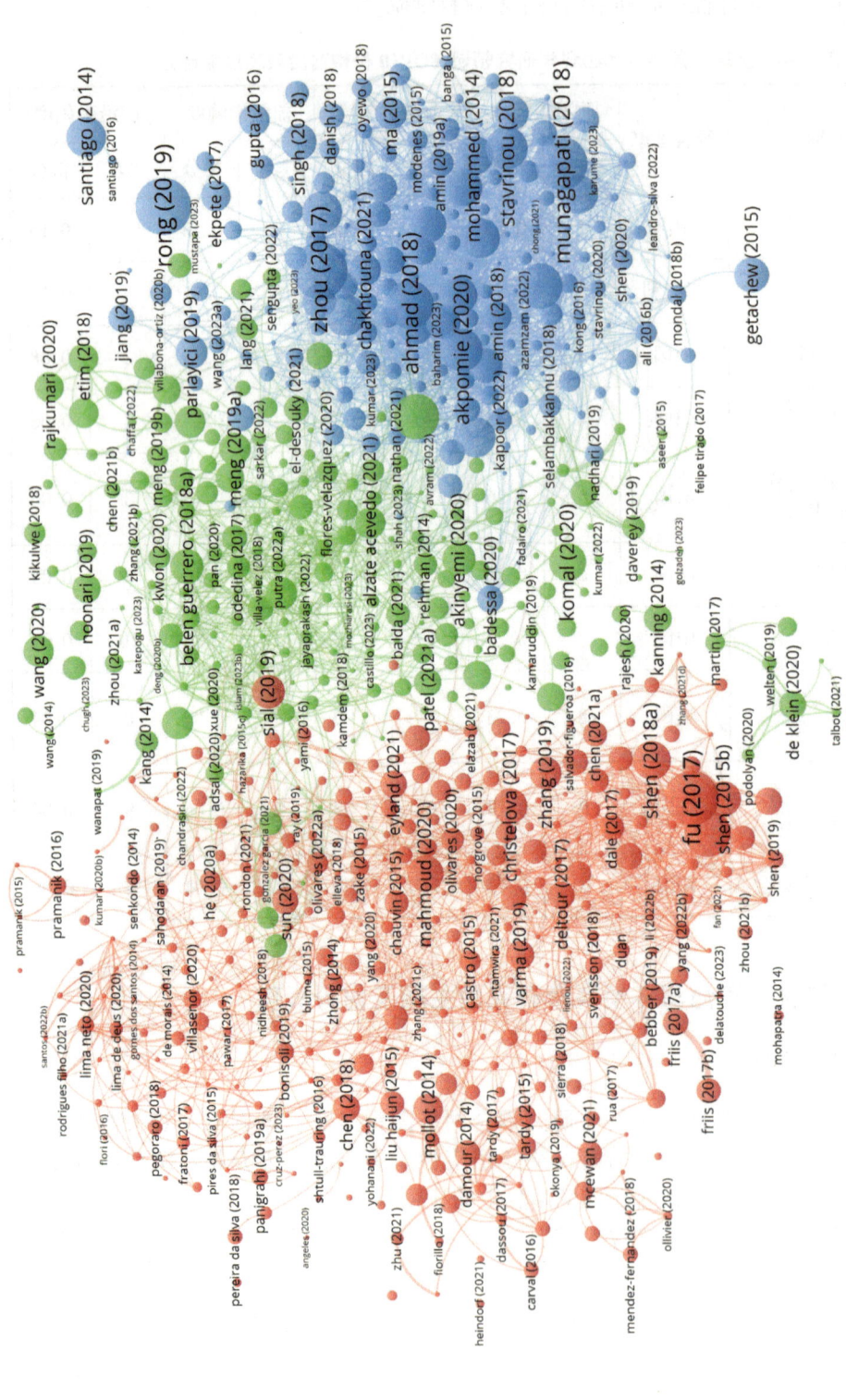

图7-4 香蕉热带农业资源与环境科学研究领域耦合网络分析

注：节点代表文献，节点大小代表被引次数；连线代表存在耦合关系，连线的粗细代表耦合关系的强弱；颜色代表聚类。

● 香蕉作物种植的可持续管理与生态适应性　● 香蕉农业废弃物资源化与环境影响评估　● 香蕉副产物改性材料在环境修复中的应用

表 7-7 香蕉热带农业资源与环境科学研究领域各类高频主题词

聚类	高频主题词
香蕉作物种植的可持续管理与生态适应性	产量（yield）、气候变化（climate change）、土壤肥力（soil fertility）、矿物营养（mineral nutrition）、水分利用效率（water use efficiency）、农林复合经营（agroforestry）、生物肥料（biofertilizer）、滴灌（drip irrigation）、植物影响（plant nutrition）、土壤特性（soil properties）
香蕉农业废弃物资源化与环境影响评估	香蕉皮（banana peel）、生物炭（biochar）、优化（optimization）、厌氧消化（anaerobic digestion）、生物乙醇（bioethanol）、生物质（biomass）、香蕉废弃物（banana waste）、沼气（biogas）、热解（pyrolysis）、发酵（fermentation）、动力学（kinetics）、生命周期评估（life cycle assessment）
香蕉副产物改性材料在环境修复中的应用	吸附（adsorption）、香蕉皮（banana peel）、活性炭（activated carbon）、生物炭（biochar）、重金属（heavy metals）、动力学（kinetics）、亚甲基蓝（methylene blue）、生物吸附（biosorption）、废水（wastewater）、等温线（isotherm）、热力学（thermodynamics）、废水处理（wastewater treatment）

在香蕉作物种植的可持续管理与生态适应性方面，主要聚焦在作物生长、土壤健康、害虫控制以及气候变化适应策略等方面，具体可以概括为以下几个方面。一是土壤肥力与管理。香蕉作为一种高营养需求的作物，受土壤肥力影响显著。研究集中于如何通过有机和无机肥料的合理搭配来提高土壤的养分水平[42]，分析了不同施肥策略对香蕉生长、产量和果实品质的影响[43,44]，以及这些管理措施对土壤特性、土壤微生物生态等的长期影响[45,46]。二是水分利用与灌溉管理。鉴于香蕉对水分的需求，研究了不同灌溉制度对香蕉水分利用效率和产量的影响[47,48]。特别关注了滴灌等现代灌溉技术在香蕉种植中的应用[11]，以及如何通过精准灌溉来优化水分管理，提高香蕉对干旱和气候变化的适应性。三是病虫害管理。香蕉生产中面临的主要挑战之一是病虫害的控制。研究了生物防治等综合管理策略[49,50]，以减少对环境的负面影响。同时，评估了这些管理措施对香蕉生长周期、产量和果实品质的影响，以及对土壤和水体生态系统的潜在风险[51,52]。四是生态服务与农林复合经营。为了提高香蕉种植系统的可持续性，研究了农林复合经营模式对提高土壤碳储量、增强生物多样性和提供其他生态服务的作用[53-55]。

在香蕉农业废弃物资源化与环境影响评估方面，主要聚焦于通过香蕉废弃物的资源化利用，实现生物质能源的可持续生产，并减少农业废弃物的环境负担，具体可以概括为以下几个方面。一是香蕉农业废弃物的资源化利用。在对生物能源和材料保持强烈需求的驱动下，香蕉废弃物被视为潜在的资源，相关研究分析了香蕉废弃物通过厌氧消化、热解和发酵等技术转化为沼气、生物炭和生物乙醇的潜力和效率[56-58]。二是香蕉废弃物的环境影响评估。香蕉废弃物的管理和处置对环境产生显著影响，研究关注了香蕉废弃物在不同处理方式下的生命周期评估[59,60]。此外，研究还关注了香蕉废弃物的资源化利用在改善土壤质量方面的应用。例如，通过热解技术制备的生物炭被证明能够用作土壤中的替代养分，可以促进作物生长，同时减少肥料的使用[61]。

在香蕉副产物改性材料在环境修复中的应用方面，主要聚焦于如何将香蕉副产物转化为高效的吸附材料，以减少环境污染，并评估这些材料在实际应用中的效果，具体可以概括为以下几个方面。一是香蕉副产物的可持续利用。在对清洁水源和环境修复保持强烈需求的驱动下，香蕉副产物（如香蕉皮、香蕉茎等）被广泛研究用于制备活性炭和生物炭等吸附材料[62,63]，并评估了它们在处理废水和去除重金属过程中的效率和潜力[64,65]。二是香蕉副产物改性材料的制备与管理。香蕉皮经过化学或热处理可以转化为高效的吸附剂[66,67]，这一过程涉及材料的活化、改性及再生等管理措施，再通过动力学分析、等温线模型拟合和热力学评价等研究揭示吸附剂与吸附质之间相互作用的机制原理。

综上所述，通过对香蕉作物遗传改良与栽培管理、香蕉农业废弃物资源化与环境影响评估，以及香蕉副产物改性材料在环境修复中的应用等研究，一方面加深了对香蕉产业各个环节的全面理解，另一方面为实现香蕉产业的可持续发展提供了坚实的理论基础和技术支持。

7.3.2.2 前沿主题

以 1 年为一个时间切片，通过 CiteSpace 软件，选取每个子集前 1% 的数据进行文献共被引分析，旨在探测出重要的节点文献。通过参数设置，得到平均轮廓值为 0.911 2、模块化 Q 值为 0.866 8（Q＞0.3 表示网络社团结构显著）的可视化网络。通过 LSI、LLR 算法寻找聚类，最终形成较为显著的 10 个聚类社团，对应的前沿主题词线索为"#0 香蕉废弃物生物炭应用""#1 可持续香蕉价值链""#3 循环经济""#4 香蕉皮""#5 土壤性质""#6 农业废弃物吸附剂""#7 香蕉废弃物利用""#10 香蕉柄""#13 吸附""#14 亚甲基蓝"（图 7-5）。进一步综合评估网络中节点的 Sigma 值，观测引文网络中重要的文献节点，并在此基础上对这些文献的施引文献进行检索，结合对施引文献的分析，判定学科知识领域的研究前沿（表 7-8）。

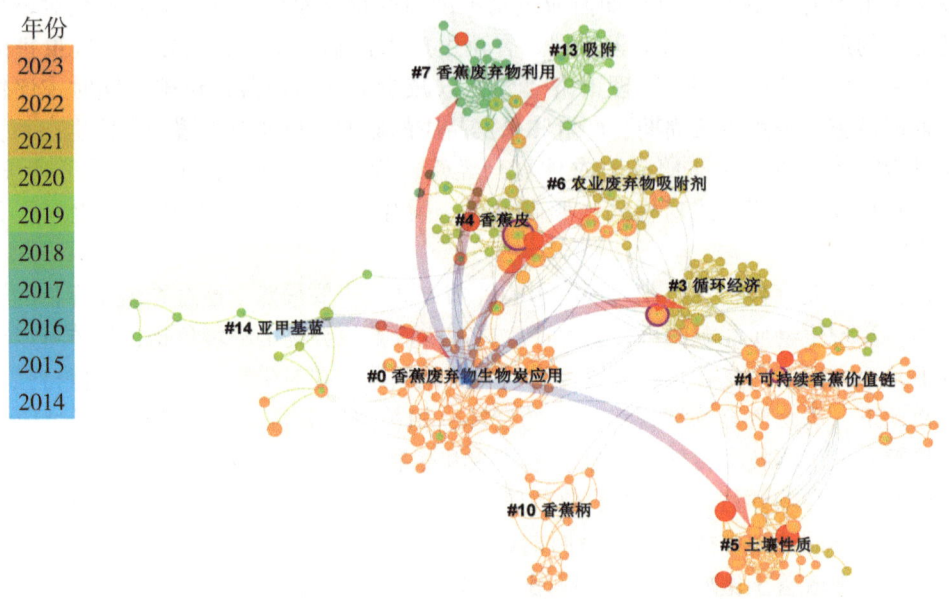

图 7-5　香蕉热带农业资源与环境科学研究领域共被引网络图谱

注：节点年轮代表文章的引文历史，年轮的整体大小反映论文被引用的次数，引文年轮的颜色代表相应的引文时间；紫圈节点为高中介中心性节点（中介中心性不小于 0.1）；红色节点为突发性节点；箭头代表路径依赖关系。

表 7-8 香蕉热带农业资源与环境科学研究领域共被引网络重要文献

前沿名称	关键文献	被引频次
香蕉农业废弃物的循环经济与能源化利用	Krungkaew 等（2023）. New sustainable banana value chain：Waste valuation toward a circular bioeconomy[69]	0
	Atilgan 等（2023）. The energy potential of waste from banana production：A case study of the mediterranean region[70]	4
	Fiallos-Cardenas 等（2022）. Prospectives for the development of a circular bioeconomy around the banana value chain[71]	18
	Alzate Acevedo 等（2021）. Recovery of banana waste-loss from production and processing：A contribution to a circular economy[68]	67
香蕉农业废弃物在水处理中的吸附应用	Akpomie 和 Conradie（2020）. Banana peel as a biosorbent for the decontamination of water pollutants. A review[73]	128
	Fabre 等（2020）. Valuation of banana peels as an effective biosorbent for mercury removal under low environmental concentrations[74]	43
	Ahmad 和 Danish（2018）. Prospects of banana waste utilization in wastewater treatment：A review[72]	170
	Munagapati 等（2018）. Removal of anionic dyes（reactive black 5 and congo red）from aqueous solutions using banana peel powder as an adsorbent[75]	209
土壤特性与香蕉病害的关联性分析	Rodriguez-Yzquierdo 等（2023）. Soil predisposing factors to *Fusarium oxysporum* f. sp cubense tropical race 4 on banana crops of La Guajira, Colombia[76]	4
	Olivares 等（2022）. Identification of soil properties associated with the incidence of banana wilt using supervised methods[77]	19
	Olivares 等（2022）. Relationship of microbial activity with soil properties in banana plantations in Venezuela[78]	15

分析发现，香蕉热带农业资源与环境科学研究的前沿表现如下。

一是香蕉农业废弃物的循环经济与能源化利用。区别于线性经济，循环经济是一种为减少浪费和资源使用、促进可持续发展的战略。为了实现循环经济的基本原则，应在农产品价值链上实现废弃物价值的最大化。香蕉作为一种农产品，在收获后香蕉树会死亡成为田地残留物；果实加工成各种香蕉食品制品后，会产生大量的果皮。这些农业废弃物均会给予生态环境一定的压力，因此，实现香蕉农业废弃物循环经济与能源化利用，对延续产业价值链条和减轻环境压力大有裨益。在 Alzate Acevedo 等（2021）的回顾中，香蕉废弃物，如纤维素、半纤维素和天然纤维，可以通过细菌发酵和厌氧降解等各种过程对其进行改性，以获得生物塑料、有机肥料和生物燃料[68]。此外，这些废弃物还可以用于制备一些生物过滤器和活性炭来用于处理废水。同时，纳米纤维和银纳米粒子等材料也可以从香蕉假茎中生产。总之，一系列报告证实了有效管理和利用香蕉废弃物，能够创造新的经济机会，增强价值链的同时，促进可持续发展。Krungkaew 等（2023）设计了一条新的香蕉可持续价值链，能使农民的利润增加15.5%～17.0%，工厂的利润将比正常情况下增加3.5%～8.9%[69]。Atilgan等（2023）通过介绍地中海地区的案例，评估了香蕉生产废弃物转化为能源的潜力[70]。研究结果显示，适当的废物管理能够实现生产周期的闭合，减少香蕉行业废弃物的积累，促进循环经济的发展，从而可能带来实际的经济和环境收益。然而，值得注意的是，与其他农业和食品废弃物一起回收利用所获得的潜在能量将会更高。Fiallos-Cárdenas等（2022）通过对从香蕉残留物中提取非食品生物产品的最新技术进行文献回顾，提出一个围绕香蕉价值链的循环经济模型，能够实现材料和能源的自给自足[71]。同时指出，要实现从线性经济向循环经济的转变，还需克服技术、经济和文化等方面的障碍。

二是香蕉农业废弃物在水处理中的吸附应用。水的稀缺是当代世界的主要关注点。在过去的几十年里，由于人口的快速增长、工业增长的迅速发展，以及厄尔尼诺和拉尼娜现象对定期降水的影响，对饮用水的需求呈指数级增长。随着文明的现代化，许多工业产品进入了人们的生活，如塑料、酚醛产品、汽油车、工业级食品加工装置。这些工业及其产品对现有的原始水源有一定的负面影响，会导致土壤、空气和水体受到污染，以至于影响人类的生活。减少水污染的技术层出不穷，往往需要极高的运营成本和高技能劳动力，而吸附技术则因为具有较高的成本收益而被青睐。香蕉农业废弃物因为其易获取性和在吸附应用上的潜力而广受关注。据估计，每公顷香蕉种植园会产生近220吨生物质废弃物，利用这种生物质材料将其转化为有用的材料，显然能产出巨大的效益[72]。与其他用作吸附剂的生物质废弃物相比，香蕉废弃物非常重要，因为香蕉植株的各个部分都已被广泛研究为抗阳离子、阴离子和中性污染物的吸附剂。香蕉废弃物因其对水溶性污染物广泛且显著的吸附能力而引起了研究人员的广泛兴趣。研究表明，香蕉皮作为一种天然的生物吸附材料，具有良好的吸附性能，能够有效去除水体中的多种污染物。其吸附性能受多种因素影响，包括溶液pH值、接触时间、初始污染物浓度、温度等。对于阳离子污染物，pH值为5.0～7.0时吸附效果最佳；而对于阴离子污染物，pH值为2.0～4.0更为适宜。通常情况下，较高的污染物浓度会导致较低的去除率，而增加香蕉皮的投加量则可以提高污染物的去除效率。此外，香蕉皮在不同温度下均表现出良好的吸附能力，其吸附容量大多为1～100毫克/克[73]。针对重金属汞的吸附研究显示，香蕉皮对Hg（Ⅱ）的吸附效果显著，通过调节生物吸附剂剂量和接触时间可以进一步提高吸附效率，最终达到饮用水标准[74]。除了重金属外，香蕉皮还被用于去除水中的染料污染物[75]。香蕉皮表面存在羟基（-OH）、氨基（-NH）和羧基（-COO-）等官能团，能为染料的吸附提供丰富的活性位点，且香蕉皮具有不规则且多孔的表面结构，有利于染料分子的吸附。

三是土壤特性与香蕉病害的关联性分析。由尖孢镰刀菌古巴专化型（*Fusarium oxysporum* f. sp. *cubence*，Foc）引发的香蕉枯萎病（*Fusarium* wilt of banana）是一种土传真菌性病害，相关研究表明土壤的理化因素和生物因素与香蕉枯萎病发生的强度有关。Rodríguez-Yzquierdo等（2023）分析了哥伦比亚瓜西拉地区尖孢镰刀菌的土壤易感因素，发现有机质、pH值、钙、镁、锌和阳离子交换容量在受影响和未受影响地块之间存在显著差异[76]。此外，土壤容重和饱和导水率也显示出相关性，表明土壤压实和排水不良为病害的发生创造了有利条件。因此,香蕉枯萎病的预防策略在考虑生物安全措施的同时,还应考虑以土壤健康为导向的相关措施。Olivares 等(2022)旨在通过机器学习算法识别与香蕉枯萎病发生相关的土壤变量[77]。研究发现,锌、铁、钙、钾、锰和黏土的组合可以准确区分高发病率和低发病率的香蕉地块,为病害管理提供了新的土壤指标。此外,还报告了香蕉种植园土壤微生物活性与土壤理化性质之间的关系,建立了相关变量的关联网络,对表征香蕉土壤生产力以及管理影响香蕉的土壤疾病起到促进作用[78]。

7.3.2.3 机构前沿表现度评价

基于全球香蕉热带农业资源与环境科学研究领域前沿文献集数据,统计分析全球各国机构在该学科中的前沿表现度,结果如表 7-9 所示。综合表现排名前 3 位的机构分别为科尔多瓦大学、沙特国王大学和伊斯兰堡 COMSATS 大学。

表 7-9　全球香蕉热带农业资源与环境科学研究领域 TOP6 机构前沿表现度综合分析

机构名称	所属国家	前沿表现度		前沿贡献度		前沿影响度		前沿引领度	
		排名	得分	排名	得分	排名	得分	排名	得分
科尔多瓦大学	西班牙	1	0.14	1	0.05	4	0.04	1	0.05
沙特国王大学	沙特阿拉伯	2	0.14	2	0.04	2	0.05	2	0.04
伊斯兰堡 COMSATS 大学	巴基斯坦	3	0.12	2	0.04	2	0.05	4	0.02
印度科学与工业研究委员会	印度	5	0.10	2	0.04	5	0.03	3	0.03
尼日利亚大学	尼日利亚	4	0.10	5	0.03	1	0.06	5	0.01
汉诺威莱布尼茨大学	德国	6	0.03	5	0.03	6	0.00	6	0.00

7.3.3　热带植物保护与生物安全科学研究的主题及前沿表现

7.3.3.1　研究主题

香蕉植物保护与生物安全科学领域耦合网络图谱显示,该领域主要关注 5 类方向,为香蕉病虫害生物防治与可持续农业管理、香蕉枯萎病致病分子机制与综合管理策略、香蕉枯萎病生物防治与土壤微生物群落调控、香蕉病毒性病害与防控技术、香蕉细菌性病害与防控技术(图 7-6)。进一步对不同聚类下的高频主题词进行统计(表 7-10),结合聚类文献和高频词分布,了解该领域的研究热点和进展。

下篇　基于主要热带作物的竞争力及前沿格局解析

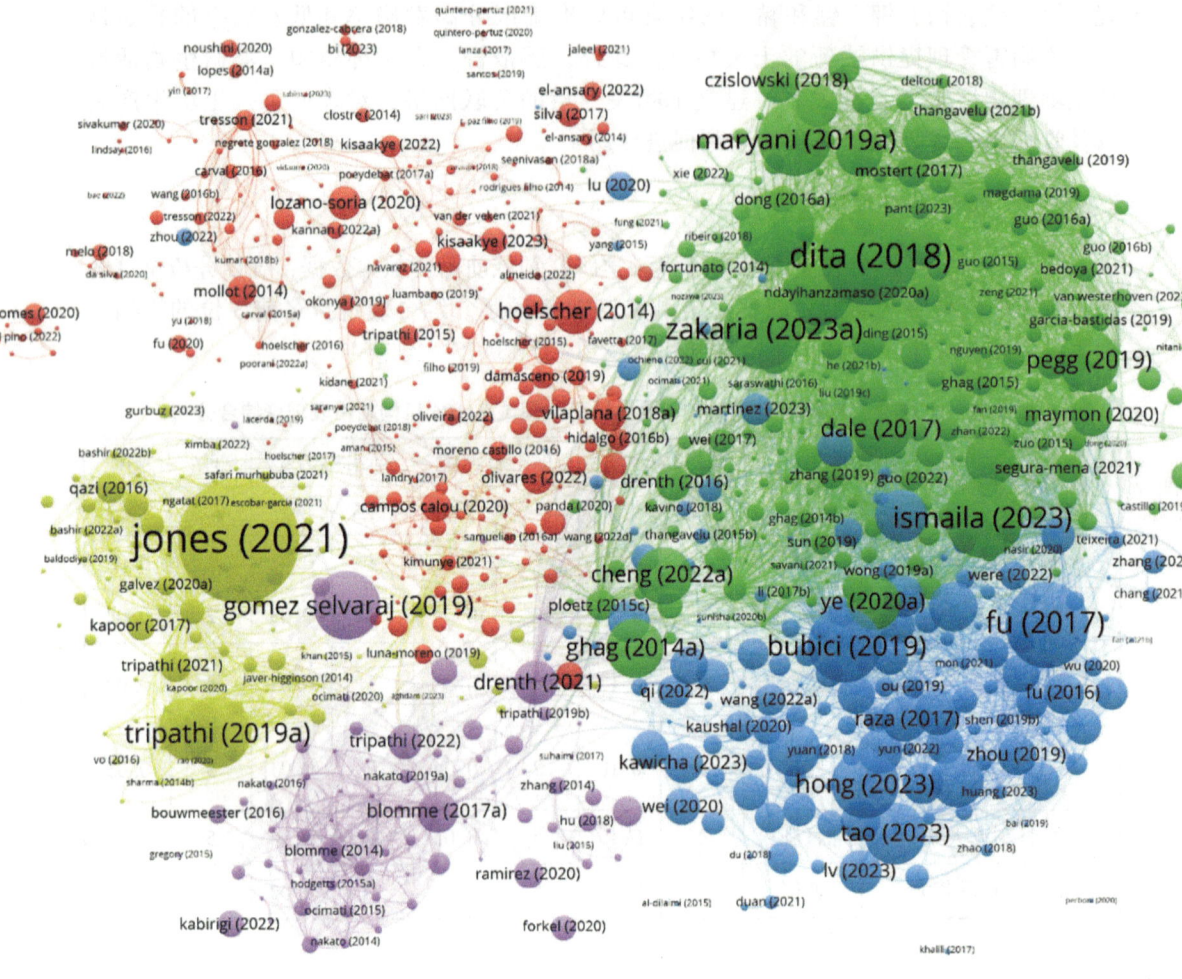

● 香蕉病虫害生物防治与可持续农业管理　　● 香蕉枯萎病致病分子机制与综合管理策略
● 香蕉枯萎病生物防治与土壤微生物群落调控　● 香蕉病毒性病害与防控技术
● 香蕉细菌性病害与防控技术

图 7-6　香蕉植物保护与生物安全科学研究领域耦合网络分析

注：节点代表文献，节点大小代表被引次数；连线代表存在耦合关系，连线的粗细代表耦合关系的强弱；颜色代表聚类。

表 7-10 香蕉植物保护与生物安全科学研究领域各类高频主题词

聚类	高频主题词
香蕉病虫害生物防治与可持续农业管理	生物防治（biological control）、黑叶尖枯病（black sigatoka）、黑条叶斑病菌（*Mycosphaerella fijiensis/Pseudocercospora fijiensis*）、香蕉象甲（*Cosmopolites sordidus*）、香蕉炭疽菌（*Colletotrichum musae*）、香蕉穿孔线虫（*Radopholus similis*）、根结线虫（*Meloidogyne incognita*）、害虫控制（pest control）、炭疽病（anthracnose）、黑条叶斑病（black leaf streak disease）、抗性（resistance）、发病程度（severity）
香蕉枯萎病致病分子机制与综合管理策略	香蕉枯萎病（banana *Fusarium* wilt）、尖孢镰刀菌古巴专化型（*Fusarium oxysporum* f. sp. *cubense*）、香蕉枯萎病菌热带4号小种（Foc tr4）、毒性（virulence）、镰刀菌酸（fusaric acid）、致病性（pathogenicity）、基因表达（Gene expression）、抗病性（disease resistance）、效应子（effector）、流行病学（epidemiology）、系统发育分析（phylogenetic analysis）、种系发生（phylogeny）
香蕉枯萎病生物防治与土壤微生物群落调控	生物防治（biological control）、香蕉枯萎病（banana *Fusarium* wilt）、链霉菌属（*Streptomyces*）、抗真菌机制（antifungal mechanism）、病害抑制（disease suppression）、抗真菌活性（antifungal activity）、芽孢杆菌（bacillus）、生物肥料（biofertilizer）、尖孢镰刀菌古巴专化型（*Fusarium oxysporum* f. sp. *cubense*）、根际（rhizosphere）、气相色谱—质谱联用仪（GC-MS）
香蕉病毒性病害与防控技术	香蕉束顶病毒（banana bunchy top virus）、杆状DNA病毒属（badnavirus）、香蕉条斑病毒（banana streak virus）、RT-PCT、香蕉花叶病毒（Banana bract mosaic virus）、黄瓜花叶病毒（cucumber mosaic virus）、发现（detection）、遗传多样性（genetic diversity）、RT-LAMP、香蕉蚜虫（banana aphid/*Pentalonia nigronervosa*）、进化（evolution）、矮化病毒科（nanoviridae）
香蕉细菌性病害与防控技术	香蕉黄单胞菌枯萎病（banana *Xanthomonas* wilt）、*Xanthomonas campestris* pv. *Musacearum*、抗性（resistance）、致病性（pathogenicity）、诊断（diagnostics）、玉米迪基氏菌（*Dickeya zeae*）、病害治理（disease management）、流行病学（epidemiology）、香蕉类血病病菌（blood disease bacterium）、病害控制（disease control）

在香蕉病虫害生物防治与可持续农业管理方面，该领域研究主要集中在开发和评估针对主要香蕉病虫害的生物防治方法，以减少化学农药的使用，促进农业的可持续发展。黑叶尖枯病（black sigatoka），由真菌 *Mycosphaerella fijiensis*（亦称 *Pseudocercospora fijiensis*）引起，是全球香蕉种植中最具破坏性的病害之一。该病害通过降低叶片光合效率，导致香蕉的产量减少和品质降低[79]。据统计，在适当的气候条件下黑尖叶枯病可导致全球年作物产量平均减少3%，年收入损失约16亿美元[80]。研究发现，通过使用生物农药，如 *Bacillus subtilis*[81] 和 *Trichoderma* spp.[82] 为基础的制剂，可以有效控制黑叶尖枯病，并减少化学杀菌剂的使用量[83]。此外，通过筛选抗病品种[84]，开发病害早期监测及检测技术[79]，也能够减轻该病害的影响。香蕉象甲（banana weevils）包括香蕉假茎象甲（*Odoiporus longicollis* Olivier）和香蕉球茎象甲（*Cosmopolites sordidus* Germar），是香蕉作物的主要害虫，在世界范围内均有分布。其

幼虫钻入香蕉球茎和假茎维管组织，最终导致香蕉植株的生理性衰弱和产量下降[85]。内生病原真菌作为生防制剂在香蕉象甲的防治中显示出了巨大的潜力，例如，*Beauveria bassiana*、*Metarhizium anisopliae*、*Metarhizium majus* 等可以有效控制香蕉象甲的种群数量[86]，而由这些真菌产生的挥发性有机化合物还能有效驱赶害虫，并能够干扰和掩盖植物所释放的利他素的吸引作用，从而减少香蕉象甲对植物的定位和侵害[87]。炭疽病（anthracnose）是由香蕉炭疽菌（*Colletotrichum musae*）引起的一种采后病害，病原菌在未成熟的果实中潜伏，随着果实的成熟，显现出斑点和棕色至黑色的损伤区域，采后若不及时防治，会造成80%的产量损失。研究显示，*Bacillus velezensis*、*Enterobacter cloacae*、*Serratia marcescens* 和 *Stenotrophomonas maltophilia*. *B. velezensis* 等生防菌在控制炭疽病方面显示出潜力[88]，一些诸如百里香精油的天然抗菌物质，也可以在一定程度上抑制病原体的生长，并保持果实的品质[89]。香蕉穿孔线虫（*Radopholus similis*）和根结线虫（*Meloidogyne incognita*）则是影响香蕉根系健康的重要线虫种类。它们不仅损害根系，还可能导致植物整体生长受阻[90,91]。目前，研究者正在研究利用植物源性化合物、微生物制剂以及生物多样性等方法来管理和控制这些线虫的危害[92]。研究表明，通过使用海藻（如 *Ulva lactuca*）提取物，可以有效控制线虫的侵染，同时促进植物的生长[93]。另外，通过优化土壤条件和种植抗性品种，也可以进一步减轻线虫的危害[94,95]。抗性（resistance）和发病程度（severity）是评估香蕉病虫害管理策略效果的两个关键指标。通过育种和基因编辑技术，科学家们正在开发具有抗病虫害特性的香蕉新品种。同时，对病虫害的发病程度进行监测和评估，有助于及时采取有效的防治措施。

在香蕉枯萎病致病分子机制与综合管理策略方面，该领域研究主要集中在解析香蕉枯萎病的致病分子机制，评估 Foc TR4 的毒性和致病性，以及探索有效的病害管理策略。香蕉枯萎病（*Fusarium* wilt of banana，FWB）又称巴拿马病，是一种由尖孢镰刀菌古巴专化型（*Fusarium oxysporum* f. sp. *cubence*，Foc）引发的一种土传病害。Foc 是一种死体营养型病原菌，根据不同香蕉品种对 Foc 的敏感性差异，可以将其区分为3个生理小种，即1号（Foc1）、2号（Foc2）和4号（Foc4）小种。在4号小种中，根据病害的地理分布和特性，又可以进一步细分为热带4号生理小种（Foc TR4）和亚热带4号生理小种（Foc STR4）[96]。近年来，Foc 在全球范围内迅速扩散，对全球香蕉生产构成了重大威胁。深入了解枯萎病病原体致病机制研究，有利于防控工作的开展。研究表明，Foc TR4 不仅能够侵染传统的卡文迪许（Cavendish）品种，还能够感染多种其他香蕉品种[97]。Foc 的毒力和致病性得益于其利用一系列毒力因子帮助其感染寄主植物。在分子机制层面，一些真菌的转录代谢参与了 Foc TR4 的致病过程。Foc TR4 通过分泌一系列效应子来操纵宿主植物的免疫反应[98-100]，从而促进其侵染和致病，这些效应子包括但不限于 *SIX* 基因编码的效应蛋白[101]和植物毒性次生代谢产物镰刀菌酸（fusaric acid，FSA）[102]。在流行病学方面，研究人员利用系统发育分析和种系发生研究，揭示了 Foc 的起源和传播路径[103]，这些研究不仅有助于理解病害的演化历史，也为制定有效的病害管理策略提供了科学依据。综合管理策略方面，除了传统的抗病品种选育和土壤管理措施外，研究者还通过对比抗病与感病香蕉品种的基因表达模式，鉴定出了一系列参与调控植物的防御反应、细胞壁的修饰、激素信号的传导以及抗氧化系统的维护等的相关基因[104,105]，为培育出具有持久抗病性的香蕉新品种提供理论依据。

在香蕉枯萎病生物防治与土壤微生物群落调控方面，该领域研究集中于香蕉枯萎病高效生物防治策略的开发，以减少化学农药的使用并推进农业的可持续管理。运用生物防治的方法来控制香蕉枯萎病是一种有潜力的手段，木霉属（Trichoderma spp.）、假单胞菌属（Pseudomonas spp.）、芽孢杆菌属（Bacillus spp.）、链霉菌属（Streptomyces spp.）等的特定菌株作为抗植物致病真菌的生防潜力菌被广泛研究，特别是芽孢杆菌属和链霉菌属的部分菌株，在抗香蕉枯萎病上表现出了巨大的潜力。例如，Streptomyces violaceusniger JBS5-6通过产生一系列抗真菌化合物，能够有效抑制Foc TR4的生长和孢子萌发，展示出显著的抗真菌活性[106]。此外，Bacillus amyloliquefaciens NJN-6也被证实具备抑制Foc的能力[107]，施用含有NJN-6的生物肥料，能够调节土壤的微生物群落，可以有效减少Foc在土壤中的定殖并促进植株生长[49,108,109]。进一步利用GC-MS对具有生防潜力的微生物代谢提取物进行化学分析，多种酚类化合物、碳氢化合物、酯类和酸类等化合物得以鉴定[110,111]。香蕉枯萎病的生物防治和土壤微生物群落调控策略，不仅开辟了对抗香蕉枯萎病的生物防治新途径，提供了增强植物抗病性的新视角，而且为微生物组调控在增强植物病害抵抗力方面的可行性提供了科学依据。这些策略不仅丰富了生物防治机制的基础研究，也展现了其在农业生产中应用的巨大潜力。

在香蕉病毒性病害与防控技术方面，该领域研究集中于香蕉病毒性病害的发生及防治研究。香蕉束顶病毒（banana bunchy top virus，BBTV）是一种具有环状单链DNA基因组的植物病毒，作为矮缩病毒科的一员，引起香蕉和大蕉束顶病，导致香蕉植株矮化、叶片变形，严重影响香蕉产量与品质[112]。BBTV传播途径主要依赖于香蕉交脉蚜（Pentalonia nigronervosa），以持久的方式传播[113]。在一项开展香蕉蚜虫的趋性行为的研究中显示，受感染与未感染的香蕉植物释放的挥发性有机化合物的含量存在差异，受感染的香蕉对蚜虫具有更强烈的吸引力[114]，这为利用气味诱捕等生物防治手段控制蚜虫提供了新的思路。快速、精确诊断是开展香蕉病害防控的首要步骤，利用分子诊断技术如RT-PCR和RT-LAMP等，能够实现香蕉病毒的精确检测，对处在侵染初期且尚未出现症状的植株实现早期诊断。Zhang等（2018）开发了一种基于使用3组特定引物的多重RT-LAMP技术的香蕉病毒的检测方法，可以实现对香蕉束顶病毒（BBTV）、香蕉条斑病毒（BSV）、黄瓜花叶病毒（CMV）的快速精准检测，可在60分钟内完成，并能减少由宿主基因组携带的内源性病毒序列导致的假阳性结果，这为植物检疫和繁殖材料的筛选提供了便利[115]。此外，培育抗病毒的香蕉品种是减少病毒性疾病对香蕉生产负面影响的有效选择，然而由于香蕉种质资源遗传变异低、多倍性、生产周期长以及大多数品种的不育性的特点，使用传统育种方法开发抗病毒品种具有一定的挑战，基于CRISPR/Cas9的香蕉基因组编辑技术的香蕉抗病育种模式在香蕉品种的培育带方面表现出优势潜力[116]。

在香蕉细菌性病害与防控技术方面，该领域研究集中于作物对香蕉黄单胞菌枯萎病（banana xanthomonas wilt，BXW）的抗性机制，并通过分子诊断技术提高了对该病害的检测准确性。研究还涉及了其他香蕉细菌性病害，如香蕉类血病病菌（blood disease bacterium）的流行病学和控制策略等。香蕉黄单胞菌枯萎病是由 Xanthomanas. campestris pv. Musacearum 引起的破坏性疾病，受感染植株叶子变黄和枯萎，果实成熟期分布不均，在田间条件下，受感染植株会在3~4周内枯萎和腐烂[117]。研究结果表明，香蕉品种对BXW的抗性存在显著差异，如 Mbwazirume、Nakitembe 和 M9 等对BXW有天然的抗性。然而，大多数栽培品种缺乏足够的抗病性，通过遗传工程手段提高香蕉的抗病性具有潜在的应用前景[117]。同时，通过改进和优化分子诊断方法，如环介导等温扩增（LAMP）技术，能够更快速、准确地检测和鉴定病原菌，为病害的早期诊断和有效管理提供了技术支撑[118]。除了BXW之外，其他几种细菌性病害也严重影响着香蕉的产量，例如，由 Ralstonia solanacearum 引起的香蕉细菌性枯萎病（Moko病/Bugtok病），以及由 Ralstonia syzygii subsp. celebesensis 导致的香蕉类血病。其中，香蕉细菌性枯萎病是香蕉和大蕉的一种极具破坏性的病害，由于其传播迅速、传播途径多样而难以控制，因此管理该病害非常困难，香蕉类血病最初在印度尼西亚和马来西亚发生，近年来已扩散至东南亚其他地区，成为新兴威胁[118]。在病害防控中，一方面，学者积极探索生物防治剂的运用，发现使用噬菌体在控制Moko病方面具有潜力，并初步从种植香蕉和大蕉的土壤中分离出了能够抑制病原体生长的噬菌体[119]；另一方面，利用深度卷积神经网络（DCNN）与迁移学习建立的模型开发了一种基于人工智能的香蕉病虫害检测系统，为监测香蕉病害和及时采取控制措施提供了方法与途径[120]。

综上所述，为了实现有效的病虫害控制，需要对作物与病原物之间的相互作用有深入的理解，这涉及对病原物的生物学特性、传播途径和两者之间相互作用的机制进行详尽的研究。此外，通过结合基因编辑、生物防治以及先进的机器学习算法，有望为香蕉病虫害防控提供更加强大和综合的解决方案，以应对香蕉病虫害带来的挑战，促进农业生态系统的健康和可持续发展。

7.3.3.2 前沿主题

以1年为一个时间切片，通过CiteSpace软件，选取每个子集前1%的数据进行文献共被引分析，旨在探测出重要的节点文献。通过参数设置，得到平均轮廓值为0.838 1、模块化Q值为0.470 8（Q>0.3表示网络社团结构显著）的可视化网络。通过LSI算法寻找聚类，最终形成较为显著的5个聚类社团，对应的前沿主题词线索为"#0 香蕉枯萎病分子诊断""#1 香蕉条斑病毒""#2 香蕉枯萎病""#3 基因工程技术与香蕉枯萎病""#4 尖孢镰刀菌"（图7-7）。进一步综合评估网络中节点的Sigma值，观测引文网络中重要的文献节点，并在此基础上对这些文献的施引文献进行检索，结合对施引文献的分析，判定学科知识领域的研究前沿（表7-11）。

7 香蕉研究领域竞争力及前沿格局解析

图 7-7 香蕉植物保护与生物安全科学研究领域共被引网络图谱

注：节点年轮代表文章的引文历史，年轮的整体大小反映论文被引用的次数，引文年轮的颜色代表相应的引文时间；紫圈节点为高中介中心性节点（中介中心性不小于 0.1）；红色节点为突发性节点；箭头代表路径依赖关系。

表 7-11 香蕉植物保护与生物安全科学研究领域共被引网络重要文献

前沿名称	关键文献	被引频次
香蕉枯萎病分子诊断技术	Carvalhais 等（2019）. Molecular diagnostics of banana fusarium wilt targeting secreted-in-xylem genes[97]	42
	Ordóñez 等（2019）. A loop-mediated isothermal amplification (lamp) assay based on unique markers derived from genotyping by sequencing data for rapid in planta diagnosis of panama disease caused by tropical race 4 in banana[121]	13
香蕉枯萎病抗病机制与综合管理策略	Rocha 等（2021）. Improvements in the resistance of the banana species to fusarium wilt: A systematic review of methods and perspectives[122]	16
	Rodriguez-Yzquierdo 等（2023）. Mapping of the susceptibility of colombian musaceae lands to a deadly disease: *Fusarium oxysporum* f. sp. cubense tropical race 4[128]	12
	Chen 等（2023）. Genetic mapping, candidate gene identification and marker validation for host plant resistance to the race 4 of *Fusarium oxysporum* f. sp. cubense using *musa acuminata* ssp. malaccensis[123]	3
	Zhou 等（2023）. Disentangling the resistant mechanism of Fusarium wilt tr4 interactions with different cultivars and its elicitor application[124]	3

(续表)

前沿名称	关键文献	被引频次
香蕉枯萎病抗病机制与综合管理策略	Martinez 等（2023）. The advance of *Fusarium* wilt tropical race 4 in musaceae of latin america and the caribbean: Current situation[129]	6
	Jansen 和 De La Cruzbekema（2023）. The control of transboundary plant diseases and the problem of the public good: Lessons from *Fusarium* wilt in banana[125]	0
香蕉条斑病毒的流行病学与遗传多样性研究	Iskra-Caruana 等（2014）. A possible scenario for the evolution of banana streak virus in banana[126]	20
	Aver-Higginson 等（2014）. Occurrence, prevalence and molecular diversity of banana streak viruses in cuba[127]	9

分析发现，香蕉植物保护与生物安全科学研究的前沿表现如下。

一是香蕉枯萎病分子诊断技术。香蕉枯萎病是由尖孢镰刀菌古巴专化型（*Fusarium oxysporum* f. sp. *Cubense*，Foc）引起的一种土传维管束病害。Foc 根据对不同香蕉品种类型的致病力差异可分为不同的生理小种，其中，Foc4 几乎能侵染所有的香蕉品种，故而对全球香蕉种植产业构成了严重的威胁。有效的检疫措施是预防 Foc 进一步传播的关键，开发出快速有效的香蕉枯萎病病原诊断技术成为一种趋势。Carvalhais 等（2019）提出一种基于靶向 *SIX* 基因常规 PCR 的特异性和可重复诊断方法，利用特异性的引物和 PCR 技术，针对不同种族和菌株的 *SIX* 基因进行靶向扩增，从而实现对 Foc 的快速、准确识别[97]。此外，环介导等温扩增（LAMP）技术的开发，为热带 4 号生理小种 Foc TR4 的现场快速检测提供了可能。LAMP 技术以其高灵敏度、操作简便和快速出结果的特点，特别适合在资源有限的田间环境中使用。通过 DArTseq 技术获得的 TR4 特异性 DNA 标记，使得 LAMP 检测能够特异性地识别 TR4，大大提升了检测的准确性和可靠性[121]。这些精准诊断技术的开发和应用，不仅有助于及时发现和控制香蕉枯萎病的传播，还能够为香蕉种植者提供科学的病害管理指导，促进可持续农业的发展。

二是香蕉枯萎病抗病机制与综合管理策略。该前沿重点聚焦于 Foc TR4 的抵抗机制和管理策略，包括抗性基因鉴定、遗传解析、育种策略和病害管理方法。品种的遗传改良作为一种行之有效抵御香蕉枯萎病的策略，获取香蕉品种的基因组测序信息，有助于发现潜在的抗性基因，以利于选育抗性品种。近年来，大量的转录组数据分析结果的公布，揭示了香蕉在 Foc 感染后的反应，为识别抗性基因提供了线索[122]。进一步通过两个 *Musa acuminata* ssp. *Malaccensis* 的分离群体，对 Foc TR4 和 STR4 的抗性进行了解析。研究发现了与抗性相关的遗传区间，并在该区域内发现了多个模式识别受体基因，这些基因在抗性后代中的表达水平显著上调[123]。通过分子标记辅助选择技术，可以在育种策略中筛选出具有 TR4 抗性的香蕉品种。在病害管理方面，研究探索了使用植物天然诱导剂异噻菌胺来防治 TR4 的潜力，结果显示施用异噻菌胺能够显著减轻 TR4 的症状，增加淀粉含量和诱导侵填体形成，提高一些香蕉品种的抗病性[124]。此外，由于香蕉枯萎病威胁范围较广，研究者认为对该病的防控不应仅限于技术问题上的讨论，还应在社会、政治、经济层面上进行思考，提出将香蕉枯萎病的防控作为全球公共产品，通过跨国界的合作和协调解决跨境植物疾病控制问题[125]。这些研究成果不仅为理解香蕉枯萎病的抗病机制提供了新的视角，而且为综合管理策略提供了科学依据。通过精准诊断技术、抗性品种培育、生物诱导子应用以及国际合作等，有效地控制了香蕉枯萎病的传播，促进了可持续农业的发展，对全球香蕉产业的稳定和发展产生积极影响。

三是香蕉条斑病毒的流行病学与遗传多样性研究。香蕉条斑病毒（banna streak virus，BSV）是一种植物拟逆转录病毒，在香蕉和大蕉中广泛分布，造成威胁。BSV 以两种状态存在，一种是游离型，感染植物细胞，另一种是内源型，即将病毒的 DNA 整合到香蕉基因组中，形成新病毒颗粒的病毒基因组，两种形式在香蕉植物中都具有传染性。BSV 的系统发育表现为多源性，反映了 BSV 的全球分布和地区特异性。然而，BSV 的流行病学和暴发模式尚需要进一步阐明，通过对 BSV 基因组的深入分析，探讨了其与香蕉宿主之间的共进化关系是一种有效的方式，有助于揭示 BSV 的传播途径和发病机制，为香蕉条纹病的防控提供重要的基础信息[126]。此外，对古巴的 BSV 种类进行的全国性调查显示，某些 BSV 种类在特定香蕉品种中具有较高的流行率，同时发现了尚未报告的 BSV 种类，表明 BSV 的多样性可能比以前认为的更为复杂[127]。总而言之，现阶段的研究暗示对 BSV 进行持续监测和研究的必要性，开发和应用基于分子标记的早期诊断工具将成为一种 BSV 防控的趋势。

7.3.3.3 机构前沿表现度评价

基于全球香蕉植物保护与生物安全科学研究领域前沿文献集数据，统计分析全球各国机构在该学科中的前沿表现度，结果如表 7-12 所示。综合表现排名前 3 位的机构分别为国际生物多样性中心、瓦赫宁根大学及研究中心、海南大学。中国热带农业科学院、巴西农业研究院、印度农业研究委员会得分表现相当。

表 7-12 全球香蕉热带植物保护与生物安全科学研究领域 TOP10 机构前沿表现度综合分析

机构名称	所属国家	前沿表现度		前沿贡献度		前沿影响度		前沿引领度	
		排名	得分	排名	得分	排名	得分	排名	得分
国际生物多样性中心	意大利	1	0.34	1	0.12	2	0.16	4	0.05
瓦赫宁根大学及研究中心	荷兰	2	0.29	2	0.11	4	0.11	1	0.07
海南大学	中国	3	0.26	8	0.07	1	0.19	10	0.01
中国热带农业科学院	中国	4	0.22	4	0.09	6	0.06	3	0.07
巴西农业研究院	巴西	5	0.22	8	0.07	3	0.11	7	0.04
印度农业研究委员会	印度	6	0.22	5	0.08	5	0.07	1	0.07
广东省农业科学院	中国	7	0.20	3	0.09	8	0.04	4	0.05
云南省农业科学院	中国	8	0.16	8	0.07	7	0.04	4	0.05
斯坦陵布什大学	南非	9	0.16	5	0.08	9	0.04	8	0.04

（续表）

机构名称	所属国家	前沿表现度		前沿贡献度		前沿影响度		前沿引领度	
		排名	得分	排名	得分	排名	得分	排名	得分
法国农业国际合作研究发展中心	法国	10	0.12	7	0.07	10	0.03	9	0.02

7.3.4 热带草业与饲料科学研究的主题及前沿表现

7.3.4.1 研究主题

香蕉热带草业与饲料科学研究领域耦合网络图谱显示，该领域主要关注3类方向，为香蕉副产品在畜牧饲料与生物能源中的应用、香蕉副产品在水产与家禽养殖中的应用和香蕉副产品对家畜营养与生产性能的影响（图7-8）。进一步对不同聚类

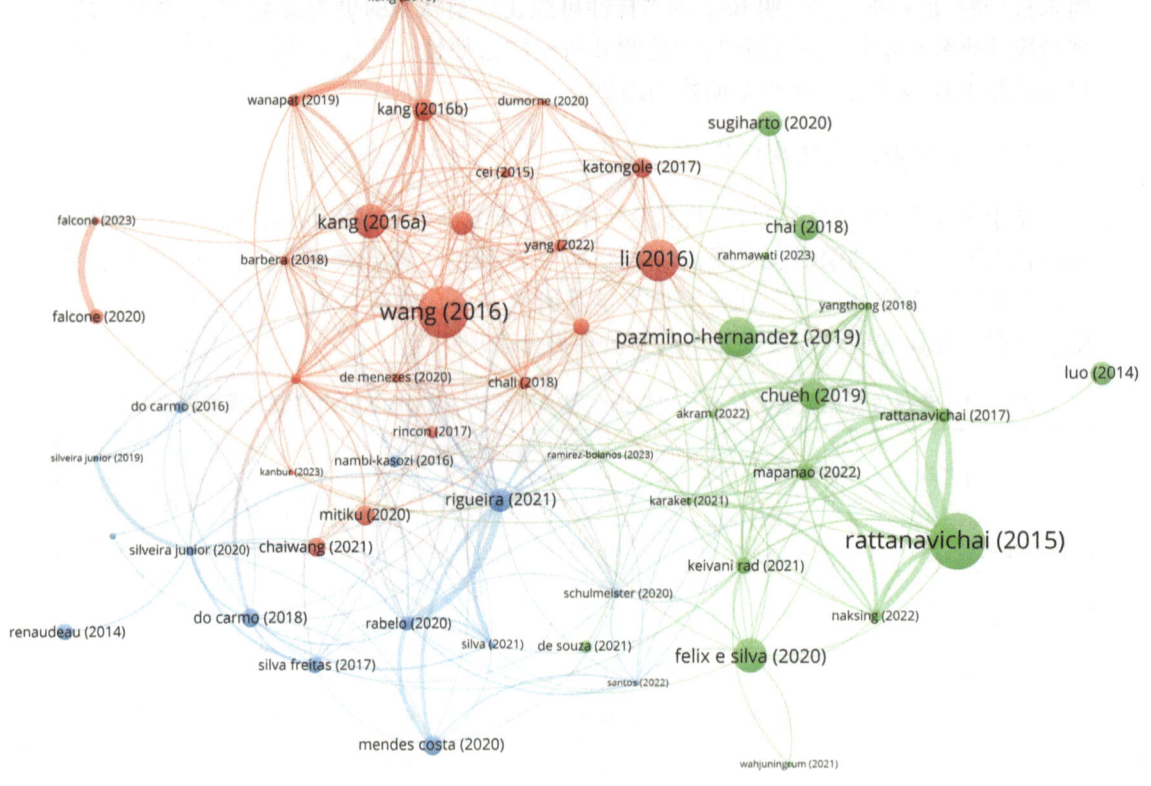

图 7-8　香蕉热带草业与饲料科学研究领域耦合网络分析

注：节点代表文献，节点大小代表被引次数；连线代表存在耦合关系，连线的粗细代表耦合关系的强弱；颜色代表聚类。

下的高频主题词进行统计（表7-13），结合聚类文献和高频词分布，了解该领域的研究热点和进展。

表7-13 香蕉热带草业与饲料科学研究领域各类高频主题词

聚类	高频主题词
香蕉副产品在畜牧饲料与生物能源中的应用	山羊（goat）、瘤胃生态（rumen ecology）、青贮饲料（silage）、可持续性（sustainability）、动物营养（animal nutrition）、香蕉叶（banana leaf）、香蕉茎（banana stem）、缓冲剂（buffering agent）、副产品（by-product）、反刍动物（ruminant）、甲烷（methane）、增长（growth）、肉的质量（meat quality）
香蕉副产品在水产与家禽养殖中的应用	香蕉皮（banana peel）、抗病性（disease resistance）、免疫力（immunity）、罗氏沼虾（*Macrobrachium rosenbergii*）、香蕉皮提取物（banana peel extract）、增长（growth）、健康（health）、香蕉花（banana blossom）、肉鸡（broiler）、抗低温应激（anti-hypotermal stress）
香蕉副产品对家畜营养与生产性能的影响	副产品（by-product）、消化率（digestibility）、象草（elephant grass）、牛奶产量（milk production）、挥发性脂肪酸（volatile fatty acids）、脂肪组织（adipose tissue）、奶牛（dairy cow）、采食量（feed intake）、饲料评价（feed evaluation）、刍草品质（forage quality）

在香蕉副产品在畜牧饲料与生物能源中的应用方面，该领域研究主要集中于香蕉茎、香蕉皮等副产品在畜牧饲料中的应用以及这些副产品在生物能源领域应用潜力的研究。香蕉副产品作为饲料添加剂已被证明是反刍动物饲料中有价值的补充，这些副产品不仅提供了必要的营养价值，而且还能作为瘤胃缓冲剂，帮助维持瘤胃pH值的稳定[130,131]。例如，在香蕉花粉颗粒（BAFLOP）已被研究作为潜在的饲料缓冲剂，与常用的碳酸氢钠（$NaHCO_3$）相比，显示出相似的缓冲能力，同时，其具有替代碳酸氢盐源的潜力[131]。青贮过程可以改善其营养价值和消化率[130]。通过固态发酵技术还可以提高香蕉皮的卫生质量和消化率，使其更适合作为单胃动物的饲料来源[132]。

在香蕉副产品在水产与家禽养殖中的应用方面，该领域研究重点在于探讨香蕉副产品在水产养殖（如对虾、海胆）以及家禽饲养中的应用，包括改善免疫功能、生长性能以及肉质特性等。Rattanavichai等（2015）开展了香蕉皮热水提取物对罗氏沼虾生长、抗低温应激、免疫力和抗病性的促进作用研究，研究发现，喂食含有香蕉皮提取物的饲料能够显著提高虾类的总血细胞计数、不同血细胞计数、呼吸爆发，以及超氧化物歧化酶、谷胱甘肽过氧化物酶、酚氧化酶和转谷氨酰胺酶的活性，并降低血淋巴凝固时间[133]。此外，还增强了虾类对病原物感染的抵抗力和存活率，以及对低温应激的耐受性。Mapanao等（2022）探究了香蕉花对罗氏沼虾生长性能、免疫反应、抗病性和抗低温应激的影响，结果显示，在罗氏沼虾日粮中添加热香蕉花提取物可促进生长性能，改善生理功能，增强免疫力，增强抗低温应激能力，增强对病原物的抗性[134]。Chueh 等（2019）[135]研究了香蕉皮对肉鸡抗氧化能力及其对 Nrf2-ARE 相关基因表达的调节，结果显示，香蕉皮粉用作肉鸡饲料添加剂，肉鸡血清超氧化物歧化酶活性升高，血清丙二醛水平降低，肝脏 Nrf2、超氧化物歧化酶、过氧化氢酶、谷胱甘肽过氧化物酶和血红素加氧酶-1 的 mRNA 表达上调，香蕉皮粉具有作为抗氧化饲料添加剂的潜力。

在香蕉副产品对家畜营养与生产性能的影响方面，该领域研究重点在于香蕉副产品的消化率及其对动物采食量、饲料评价等的影响。研究中采用了多种副产品，包括香蕉假茎、果皮等，并将其应用于猪、牛、羊的日粮中，以评估其潜在价值。在猪的营养研究中，香蕉副产品被证明可以提高猪的消化率和生长性能。Renaudeau 等（2014）研究了香蕉粉在生长期仔猪饲养中的营养价值及使用策略的研究[136]。结果显示，香蕉粉的能量价值随其收获期延长而增加，并且可以在生长期仔猪的饲料中最高添加至 60% 的比例。在奶牛饲料中，香蕉副产品被评估为潜在的饲料添加剂。Costa 等（2020）研究不同粗饲料与香蕉树假茎干草组合对杂交奶牛的营养摄入、牛奶及奶酪的化学组成以及脂肪酸轮廓的影响[137]。结果表明香蕉树假茎干草作为饲料添加剂在不影响奶牛产奶量和奶质的前提下，能够改善牛奶的营养价值。在家羊的营养研究中，Carmo（2016）等研究了香蕉副产品干草替代象草后对羊的胴体特性和组织组成的影响[138]。结果表明，香蕉副产品可以作为饲料的一部分，对羊的胴体重量有积极影响。

综上所述，香蕉副产品的综合利用在农业和水产养殖业中展现出巨大潜力。通过深入研究香蕉废弃物的营养成分、发酵特性及其对动物生长性能和免疫力的影响，可以发现这些副产品不仅能作为饲料成分替代传统原料，降低生产成本，还能通过改善动物健康和提高产品品质带来增益。未来研究有望通过继续探索香蕉副产品的创新应用，为实现更加高效的资源循环利用和可持续发展的农业模式提供科学依据和技术支持。

7.3.4.2 前沿主题

以 1 年为一个时间切片，通过 CiteSpace 软件，选取每个子集前 10% 的数据进行文献共被引分析，旨在探测出重要的节点文献。通过参数设置，得到平均轮廓值为 0.995 2、模块化 Q 值为 0.953（Q＞0.3 表示网络社团结构显著）的可视化网络。通过 MI 算法寻找聚类，最终形成较为显著的 2 个聚类社团，对应的前沿主题词线索均为"功能性饲料成分"（图 7-9）。进一步综合评估网络中节点的 Sigma 值，观测引文网络中重要的文献节点，并在此基础上对这些文献的施引文献进行检索，结合对施引文献的分析，判定学科知识领域的研究前沿（表 7-14）。

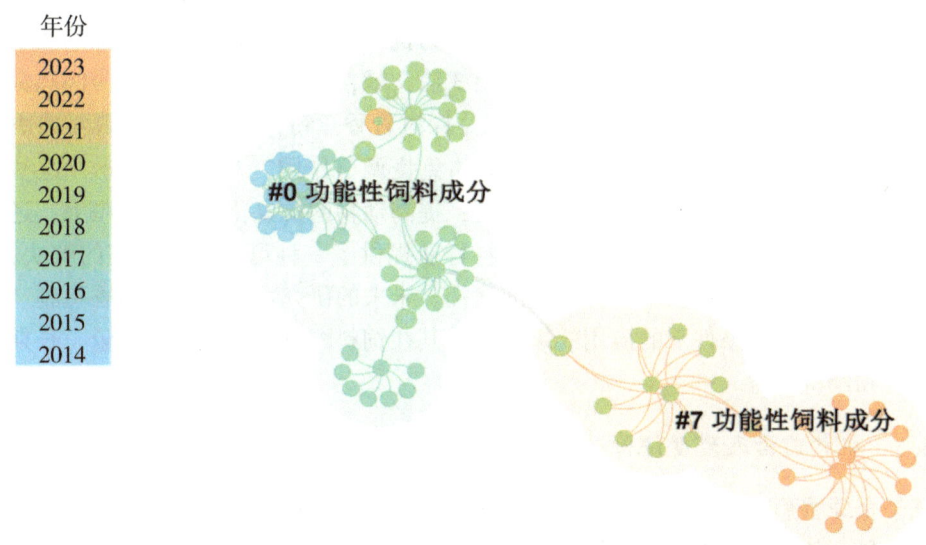

图 7-9　香蕉热带草业与饲料科学研究领域共被引网络图谱

注：节点年轮代表文章的引文历史，年轮的整体大小反映论文被引用的次数，引文年轮的颜色代表相应的引文时间。

表 7-14　香蕉热带草业与饲料科学研究领域共被引网络重要文献

前沿名称	关键文献	被引频次
香蕉副产品在动物饲料中的创新应用	Chueh 等（2019）. Antioxidant capacity of banana peel and its modulation of nrf2-are associated gene expression in broiler chickens[135]	14
	Rattanavichai 和 Cheng（2015）. Dietary supplement of banana (musa acuminata) peels hot-water extract to enhance the growth, anti-hypothermal stress, immunity and disease resistance of the giant freshwater prawn, macrobrachium rosenbergii[133]	41
	Rahmawati 等（2023）. Effect of unripe banana flour as a functional feed ingredient on growth performance, internal organ relative weight and carcass traits of broilers[139]	1

分析发现，香蕉热带草业与饲料科学研究的前沿为香蕉副产品在动物饲料中的创新应用。

香蕉作为全球最受欢迎的水果之一，其副产品香蕉皮也蕴含着丰富的营养价值。香蕉皮富含淀粉、粗蛋白、粗脂肪、总膳食纤维和多种维生素，使其成为畜禽饲料的潜在来源。膳食纤维作为一种多糖，主要由木质素、果胶、纤维素和半纤维素等可溶性和不溶性组分组成，这些成分在香蕉皮中呈现出多样化的生物聚合物结构。可溶性纤维具有降低血清胆固醇和降低癌症风险的健康益处。此外，香蕉皮中还含有黄酮类、单宁、生物碱、糖苷和萜类化合物等植物化学物质，它们具有抗菌、抗高血压、抗糖尿病和抗炎等多种生物和药理活性，使其在饲料添加剂领域具有广阔的应用前景。本次前沿分析结果具体表现为探讨香蕉副产品在动物饲料中作为抗氧化剂和功能性饲料添加剂的潜力及其对动物健康和生产性能的影响。重点晰出3篇文献，一是探讨香蕉皮作为肉鸡饲料添加剂以提高肉鸡抗氧化能力的潜力[135]；二是探讨青香蕉粉作为功能性饲料对肉鸡的影响[139]；三是探讨香蕉皮提取物对罗氏沼虾的免疫调节作用[133]。结果显示，这些副产品不仅能作为抗氧化剂和功能性饲料添加剂，提高动物的抗氧化状态和免疫力，还能改善动物的生产性能和胴体特性。为动物饲料行业提供了一种可持续和经济的解决方案，也为香蕉产业的副产品提供了一种增值的途径。未来的研究可进一步探索香蕉副产品在不同动物种类和饲养条件下的应用效果，以及其在饲料配方中的最适添加量、长期应用的安全性和经济效益。

7.3.4.3 机构前沿表现度评价

基于全球香蕉热带草业与饲料科学研究领域前沿文献集数据，统计分析全球各国机构在该学科中的前沿表现度，结果如表7-15所示。综合表现排名前3位的机构分别为屏东科技大学、中兴大学和迪波内戈罗大学。

表7-15 全球香蕉热带草业与饲料科学研究领域机构前沿表现度综合分析

机构名称	所属国家（地区）	前沿表现度		前沿贡献度		前沿影响度		前沿引领度	
		排名	得分	排名	得分	排名	得分	排名	得分
屏东科技大学	中国台湾	1	1.40	1	0.33	1	0.73	1	0.33
中兴大学	中国台湾	2	0.92	1	0.33	2	0.25	1	0.33
迪波内戈罗大学	印度尼西亚	3	0.68	1	0.33	6	0.02	1	0.33
中国医药大学（台湾）	中国台湾	4	0.58	1	0.33	2	0.25	4	0.00
中山医学大学	中国台湾	4	0.58	1	0.33	2	0.25	4	0.00
台湾畜牧研究所	中国台湾	4	0.58	1	0.33	2	0.25	4	0.00
奥斯曼尼耶·科尔库特·阿塔大学	土耳其	7	0.35	1	0.33	6	0.02	4	0.00

7.3.5 热带农业工程研究的主题及前沿表现

7.3.5.1 研究主题

香蕉热带农业工程耦合网络图谱显示，该领域主要关注4类方向，为香蕉产品加工与质量控制研究、香蕉农固废弃物的综合利用与环境工程研究、香蕉生物资源的纳米技术与材料科学应用、香蕉及其制品加工与营养特性研究（图7-10）。进一步对不同聚类下的高频主题词进行统计（表7-16），结合聚类文献和高频词分布，了解该领域的研究热点和进展。

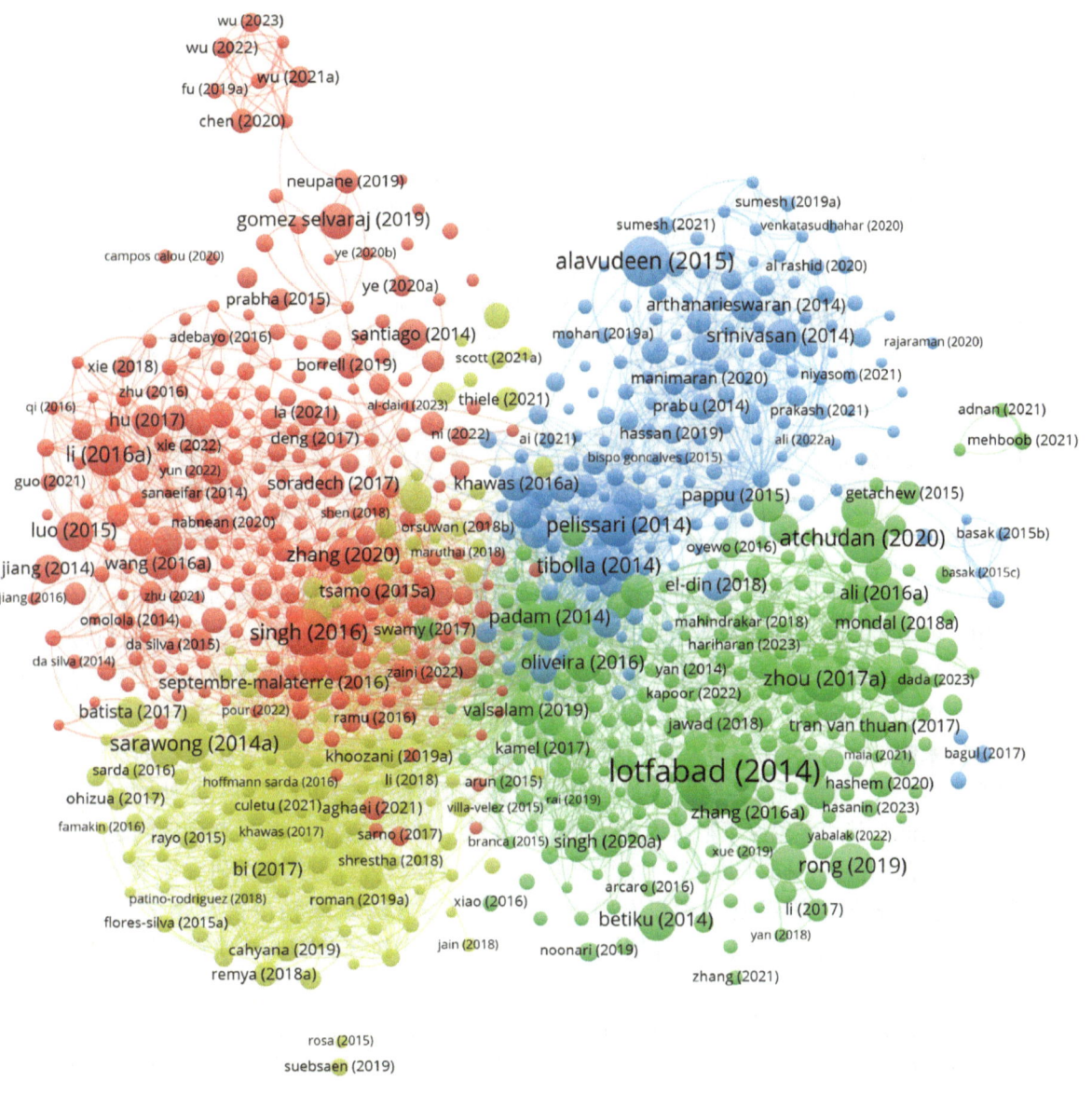

图 7-10　香蕉热带农业工程研究领域耦合网络分析

注：节点代表文献，节点大小代表被引次数；连线代表存在耦合关系，连线的粗细代表耦合关系的强弱；颜色代表聚类。

表 7-16 香蕉热带农业工程研究领域各类高频主题词

聚类	高频主题词
香蕉产品加工与质量控制研究	香蕉果实（banana fruit）、冷害（chilling injury）、香蕉皮（banana peel）、抗氧化剂（antioxidant）、抗氧化活性（antioxidant activity）、干燥（drying）、成熟（ripening）、壳聚糖（chitosan）、乙烯（ethylene）、响应面法（response surface methodology）
香蕉农固废弃物的综合利用与环境工程研究	香蕉皮（banana peel）、吸附（adsorption）、生物炭（biochar）、活性炭（activated carbon）、动力学（kinetics）、生物质（biomass）、亚甲蓝（methylene blue）、响应面法（response surface methodology）、热力学（thermodynamics）、生物吸附（biosorption）
香蕉生物资源的纳米技术与材料科学应用	香蕉纤维（banana fiber）、机械性能（mechanical properties）、纤维素（cellulose）、生物复合材料（biocomposites）、纳米纤维素（cellulose nanofibers）、复合材料（composites）、天然纤维（natural fibers）、香蕉假茎（banana pseudostem）、化学处理（chemical treatment）、混成复合材料（hybrid composites）
香蕉及其制品加工与营养特性研究	抗性淀粉（resistant starch）、香蕉淀粉（banana starch）、热性能（thermal properties）、香蕉粉（banana flour）、理化性质（physicochemical properties）、直链淀粉（amylose）、结晶度（crystallinity）、面粉（flour）、流变学（rheology）、膳食纤维（dietary fiber）

在香蕉产品加工与质量控制研究方面，主要聚焦于香蕉采后的贮藏与保鲜和高值化利用。香蕉作为热带地区重要的经济作物，在运输和储存过程中面临冷害、成熟过快及营养价值下降等问题，这些问题对香蕉的品质和市场供应造成了严重影响。关于其产品加工与质量控制研究，热点可以总结为以下几点。一是香蕉的贮藏调控与保鲜。相关研究发现苯脲、赤霉素和 1-甲基环丙烯等化学调节剂被证明可以调节香蕉果实的成熟衰老进程[140,141]，并能通过控制贮存条件来延迟成熟和延长香蕉的保鲜期。此外，研究发现香蕉在低于其适宜温度下贮存时会出现冷害症状，如表皮变色、质地变硬等问题，进而影响其食用价值，同时也限制了它们的保质期和市场销售。为此相关研究探索使用一氧化氮、壳聚糖、超声波处理以及氢硫化物处理等方法来减轻冷害带来的负面影响[26,142-144]。二是香蕉产品功效性挖掘。香蕉皮富含多种抗氧化剂，这使得香蕉皮成为开发功能性食品的潜在原料。通过提取香蕉皮中的抗氧化成分，可以作为食品添加剂增强产品的营养价值[145,146]。三是香蕉加工技术优化方面。干燥技术作为延长香蕉产品货架期的关键环节，得到了关注。采用响应面法优化干燥条件，可以提高干燥效率，同时保持产品的感官质量和营养价值。相关研究通过响应面法等优化技术，改善了香蕉片的干燥过程，提高了产品的复水性、硬度和抗氧化活性[147,148]。

在香蕉农固废弃物的综合利用与环境工程研究方面，主要聚焦于利用香蕉农固废弃物作为吸附剂，制备生物炭和活性炭，并探索其在污水处理、重金属吸附及环境污染治理中的应用。香蕉生产的废弃物因其生物质含量丰富和易于获取的特点，成为开发低成本高效吸附材料的理想选择。关于香蕉农固废弃物综合利用与环境工程的研究热点，可以总结为以下几点。一是吸附材料的制备与应用研究。通过热解和化学活化等工艺，将香蕉皮转化为具有高比表面积和多孔结构的炭材料，以增强其吸附能力[149]。二是生物吸附机制研究。通过动力学和热力学研究，揭示香蕉农固废弃物衍生炭材料吸附污染物的内在机制，包括吸附速率、吸附容量、吸附热力学参数等，为吸附过程的调控和应用提供理论依据[64,150,151]。三是生物质废弃物的综合利用研究，探索香蕉农固废弃物在能源、化学品和材料等领域的多元化应用，如生物燃料[152]、生物塑料[153]等，以实现农业废弃物的全值化利用。

在香蕉生物资源的纳米技术与材料科学应用方面，主要聚焦于香蕉纤维和纳米纤维素的提取、改性及其在复合材料中的应用。其研究热点可以总结为以下几点。一是纳米纤维素的提取与改性研究。通过化学处理方法，如酸处理、酶处理以及化学改性等，可以有效地提高纳米纤维素的分散性和与基体材料的相容性[154,155]。二是复合材料的制备与性能研究。纳米纤维素作为增强相加入聚合物基体中，能够显著提高复合材料的力学性能，如拉伸强度、模量和韧性等[156]。此外，相关研究发现利用香蕉果皮废弃物开发的纤维素纳米纸具有较高的结晶度、热稳定性、机械稳定性和电稳定性，可用于生物复合材料的生产，是食品包装工业中强有力的可再生增强剂之一[157]。三是混成复合材料的开发研究。通过混合不同类型的天然纤维或合成纤维来制备混成复合材料，可以实现材料性能的协同效应[158]。

在香蕉及其制品加工与营养特性研究方面，主要聚焦在提升香蕉淀粉及香蕉粉的理化特性和热学性能，及其在食品工业中的应用潜力。其研究热点可以总结为以下几点。一是抗性淀粉的生成与改性研究。通过优化加工条件，如温度、湿度和机械应力等，可以有效调控香蕉淀粉中抗性淀粉的含量[159-161]。二是热学性能与结晶度的研究。探讨不同加工条件下香蕉淀粉的热稳定性及结晶度的变化规律，这对于理解淀粉的老化和凝胶化过程至关重要[162,163]。三是流变学特性与应用性能的研究。通过对香蕉淀粉进行化学修饰或与其他成分混合，研究其流变学特征，为开发新型食品配方提供理论依据[164,165]。

综上所述，香蕉及其副产品在食品科学、材料科学、能源生产和环境保护中展现出巨大的潜力。通过深入研究香蕉及其副产品的综合利用、加工技术创新及其在新材料开发中的应用，有助于降低生产成本、提高附加值并促进环境可持续性。未来研究有望通过继续探索香蕉产业的创新技术和市场策略，如开发高附加值的生物复合材料、优化生物燃料生产流程以及提高食品加工效率，为实现更加高效、环境友好且经济可行的农业发展模式提供科学依据和技术支持。

7.3.5.2 前沿主题

以1年为一个时间切片，通过 CiteSpace 软件，选取每个子集前1%的数据进行文献共被引分析，旨在探测出重要的节点文献。通过参数设置，得到平均轮廓值为0.906 2、模块化 Q 值为0.726 5（Q＞0.3 表示网络社团结构显著）的可视化网络。通过 LLR 算法寻找聚类，最终形成较为显著的13个聚类社团，对应的前沿主题词线索为"#0 香蕉纤维""#1 香蕉淀粉""#2 废水处理""#3 大蕉粉""#4 采后""#5 农业废弃物""#6 采后品质技术""#7 循环生物经济""#8 快速检测""#9 塑料复合材料""#10 自由基清除能力""#11 香蕉副产品""#13 耐寒调节"（图7-11）。由此可知，热带农业工程领域的前沿范围表现在香蕉采后品质控制机制机理研究、香蕉及其副产品在食品工业中的多功能应用与价值提升、香蕉农业废弃物高值化利用与生物资源转化等方面。进一步综合评估网络中节点的 Sigma 值，观测引文网络中重要的文献节点，并在此基础上对这些文献的施引文献进行检索，结合对施引文献的分析，选择香蕉及其副产品在食品工业中的多功能应用与价值提升、香蕉农业废弃物高值化利用与生物资源转化两部分进行分析（表 7-17）。

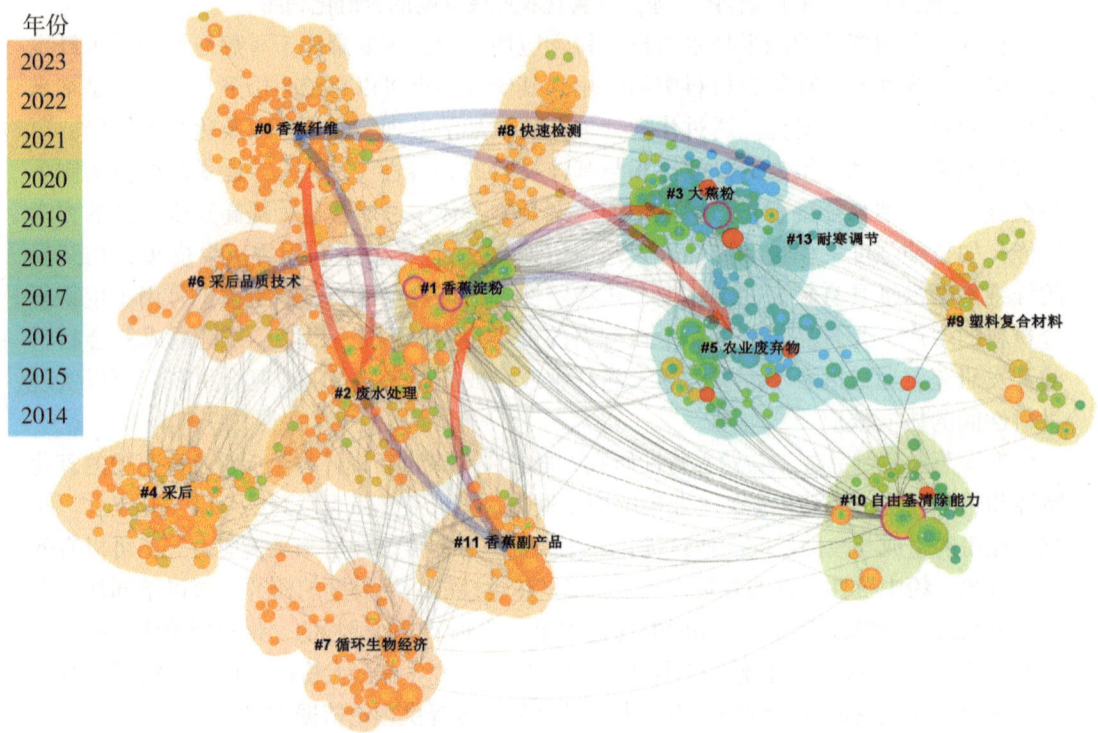

图 7-11　香蕉热带农业工程研究领域共被引网络图谱

注：节点年轮代表文章的引文历史，年轮的整体大小反映论文被引用的次数，引文年轮的颜色代表相应的引文时间；紫圈节点为高中介中心性节点（中介中心性不小于 0.1）；红色节点为突发性节点；箭头代表路径依赖关系。

表 7-17　香蕉热带农业工程研究领域共被引网络重要文献

前沿名称	关键节点文献	被引频次
香蕉及其副产品在食品工业中的多功能应用与价值提升	Padam 等（2012）. Banana by-products: An under-utilized renewable food biomass with great potential[166]	163
	Gutierrez 等（2016）. Effect of beet flour on films made from biological macromolecules: Native and modified plantain flour[169]	39
	Patino-rodriguez 等（2019）. Physicochemical, microstructural and digestibility analysis of gluten-free spaghetti of whole unripe plantain flour[167]	18
	Agama-Acevedo 等（2014）. Starch isolation and partial characterization of commercial cooking and dessert banana cultivars growing in mexico[168]	19
	Gutierrez 等（2016）. Influence of beet flour on the relationship surface-properties of edible and intelligent films made from native and modified plantain flour[170]	57

（续表）

前沿名称	关键节点文献	被引频次
香蕉农业废弃物高值化利用与生物资源转化	Pathak 等（2016）. Valorization of banana peel: A biorefinery approach[171]	25
	Pappu 等（2015）. Advances in industrial prospective of cellulosic macromolecules enriched banana biofibre resources: a review[172]	135
	Kambli 等（2018）. Characterization of the corn husk fibre and improvement in its thermal stability by banana pseudostem sap[173]	26
	Pelissari 等（2013）. Isolation and characterization of cellulose nanofibers from banana peels[154]	215

一是香蕉及其副产品在食品工业中的多功能应用与价值提升。香蕉作为全球热带地区广泛种植的重要水果作物，在食品工业中具有极高的价值。其包括果皮、叶片、假茎、茎和花序等在内的副产物，也是其他工业领域原材料的重要来源，更重要的是，对这些副产品的回收利用不仅防止了大量未开发生物质的损失，还解决了环境问题[166]。在食品工业的研究中，开展了使用未成熟香蕉粉作为意大利面配方中的替代成分的探索，发现其能增加抗性淀粉含量并降低淀粉消化率，为无麸质食品的开发提供了新方向[167]。此外，香蕉淀粉的形态和理化特性也被广泛研究，不同品种的香蕉淀粉显示出不同的特性，如烹饪香蕉品种的淀粉具有更高的抗性淀粉含量和凝胶化温度，这为特定产品的开发提供了依据[168]。在食品商品其他应用方面，香蕉副产品也被用于开发智能和可食用的薄膜。例如，通过将天然和改性的香蕉面粉与甜菜面粉结合，研究者们开发出了对pH值变化有响应的智能薄膜。这些薄膜在碱性条件下对pH值变化有良好的响应性，这为食品包装材料的开发提供了新的可能性[169]。此外，研究还分析了可食用薄膜的表面特性及其与性能的关系。通过测定薄膜的系列参数，发现甜菜粉中的成分与大蕉粉中的淀粉链相互作用，降低了薄膜的接触角，增加了薄膜的厚度和水溶性，并使其更加柔韧和平滑。通过这种组合，不仅提高了薄膜的透明度和平滑度，还赋予了薄膜更高的透光率和适度的热力学稳定性[170]。通过进行香蕉及其副产品在食品工业中的多功能应用与价值提升研究，不仅为香蕉副产品的高效利用提供了理论依据和技术指导，也为推动农业副产品循环利用、实现绿色可持续发展提供了新思路。

二是香蕉农业废弃物高值化利用与生物资源转化。农业废弃物的无害化和资源化利用一方面有助于实现将废弃物生物质"变废为宝"，带来额外的经济效益，另一方面有助于减少对生态环境的污染，实现绿色、循环、低碳的可持续发展目标。以香蕉果皮为例，香蕉果皮富含大量的生物活性化合物，作为基质在动物饲料、生物肥料、清洁能源、工业酶、纳米材料合成中具有极大的应用潜力，开发一种充分利用该生物质的生物炼制方法，有助于实现经济效益最大化。Pathak 等（2016）分析了1吨干香蕉皮生物炼制过程的物料平衡，发现可以生产432千克蛋白质或者170千克柠檬酸，170千克果胶，325米^{3}乙醇和220米^{3}甲烷[171]。Pappu 等（2015）在分析中发现，香蕉纤维的拉伸强度为458兆帕，拉伸模量为17 140兆帕，在作为一种环境友好绿色材料的增强元素方面具有巨大潜力[172]。Pelissari 等（2013）使用了一系列化学处理方法，包括碱处理、漂白和酸水解,从香蕉皮中分离纤维素纳米纤维[154]。傅里叶变换红外光谱证实,碱处理和漂白去除了香蕉纤维中大部分的半纤维素和木质素成分,所开发的纳米纤维展现出增强的热性能,从香蕉皮中分离出的纳米粒子有潜力作为增强元素应用于各种聚合物复合材料系统中。此外,使用香蕉假茎汁对玉米苞叶纤维进行处理,还可以显著提高其热稳定性和阻燃性能,展现出在阻燃材料领域的应用潜力[173]。

7.3.5.3 机构前沿表现度评价

基于香蕉热带农业工程研究领域前沿文献集数据,统计分析全球各国机构在该学科中的前沿表现度,结果如表7-18所示。综合表现排名前3位的机构分别为华南农业大学、印度国家理工学院和墨西哥民族工业学院。

表7-18 全球香蕉热带农业工程研究领域TOP10机构前沿表现度综合分析表

机构名称	所属国家	前沿表现度		前沿贡献度		前沿影响度		前沿引领度	
		排名	得分	排名	得分	排名	得分	排名	得分
华南农业大学	中国	1	0.13	1	0.05	3	0.05	1	0.04
印度国家理工学院	印度	2	0.11	3	0.04	2	0.05	4	0.02
墨西哥民族工业学院	墨西哥	3	0.11	2	0.04	5	0.04	2	0.03
坎皮纳斯大学	巴西	4	0.10	7	0.02	1	0.08	8	0.01
印度理工学院	印度	5	0.08	4	0.03	6	0.03	4	0.02
泰兹普尔大学	印度	6	0.08	5	0.02	7	0.03	3	0.02
巴西农业研究院	巴西	7	0.07	9	0.02	4	0.05	10	0.01
圭尔夫大学	加拿大	8	0.06	7	0.02	9	0.03	7	0.01
印度科学与工业研究委员会	印度	9	0.05	10	0.01	8	0.03	8	0.01
印度农业研究委员会	印度	10	0.05	5	0.02	10	0.01	6	0.02

7.3.6 热带农业经济与乡村振兴研究的主题及前沿表现

7.3.6.1 研究主题

香蕉热带农业经济与乡村振兴研究领域耦合网络图谱显示,该领域主要关注2类方向,为香蕉产业技术创新与农户生计改善、香蕉产业的生态经济与社会发展(图7-12)。进一步对不同聚类下的高频主题词进行统计(表7-19),结合聚类文献和高频词分布,了解该领域的研究热点和进展。

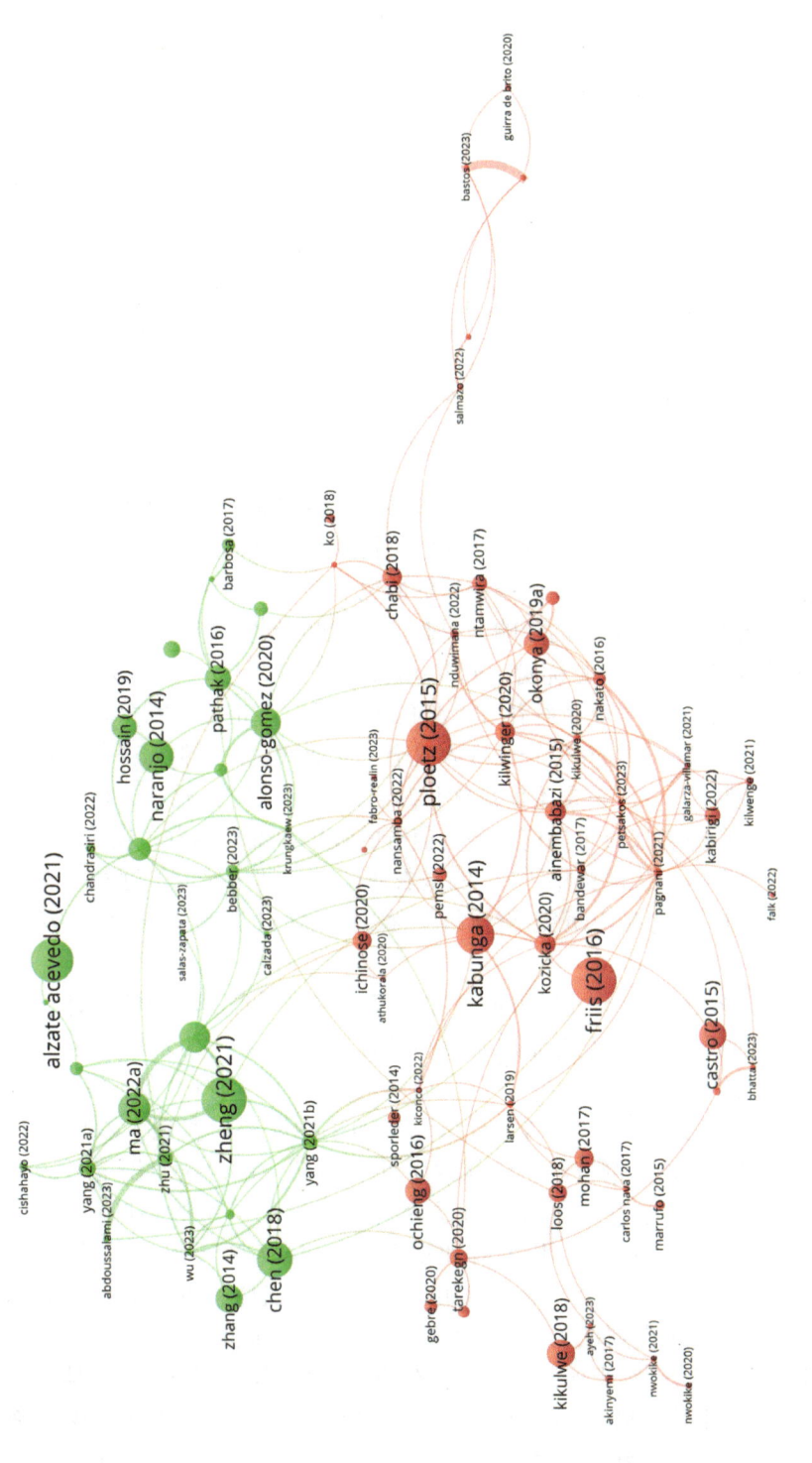

图7-12 香蕉热带农业经济与乡村振兴研究领域耦合网络分析

注：节点代表文献，节点大小代表被引次数；连线代表存在耦合关系，连线的粗细代表耦合关系的强弱；颜色代表聚类。

表 7-19 香蕉热带农业经济与乡村振兴研究领域各类高频主题词

聚类	高频主题词
香蕉产业技术创新与农户生计改善	食品安全（food security）、价值链（value chain）、香蕉黄单胞菌枯萎病（banana xanthomonas wilt）、大蕉种植户（plantain farmers）、生产商（producers）、可持续性（sustainability）、组织培养（tissue culture）、商业化（commercialisation）、利用（utilisation）、经济分析（economic analysis）
香蕉产业的生态经济与社会发展	香蕉农户（banana farmers）、生物炼制（biorefinery）、循环经济（circular economy）、气候变化（climate change）、适应策略（adaptation strategy）、农业合作社（agricultural cooperatives）、土地生产力（land productivity）、可持续农业（sustainable agriculture）、技术效率（technical efficiency）、技术采用（technology adoption）

在香蕉产业技术创新与农户生计改善方面，该领域主要聚焦于通过技术创新和适当的管理策略来提升小农户的生计和整个香蕉产业的可持续性。具体的研究热点包括以下几个方面。一是生物技术赋能香蕉生产效率提升的研究。例如，使用组织培养技术繁殖的香蕉苗，可以有效减少由土传病害的影响，提高作物的健康水平和产量。相关研究显示利用生物技术在作物繁殖方面的优势，可以增强小农户的生产能力并增加其收入[174]。二是商业化种植模式对作物集约化和产量的影响研究。相关研究分析显示，商业化、教育质量、农场规模、市场和信贷的准入机会、交通环境及延伸服务等因素与小农户生产力提升具有关联性[175]。三是价值链优化与食品安全研究，通过分析香蕉和大蕉的市场结构和表现，研究者探讨了如何提高价值链的效率和盈利能力，包括对营销系统的改进，以及减少收获后损失的策略[176]。四是农业信息的利用研究，通过调查农民对农业信息的获取和使用情况，研究者分析了农业信息在提高农户生计方面的作用[177]。

在香蕉产业的生态经济与社会发展方面，主要聚焦在提升香蕉农户的生计、采用生物炼制技术以及通过循环经济实践促进农业可持续发展方面。具体热点包括以下几个方面。一是生物炼制与循环经济研究。通过将香蕉废弃物（如假茎和香蕉皮）转化为高附加值产品，如生物塑料、有机肥料和生物燃料，实现了农业废弃物的资源化利用[171]。这种生物炼制方法不仅减少了环境污染，还为农户创造了额外的经济收入。二是气候变化适应策略研究。通过分析香蕉农户采用的不同适应措施，如改变种植模式、增加化学品的使用和增加灌溉等，以应对气候变化带来的影响[178]。三是农业合作社的作用研究。合作社通过提供技术支持、市场信息和集体采购服务，增强了农户的市场谈判能力和风险管理能力，从而提高了农户的经济效益[179]。四是技术采用和农户培训研究。提高蕉农的技术采用率和技术效率是提升产业整体表现的关键，通过提供培训和技术支持，可以帮助农户更好地利用现有资源和技术，从而提高生产效率。例如，通过分析农户对新技术（如滴灌系统）的采用行为，探讨了农业技术采用的驱动因素[180]。

综上所述，香蕉产业的多方面研究在农业经济、技术创新、环境保护和社会发展中展现出巨大潜力。通过深入研究香蕉产业技术创新、价值链优化、农户生计改善途径，有助于降低生产成本、改善农户福祉并提高环境可持续性。未来研究有望通过继续探索香蕉产业的创新技术和市场策略，为实现更加高效、环境友好的农业发展模式提供科学依据和技术支持。

7.3.6.2 前沿主题

以 1 年为一个时间切片，通过 CiteSpace 软件，选取每个子集前 10% 的数据进行文献共被引分析，旨在探测出重要的节点文献。通过参数设置，得到平均轮廓值为 0.988 8、模块化 Q 值为 0.941 9（Q>0.3 表示网络社团结构显著）的可视化网络。通过 LLR 算法寻找聚类，最终形成较为显著的 6 个聚类社团，对应的前沿主题词线索为 "#0 循环经济" "#3 循环生物经济" "#5 经济分析" "#12 可持续贸易" "#14 废弃物估值" "#19 技术经济分析"（图 7-13）。进一步综合评估网络中节点的 Sigma 值，观测引文网络中重要的文献节点，并在此基础上对这些文献的施引文献进行检索，结合对施引文献的分析，判定学科知识领域的研究前沿（表 7-20）。

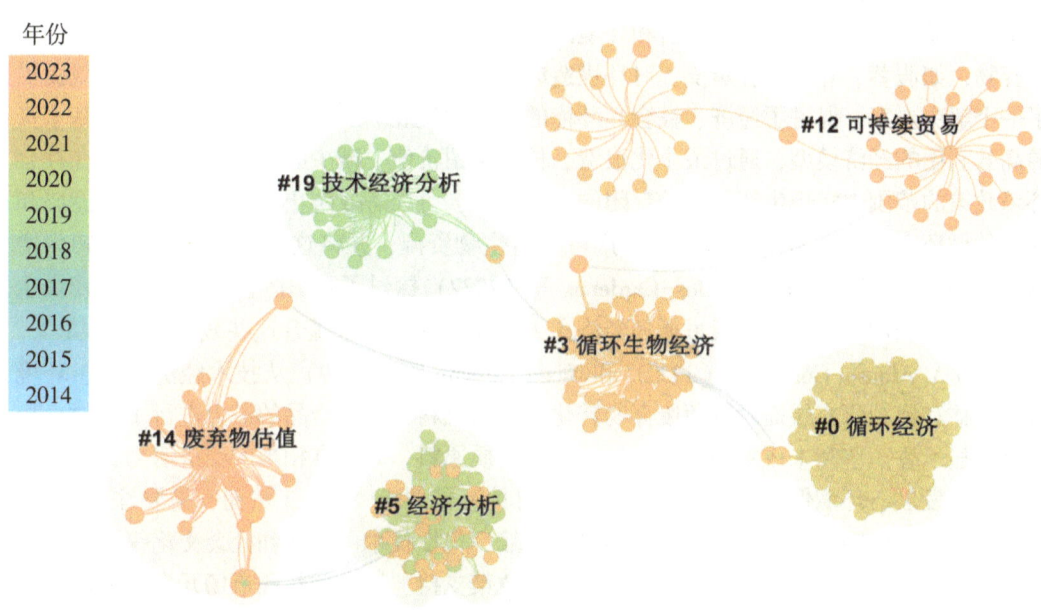

图 7-13　香蕉热带农业经济与乡村振兴研究领域共被引网络图谱

注：节点年轮代表文章的引文历史，年轮的整体大小反映论文被引用的次数，引文年轮的颜色代表相应的引文时间。

表7-20 香蕉热带农业经济与乡村振兴研究领域共被引网络重要文献

前沿名称	关键节点文献	被引频次
香蕉产业农业固体废弃物的循环经济与生物经济研究	Alzate Acevedo（2021）. Recovery of banana waste-loss from production and processing: A contribution to a circular economy[68]	67
	Fiallos-Cardenas 等（2022）. Prospectives for the development of a circular bioeconomy around the banana value chain[71]	18
	Alonso-Gomez 等（2020）. Performance evaluation and economic analysis of the bioethanol and flour production using rejected unripe plantain fruits（*Musa paradisiaca* L.）as raw material[181]	31
	Bebber 等（2022）. The long road to a sustainable banana trade[1]	7
	Hossain 等（2019）. Experimental investigation, techno-economic analysis and environmental impact of bioethanol production from banana stem[182]	23

分析发现，香蕉热带农业经济与乡村振兴研究领域的前沿为香蕉产业农业固体废弃物的循环经济与生物经济研究。

在全球化的热带农业经济中，香蕉产业占据着举足轻重的地位，为了实现可持续的香蕉贸易，需要综合考虑社会、经济和环境因素。在香蕉的生产周期中，会产生大量的固体废弃物，如假茎、叶子和香蕉皮，对环境造成了负担。循环经济和生物经济为该挑战提供了一个解决方案，促进了经济、社会和环境的可持续发展。所谓循环经济，是一种基于资源高效利用的经济模型，通过最小化浪费、长期保留价值、减少原生资源的使用和在社会环境政策的范围内实现生产周期的封闭的一种模式，可以有效防止资源枯竭，闭合能源和材料的循环[68]。所谓生物经济，是生产可再生生物资源，并将这些资源和废物流转为增值产品的模式[71]。Manuel Fiallos-Cardenas 等（2022）探讨了香蕉产业产生的大量残余生物质的循环利用，以及如何通过循环经济和生物经济的概念来提升这些残余物的价值[71]。Leonardo A. Alonso-Gómez 等（2020）和 Nazia Hossain 等（2019）从技术经济分析、环境影响评估和模拟研究层面对香蕉废弃物转化成生物燃料和增值产品的潜力进行了探讨，相关研究显示香蕉茎和未成熟的香蕉是良好的生物质原料，并具有相当的经济潜力，在促进地区经济发展、环境保护和资源循环利用方面具有重要性[181,182]。然而，需要注意的是，实现香蕉产业废物的可持续经济还面临诸多挑战，包括技术、经济和社会文化等方面的障碍，需要政府、企业和社区的共同努力，通过政策支持、技术创新和市场开发，才能实现这一目标。未来的研究需要关注如何提高香蕉废物转化的效率和经济性，以及如何通过教育和培训提高农民对循环经济和生物经济的认识和参与度。

7.3.6.3 机构前沿表现度评价

基于香蕉热带农业经济与乡村振兴研究领域前沿文献集数据，统计分析全球各国机构在该学科中的前沿表现度，结果如表7-21所示。总体而言，各机构在发文量上无差异，综合表现排名前3位的机构分别为圣地亚哥德卡利大学、哥伦比亚国立大学和皇家墨尔本理工大学。

表 7-21 全球香蕉热带农业经济与乡村振兴研究领域机构前沿表现度综合分析表

机构名称	所属国家	前沿表现度 排名	前沿表现度 得分	前沿贡献度 排名	前沿贡献度 得分	前沿影响度 排名	前沿影响度 得分	前沿引领度 排名	前沿引领度 得分
圣地亚哥德卡利大学	哥伦比亚	1	0.67	1	0.17	1	0.51	6	0.00
哥伦比亚国立大学	哥伦比亚	2	0.55	1	0.17	2	0.21	1	0.17
皇家墨尔本理工大学	澳大利亚	3	0.50	1	0.17	4	0.16	1	0.17
滨海高等理工大学	厄瓜多尔	4	0.46	1	0.17	10	0.13	1	0.17
埃克塞特大学	英国	5	0.38	1	0.17	12	0.05	1	0.17
墨西哥国立理工学院	墨西哥	6	0.38	1	0.17	2	0.21	6	0.00
泰国艺术大学	泰国	7	0.34	1	0.17	13	0.01	1	0.17
悉尼科技大学	澳大利亚	8	0.33	1	0.17	4	0.16	6	0.00
马来亚大学	马来西亚	8	0.33	1	0.17	4	0.16	6	0.00
马来西亚国家能源大学	马来西亚	8	0.33	1	0.17	4	0.16	6	0.00
棉兰国立大学	印度尼西亚	8	0.33	1	0.17	4	0.16	6	0.00
吉大港工程与技术大学	孟加拉国	8	0.33	1	0.17	4	0.16	6	0.00
米拉格罗州立大学	厄瓜多尔	13	0.30	1	0.17	10	0.13	6	0.00
豪恩海姆大学	德国	14	0.17	1	0.17	13	0.01	6	0.00

7.4 结论与建议

在全球范围内，香蕉作为一种重要的经济作物，其研究热点与前沿问题长期受到学术界和产业界的关注。本部分通过对 2014—2023 年发表的 5 364 篇文献进行综合分析，旨在揭示全球香蕉研究的主要趋势、学科领域热点及前沿表现，并对未来的研究方向提出建议。

从文献产出情况来看，香蕉相关研究呈现逐年增长的趋势，年均增长率约为 5%。这一增长趋势反映了全球对香蕉产业可持续发展的重视程度不断提升。在学科分类上，热带作物科学、热带农业资源与环境科学、植物保护与生物安全科学和热带农业工程等领域发文量位居前列，显示了这些领域在香蕉研究中的核心地位。

科技论文机构竞争力指数分析显示，中国、印度、法国、巴西等国家的科研机构在香蕉研究领域表现突出。华南农业大学、中国热带农业科学院等机构在多个学科领域中位列前茅，体现了这些机构在香蕉研究领域的深厚实力。

在不同学科领域热点及前沿表现分析方面，利用信息可视化软件和知识图谱工具，揭示了香蕉研究六大学科领域的主要研究方向和前沿主题。在热带作物科学领域，研究聚焦于作物遗传改良与栽培管理、果实成熟与逆境响应及分子机制、果实生理与代谢变化研究等方面；前沿表现预测在果实成熟分子调控机制、基于基因组和转录组分析的果实成熟和逆境响应的调控机制，以及基因组测序、组装与数据库建设等方向。在热带农业资源与环境科学领域，研究聚焦于作物种植的可持续管理与生态适应性、农业废弃物资源化与环境影响评估、副产物改性材料在环境修复中的应用等方面；前沿表现预测在农业废弃物的循环经济与能源化利用、农业废弃物在水处理中的吸附应用、土壤特性与病害的关联性分析等方向。在热带植物保护与生物安全科学领域，研究聚焦于香蕉病虫害生物防治与可持续农业管理、香蕉枯萎病致病分子机制与综合管理策略、香蕉枯萎病生物防治与土壤微生物群落调控、香蕉病毒性病害与防控技术、香蕉细菌性病害与防控技术等方面；前沿表现预测香蕉枯萎病分子诊断技术、香蕉枯萎病抗病机制与综合管理策略、香蕉条斑病毒的流行病学与遗传多样性研究等方向。在热带草业与饲料科学领域，研究聚焦于香蕉副产品在畜牧饲料与生物能源中的应用、香蕉副产品在水产与家禽养殖中的应用、香蕉副产品对家畜营养与生产性能的影响等方面；前沿表现预测为香蕉副产品在动物饲料中的创新应用方向。在热带农业工程领域，研究聚焦于产品加工与质量控制研究、农业固体废弃物的综合利用与环境工程研究、香蕉生物资源的纳米技术与材料科学应用、香蕉及其制品加工与营养特性研究等方面；前沿预测在香蕉采后品质控制机制机理研究、香蕉及其副产品在食品工业中的多功能应用与价值提升、香蕉农业废弃物高值化利用与生物资源转化等方向。在热带农业经济与乡村振兴领域，研究聚焦于香蕉产业技术创新与农户生计改善和香蕉产业的生态经济与社会发展等方面，前沿预测在香蕉产业农固废弃物的循环经济与生物经济方向。

基于现有的分析结果，未来的研究发展方向建议如下：一是强化对香蕉遗传改良与生物技术研究，特别是开发耐病、耐逆境的新品种，积极探索利用现代生物技术，如CRISPR-Cas9基因编辑技术，加速育种进程，提高品种的适应性和产量。二是加强对香蕉病虫害防控技术研究，针对香蕉枯萎病等重大病害，加强其致病机制的研究，开发快速准确的检测方法和有效的防治措施，减少疾病对香蕉产业的影响。三是推进香蕉农业废弃物的高值化利用研究，探索香蕉副产品在食品加工、饲料加工、环境工程等行业的应用潜力，通过技术创新提高副产品的利用效率和经济价值。四是推进针对农户生计改善、技术培训及金融支持方向的研究，通过技术培训和金融支持，帮助农户掌握先进的农业技术和管理经验，一方面改善生计状况，促进农村经济发展，另一方面促进香蕉产业的可持续发展。

参考文献

[1] BEBBER D P. The long road to a sustainable banana trade [J]. Plants, People, Planet, 2022, 5 (5)：662-671.

[2] KUMAR P L, SELVARAJAN R, ISKRA-CARUANA M-L, et al. Biology, eti-

ology, and control of virus diseases of banana and plantain [M] // LOEBENSTEIN G, KATIS N I. Control of Plant Virus Diseases - Vegetatively - Propagated Crops. San Diego: Elsevier Academic Press Inc. 2015: 229-269.

[3] PACHUAU L, ATOM A D, THANGJAM R. Genome classification of *Musa* cultivars from Northeast India as revealed by ITS and IRAP markers [J]. Applied Biochemistry and Biotechnology, 2014, 172 (8): 3939-3948.

[4] MCDOWELL J M, ARANGO ISAZA R E, DIAZ-TRUJILLO C, et al. Combating a global threat to a clonal crop: Banana black sigatoka pathogen *Pseudocercospora fijiensis* (Synonym *Mycosphaerella fijiensis*) genomes reveal clues for disease control [J]. PLoS Genet, 2016, 12 (10): e1006365.

[5] TRIPATHI L, NTUI V O, TRIPATHI J N. CRISPR/Cas9-based genome editing of banana for disease resistance [J]. Current Opinion in Plant Biology, 2020, 56: 118-126.

[6] VAN WESEMAEL J, KISSEL E, EYLAND D, et al. Using growth and transpiration phenotyping under controlled conditions to select water efficient banana genotypes [J]. Front Plant Sci., 2019, 10: 352.

[7] NEGI S, TAK H, GANAPATHI T R. A banana NAC transcription factor (MusaSNAC1) impart drought tolerance by modulating stomatal closure and H_2O_2 content [J]. Plant Molecular Biology, 2018, 96 (4-5): 457-471.

[8] EYLAND D, VAN WESEMAEL J, LAWSON T, et al. The impact of slow stomatal kinetics on photosynthesis and water use efficiency under fluctuating light [J]. Plant Physiol., 2021, 186 (2): 998-1012.

[9] XIONG R, TANG H, XU M, et al. Transcriptomic analysis of banana in response to phosphorus starvation stress [J]. Agronomy, 2018, 8 (8): 141.

[10] OLIVARES B O, ARAYA-ALMAN M, ACEVEDO-OPAZO C, et al. Relationship between soil properties and banana productivity in the two main cultivation areas in Venezuela [J]. Journal of Soil Science and Plant Nutrition, 2020, 20 (4): 2512-2524.

[11] PANIGRAHI P, RAYCHAUDHURI S, THAKUR A K, et al. Automatic drip irrigation scheduling effects on yield and water productivity of banana [J]. Scientia Horticulturae, 2019, 257: 108677.

[12] SANTOS M R D, DONATO S L R, LOURENÇO L L, et al. Irrigation management strategy for Prata-type banana [J]. Revista Brasileira de Engenharia Agrícola e Ambiental, 2016, 20 (9): 817-822.

[13] MOREIRA F M, CAIRO P A R, BORGES A L, et al. Investigating the ideal mixture of soil and organic compound with *Bacillus* sp. and *Trichoderma asperellum* inoculations for optimal growth and nutrient content of banana seedlings [J]. South African Journal of Botany, 2021, 137: 249-256.

[14] WANG B, SUN M, YANG J, et al. Inducing banana Fusarium wilt disease suppression through soil microbiome reshaping by pineapple-banana rotation combined with biofertilizer application [J]. Soil, 2022, 8 (1): 17-29.

[15] SHAN W, KUANG J-F, WEI W, et al. MaXB3 modulates MaNAC2, MaACS1, and MaACO1 stability to repress ethylene biosynthesis during banana fruit ripening [J]. Plant Physiol., 2020, 184 (2): 1153-1171.

[16] HAN Y, KUANG J, CHEN J, et al. Banana transcription factor MaERF11 recruits histone deacetylase MaHDA1 and represses the expression of MaACO1 and expansins during fruit ripening [J]. Plant Physiol., 2016.

[17] WEI W, YANG Y Y, CHEN J Y, et al. MaNAC029 modulates ethylene biosynthesis and fruit quality and undergoes MaXB3-mediated proteasomal degradation during banana ripening [J]. Journal of Advanced Research, 2023, 53: 33-47.

[18] XU Y, HU W, SONG S, et al. MaDREB1F confers cold and drought stress resistance through common regulation of hormone synthesis and protectant metabolite contents in banana [J]. Horticulture Research, 2023, 10 (2): uhac275.

[19] SREEDHARAN S, SHEKHAWAT U K S, GANAPATHI T R. Constitutive and stress-inducible overexpression of a native aquaporin gene (MusaPIP2;6) in transgenic banana plants signals its pivotal role in salt tolerance [J]. Plant Molecular Biology, 2015, 88 (1-2): 41-52.

[20] MUTHUSAMY M, UMA S, BACKIYARANI S, et al. Computational prediction, identification, and expression profiling of microRNAs in banana (*Musa* spp.) during soil moisture deficit stress [J]. The Journal of Horticultural Science and Biotechnology, 2015, 89 (2): 208-214.

[21] CORDENUNSI-LYSENKO B R, NASCIMENTO J R O, CASTRO-ALVES V C, et al. The starch is (not) just another brick in the wall: The primary metabolism of sugars during banana ripening [J]. Front Plant Sci., 2019, 10: 391.

[22] VU H T, SCARLETT C J, VUONG Q V. Phenolic compounds within banana peel and their potential uses: A review [J]. Journal of Functional Foods, 2018, 40: 238-248.

[23] SHENG O, YIN Z, HUANG W, et al. Metabolic profiling reveals genotype-associated alterations in carotenoid content during banana postharvest ripening [J]. Food Chemistry, 2023, 403: 134380.

[24] CAI D, XU H, LIU Z, et al. Banana MaERF124 negatively modulates carotenoid accumulation during fruit ripening through repression of carotenogenesis genes [J]. Postharvest Biol. Technol., 2023, 195. DOI: 10.1016/j.postharvbio.2022.112151.

[25] 李倩, 沈春生, 林启眆, 等. 采后香蕉果实冷害发生与控制技术研究进展 [J]. 果树学报, 2021, 38 (5): 11.

[26] WU B, GUO Q, LI Q, et al. Impact of postharvest nitric oxide treatment on antioxidant enzymes and related genes in banana fruit in response to chilling tolerance [J]. Postharvest Biol. Technol., 2014, 92: 157-163.

[27] WEI W, YANG Y Y, WU C J, et al. MaMADS1-MaNAC083 transcriptional regulatory cascade regulates ethylene biosynthesis during banana fruit ripening [J]. Horticulture Research, 2023, 10 (10).

[28] ZHU L, CHEN L, WU C, et al. Methionine oxidation and reduction of the ethylene signaling component MaEIL9 are involved in banana fruit ripening [J]. Journal of Integrative Plant Biology, 2022, 65 (1): 150-166.

[29] CHEN T H, WEI W, SHAN W, et al. MaHDA6-MaNAC154 module regulates the transcription of cell wall modification genes during banana fruit ripening [J]. Postharvest Biol. Technol., 2023, 198.

[30] YANG Y, WU C, SHAN W, et al. Mitogen-activated protein kinase 14-mediated phosphorylation of MaMYB4 negatively regulates banana fruit ripening [J]. Horticulture Research, 2023, 10 (1).

[31] WU C, DENG W, SHAN W, et al. Banana MKK1 modulates fruit ripening via the MKK1-MPK6-3/11-4-bZIP21 module [J]. Cell reports, 2023, 42 (8): 112832.

[32] LAKHWANI D, PANDEY A, DHAR Y V, et al. Genome-wide analysis of the AP2/ERF family in Musa species reveals divergence and neofunctionalisation during evolution [J]. Sci. Rep., 2016, 6 (1).

[33] HU W, DING Z, TIE W, et al. Comparative physiological and transcriptomic analyses provide integrated insight into osmotic, cold, and salt stress tolerance mechanisms in banana [J]. Sci. Rep., 2017, 7 (1).

[34] HU W, WANG L, TIE W, et al. Genome-wide analyses of the bZIP family reveal their involvement in the development, ripening and abiotic stress response in banana [J]. Sci. Rep., 2016, 6 (1).

[35] HU W, YAN Y, SHI H, et al. The core regulatory network of the abscisic acid pathway in banana: Genome-wide identification and expression analyses during development, ripening, and abiotic stress [J]. BMC Plant Biology, 2017, 17 (1).

[36] HUANG H-R, LIU X, ARSHAD R, et al. Telomere-to-telomere haplotype-resolved reference genome reveals subgenome divergence and disease resistance in triploid Cavendish banana [J]. Horticulture Research, 2023, 10 (9): uhad153.

[37] DROC G, MARTIN G, GUIGNON V, et al. The banana genome hub: A community database for genomics in the Musaceae [J]. Horticulture Research, 2022, 9.

[38] ROUARD M, SARDOS J, SEMPÉRÉ G, et al. A digital catalog of high-density markers for banana germplasm collections [J]. Plants, People, Planet, 2021, 4 (1): 61-67.

[39] EYLAND D, BRETON C, SARDOS J, et al. Filling the gaps in gene banks: Collecting, characterizing, and phenotyping wild banana relatives of Papua New Guinea [J]. Crop Science, 2020, 61 (1): 137-149.

[40] ŠIMONÍKOVÁ D, NĚMEČKOVÁ A, ČÍŽKOVÁ J, et al. Chromosome painting in cultivated bananas and their wild relatives (*Musa* spp.) reveals differences in chromosome structure [J]. Int. J. Mol. Sci., 2020, 21 (21).

[41] MERTENS A, SWENNEN R, RØNSTED N, et al. Conservation status assessment of banana crop wild relatives using species distribution modelling [J]. Diversity and Distributions, 2021, 27 (4): 729-746.

[42] GUIMARÃES G G F, CANTÚ R R, SCHERER R F, et al. Banana crop nutrition: Insights into different nutrient sources and soil fertilizer application strategies [J]. Revista Brasileira de Ciência do Solo, 2020, 44.

[43] SANTOS J G R D, ANDRADE R, GALDINO P O, et al. Qualidade da produção da bananeira Nanicão em função do uso de biofertilizantes [J]. Revista Brasileira de Engenharia Agrícola e Ambiental, 2014, 18 (4): 387-393.

[44] HAZARIKA T K, BHATTACHARYYA R K, NAUTIYAL B P. Growth parameters, leaf characteristics and nutrient status of banana as influenced by organics, biofertilizers and bioagents [J]. Journal of Plant Nutrition, 2014, 38 (8): 1275-1288.

[45] DE BARROS J A, STAMFORD N P, DA SILVA E V N, et al. Biofertilizer combined with sewage sludge increases the quality of soil cultivated with banana [J]. Journal of Soil Science and Plant Nutrition, 2023, 23 (4): 6273-6283.

[46] LI Z, JIAO Y, YIN J, et al. Productivity and quality of banana in response to chemical fertilizer reduction *with* bio-organic fertilizer: Insight into soil properties and microbial ecology [J]. Agriculture, Ecosystems & Environment, 2021, 322.

[47] DONATO S L R, SANTOS M R D, ARANTES A D M, et al. 'Prata-Anã' banana under irrigation levels, planting densities and bunch trimming [J]. Revista Brasileira de Fruticultura, 2020, 42 (5).

[48] COELHO E F, SANTOS M R D, DONATO S L R, et al. Soil-water-plant relationship and fruit yield under partial root-zone drying irrigation on banana crop [J]. Scientia Agricola, 2019, 76 (5): 362-367.

[49] FU L, PENTON C R, RUAN Y, et al. Inducing the rhizosphere microbiome by biofertilizer application to suppress banana *Fusarium* wilt disease [J]. Soil

Biology and Biochemistry, 2017, 104: 39-48.

[50] ZHANG N, HE X, ZHANG J, et al. Suppression of fusarium wilt of banana with application of bio-organic fertilizers [J]. Pedosphere, 2014, 24 (5): 613-624.

[51] BLUME E, REICHERT J M. Banana leaf and glucose mineralization and soil organic matter in microhabitats of banana plantations under long-term pesticide use [J]. Environmental Toxicology and Chemistry, 2015, 34 (6): 1232-1238.

[52] DIEPENS N J, PFENNIG S, VAN DEN BRINK P J, et al. Effect of pesticides used in banana and pineapple plantations on aquatic ecosystems in Costa Rica [J]. Journal of Environmental Biology, 2014, 35 (1): 73-84.

[53] ZAKE J, PIETSCH S A, FRIEDEL J K, et al. Can agroforestry improve soil fertility and carbon storage in smallholder banana farming systems? [J]. Journal of Plant Nutrition and Soil Science, 2015, 178 (2): 237-249.

[54] ICHINOSE Y, NISHIGAKI T, SHIBATA M, et al. Carbon and nutrient budgets of the Chagga home garden system in the Kilimanjaro highlands, Tanzania [J]. Soil Use and Management, 2023, 39 (3): 1155-1171.

[55] KÖBERL M, DITA M, MARTINUZ A, et al. Agroforestry leads to shifts within the gammaproteobacterial microbiome of banana plants cultivated in Central America [J]. Front Microbiol, 2015, 6.

[56] KAMDEM I, HILIGSMANN S, VANDERGHEM C, et al. Enhanced biogas production during anaerobic digestion of steam-pretreated lignocellulosic biomass from Williams Cavendish banana plants [J]. Waste and Biomass Valorization, 2016, 9 (2): 175-185.

[57] ZHANG Y, ZHANG J, CHEN K, et al. Engineering banana-peel-derived biochar for the rapid adsorption of tetracycline based on double chemical activation [J]. Resources, Conservation and Recycling, 2023, 190.

[58] GUERRERO A B, BALLESTEROS I, BALLESTEROS M. The potential of agricultural banana waste for bioethanol production [J]. Fuel, 2018, 213: 176-185.

[59] ADSAL K A, ÜÇTUĞ F G, ARIKAN O A. Environmental life cycle assessment of utilizing stem waste for banana production in greenhouses in Turkey [J]. Sustainable Production and Consumption, 2020, 22: 110-125.

[60] GUERRERO A B, MUÑOZ E. Life cycle assessment of second generation ethanol derived from banana agricultural waste: Environmental impacts and energy balance [J]. Journal of Cleaner Production, 2018, 174: 710-717.

[61] BONG H K, SELVARAJOO A, ARUMUGASAMY S K. Stability of biochar derived from banana peel through pyrolysis as alternative source of nutrient in soil: Feedforward neural network modelling study [J]. Environmental Monitoring and

Assessment, 2022, 194 (2).

[62] INAM E I, ETIM U J, AKPABIO E G, et al. Simultaneous adsorption of lead (Ⅱ) and 3,7-Bis (dimethylamino) -phenothiazin-5-ium chloride from aqueous solution by activated carbon prepared from plantain peels [J]. Desalination and Water Treatment, 2016, 57 (14): 6540-6553.

[63] LIU X, LI G, CHEN C, et al. Banana stem and leaf biochar as an effective adsorbent for cadmium and lead in aqueous solution [J]. Sci. Rep., 2022, 12 (1): 1584.

[64] DENG H, LI Q, HUANG M, et al. Removal of Zn (Ⅱ), Mn (Ⅱ) and Cu (Ⅱ) by adsorption onto banana stalk biochar: Adsorption process and mechanisms [J]. Water Science and Technology, 2020, 82 (12): 2962-2974.

[65] HU Z-T, DING Y, SHAO Y, et al. Banana peel biochar with nanoflake-assembled structure for cross contamination treatment in water: Interaction behaviors between lead and tetracycline [J]. Chemical Engineering Journal, 2021, 420.

[66] MOHAMMED R R, CHONG M F. Treatment and decolorization of biologically treated Palm Oil Mill Effluent (POME) using banana peel as novel biosorbent [J]. Journal of Environmental Management, 2014, 132: 237-249.

[67] ALI A, SAEED K, MABOOD F. Removal of chromium (Ⅵ) from aqueous medium using chemically modified banana peels as efficient low-cost adsorbent [J]. Alexandria Engineering Journal, 2016, 55 (3): 2933-2942.

[68] ALZATE ACEVEDO S, DÍAZ CARRILLO Á J, FLÓREZ-LÓPEZ E, et al. Recovery of banana waste-loss from production and processing: A contribution to a circular economy [J]. Molecules, 2021, 26 (17).

[69] KRUNGKAEW S, HÜLSEMANN B, KINGPHADUNG K, et al. New sustainable banana value chain: Waste valuation toward a circular bioeconomy [J]. Energies, 2023, 16 (8).

[70] ATILGAN A, KRAKOWIAK-BAL A, ERTOP H, et al. The energy potential of waste from banana production: A case study of the mediterranean region [J]. Energies, 2023, 16 (14).

[71] FIALLOS-CÁRDENAS M, PÉREZ-MARTÍNEZ S, RAMIREZ A D. Prospectives for the development of a circular bioeconomy around the banana value chain [J]. Sustainable Production and Consumption, 2022, 30: 541-555.

[72] AHMAD T, DANISH M. Prospects of banana waste utilization in wastewater treatment: A review [J]. Journal of Environmental Management, 2018, 206: 330-348.

[73] AKPOMIE K G, CONRADIE J. Banana peel as a biosorbent for the decontamination of water pollutants. A review [J]. Environmental Chemistry Letters, 2020, 18 (4): 1085-1112.

[74] FABRE E, LOPES C B, VALE C, et al. Valuation of banana peels as an effective biosorbent for mercury removal under low environmental concentrations [J]. Science of The Total Environment, 2020, 709: 135883.

[75] MUNAGAPATI V S, YARRAMUTHI V, KIM Y, et al. Removal of anionic dyes (Reactive Black 5 and Congo Red) from aqueous solutions using Banana Peel Powder as an adsorbent [J]. Ecotoxicology and Environmental Safety, 2018, 148: 601-607.

[76] RODRÍGUEZ-YZQUIERDO G, OLIVARES B O, GONZÁLEZ-ULLOA A, et al. Soil predisposing factors to *Fusarium oxysporum* f. sp cubense tropical race 4 on banana crops of La Guajira, Colombia [J]. Agronomy, 2023, 13 (10).

[77] OLIVARES B O, VEGA A, CALDERÓN M A R, et al. Identification of soil properties associated with the incidence of banana wilt using supervised methods [J]. Plants, 2022, 11 (15).

[78] OLIVARES B O, REY J C, PERICHI G, et al. Relationship of microbial activity with soil properties in banana plantations in Venezuela [J]. Sustainability, 2022, 14 (20).

[79] LUNA-MORENO D, SÁNCHEZ-ÁLVAREZ A, ISLAS-FLORES I, et al. Early detection of the fungal banana black sigatoka pathogen *Pseudocercospora fijiensis* by an SPR immunosensor method [J]. Sensors, 2019, 19 (3).

[80] STROBL E, MOHAN P. Climate and the global spread and impact of bananas' black leaf sigatoka disease [J]. Atmosphere, 2020, 11 (9).

[81] GUTIERREZ-MONSALVE J A, MOSQUERA S, GONZÁLEZ-JARAMILLO L M, et al. Effective control of black Sigatoka disease using a microbial fungicide based on Bacillus subtilis EA-CB0015 culture [J]. Biological Control, 2015, 87: 39-46.

[82] CAVERO P A S, HANADA R E, GASPAROTTO L, et al. Biological control of banana black Sigatoka disease with Trichoderma [J]. Cienc. Rural., 2015, 45 (6): 951-957.

[83] BECKER P, ESKER P, UMAÑA G. Incorporation of microorganisms to reduce chemical fungicide usage in black sigatoka control programs in Costa Rica by use of biological fungicides [J]. Crop Prot., 2021, 146: 10.

[84] KIMUNYE J, WERE E, SWENNEN R, et al. Sources of resistance to *Pseudocercospora fijiensis*, the cause of black Sigatoka in banana [J]. Plant Pathol, 2021, 70 (7): 1651-1664.

[85] FU B, LI Q, QIU H, et al. Evaluation of different trapping systems for the banana weevils *Cosmopolites sordidus* and *Odoiporus longicollis* [J]. International Journal of Tropical Insect Science, 2019, 39 (1): 35-43.

[86] KANNAN M, PADMANABAN B, ANBALAGAN S, et al. A review on

monitoring and Integrated management of Banana Pseudostem Weevil, *Odoiporus longicollis* Oliver (*Coleoptera*: *Curculionidae*) in India [J]. International Journal of Tropical Insect Science, 2021, 42 (1): 21-29.

[87] LOZANO-SORIA A, PICCIOTTI U, LOPEZ-MOYA F, et al. Volatile organic compounds from entomopathogenic and nematophagous fungi, repel banana black weevil (*Cosmopolites sordidus*) [J]. Insects, 2020, 11 (8).

[88] DAMASCENO C L, DUARTE E A A, DOS SANTOS L B P R, et al. Postharvest biocontrol of anthracnose in bananas by endophytic and soil rhizosphere bacteria associated with sisal (*Agave sisalana*) in Brazil [J]. Biological Control, 2019, 137.

[89] VILAPLANA R, PAZMIÑO L, VALENCIA-CHAMORRO S. Control of anthracnose, caused by Colletotrichum musae, on postharvest organic banana by thyme oil [J]. Postharvest Biol Technol, 2018, 138: 56-63.

[90] ANENE A, DECLERCK S. Combination of *Crotalaria spectabilis* with *Rhizophagus irregularis* MUCL41833 decreases the impact of *Radopholus similis* in banana [J]. Applied Soil Ecology, 2016, 106: 11-17.

[91] GANAPATHI T R, AL-IDRUS A, CARPENTIER S C, et al. Elucidation of the compatible interaction between banana and *Meloidogyne incognita* via high-throughput proteome profiling [J]. PLoS ONE, 2017, 12 (6).

[92] KISAAKYE J, FOURIE H, COYNE D, et al. Endophytic fungi improve management of the burrowing nematode in banana (*Musa* spp.) through enhanced expression of defence-related genes [J]. Nematology, 2023, 25 (4): 427-442.

[93] EL-ANSARY M S M, HAMOUDA R A. Biocontrol of root-knot nematode infected banana plants by some marine algae [J]. Russ. J. Mar. Biol., 2014, 40 (2): 140-146.

[94] SEENIVASAN N, SENTHILNATHAN S. Effect of humic acid on *Meloidogyne incognita* (Kofoid & White) Chitwood infecting banana (*Musa* spp.) [J]. Int. J. Pest Manage, 2017, 64 (2): 110-118.

[95] DAS S C, BALAMOHAN T N, POORNIMA K, et al. Reaction of *Musa* hybrids to *Fusarium wilt* and *Radopholus similis*, burrowing nematode complex [J]. Indian J. Hortic., 2014, 71 (1): 16-22.

[96] 李华平, 李云锋, 聂燕芳. 香蕉枯萎病的发生及防控研究现状 [J]. 华南农业大学学报, 2019, 40 (5): 128-136.

[97] CARVALHAIS L C, HENDERSON J, RINCON-FLOREZ V A, et al. Molecular diagnostics of banana *Fusarium* wilt targeting secreted-in-xylem genes [J]. Front Plant Sci., 2019, 10: 17.

[98] YANG Y, AN B, GUO Y, et al. A novel effector, FSE1, regulates the pathogenicity of *Fusarium oxysporum* f. sp. cubense tropical race 4 to banana by targe-

ting the MYB transcription factor MaEFM-like [J]. J. Fungi, 2023, 9 (4): 12.

[99] YAN T, ZHOU X, LI J, et al. FoCupin1, a Cupin_1 domain-containing protein, is necessary for the virulence of *Fusarium oxysporum* f. sp. cubense tropical race 4 [J]. Front Microbiol., 2022, 13: 15.

[100] GUO L, WANG J, LIANG C, et al. Fosp9, a novel secreted protein, is essential for the full virulence of *Fusarium oxysporum* f. sp. cubense on Banana (*Musa* spp.) [J]. Appl. Environ. Microbiol., 2022, 88 (6): 17.

[101] FRASER-SMITH S, CZISLOWSKI E, MELDRUM R A, et al. Sequence variation in the putative effector gene SIX8 facilitates molecular differentiation of *Fusarium oxysporum* f. sp. *cubense* [J]. Plant Pathol., 2014, 63 (5): 1044-1052.

[102] LIU S, LI J, ZHANG Y, et al. Fusaric acid instigates the invasion of banana by *Fusarium oxysporum* f. sp. *cubense* TR4 [J]. New Phytol., 2019, 225 (2): 913-929.

[103] MARYANI N, LOMBARD L, POERBA Y S, et al. Phylogeny and genetic diversity of the banana Fusarium wilt pathogen *Fusarium oxysporum* f. sp. cubense in the Indonesian centre of origin [J]. Stud. Mycol., 2019, 92 (92): 155-194.

[104] DING Z, XU T, ZHU W, et al. A MADS-box transcription factor FoRlm1 regulates aerial hyphal growth, oxidative stress, cell wall biosynthesis and virulence in *Fusarium oxysporum* f. sp. *cubense* [J]. Fungal Biol., 2020, 124 (3-4): 183-193.

[105] KAUSHAL M, MAHUKU G, SWENNEN R. Comparative transcriptome and expression profiling of resistant and susceptible banana cultivars during infection by *Fusarium oxysporum* [J]. Int. J. Mol. Sci., 2021, 22 (6): 29.

[106] JING T, ZHOU D, ZHANG M, et al. Newly isolated *Streptomyces* sp. JBS5-6 as a potential biocontrol agent to control banana Fusarium wilt: Genome sequencing and secondary metabolite cluster profiles [J]. Front Microbiol., 2020, 11: 13.

[107] SHEN Z, WANG B, LV N, et al. Effect of the combination of bio-organic fertiliser with *Bacillus amyloliquefaciens* NJN-6 on the control of banana *Fusarium* wilt disease, crop production and banana rhizosphere culturable microflora [J]. Biocontrol. Sci. Technol., 2015, 25 (6): 716-731.

[108] XUE C, RYAN PENTON C, SHEN Z, et al. Manipulating the banana rhizosphere microbiome for biological control of Panama disease [J]. Sci. Rep., 2015, 5 (1): 10.

[109] SHEN Z, RUAN Y, CHAO X, et al. Rhizosphere microbial community manip-

ulated by 2 years of consecutive biofertilizer application associated with banana *Fusarium wilt disease suppression* [J]. *Biol. Fertil. Soils*, 2015, 51 (5): 553-562.

[110] CAO M, CHENG Q, CAI B, et al. Antifungal mechanism of metabolites from newly isolated *Streptomyces* sp. Y1-14 against banana *Fusarium* wilt disease using metabolomics [J]. J Fungi, 2022, 8 (12): 16.

[111] WEI Y, ZHAO Y, ZHOU D, et al. A newly isolated *Streptomyces* sp. YYS-7 with a broad-spectrum antifungal activity improves the banana plant resistance to *Fusarium oxysporum* f. sp. *cubense* tropical race 4 [J]. Front Microbiol., 2020, 11: 14.

[112] QAZI J. Banana bunchy top virus and the bunchy top disease [J]. J. Gen. Plant Pathol., 2015, 82 (1): 2-11.

[113] ROBBERTSE N, OMONDI B A, MILLAR I M, et al. Non-destructive DNA extraction from aphids: The application in virus-vector studies of banana bunchy top virus (BBTV) [J]. Eur. J. Plant Pathol., 2019, 153 (2): 571-582.

[114] SAFARI M I, TOUGERON K, BRAGARD C, et al. Banana tree infected with banana bunchy top virus attracts *Pentalonia nigronervosa* aphids through increased volatile organic compounds emission [J]. Journal of Chemical Ecology, 2021: 1-13.

[115] ZHANG J, BORTH W, LIN B, et al. Multiplex detection of three banana viruses by reverse transcription loop-mediated isothermal amplification (RT-LAMP) [J]. Tropical Plant Pathology, 2018, 43 (6): 543-551.

[116] TRIPATHI L, NTUI V O, TRIPATHI J N, et al. Application of CRISPR/Cas for diagnosis and management of viral diseases of banana [J]. Front Microbiol., 2021, 11: 609784.

[117] KUBIRIBA J, ERIMA R, TUGUME A K, et al. Changing dynamics in the spread and management of banana xanthomonas wilt disease in uganda over two decades [J]. Phytobiomes J., 2023, 7 (1): 29-41.

[118] HODGETTS J, HALL J, KARAMURA G, et al. Rapid, specific, simple, in-field detection of *Xanthomonas campestris* pathovar musacearum by loop-mediated isothermal amplification [J]. J. Appl. Microbiol., 2015, 119 (6): 1651-1658.

[119] RAMÍREZ M, NEUMAN B W, RAMÍREZ C A. Bacteriophages as promising agents for the biological control of Moko disease (*Ralstonia solanacearum*) of banana [J]. Biological Control, 2020, 149: 9.

[120] SELVARAJ M G, VERGARA A, RUIZ H, et al. AI-powered banana diseases and pest detection [J]. Plant Methods, 2019, 15 (1): 11.

[121] ORDÓÑEZ N, SALACINAS M, MENDES O, et al. A loop-mediated isothermal amplification (LAMP) assay based on unique markers derived from genotyping by sequencing data for rapid in planta diagnosis of Panama disease caused by Tropical Race 4 in banana [J]. Plant Pathol., 2019, 68 (9): 1682-1693.

[122] ROCHA A D J, SOARES J M D S, NASCIMENTO F D S, et al. Improvements in the resistance of the banana species to *Fusarium* wilt: A systematic review of methods and perspectives [J]. J. Fungi, 2021, 7 (4): 35.

[123] CHEN A, SUN J, VILJOEN A, et al. Genetic mapping, candidate gene identification and marker validation for host plant resistance to the race 4 of *Fusarium oxysporum* f. sp. *cubense* using *Musa acuminata* ssp. *malaccensis* [J]. Pathogens, 2023, 12 (6): 27.

[124] ZHOU G D, HE P, TIAN L, et al. Disentangling the resistant mechanism of *Fusarium wilt* TR4 interactions with different cultivars and its elicitor application [J]. Front Plant Sci., 2023, 14: 16.

[125] JANSEN K, DE LA CRUZBEKEMA J. The control of transboundary plant diseases and the problem of the public good: Lessons from Fusarium wilt in banana [J]. NJAS: Impact in Agricultural and Life Sciences, 2023, 95 (1): 31.

[126] ISKRA-CARUANA M-L, CHABANNES M, DUROY P-O, et al. A possible scenario for the evolution of Banana streak virus in banana [J]. Virus Res., 2014, 186: 155-162.

[127] JAVER-HIGGINSON E, ACINA-MAMBOLE I, GONZÁLEZ J E, et al. Occurrence, prevalence and molecular diversity of banana streak viruses in Cuba [J]. Eur. J. Plant Pathol., 2013, 138 (1): 157-166.

[128] RODRÍGUEZ-YZQUIERDO G, OLIVARES B O, SILVA-ESCOBAR O, et al. Mapping of the susceptibility of colombian musaceae lands to a deadly disease: *Fusarium oxysporum* f. sp. *cubense* Tropical Race 4 [J]. Horticulturae, 2023, 9 (7): 30.

[129] MARTÍNEZ G, OLIVARES B O, REY J C, et al. The advance of *Fusarium* wilt Tropical Race 4 in musaceae of Latin America and the Caribbean: Current situation [J]. Pathogens, 2023, 12 (2): 24.

[130] WANG C F, MUHAMMAD A U R, LIU Z Y, et al. Effects of ensiling time on banana pseudo-stem silage chemical composition, fermentation and in sacc rumen degradation [J]. J. Anim. Plant Sci., 2016, 26 (2): 339-346.

[131] KANG S, WANAPAT M, CHERDTHONG A, et al. Comparison of banana flower powder and sodium bicarbonate supplementation on rumen fermentation and milk production in dairy cows [J]. Anim. Prod. Sci., 2016, 56 (10): 1650-1661.

[132] KATONGOLE C B, BAKEEVA A, PASSOTH V, et al. Effect of solid-state fermentation with *Arxula adeninivorans* or *Hypocrea jecorina* (anamorph *Trichoderma reesei*) on hygienic quality and in-vitro digestibility of banana peels by mono-gastric animals [J]. Livest Sci., 2017, 199: 14-21.

[133] RATTANAVICHAI W, CHENG W. Dietary supplement of banana (*Musa acuminata*) peels hot-water extract to enhance the growth, anti-hypothermal stress, immunity and disease resistance of the giant freshwater prawn, *Macrobrachium rosenbergii* [J]. Fish Shellfish Immunol., 2015, 43(2): 415-426.

[134] MAPANAO R, RANGABPAI T, LEE Y-R, et al. The effect of banana blossom on growth performance, immune response, disease resistance, and anti-hypothermal stress of *Macrobrachium rosenbergii* [J]. Fish Shellfish Immunol., 2022, 124: 82-91.

[135] CHUEH C C, LIN L J, LIN W C, et al. Antioxidant capacity of banana peel and its modulation of Nrf2-ARE associated gene expression in broiler chickens [J]. Italian Journal of Animal Science, 2019, 18(1): 1394-1403.

[136] RENAUDEAU D, BROCHAIN J, GIORGI M, et al. Banana meal for feeding pigs: Digestive utilization, growth performance and feeding behavior [J]. Animal: An International Journal of Animal Bioscience, 2014, 8(4): 565-571.

[137] MENDES COSTA N, ROCHA JÚNIOR V R, ALBUQUERQUE CALDEIRA L, et al. Feeding F_1 Holstein x Zebu cows with different roughages and pseudostem hay of banana trees does not influence milk yield and chemical composition of milk and cheese [J]. Italian Journal of Animal Science, 2020, 19(1): 610-620.

[138] CARMO T D D, FRANÇA X A A, GERASEEV L C, et al. Características da carcaça e composição tecidual de cortes comerciais de cordeiros alimentados com resíduos da bananicultura [J]. Semina: Ciências Agrárias, 2016, 37(1): 393-404.

[139] RAHMAWATI O M, SUGIHARTO S, YUDIARTI T, et al. Effect of unripe banana flour as a functional feed ingredient on growth performance, internal organ relative weight and carcass traits of broilers [J]. Veterinary Medicine and Science, 2023, 9(2): 851-859.

[140] HUANG H, JING G, WANG H, et al. The combined effects of phenylurea and gibberellins on quality maintenance and shelf life extension of banana fruit during storage [J]. Scientia Horticulturae, 2014, 167: 36-42.

[141] ZHU X, SHEN L, FU D, et al. Effects of the combination treatment of 1-MCP and ethylene on the ripening of harvested banana fruit [J]. Postharvest Biol. Technol., 2015, 107: 23-32.

[142] AWAD M A, AL-QURASHI A D, MOHAMED S A, et al. Postharvest chitosan, gallic acid and chitosan gallate treatments effects on shelf life quality, antioxidant compounds, free radical scavenging capacity and enzymes activities of 'Sukkari' bananas [J]. Journal of Food Science and Technology, 2017, 54 (2): 447-457.

[143] KHADEMI O, ASHTARI M, RAZAVI F. Effects of salicylic acid and ultrasound treatments on chilling injury control and quality preservation in banana fruit during cold storage [J]. Scientia Horticulturae, 2019, 249: 334-339.

[144] LUO Z, LI D, DU R, et al. Hydrogen sulfide alleviates chilling injury of banana fruit by enhanced antioxidant system and proline content [J]. Scientia Horticulturae, 2015, 183: 144-151.

[145] REBELLO L P G, RAMOS A M, PERTUZATTI P B, et al. Flour of banana (*Musa* AAA) peel as a source of antioxidant phenolic compounds [J]. Food Research International, 2014, 55: 397-403.

[146] MOHD ZAINI H, ROSLAN J, SAALLAH S, et al. Banana peels as a bioactive ingredient and its potential application in the food industry [J]. Journal of Functional Foods, 2022, 92.

[147] KHAWAS P, DASH K K, DAS A J, et al. Modeling and optimization of the process parameters in vacuum drying of culinary banana (*Musa* ABB) slices by application of artificial neural network and genetic algorithm [J]. Drying Technology, 2015, 34 (4): 491-503.

[148] MONTEIRO R L, CARCIOFI B A M, LAURINDO J B. A microwave multi-flash drying process for producing crispy bananas [J]. Journal of Food Engineering, 2016, 178: 1-11.

[149] LIU R L, LIU Y, ZHOU X Y, et al. Biomass-derived highly porous functional carbon fabricated by using a free-standing template for efficient removal of methylene blue [J]. Bioresource Technology, 2014, 154: 138-147.

[150] BASIRUN A A, OTHMAN A R, YASID N A, et al. A green approach of utilising banana peel (*Musa paradisiaca*) as adsorbent precursor for an anionic dye removal: Kinetic, isotherm and thermodynamics analysis [J]. Processes, 2023, 11 (6).

[151] AZZAM A B, TOKHY Y A, EL DARS F M, et al. Construction of porous biochar decorated with NiS for the removal of ciprofloxacin antibiotic from pharmaceutical wastewaters [J]. Journal of Water Process Engineering, 2022, 49.

[152] INGALE S, JOSHI S J, GUPTE A. Production of bioethanol using agricultural waste: Banana pseudo stem [J]. Brazilian Journal of Microbiology, 2014, 45 (3): 885-892.

[153] NARANJO J M, CARDONA C A, HIGUITA J C. Use of residual banana for

polyhydroxybutyrate (PHB) production: Case of study in an integrated biorefinery [J]. Waste Management, 2014, 34 (12): 2634-2640.

[154] PELISSARI F M, SOBRAL P J D A, MENEGALLI F C. Isolation and characterization of cellulose nanofibers from banana peels [J]. Cellulose, 2013, 21 (1): 417-432.

[155] TIBOLLA H, PELISSARI F M, MENEGALLI F C. Cellulose nanofibers produced from banana peel by chemical and enzymatic treatment [J]. LWT-Food Science and Technology, 2014, 59 (2): 1311-1318.

[156] PEREIRA A L S, NASCIMENTO D M D, SOUZA FILHO M D S M, et al. Improvement of polyvinyl alcohol properties by adding nanocrystalline cellulose isolated from banana pseudostems [J]. Carbohydrate Polymers, 2014, 112: 165-172.

[157] KHAWAS P, DAS A J, DEKA S C. Production of renewable cellulose nanopaper from culinary banana (*Musa* ABB) peel and its characterization [J]. Industrial Crops and Products, 2016, 86: 102-12.

[158] SRINIVASAN V S, RAJENDRA BOOPATHY S, SANGEETHA D, et al. Evaluation of mechanical and thermal properties of banana-flax based natural fibre composite [J]. Materials & Design, 2014, 60: 620-627.

[159] LA FUENTE C I A, ZABALAGA R F, TADINI C C. Combined effects of ultrasound and pulsed-vacuum on air-drying to obtain unripe banana flour [J]. Innovative Food Science & Emerging Technologies, 2017, 44: 123-130.

[160] SÁNCHEZ-RIVERA M M, NÚÑEZ-SANTIAGO M D C, BELLO-PÉREZ L A, et al. Citric acid esterification of unripe plantain flour: Physicochemical properties and starch digestibility [J]. Starch-Stärke, 2017, 69: 9-10.

[161] LIAO H-J, HUNG C-C. Functional, thermal and structural properties of green banana flour (cv. *Giant Cavendish*) by de-astringency, enzymatic and hydrothermal Treatments [J]. Plant Foods for Human Nutrition, 2022, 78 (1): 52-60.

[162] AHMED J, THOMAS L, KHASHAWI R. Influence of hot-air drying and freeze-drying on functional, rheological, structural and dielectric properties of green banana flour and dispersions [J]. Food Hydrocolloids, 2020, 99.

[163] SARAWONG C, SCHOENLECHNER R, SEKIGUCHI K, et al. Effect of extrusion cooking on the physicochemical properties, resistant starch, phenolic content and antioxidant capacities of green banana flour [J]. Food Chemistry, 2014, 143: 33-39.

[164] MARCEL N R, PATRICK Y, SERAPHINE E, et al. Utilization of overripe banana/plantain-maize composite flours for making doughnuts: Physicochemical, functional, rheological and sensory characterization [J]. Journal of Food Meas-

[165] AMINI KHOOZANI A, KEBEDE B, EL-DIN AHMED BEKHIT A. Rheological, textural and structural changes in dough and bread partially substituted with whole green banana flour [J]. LWT, 2020, 126.

[166] PADAM B S, TIN H S, CHYE F Y, et al. Banana by-products: An under-utilized renewable food biomass with great potential [J]. Journal of Food Science and Technology, 2012, 51 (12): 3527-3545.

[167] PATIÑO-RODRÍGUEZ O, AGAMA-ACEVEDO E, PACHECO-VARGAS G, et al. Physicochemical, microstructural and digestibility analysis of gluten-free spaghetti of whole unripe plantain flour [J]. Food Chemistry, 2019, 298.

[168] AGAMA-ACEVEDO E, RODRIGUEZ-AMBRIZ S L, GARCÍA-SUÁREZ F J, et al. Starch isolation and partial characterization of commercial cooking and dessert banana cultivars growing in Mexico [J]. Starch-Stärke, 2013, 66 (3-4): 337-344.

[169] GUTIÉRREZ T J, GUZMÁN R, MEDINA JARAMILLO C, et al. Effect of beet flour on films made from biological macromolecules: Native and modified plantain flour [J]. International Journal of Biological Macromolecules, 2016, 82: 395-403.

[170] GUTIÉRREZ T J, SUNIAGA J, MONSALVE A, et al. Influence of beet flour on the relationship surface-properties of edible and intelligent films made from native and modified plantain flour [J]. Food Hydrocolloids, 2016, 54: 234-244.

[171] PATHAK P D, MANDAVGANE S A, KULKARNI B D. Valorization of banana peel: A biorefinery approach [J]. Reviews in Chemical Engineering, 2016, 32 (6): 651-666.

[172] PAPPU A, PATIL V, JAIN S, et al. Advances in industrial prospective of cellulosic macromolecules enriched banana biofibre resources: A review [J]. International Journal of Biological Macromolecules, 2015, 79: 449-458.

[173] KAMBLI N D, SAMANTA K K, BASAK S, et al. Characterization of the corn husk fibre and improvement in its thermal stability by banana pseudostem sap [J]. Cellulose, 2018, 25 (9): 5241-5257.

[174] KABUNGA N S, DUBOIS T, QAIM M. Impact of tissue culture banana technology on farm household income and food security in Kenya [J]. Food Policy, 2014, 45: 25-34.

[175] OCHIENG J, KNERR B, OWUOR G, et al. Commercialisation of food crops and farm productivity: Evidence from smallholders in Central Africa [J]. Agrekon, 2016, 55 (4): 458-482.

[176] AKINYEMI S O S, ADEJORO M A, LAYADE A A, et al. Market structure

and performance for plantain and banana [J]. International Journal of Fruit Science, 2017, 17 (4): 440-450.

[177] NWOKIKE O. Influence of awareness and utilisation of agricultural information on the livelihood of plantain farmers in Ikenne Local Government Area, Ogun State, Nigeria [J]. African Journal of Library Archives and Information Science, 2020, 30 (2): 113-126.

[178] ZHU Y, YANG Q, ZHANG C. Adaptation strategies and land productivity of banana farmers under climate change in China [J]. Climate Risk Management, 2021, 34.

[179] MA W, ZHENG H, ZHU Y, et al. Effects of cooperative membership on financial performance of banana farmers in China: A heterogeneous analysis [J]. Annals of Public and Cooperative Economics, 2021, 93 (1): 5-27.

[180] YANG Q, ZHU Y, WANG F. Exploring mediating factors between agricultural training and farmers' adoption of drip fertigation system: Evidence from banana farmers in China [J]. Water, 2021, 13 (10).

[181] ALONSO-GÓMEZ L A, SOLARTE-TORO J C, BELLO-PÉREZ L A, et al. Performance evaluation and economic analysis of the bioethanol and flour production using rejected unripe plantain fruits (*Musa paradisiaca* L.) as raw material [J]. Food and Bioproducts Processing, 2020, 121: 29-42.

[182] HOSSAIN N, RAZALI A N, MAHLIA T M I, et al. Experimental investigation, techno-Economic analysis and environmental impact of bioethanol production from banana stem [J]. Energies, 2019, 12 (20).

8 甘蔗研究领域竞争力及前沿格局解析

甘蔗（*Saccharum officinarum* L.）是一种多功能的经济作物，具有生产蔗糖、制备乙醇、补充饲料等多种用途。中国是继巴西和印度之后的世界第三大产糖国，绝大部分产量源自甘蔗，其产区主要分布于广西、云南和广东等南方省份[1]。作为一种高效的生物能源作物，甘蔗展现了显著的可再生能源潜力，有助于减少对化石燃料的依赖，并对抗气候变化作出贡献。由于甘蔗是 C_4 植物，其光合作用效率、单位面积上的生物质产量远超其他作物，表现出高净能产出比、广泛的适应性和较高的抗旱能力。巴西成功地将甘蔗用于大规模生产乙醇燃料，这一案例凸显了甘蔗在生物能源领域的巨大潜能。

深入研究甘蔗产业不仅具备重要的学术价值，更拥有巨大的应用前景。科研成果能够为甘蔗产业的可持续发展提供技术支持和政策指导，促进技术创新和科技成果转化。通过强化甘蔗种质资源的收集、评估和利用，培育出高产、高糖分、抗病性强、宿根年限长且适合机械化收割的新品种；推进蔗区的机械化改造和提升耕地质量，可以有效提高甘蔗生产的效率和产品质量。此外，研发、整合并推广适用于甘蔗产业的技术创新，以及加强对蔗糖产业的保护和支持政策，对于保障国家食糖安全至关重要。

本部分旨在对全球关注甘蔗研究的科研机构的科研表现竞争力进行全面分析，同时为读者提供关于甘蔗研究领域在热带作物科学、热带农业资源与环境科学、热带植物保护与生物安全科学、热带草业与饲料科学、热带农业工程、热带农业经济与乡村振兴六大学科方向上的研究主题和前沿信息，以深入了解各科研机构在全球甘蔗研究中的重要贡献和地位，同时掌握甘蔗研究领域的最新研究动态和未来发展方向。

8.1 文献产出基本情况

从全球范围来看，2014—2023 年，甘蔗相关研究领域共发表了 9 900 篇文献。在 2018 年之前，每年的平均发文量为 792 篇；2018 年之后，年均发文量提升至 1 188 篇。整体而言，文献发表量呈现逐年上升的趋势，年均增长率为 7.30%（图 8-1）。

为展现国际上甘蔗研究领域科研情况，按照文献数量排序，从高产国家、高产机构等方面展现研究文献产出的基本情况（表 8-1）。就各领域的文献产出数量而言，巴西和中国都是高产国家。中国在热带作物科学、热带资源与环境科学、热带植物保护与生物安全科学、热带农业工程 4 个领域排在前列。高产机构中，圣保罗大学和圣保罗州立大学在六大学科领域中的文献产出数量居前列；广西大学在热带作物科学和热带农业工程领域的文献产出数量居前列；福建农林大学在热带作物科学、热带植物保护与生物安全科学领域的文献产出数量居前列。

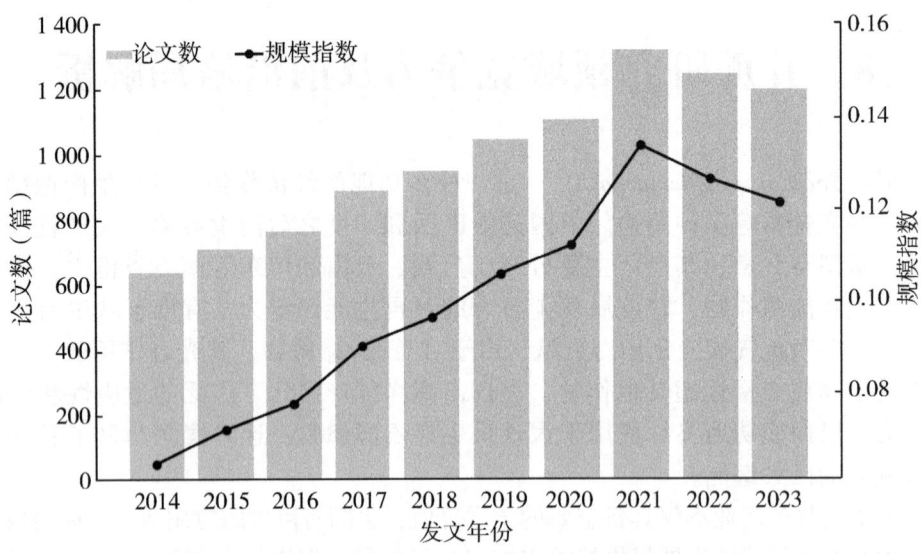

图 8-1　2014—2023 年甘蔗相关研究文献产出年度趋势

表 8-1　甘蔗相关研究领域信息（2014—2023 年）

领域分类	文献数量（篇）	高产国家 TOP5	高产机构 TOP5
热带作物科学	2 519	巴西、中国、印度、美国、澳大利亚	圣保罗大学（巴西）、印度农业研究委员会、广西大学、福建农林大学、圣保罗州立大学（巴西）
热带农业资源与环境科学	2 114	巴西、中国、美国、印度、澳大利亚	圣保罗大学（巴西）、圣保罗州立大学（巴西）、坎皮纳斯州立大学（巴西）、印度农业研究委员会、巴西农业研究院
热带植物保护与生物安全科学	1 310	巴西、美国、中国、印度、法国	印度农业研究委员会、佛罗里达大学（美国）、圣保罗大学（巴西）、福建农林大学、圣保罗州立大学（巴西）
热带草业与饲料科学	202	巴西、印度、美国、澳大利亚、泰国	维索萨联邦大学（巴西）、圣保罗大学（巴西）、伯南布哥联邦农村大学（巴西）、圣保罗州立大学（巴西）、巴西农业研究院
热带农业工程	5 390	巴西、中国、印度、美国、泰国	圣保罗大学（巴西）、坎皮纳斯州立大学（巴西）、圣保罗州立大学（巴西）、圣卡洛斯联邦大学（巴西）、广西大学
热带农业经济与乡村振兴	165	巴西、泰国、印度、南非、美国	圣保罗州立大学（巴西）、圣保罗大学（巴西）、印度农业研究委员会、坎皮纳斯州立大学（巴西）、泰国国王科技大学

8.2 科技论文机构竞争力指数

全球甘蔗研究领域TOP20机构总体科技论文竞争力指数排名如表8-2所示。圣保罗大学、福建农林大学、坎皮纳斯州立大学、广西大学和广西壮族自治区农业科学院在甘蔗研究领域的科技论文竞争力综合表现较强。其中，圣保罗大学在生产力和合作力方面优势突出，福建农林大学和广西大学分别在影响力和发展力方面居首位。

表8-2 全球甘蔗研究领域TOP 20机构总体科技论文竞争力指数

机构名称	所属国家	综合表现		生产力		影响力		发展力		合作力	
		排名	得分	排名	得分	排名	得分	排名	得分	排名	得分
圣保罗大学	巴西	1	0.77	1	1.00	2	0.67	2	0.68	1	0.82
福建农林大学	中国	2	0.55	6	0.21	1	0.79	3	0.60	5	0.30
坎皮纳斯州立大学	巴西	3	0.54	3	0.42	3	0.63	4	0.52	3	0.44
广西大学	中国	4	0.51	4	0.40	5	0.54	1	0.74	6	0.30
广西壮族自治区农业科学院	中国	5	0.38	9	0.10	6	0.54	5	0.49	8	0.23
中国科学院	中国	6	0.33	13	0.05	4	0.55	10	0.30	16	0.11
昆士兰大学	澳大利亚	7	0.33	14	0.05	8	0.43	6	0.41	2	0.46
中国农业科学院	中国	8	0.32	17	0.03	7	0.52	8	0.34	12	0.15
圣保罗州立大学	巴西	9	0.31	2	0.47	10	0.19	7	0.39	7	0.28
印度理工学院	印度	10	0.25	15	0.05	9	0.39	12	0.28	18	0.09
印度农业研究委员会	印度	11	0.21	5	0.25	11	0.19	14	0.26	19	0.08
圣卡洛斯联邦大学	巴西	12	0.18	7	0.17	12	0.15	11	0.28	10	0.17
佛罗里达大学	美国	13	0.16	10	0.08	14	0.11	13	0.27	4	0.36
坎皮纳斯农学研究所	巴西	14	0.15	16	0.04	13	0.13	9	0.32	9	0.21
巴西农业研究院	巴西	15	0.12	8	0.17	15	0.09	18	0.12	14	0.12
维索萨联邦大学	巴西	16	0.07	11	0.07	16	0.06	19	0.09	15	0.11
孔敬大学	泰国	17	0.07	18	0.02	17	0.03	15	0.21	13	0.14
路易斯安那州立大学	美国	18	0.06	19	0.02	18	0.02	16	0.21	17	0.10

(续表)

机构名称	所属国家	综合表现		生产力		影响力		发展力		合作力	
		排名	得分	排名	得分	排名	得分	排名	得分	排名	得分
夸祖鲁·纳塔尔大学	南非	19	0.04	20	0.00	20	0.01	17	0.13	11	0.16
伯南布哥农村联邦大学	巴西	20	0.03	12	0.05	19	0.01	20	0.06	20	0.00

全球甘蔗研究领域 TOP20 机构在不同学科科技论文竞争力指数方面的具体排名如表 8-3 所示。

表 8-3 全球甘蔗研究领域 TOP 20 机构不同学科科技论文竞争力指数

机构名称	所属国家	热带作物科学		热带农业资源与环境科学		热带植物保护与生物安全科学		热带草业与饲料科学		热带农业工程		热带农业经济与乡村振兴	
		排名	得分	排名	得分	排名	得分	排名	得分	排名	得分	排名	得分
圣保罗大学	巴西	2	0.75	1	0.92	5	0.35	2	0.46	1	0.77	1	0.49
福建农林大学	中国	1	0.82	2	0.54	1	0.89	16	0.03	11	0.24	10	0.08
坎皮纳斯州立大学	巴西	5	0.51	4	0.44	10	0.16	14	0.04	2	0.61	5	0.31
广西大学	中国	3	0.67	5	0.43	2	0.43	11	0.08	4	0.44	15	0.03
广西壮族自治区农业科学院	中国	6	0.47	3	0.49	8	0.23	15	0.04	16	0.10	3	0.35
中国科学院	中国	10	0.29	15	0.09	6	0.29	16	0.03	3	0.49	15	0.03
昆士兰大学	澳大利亚	8	0.44	10	0.29	14	0.10	8	0.15	7	0.28	2	0.46
中国农业科学院	中国	4	0.52	9	0.29	11	0.15	13	0.05	10	0.26	12	0.06
圣保罗州立大学	巴西	11	0.29	7	0.36	7	0.28	6	0.24	6	0.34	6	0.30
印度理工学院	印度	20	0.01	11	0.20	20	0.02	16	0.03	5	0.34	15	0.03
印度农业研究委员会	印度	7	0.44	12	0.17	3	0.41	7	0.17	19	0.05	7	0.25
圣卡洛斯联邦大学	巴西	9	0.30	8	0.30	15	0.09	10	0.11	12	0.24	11	0.08
佛罗里达大学	美国	13	0.23	17	0.08	4	0.36	9	0.14	8	0.27	8	0.13
坎皮纳斯农学研究所	巴西	12	0.25	6	0.38	12	0.13	12	0.08	13	0.22	15	0.03

（续表）

机构名称	所属国家	热带作物科学		热带农业资源与环境科学		热带植物保护与生物安全科学		热带草业与饲料科学		热带农业工程		热带农业经济与乡村振兴	
		排名	得分	排名	得分	排名	得分	排名	得分	排名	得分	排名	得分
巴西农业研究院	巴西	14	0.20	13	0.15	13	0.10	5	0.27	15	0.12	9	0.12
维索萨联邦大学	巴西	16	0.09	20	0.04	17	0.06	1	0.46	14	0.13	14	0.04
孔敬大学	泰国	19	0.06	19	0.06	16	0.08	3	0.44	9	0.26	15	0.03
路易斯安那州立大学	美国	15	0.09	16	0.08	9	0.18	16	0.03	17	0.08	13	0.05
夸祖鲁·纳塔尔大学	南非	18	0.08	18	0.07	19	0.05	16	0.03	18	0.06	4	0.33
伯南布哥农村联邦大学	巴西	17	0.08	14	0.11	18	0.06	4	0.39	20	0.02	15	0.03

通过对各学科领域的比较与分析，得出以下结论。

在热带作物科学领域，综合表现前5位的机构依次为福建农林大学、圣保罗大学、广西大学、中国农业科学院和坎皮纳斯州立大学。

在热带农业资源与环境科学领域，综合表现前5位的机构依次为圣保罗大学、福建农林大学、广西壮族自治区农业科学院、坎皮纳斯州立大学和广西大学。

在热带植物保护与生物安全领域，综合表现前5位的机构依次为福建农林大学、广西大学、印度农业研究委员会、佛罗里达大学和圣保罗大学。

在热带草业与饲料科学领域，综合表现前5位的机构依次为维索萨联邦大学、圣保罗大学、孔敬大学、伯南布哥农村联邦大学和巴西农业研究院。

在热带农业工程领域，综合表现前5位的机构依次为圣保罗大学、坎皮纳斯州立大学、中国科学院、广西大学和印度理工学院。

在热带农业经济与乡村振兴领域，综合表现前5位的机构依次为圣保罗大学、昆士兰大学、广西壮族自治区农业科学院、夸祖鲁·纳塔尔大学和坎皮纳斯州立大学。

8.3 学科领域热点及前沿表现分析

本部分旨在利用VOSviewer信息可视化软件，分别绘制甘蔗热带作物科学、热带农业资源与环境科学、热带植物保护与生物安全科学、热带草业与饲料科学、热带农业工程、热带农业经济与乡村振兴六大学科领域的耦合网络图谱，结合耦合网络聚类下高频词信息，明晰研究六大学科领域下主要的研究方向。进一步运用CiteSpace软件，绘制各学科领域内的共被引网络知识图谱，针对网络中节点的整体分布情况、节点大小、各节点的颜色变化、突现节点和中介中心性等一系列指标，从整体上探测研究的前沿方向。最后,根据学术机构前沿表现力指标体系完成对学术机构在相应前沿的表现力分析。

8.3.1 热带作物科学研究的主题及前沿表现

8.3.1.1 研究主题

甘蔗热带作物科学研究领域耦合网络图谱显示,该领域主要关注3类方向,为甘蔗遗传育种与生长发育研究、甘蔗栽培管理与产量科学研究以及甘蔗对环境的响应与调控研究(图8-2)。进一步对不同聚类下的高频主题词进行统计(表8-4),结合聚类文献和高频词分布,了解该领域的研究热点和进展。

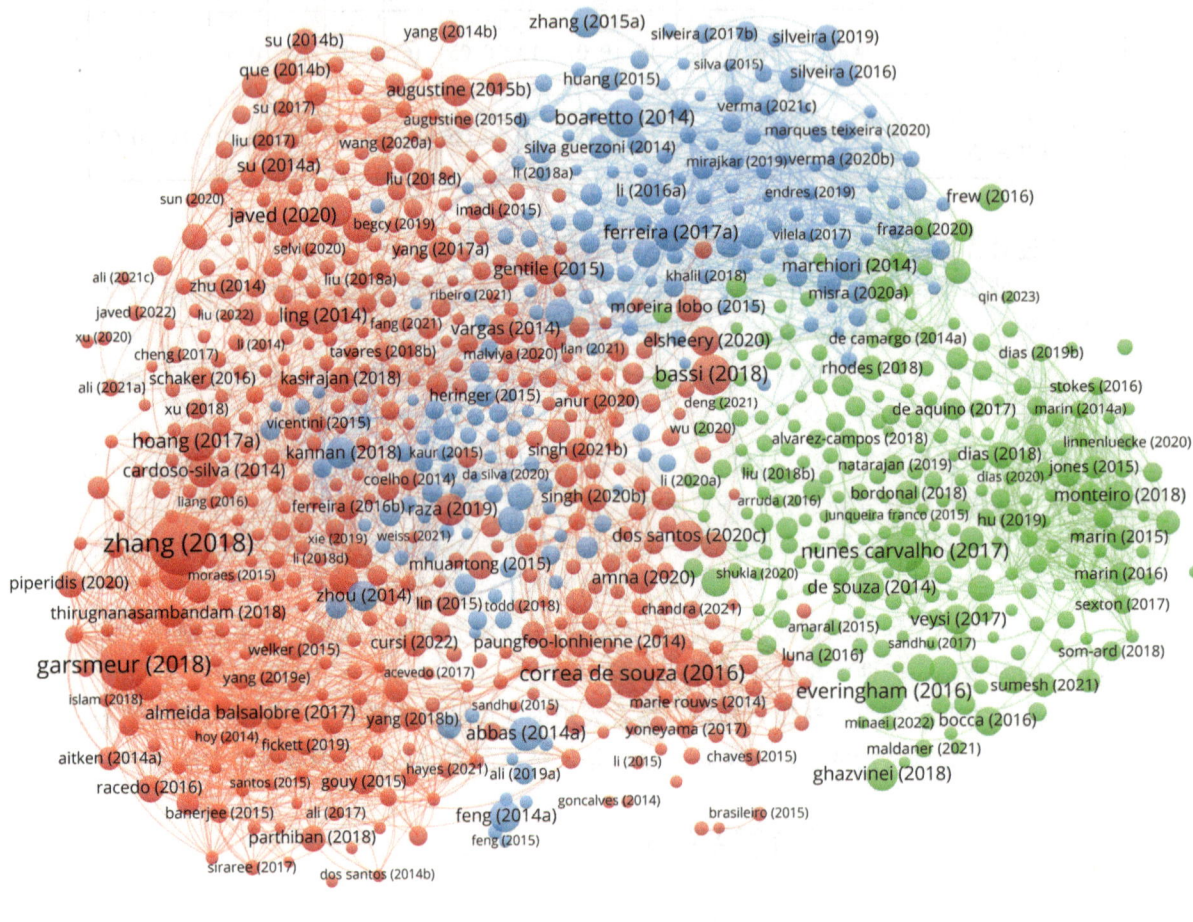

图 8-2 甘蔗热带作物科学研究领域耦合网络分析

注:节点代表文献,节点大小代表被引次数;连线代表存在耦合关系,连线的粗细代表耦合关系的强弱;颜色代表聚类。

表 8-4 甘蔗热带作物科学研究领域各类高频主题词

聚类	高频主题词
甘蔗遗传育种与生长发育研究	转录组（transcriptome）、基因表达（gene expression）、遗传多样性（genetic diversity）、甘蔗鞭黑粉菌（*Sporisorium scitamineum*）、植物促生（plant growth promotion）、固氮（nitrogen fixation）、多倍体（polyploid）、蔗糖（sucrose）、干旱（drought）、光合作用（photosynthesis）
甘蔗栽培管理与产量科学研究	产量（yield）、硅（silicon）、气候变化（climate change）、光合作用（photosynthesis）、遥感（remote sensing）、氮（nitrogen）、精准农业（precision agriculture）、生物质（biomass）、作物模型（crop model）、干旱（drought）、氮利用效率（nitrogen use efficiency）、尿素（urea）、水胁迫（water stress）
甘蔗对环境的响应与调控研究	干旱（drought）、光合作用（photosynthesis）、水胁迫（water stress）、非生物胁迫（abiotic stress）、抗氧化酶（antioxidant enzymes）、脯氨酸（proline）、转基因（transgenic）、有益元素（beneficial element）、基因表达（gene expression）、氧化应激（oxidative stress）、植物营养（plant nutrition）、活性氧（reactive oxygen species）、硅（silicon）

甘蔗遗传育种与生长发育研究主要聚焦作物的遗传多样性和植物生长发育相关的科学机理与实践应用。关于遗传育种研究，以下3个方面受到较多关注：第一，培养能够适应特定农业气候条件的栽培种，尤其是对抗旱基因型的发掘，阐释在干旱条件下调控植物生长反应的遗传机制[2]，发掘能够应对干旱条件的甘蔗基因型[3,4]；第二，探索特定的基因在抵御各类胁迫时起到的作用，这些胁迫包括极端温度[5,6]、营养短缺[7]和病原菌侵染[8,9]等；第三，研究与糖合成、积累相关的基因表达模式，包括揭示高糖积累的分子机制[10]，对高糖品种进行转录组测序分析[11]，鉴定高糖积累的调节基因[12]等。这类研究旨在促进作物遗传改良，提高甘蔗的产量和抗逆性，推动甘蔗产业可持续的发展。至于甘蔗生长发育方面的研究，至少着眼以下3个方面：第一，细菌促生长研究，重点关注接种包括固氮菌在内的各类细菌对甘蔗相关生长参数的影响[13-15]；第二，植物激素促生长研究，探索植物激素对甘蔗生长发育的影响，例如，生长素在甘蔗根系通气组织形成中的作用[16]，乙烯对蔗糖积累的改善作用[17]，以及赤霉素对节间伸长的调节作用[18]等；第三，光合作用研究，包括探索影响光合作用效率的限制性因素[19]，甘蔗光合作用的糖反馈调节机制[20]，以及光周期诱导植物生长的遗传机制[21]等。这类研究从生理学角度提升了学界对甘蔗作物生长的认知，为进一步指导农业生产实践奠定了科学理论基础。

甘蔗栽培管理与产量科学研究主要关注影响甘蔗生长及产量的因素以及与甘蔗种植相关的栽培管理实践。基于主题词总结核心内容，影响甘蔗生长及产量的因素主要分为两大类：一方面是气候变化，研究者在不同地区进行观测、模拟及预测分析，探索气温、降水和大气碳浓度等因素对甘蔗生长及产量的影响[22-26]；另一方面是养分供给，以硅元素和氮元素为主，分析施用不同水平的氮或硅对甘蔗植株各类生长参数[27,28]、抗病性[29]以及最终产量[30,31]的影响。这类研究有助于根据种植区的资源禀赋条件提供因地制宜的栽培管理建议，为实现高产、高效提供科学依据。与此同时，在甘蔗产量科学研究与栽培管理实践中，遥感技术和精准农业技术正在逐渐普及。例如，可以通过遥感技术监测评估甘蔗种植区的水情[32]，预测甘蔗的产量[33,34]，以及将多元观测数据进行融合来模拟甘蔗的生长[35]等。而精准农业在甘蔗生产中的应用主要体现在通过计算机技术及配套的测量工具精确把控甘蔗的产量信息以及生长环境状况[36-38]。这些现代技术的应用为甘蔗的栽培管理提供了更多细节上的服务和支持。

甘蔗对环境的响应与调控研究主要聚焦各类环境胁迫对甘蔗生长发育的影响以及甘蔗如何进行自我调控来应对这些胁迫。植物的环境胁迫一般分为两类，即生物胁迫和非生物胁迫。关于生物胁迫的相关内容将在后文"热带植物保护与生物安全科学研究"进行阐述，这里更关注甘蔗应对非生物胁迫的相关研究。干旱是甘蔗面临最典型的非生物胁迫之一。干旱条件会影响甘蔗的光合速率、气孔导度及生物量[39]，降低氮肥的利用效率[40]，从而对植物生长造成有害影响[41]。大量的研究揭示了干旱胁迫下甘蔗的生理生化反应[42-44]。在此基础上探索抵御干旱胁迫的措施和策略，例如，通过补偿硅元素或氮元素来改善干旱条件下甘蔗的光合作用，进而促进植物芽和根的生长[45-47]。与此同时，更多的研究则尝试从遗传育种的角度鉴定具有抗旱潜力的基因型[48-50]。除干旱以外，研究者也探讨了高盐[51-53]、高浓度重金属离子[54]、低温[55]等环境对甘蔗生长发育的影响以及甘蔗对这些非生物胁迫的响应。这类研究为指导气候环境变化下的甘蔗生产实践提供了科学依据，也为各种植区因地制宜实现甘蔗高效高产指明了策略方向。

综上所述，2014—2023年甘蔗作物科学研究的主要内容至少包括甘蔗遗传育种与生长发育研究、甘蔗栽培管理与产量科学研究以及甘蔗对环境的响应与调控研究等。这些研究涉及基因遗传育种、栽培管理、农业信息技术等诸多方面，为助力实现甘蔗高产、高效、高质量、可持续提供科技支撑。

8.3.1.2 前沿主题

以1年为一个时间切片，通过CiteSpace软件，选取每个子集前1%的数据进行文献共被引分析，旨在探测出重要的节点文献。通过参数设置，得到平均轮廓值为0.878 3、模块化Q值为0.653 5（Q＞0.3表示网络社团结构显著）的可视化网络。通过LLR算法寻找聚类，最终形成较为显著的10个聚类社团，对应的前沿主题词线索为"#0 甘蔗基因组""#1 表达分析""#2 基因组预测""#3 水胁迫""#4 化学计量内稳性""#5 表达模式""#6 甘蔗产量""#7 遗传多样性""#8 微生物""#9 固氮菌"（图8-3）。进一步综合评估网络中节点的Sigma值，观测引文网络中重要的文献节点，并在此基础上对这些文献的施引文献进行检索，结合对施引文献的分析，判定学科知识领域的研究前沿，并列举与前沿主题契合度较高的代表性重要节点文献（表8-5）。

8 甘蔗研究领域竞争力及前沿格局解析

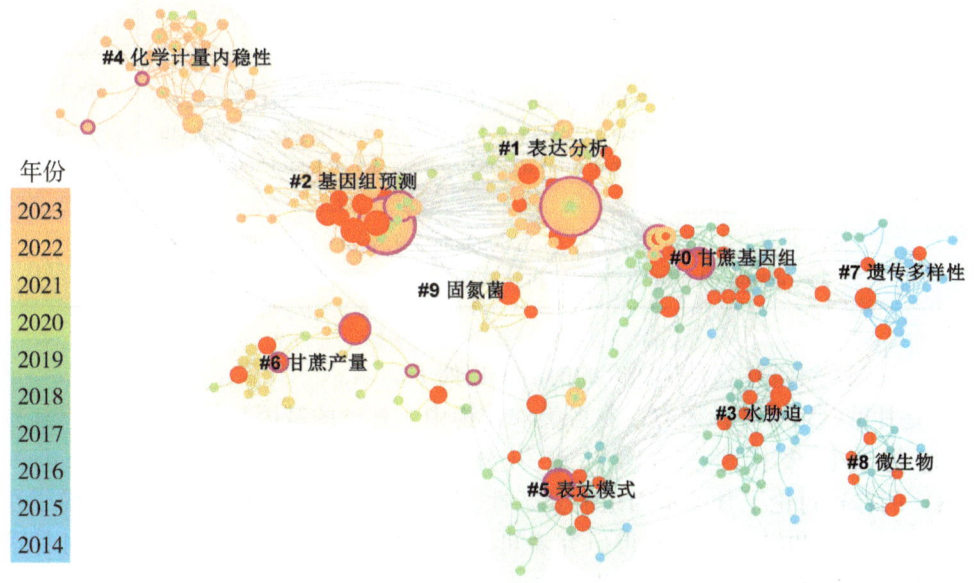

图 8-3　甘蔗热带作物科学研究领域共被引网络图谱

注：节点年轮代表文章的引文历史，年轮的整体大小反映论文被引用的次数，引文年轮的颜色代表相应的引文时间；紫圈节点为高中介中心性节点（中介中心性不小于 0.1）；红色节点为突发性节点。

表 8-5　甘蔗热带作物科学研究领域共被引网络重要文献

前沿名称	关键文献	被引频次
甘蔗基因多样性研究	Thirugnanasambandam 等（2018）. The challenge of analyzing the sugarcane genome[56]	65
	Zhang 等（2018）. Allele-defined genome of the autopolyploid sugarcane *Saccharum spontaneum* L.[57]	395
	Zhang 等（2022）. Genomic insights into the recent chromosome reduction of autopolyploid sugarcane *Saccharum spontaneum*[58]	42
甘蔗产量科学研究	Dias 等（2021）. Sugarcane yield future scenarios in Brazil as projected by the APSIM-Sugar model[59]	6
	Paixão 等（2021）. Optimizing sugarcane planting windows using a crop simulation model at the state level[60]	8

· 229 ·

(续表)

前沿名称	关键文献	被引频次
甘蔗微生物研究	Singh 等（2021）. Whole genome analysis of sugarcane root-associated endophyte pseudomonas aeruginosa b18-a plant growth-promoting bacterium with antagonistic potential against sporisorium scitamineum[61]	49
	Yeoh 等（2016）. The core root microbiome of sugarcanes cultivated under varying nitrogen fertilizer application[62]	127

分析发现，甘蔗作物科学研究的前沿表现如下。

一是甘蔗基因多样性研究。在各类农作物中，甘蔗的基因是相对复杂的，具有较高的遗传资源多样性。参考共被引分析聚类结果，Thirugnanasambandam 等（2018）的综述讨论了甘蔗基因组的复杂性、测序策略及分析挑战，认为目前正在进行的基因组测序和组装工作使得研究者可以对比相关的基因组，从而强化对甘蔗基因组的认识，进而助力甘蔗的育种工作，以满足糖、能源和相关生物材料的需求[56]。Zhang 等（2018）攻克了同源多倍体基因组拼接组装的世界级技术难题，在全球首次公布甘蔗基因组，率先破译甘蔗割手密种（*Saccharum spontaneum*）基因组，同时还解析了甘蔗割手密种的系列生物学问题，揭示了甘蔗属割手密种的基因组演化、抗逆性、高糖以及自然群体演化的遗传学基础[57]。近期，该团队进一步解析了割手密种天然同源四倍体 Np-X 基因组，并利用基因组学手段系统阐明了其起源、染色体基数、基因组倍体、关键性状相关基因的演化，为甘蔗的基因组辅助育种奠定了重要的理论基础[58]。

二是甘蔗产量科学研究。产量对作物栽培管理的重要性毋庸置疑，提升产量是实现资源高效利用，获得更高经济收益的重要条件。根据共被引分析聚类结果，产量科学的前沿至少分为两个方面：一是基于某些情境下的产量预测研究，例如，Dias 等（2021）通过 APMIS-Sugar 作物模型模拟气候变化（水分变化）背景下巴西的甘蔗产量，表明对于较长时间跨度的预测结果具有很大的不确定性[59]；二是优化产量的路径方案研究，例如，Paixão 等（2021）根据巴西戈亚斯州的气候资源条件，通过模型模拟和分区研究确定了实现较高产量水平的甘蔗最优种植期[60]。结合上述前沿分析以及前文对"甘蔗栽培管理与产量科学"研究内容的阐述，本研究认为现阶段关于甘蔗的产量科学，研究者比较关注的是如何根据自然环境条件来预测甘蔗的产量，以及在环境限制下如何通过优化栽培管理措施尽可能提升甘蔗的产量水平。

三是甘蔗微生物研究。植物根部（根系/根际）多样化的微生物对植物生长发育具有重要意义。结合共被引分析聚类结果中与主题契合度较高的代表性重要节点文献，本研究认为甘蔗微生物相关的前沿主题至少包括两个方面：一是对微生物的认识和功能分析，例如，Singh 等（2021）分离了甘蔗内生菌株 B18，结合对 B18 的试验研究和基因组分析，发现该菌不仅具有一定的植物促生功能，还能够有效抑制一些病原菌的活性[61]；二是特定栽培管理措施对典型微生物丰富度和活动水平的影响，例如，Yeoh 等（2015）探讨了不同施氮水平对大田甘蔗固氮菌产生的影响，发现氮肥减量对核心微生物组的影响并不显著，也没有增加相关固氮菌的丰富度，而标准施氮量在提高甘蔗生物量和氮含量的同时，也提升了土壤的硝化和反硝化基因丰度[62]。

8.3.1.3 机构前沿表现度评价

基于全球甘蔗热带作物科学研究领域前沿文献集数据，统计分析全球各国机构在该学科中的前沿表现度，结果如表 8-6 所示。综合表现排名前 3 位的机构分别为圣保罗大学、福建农林大学和坎皮纳斯州立大学。

表 8-6 全球甘蔗热带作物科学研究领域 TOP10 机构前沿表现度综合分析

机构名称	所属国家	前沿表现度		前沿贡献度		前沿影响度		前沿引领度	
		排名	得分	排名	得分	排名	得分	排名	得分
圣保罗大学	巴西	1	0.73	1	0.23	1	0.35	2	0.15
福建农林大学	中国	2	0.62	2	0.18	2	0.27	1	0.17
坎皮纳斯州立大学	巴西	3	0.35	3	0.12	3	0.17	5	0.07
广西大学	中国	4	0.29	4	0.11	5	0.09	3	0.08
昆士兰大学	澳大利亚	5	0.25	8	0.08	4	0.13	7	0.04
广西壮族自治区农业科学院	中国	6	0.23	5	0.09	8	0.07	4	0.07
印度农业研究委员会	印度	7	0.21	6	0.08	7	0.07	6	0.06
圣保罗州立大学	巴西	8	0.18	7	0.08	10	0.06	7	0.04
坎皮纳斯农学研究所	巴西	9	0.17	9	0.07	6	0.07	9	0.02
圣卡洛斯联邦大学	巴西	10	0.13	10	0.06	9	0.07	10	0.01

8.3.2 热带农业资源与环境科学研究的主题及前沿表现

8.3.2.1 研究主题

甘蔗热带农业资源与环境科学研究领域耦合网络图谱显示，该领域主要关注 3 类方向，为甘蔗生产可持续研究、甘蔗田土壤养分研究及甘蔗非生物胁迫研究（图 8-4）。进一步对不同聚类下的高频主题词进行统计（表 8-7），结合聚类文献和高频词分布，了解该领域的研究热点和进展。

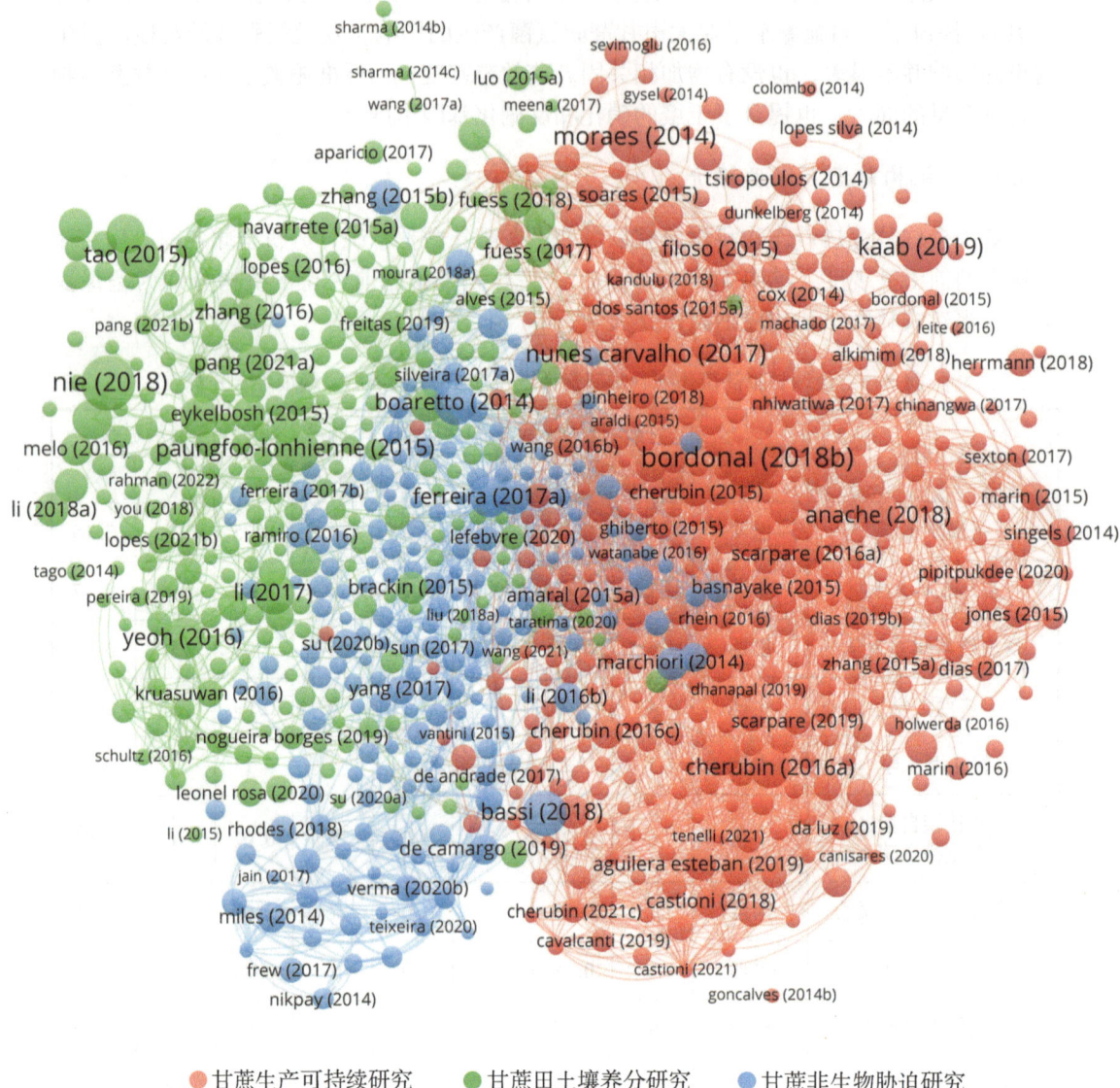

图 8-4　甘蔗热带农业资源与环境科学研究领域耦合网络分析

注：节点代表文献，节点大小代表被引次数；连线代表存在耦合关系，连线的粗细代表耦合关系的强弱；颜色代表聚类。

表 8-7 甘蔗热带农业资源与环境科学研究领域各类高频主题词

聚类	高频主题词
甘蔗生产可持续研究	生物能源（bioenergy）、可持续（sustainability）、土壤有机质（soil organic matter）、巴西（Brazil）、土地利用变化（land use change）、气候变化（climate change）、生物燃料（biofuels）、乙醇（ethanol）、作物残留（crop residues）、氮（nitrogen）、一氧化二氮（nitrous oxide）、土壤板结（soil compaction）
甘蔗田土壤养分研究	生物炭（biochar）、酒糟（vinasse）、土壤肥力（soil fertility）、重金属（heavy metals）、间作（intercropping）、根际（rhizosphere）、土壤（soil）、吸附（adsorption）、镉（cadmium）、氮（nitrogen）、植物促生（plant growth promotion）、可持续（sustainability）
甘蔗非生物胁迫研究	干旱（drought）、硅（silicon）、光合作用（photosynthesis）、非生物胁迫（abiotic stress）、水胁迫（water stress）、抗氧化酶（antioxidant enzymes）、植物营养（plant nutrition）、转录组（transcriptome）、有益元素（beneficial element）、抗氧化（antioxidants）、冷胁迫（cold stress）

关于甘蔗生产可持续研究，作为典型的能源作物，研究者关注的焦点是为了满足能源的需求究竟要付出多大的生态环境代价，以及如何进行相关的环境管理问题。从高频主题词来看，巴西是甘蔗生产可持续研究的重要地区。至于具体的研究内容，可以概括为以下 4 个方面。一是土地可持续利用。在对糖和能源保持强烈需求的驱动下，一些地区开启了甘蔗扩种行动，相关研究分析了这样的土地利用变化对蚂蚁、蚯蚓等土壤动物丰富度和群落结构的影响[63]，对土壤碳、氮、磷等养分储量的影响[64]，以及对土壤孔隙、容重、含水量等土壤水体物理特性的影响[65]。二是秸秆管理。甘蔗秸秆是生物能源生产的宝贵资产，也是维持土壤养分的重要资源[66]。盲目大量获取甘蔗秸秆进行工业生产势必会影响土壤养分的可持续性[67]，相关的研究关心秸秆去除对土壤健康的影响[68-71]。三是能源生产的环境影响。这方面的核心内容是分析甘蔗从收获到能源加工的过程会对大气、水和土壤等环境要素产生哪些负面影响[72-75]，其中生命周期评价（LCA）是比较常见的环境影响评价方法[76-78]。四是植物栽培管理。研究在特定环境下对甘蔗进行施肥（氮肥相对常见）的效果或策略[79-81]，以及如何高效和精准地灌溉[82,83]，并分析这些栽培管理措施会对农田及周边环境造成哪些影响[84,85]。

关于甘蔗田土壤养分研究，通常聚焦两个方面，即土壤培肥以及土壤养分对甘蔗生长的影响。以氮肥、磷肥、钾肥、微量元素肥等为代表的肥料管理是土壤培肥的重要途径，这在前文甘蔗可持续生产研究中也有所提及。在此基础上，甘蔗的土壤培肥还侧重资源的循环和持续利用，其中生物炭和酒糟是两个比较典型的例子。生物炭是一种具有较大前景的土壤改良剂，由于甘蔗渣本身也是重要的生物炭来源，因此在该领域受到较多的关注。这些研究探索了甘蔗渣生物炭对土壤保水性的影响[86]、对土壤重金属吸附力的影响[87]、对土壤固碳能力的影响[88]，以及对土壤微生物活性的影响[89]等。与此同时，研究者也关注生物炭对甘蔗光合作用、根系生长以及最终产量的影响[90-92]。酒糟是甘蔗工厂制备乙醇（酒精）产生的残余物，在一定程度上经处理可作为替代肥料用于灌溉施肥，与生物炭类似，相关的研究聚焦于施用酒糟对土壤理化性质、重金属含量、微生物多样性的影响[93-95]。同时，注重酒糟利用的环境风险以及在土壤修复中的潜在应用[96,97]。除此之外，根际是植物根系和土壤之间进行微生物和养分互动的重要界面，也是农业土壤养分研究长期关注的区域。对于甘蔗而言，根际微生物的组成以及它们对土壤肥力和植物生长的积极影响是当前研究的热点[98-101]。

关于甘蔗非生物胁迫研究，主要阐述一些极端自然环境对甘蔗生长产生的影响以及在胁迫中甘蔗有哪些响应。该领域与甘蔗作物科学研究存在一定的交叉。在培养特异性品种，从基因选择性表达层面揭示甘蔗应对非生物胁迫生理机制的同时，热带农业资源与环境科学研究领域也关注如何通过栽培管理措施来应对这些胁迫。以最典型的干旱为例，在水分亏缺的环境下，施用硅肥增加了土壤中的可溶性硅，通过一系列生理生化反应[102]，对不同的甘蔗品种可能起到提升相对含水量、类胡萝卜素含量、干重和水势等指标的效果[103]。此外，氮肥在改善水分亏缺条件下甘蔗生长的过程中也扮演着重要的角色，施用氮肥有利于改善根系生长和光合作用，积累更多的干物质，最终减轻水分亏缺对甘蔗生长的负面影响[39,46,104]。

综上所述，2014—2023年甘蔗热带农业资源与环境科学研究的主要内容至少包括甘蔗生产可持续研究，甘蔗田土壤养分研究以及甘蔗的非生物胁迫研究等。这些研究涉及甘蔗从种植、管理、收获到最终能源加工的多个过程，为高效利用农业资源，降低生态环境代价提供科学依据。

8.3.2.2 前沿主题

以1年为一个时间切片，通过CiteSpace软件，选取每个子集前1%的数据进行文献共被引分析，旨在探测出重要的节点文献。通过参数设置，得到平均轮廓值为0.9534、模块化Q值为0.688（Q>0.3表示网络社团结构显著）的可视化网络。通过LLR算法寻找聚类，最终形成较为显著的8个聚类社团，对应的前沿主题词线索为"#0 甘蔗扩种""#1 甘蔗产量""#2 水分亏缺""#3 甘蔗基因型""#4 氮肥应用""#5 甘蔗栽培品种""#6 有机矿质肥料""#7 土壤健康"（图8-5）。进一步综合评估网络中节点的Sigma值，观测引文网络中重要的文献节点，并在此基础上对这些文献的施引文献进行检索，结合对施引文献的分析，判定学科知识领域的研究前沿（表8-8）。

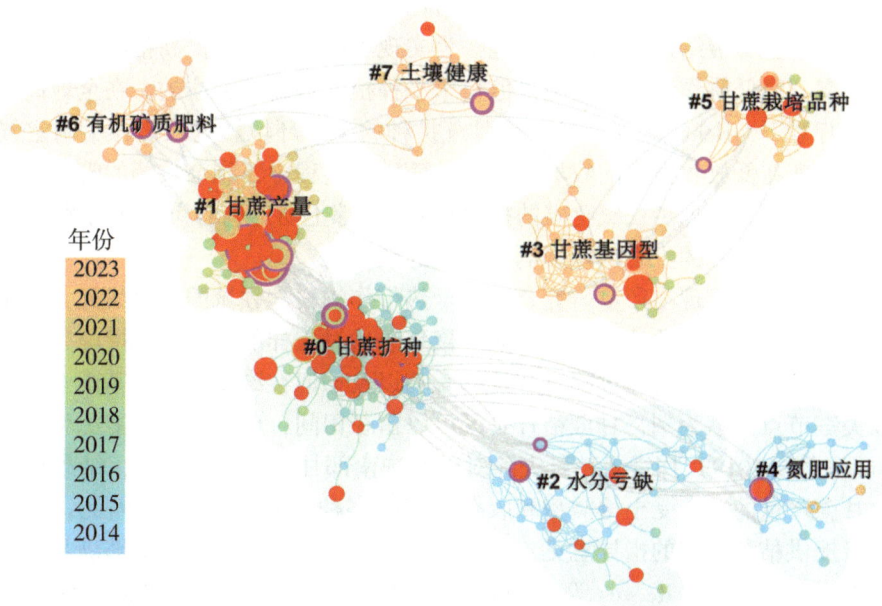

图 8-5 甘蔗热带农业资源与环境科学研究领域共被引网络图谱

注：节点年轮代表文章的引文历史，年轮的整体大小反映论文被引用的次数，引文年轮的颜色代表相应的引文时间；紫圈节点为高中介中心性节点（中介中心性不小于0.1）；红色节点为突发性节点。

表 8-8 甘蔗热带农业资源与环境科学研究领域共被引网络重要文献

前沿名称	关键文献	被引频次
甘蔗扩种的生态影响研究	Bordonal 等（2018）. Sustainability of sugarcane production in Brazil. A review[105]	268
	Bento 等（2018）. Impacts of sugarcane agriculture expansion over low-intensity cattle ranch pasture in Brazil on greenhouse gases[106]	33
甘蔗资源管理与产量研究	Carvalho 等（2019）. Multilocation straw removal effects on sugarcane yield in south-central Brazil[107]	33
	Reeves 等（2023）. Mitigate N_2O emissions while maintaining sugarcane yield using enhanced efficiency fertilisers and reduced nitrogen rates[108]	1
甘蔗对环境变化的响应研究	Dos Santos 等（2014）. Physiological changes associated with antioxidant enzymes in response to sugarcane tolerance to water deficit and rehydration[109]	22
	Marin 等（2014）. How can crop modeling and plant physiology help to understand the plant responses to climate change? A case study with sugarcane[110]	26

分析发现，甘蔗热带农业资源与环境科学领域研究的前沿表现如下。

一是甘蔗扩种的生态影响研究。为了减少对原油的依赖，在过去几十年中，以巴西为代表的甘蔗生产国大幅提升了甘蔗产量，带来了一定的生态环境影响。以关键节点文献为例，Bordonal 等（2018）回顾了巴西快速扩种甘蔗对土地利用变化的环境影响，发现甘蔗扩种对森林的影响较小，主要是侵占已经退化的牧场[105]。研究中还提到，在甘蔗种植系统中土壤板结是主要环境问题，为实现可持续发展，提高秸秆回收率，增强氮素利用效率，降低耕作强度等措施是值得未来种植管理高度关注的。在全球高度重视气候变化的背景下，Bento等（2018）将甘蔗扩种的生态环境影响聚焦在了温室气体排放的层面，发现在低放牧强度的牧场转变为甘蔗田的过程中，剩余牧场的管理变得更加集约化，该过程显著增加了二氧化碳的排放量[106]。综上所述，甘蔗扩种导致土地利用变化，而这种变化引发的生态环境影响是研究的热点之一。

二是甘蔗资源管理与产量研究。区别于热带作物科学领域的产量研究，热带农业资源与环境领域与产量相关的热点并不完全聚焦于通过怎样的栽培管理措施来实现产量最大化，也关注一些资源管理过程对产量的影响以及如何在维持产量的基础上降低环境代价。以关键节点文献为例，甘蔗秸秆是既可以留在田间，也可以用于能源生产的重要资源，Nunes等（2019）探索了秸秆去除对巴西中南部甘蔗产量的影响，结果表明，秸秆去除对甘蔗产量的冲击受土壤类型和收获季节等多种因素影响[107]。因此，不宜根据单一的因素提供秸秆管理的指导意见，应通过综合考量来确保还田量能够满足维持生产的需求。关于肥料投入，Reeves等（2023）发现，使用包膜尿素，可以在保证产量没有显著下降的情况下，有效降低施氮总量，进而最大限度降低一氧化二氮的排放量[108]。

三是甘蔗对环境变化的响应研究。气候变化对农业生产的影响是热带农业资源与环境领域关注的热点。其中，水分变化和二氧化碳浓度变化是受到关注相对较多的。以关键节点文献为例，水分变化方面，Dos Santos等（2014）的研究评估了不同甘蔗品种在缺水和补水条件下的生长变化，发现在水胁迫下，甘蔗的茎高、叶面积、气孔导度等多种生长指标均有可能出现较大幅度的降低，各品种在补水后恢复情况不尽相同，这为选择抗旱品种提供了思路[109]。二氧化碳浓度方面，Marin等（2014）通过建模评估了不同条件下，甘蔗对二氧化碳浓度的生理响应，并强调了植物生理学在改进作物模型中的关键作用[110]。

8.3.2.3 机构前沿表现度评价

基于全球甘蔗热带农业资源与环境科学研究领域前沿文献集数据，统计分析全球各国机构在该学科中的前沿表现度，结果如表8-9所示。综合表现排名前3位的机构分别为圣保罗大学、圣保罗州立大学和坎皮纳斯州立大学。

表8-9 全球甘蔗热带农业资源与环境科学研究领域TOP10机构前沿表现度综合分析

机构名称	所属国家	前沿表现度		前沿贡献度		前沿影响度		前沿引领度	
		排名	得分	排名	得分	排名	得分	排名	得分
圣保罗大学	巴西	1	1.15	1	0.42	1	0.49	1	0.23
圣保罗州立大学	巴西	2	0.43	2	0.17	5	0.13	2	0.13
坎皮纳斯州立大学	巴西	3	0.38	3	0.16	2	0.18	4	0.04
坎皮纳斯农学研究所	巴西	4	0.30	4	0.11	3	0.15	3	0.04
科罗拉多州立大学	美国	5	0.22	5	0.06	4	0.14	6	0.03
圣卡洛斯联邦大学	巴西	6	0.15	9	0.04	6	0.11	9	0.01
荷兰皇家壳牌石油公司	荷兰	7	0.14	9	0.04	7	0.10	10	0.00

（续表）

机构名称	所属国家	前沿表现度		前沿贡献度		前沿影响度		前沿引领度	
		排名	得分	排名	得分	排名	得分	排名	得分
巴西农业研究院	巴西	8	0.13	6	0.06	8	0.05	8	0.02
福建农林大学	中国	9	0.11	7	0.05	10	0.02	4	0.04
伯南布哥联邦农村大学	巴西	10	0.10	8	0.04	9	0.03	6	0.03

8.3.3 热带植物保护与生物安全科学研究的主题及前沿表现

8.3.3.1 研究主题

甘蔗热带植物保护与生物安全科学研究领域耦合网络图谱（图8-6）显示，该领

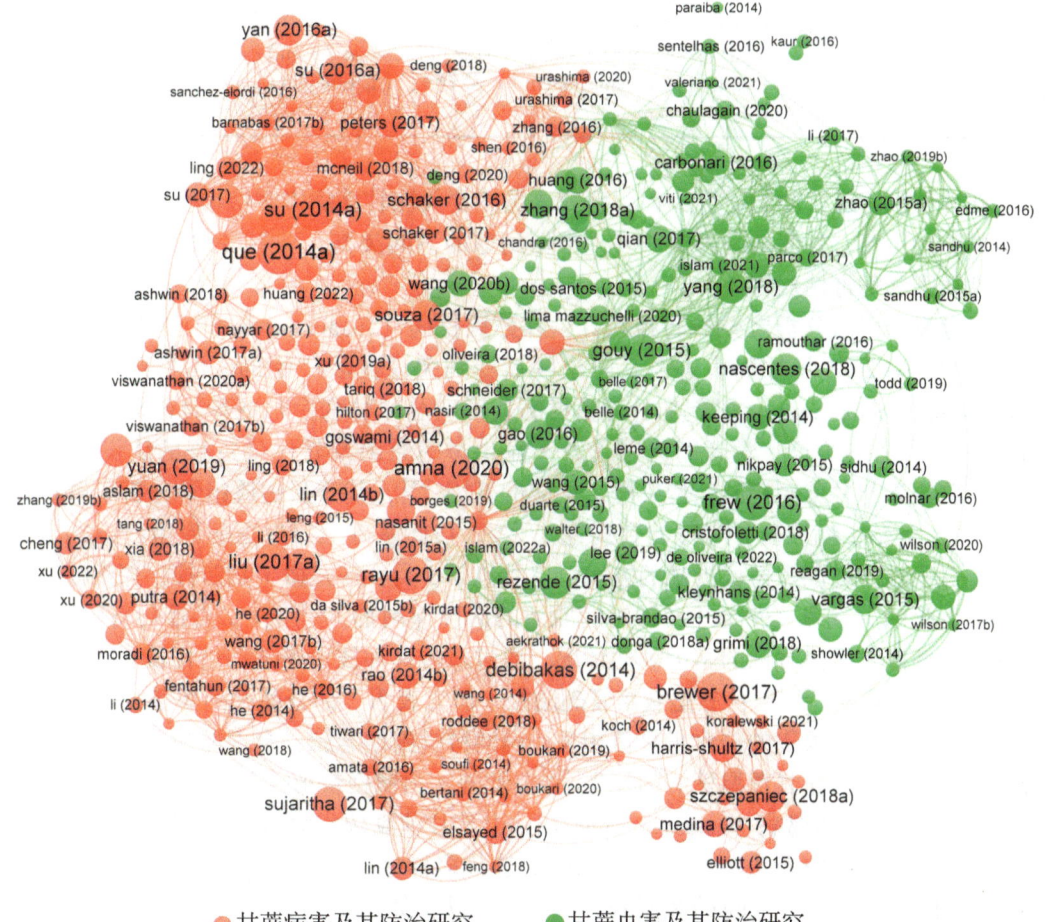

图 8-6 甘蔗热带植物保护与生物安全科学研究领域耦合网络分析

注：节点代表文献，节点大小代表被引次数；连线代表存在耦合关系，连线的粗细代表耦合关系的强弱；颜色代表聚类。

域主要关注 2 类方向，为甘蔗病害及其防治研究、甘蔗虫害及其防治研究。进一步对不同聚类下的高频主题词进行统计，结合聚类文献和高频词分布，了解该领域的研究热点和进展（表 8-10）。

表 8-10　甘蔗热带植物保护与生物安全科学研究领域各类高频主题词

聚类	高频主题词
甘蔗病害及其防治研究	甘蔗鞭黑粉菌（*Sporisorium scitamineum*）、镰孢炭疽菌（*Colletotrichum falcatum*）、甘蔗花叶病毒（sugarcane mosaic virus）、赤腐病（red rot）、生物防治（biocontrol）、抗病性（disease resistance）、甘蔗黑穗病（sugarcane smut）、白条黄单胞菌（*Xanthomonas albilineans*）、系统发育（phylogeny）、重组（recombination）、甘蔗条纹花叶病毒（sugarcane streak mosaic virus）、甘蔗黄叶病毒（sugarcane yellow leaf virus）
甘蔗虫害及其防治研究	小蔗螟（*Diatraea saccharalis*）、甘蔗螟虫（sugarcane borer）、生物防治（biological control）、屈恩柄锈菌（*Puccinia kuehnii*）、褐锈病（brown rust）、黑顶柄锈菌（*Puccinia melanocephala*）、除草剂（herbicide）、抗性（resistance）、墨西哥稻螟（*Eoreuma loftini*）、害虫综合治理（integrated pest management）、鳞翅目（Lepidoptera）、残留物（residues）、硅（silicon）

在甘蔗病害及其防治研究方面，研究人员主要关注甘蔗病害对植物生长的影响以及对应的防治策略。甘蔗病害种类较多，根据病原的不同类型，一般可归为真菌性病害、细菌性病害和病毒性病害 3 类。

参考耦合网络分析聚类的高频词，以甘蔗黑穗病（sugarcane smut）为代表的真菌病害是 2014—2023 年甘蔗病害及其防治领域受到关注比较广泛的。由甘蔗鞭黑粉菌（*Sporisorium scitamineum*）引起的甘蔗黑穗病是影响全球甘蔗生长的最具破坏性真菌病害之一[111]。在这方面，学者们首先致力于强化对病原菌及其侵染过程的认识[112-114]。例如，鉴定参与甘蔗对病原菌侵染产生反应的基因[115]，基于蛋白质组学分析了解抗病机制[116]，评估了病原菌分离株的致病性[117]等。在此基础上，根据病原菌侵染的潜在反应，探索提升甘蔗黑穗病抗性的方案，主要包括 3 类：一是微生物防控，探索能够抑制病原生长的有益菌，进而开发针对病原菌的活性抑制剂[118-120]；二是遗传育种防控，关注病原菌感染阶段甘蔗的基因表达情况，通过遗传育种技术筛选和培育具有较高病原菌抗性的甘蔗品种[121-123]；三是栽培管理防控，研究表明，部分品种的黑穗病发病率与甘蔗叶面、茎部和根部的硅含量呈负相关，因此科学施用硅肥，合理增加硅的施用量也能在一定程度上防止甘蔗黑穗病的发生[124]。此外，由镰孢炭疽菌（*Colletotrichum falcatum*）引起的甘蔗赤腐病（sugarcane red rot）也是甘蔗真菌类病害中比较常见的。与甘蔗黑穗病类似，研究者关注赤腐病病原菌的遗传多样性[125]、传播方式[126]、病害的检测[127]及其与甘蔗宿主之间的相互作用[128,129]，以及如何通过品种管理来应对病害的威胁[130]。

相比于真菌性病害，2014—2023 年甘蔗病毒性病害和细菌性病害的研究相对较少。关于病毒性病害，比较常见的是由甘蔗花叶病毒（*Sugarcane mosaic virus*）引发的甘蔗花叶病。为了加深对病毒的了解，研究者对不同种植区提取的病毒株进行了侵染检测和基因分析[131-133]，在此基础上探索病毒侵染宿主的致病机制[134,135]，并尝试运用一些分子生物学技术来强化甘蔗对花叶病毒的抗性[136,137]。

至于细菌性病害，部分研究关注了由细菌 *Acidovorax avenae* subsp. *avenae* 引发的甘蔗赤条病（sugarcane red stripe）。类似于真菌性病害和病毒性病害的一般研究体系，针对病原体的研究主要包括病原细菌的鉴定、检测和遗传多样性等方面[138-140]；对于被病原体侵染的甘蔗植株，研究者更侧重甘蔗的抵御机制以及病害防控方面的研究[141,142]。

在甘蔗虫害及其防治研究方面，比较典型且 2014—2023 年受到关注较多的是甘蔗螟虫（sugarcane borer）。甘蔗螟虫属鳞翅目（Lepidoptera），是一类钻蛀性害虫的总称。生产实践中，甘蔗螟虫时常对各种植区甘蔗植株的茎秆和叶面等部位造成侵害，最终造成严重的产量和经济损失[143]。对于这类虫害，研究者关注如何通过科学的方法进行有效防控[144,145]。归纳和总结这些研究，甘蔗螟虫的防治措施主要包括以下 3 个方面。

一是品种管理。持续评估品种对甘蔗螟虫的抗性在制定有效的虫害管理策略方面扮演着重要的角色[146]。研究者明确了甘蔗对虫害反应的候选基因[147]，在此基础上提出通过品种管理防控虫害，例如，通过测试甘蔗螟虫在不同甘蔗品种植株上的产卵偏好和幼虫表现来筛选适宜的栽培品种[148]，通过转基因技术发挥 Bt 蛋白的抗虫作用[149]，以及发掘硅吸收率高的甘蔗品种[150]等。

二是药物管理。一直以来，药物管理都是抵御病虫害最普遍的做法之一。在抵御甘蔗螟虫的研究与实践中，学者们分析评估了各类药物对甘蔗螟虫的防治效果[151-153]。但需要强调的是，在虫害综合治理中，使用非选择性的杀虫剂可能对益虫造成不利影响，应提倡慎重选药、科学施用[153]。

三是栽培管理。研究表明，很多栽培管理措施有助于在一定程度上降低甘蔗螟虫的侵害，如避免水分不足、氮肥过量、植被单一等。因此充分地灌溉，科学合理地施用氮肥，以及适当配种一些非竞争性的植物都是抑制甘蔗螟虫侵扰的可行栽培管理措施[154]。除此之外，硅可以在一定程度上增强植物对虫害的抵抗力，因而施用硅肥也可成为抵御甘蔗虫害的重要措施[155]。

综上所述，2014—2023 年，甘蔗热带植物保护与生物安全科学研究领域的主要内容至少包括甘蔗病害及其防治、甘蔗虫害及其防治两个方面。甘蔗病害一般包括真菌性病害、细菌性病害和病毒性病害 3 类，相关的研究主要涉及病原的检测、遗传多样性、传播方式、与宿主的相互作用及如何防控等方面；甘蔗虫害则更侧重对典型虫害——甘蔗螟虫的防控管理策略研究，主要包括品种管理、药物管理和栽培管理 3 个方面。

8.3.3.2 前沿主题

以 1 年为一个时间切片，通过 CiteSpace 软件，选取每个子集前 1% 的数据进行文献共被引分析，旨在探测出重要的节点文献。通过参数设置，得到平均轮廓值为 0.900 8、模块化 Q 值为 0.720 5（Q>0.3 表示网络社团结构显著）的可视化网络。通过 LLR 算法寻找聚类，最终形成较为显著的 9 个聚类社团，对应的前沿主题词线索为"#0 甘蔗蚜虫""#1 抵御反应""#2 甘蔗杆状病毒""#3 甘蔗线条花叶病毒""#4 小 RNA""#5 赤腐病""#6 有机土壤""#7 抗褐锈病""#9 甘蔗梢腐病"（图 8-7）。进一步综合评估网络中节点的 Sigma 值，观测引文网络中重要的文献节点，并在此基础上对这些文献的施引文献进行检索，结合对施引文献的分析，判定学科知识领域的研究前沿（表8-11）。

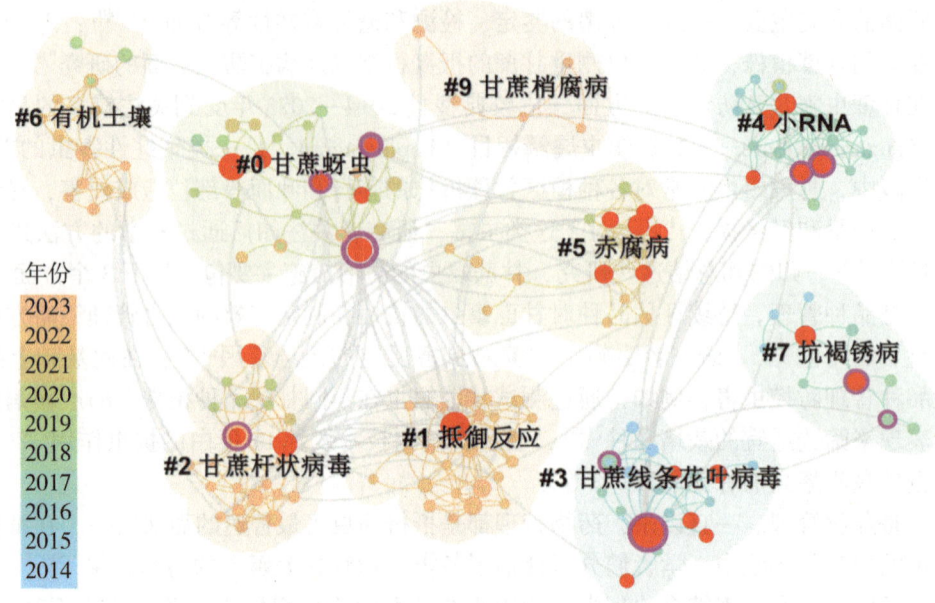

图 8-7　甘蔗热带植物保护与生物安全科学研究领域共被引网络图谱

注：节点年轮代表文章的引文历史，年轮的整体大小反映论文被引用的次数，引文年轮的颜色代表相应的引文时间；紫圈节点为高中介中心性节点（中介中心性不小于 0.1）；红色节点为突发性节点。

表 8-11　甘蔗热带植物保护与生物安全科学研究领域共被引网络重要文献

前沿名称	关键文献	被引频次
甘蔗典型病原遗传多样性研究	Rott 等（2023）. Immunological, molecular, and pathogenic characterization of sugarcane streak mosaic virus isolates from six Asian countries[156]	1
	Abide 等（2023）. Sugarcane bacilliform viruses in Ethiopia: Genetic diversity and transmission by pink sugarcane mealybug[157]	0
	He 等（2016）. Genetic structure of populations of sugarcane streak mosaic virus in China: Comparison with the populations in India[158]	16
	Liang 等（2016）. Genomic variability and molecular evolution of Asian isolates of sugarcane streak mosaic virus[159]	13

（续表）

前沿名称	关键文献	被引频次
甘蔗的病害抵御机制研究	Wu 等（2022）．WGCNA identifies a comprehensive and dynamic gene co-expression network that associates with smut resistance in sugarcane[160]	29
	Javed 等（2022）．Identification and expression profiling of WRKY family genes in sugarcane in response to bacterial pathogen infection and nitrogen implantation dosage[161]	20
	Zhao 等（2022）．Sugarcane responses to two strains of *Xanthomonas albilineans* differing in pathogenicity through a differential modulation of salicylic acid and reactive oxygen species[162]	6
甘蔗生物胁迫防控管理研究	Viswanathan（2021）．Sustainable sugarcane cultivation in India through threats of red rot by varietal management[130]	17
	Li 等（2016）．Molecular detection of *Bru*1 gene and identification of brown rust resistance in Chinese sugarcane germplasm[163]	14
	Wilson 等（2022）．Optimizing chemical control for *Diatraea saccharalis* (Lepidoptera：Crambidae) in sugarcane[164]	5

分析发现，甘蔗热带植物保护与生物安全科学研究的前沿表现如下。

一是甘蔗典型病原遗传多样性研究。强化对病原的认识是作物病害防控的基础。前文的研究内容中提到甘蔗黑穗病是 2014—2023 年文献中关注较多的典型病害，但前沿分析结果表明，甘蔗其他病害病原遗传多样性的研究也在深入开展。以关键节点文献为例，Rott 等（2023）通过实地调查和提取试验对来自孟加拉国、印度、斯里兰卡、泰国、越南和巴基斯坦这 6 个亚洲国家的甘蔗线条花叶病毒（sugarcane streak mosaic virus）进行了免疫学、分子生物学和致病性研究，为理解甘蔗花叶线条病毒的遗传多样性提供了证据[156]。Abide 等（2023）则将研究范围缩小，通过 PCR 检测评估了来自埃塞俄比亚 4 个不同种植区可能引起叶斑病的甘蔗杆状病毒（sugarcane bacilliform virus）遗传多样性，并在此基础上通过试验分析了粉红甘蔗粉蚧（*Saccharicoccus sacchari*）作为这类病毒传播媒介的可能性，对制定有效的防控策略具有重要意义[157]。除此之外，也有文献侧重不同种植区病原遗传结构的比较，并探讨地理隔离、自然选择等因素对病毒遗传多样性的影响，为全面了解病毒的变化特征提供新的见解[158,159]。

二是甘蔗的病害抵御机制研究。受到病原侵害时，从微观层面解读甘蔗作出反应的生理机制，这类研究往往聚焦甘蔗的品种多样性，为培养抗性品种提供科学支撑。以关键节点文献为例，Wu 等（2022）通过构建基因共表达网络，分析了抗性和易感两类品种被甘蔗黑穗病病原菌侵染后的反应，研究发现两类品种在被病原菌侵染后众多基因表达存在差异，涉及植物响应病毒侵染的激素信号传导、抗氧化应激、氨基酸代谢等诸多过程[160]。在此基础上，也有学者将研究定位到某一具体的基因家族和抵御活动，例如，Javed 等（2022）发现被白条黄单胞菌（*Xanthomonas albilineans*）侵染后，甘蔗杂交种 R570 中的 WRKY 基因家族在抵御响应的信号传导和调控网络过程中或起到重要作用[161]；Zhao等（2022）[162]通过试验表明，当被不同毒性强度的白条黄单胞菌侵染时，影响甘蔗活性氧调节以及水杨酸生成的相关基因表达水平呈现差异变化，说明活性氧产生—清除系统和水杨酸信号转导参与了甘蔗抵御病原菌侵害的过程。

三是甘蔗生物胁迫防控管理研究。品种管理是作物抵御病虫害最直接、最有效的方式之一。以关键节点文献为例，Viswanathan（2020）综述了印度通过品种管理来应对赤腐病威胁的历史与发展：面对赤腐病多次暴发导致的甘蔗减产，也伴随着病原体的不断变种，印度自20世纪初期就开启了抵抗赤腐病的育种征程，从最早的Co 205开始，不断通过育种技术选育和推广抗赤腐病的新品种，有效提升甘蔗的产量，成为全球通过品种管理抵御甘蔗病害的经典案例[130]。研发抗性品种的同时，在实践中对其进行检测和鉴定也是病虫害防控的重要工作内容，例如，Li等（2016）从中国国家甘蔗种质资源苗圃收集了101个常见的甘蔗育种亲本，通过PCR检测基因 *Bru1*（抗褐锈病基因）的存在，最终在48个亲本中检测到了 *Bru1* 基因，与此同时，研究认为此外的抗性亲本中也可能携带其他抗性基因，有待后续的研究继续挖掘[163]。在虫害防控领域，化学防治是比较常见的措施，Wilson等（2022）[164]通过田间试验对比了不同杀虫剂对甘蔗螟虫的杀虫效果，结果表明氯虫苯甲酰胺（chlorantraniliprole）对甘蔗螟虫的控制效果相对较好，指导生产实践的同时，研究也强调未来杀虫剂的长期使用还须注重评估环境影响、结合多样策略，考虑经济成本等。

8.3.3.3 机构前沿表现度评价

基于全球甘蔗热带植物保护与生物安全科学研究领域前沿文献集数据，统计分析全球各国机构在该学科中的前沿表现度，结果如表8-12所示。综合表现排名前3位的机构分别为福建农林大学、印度农业研究委员会和得克萨斯农工大学系统。

表8-12 全球甘蔗热带植物保护与生物安全科学研究领域TOP10机构前沿表现度综合分析

机构名称	所属国家	前沿表现度		前沿贡献度		前沿影响度		前沿引领度	
		排名	得分	排名	得分	排名	得分	排名	得分
福建农林大学	中国	1	0.72	1	0.21	1	0.30	1	0.20
印度农业研究委员会	印度	2	0.37	2	0.14	4	0.11	2	0.12
得克萨斯农工大学系统	美国	3	0.36	3	0.12	2	0.16	3	0.07
法国农业国际合作研究发展中心	法国	4	0.29	5	0.10	3	0.13	4	0.07
广西大学	中国	5	0.26	4	0.11	6	0.09	5	0.06
圣保罗大学	巴西	6	0.21	10	0.06	5	0.11	7	0.04
佛罗里达大学	美国	7	0.19	5	0.10	7	0.05	7	0.04
路易斯安那州立大学系统	美国	8	0.15	7	0.07	10	0.03	6	0.05
法国国家农业食品与环境研究院	法国	9	0.14	7	0.07	8	0.04	9	0.03
法国国立高等农学、食品与环境学院	法国	9	0.14	7	0.07	8	0.04	9	0.03

8.3.4 热带草业与饲料科学研究的主题及前沿表现

8.3.4.1 研究主题

甘蔗热带草业与饲料科学研究领域耦合网络图谱显示，该领域主要关注 3 类方向，分别为甘蔗饲用实践研究、甘蔗饲用营养研究和甘蔗饲用工艺研究（图 8-8）。进一步对不同聚类下的高频主题词进行统计（表 8-13），结合聚类文献和高频词分布，了解该领域的研究热点和进展。

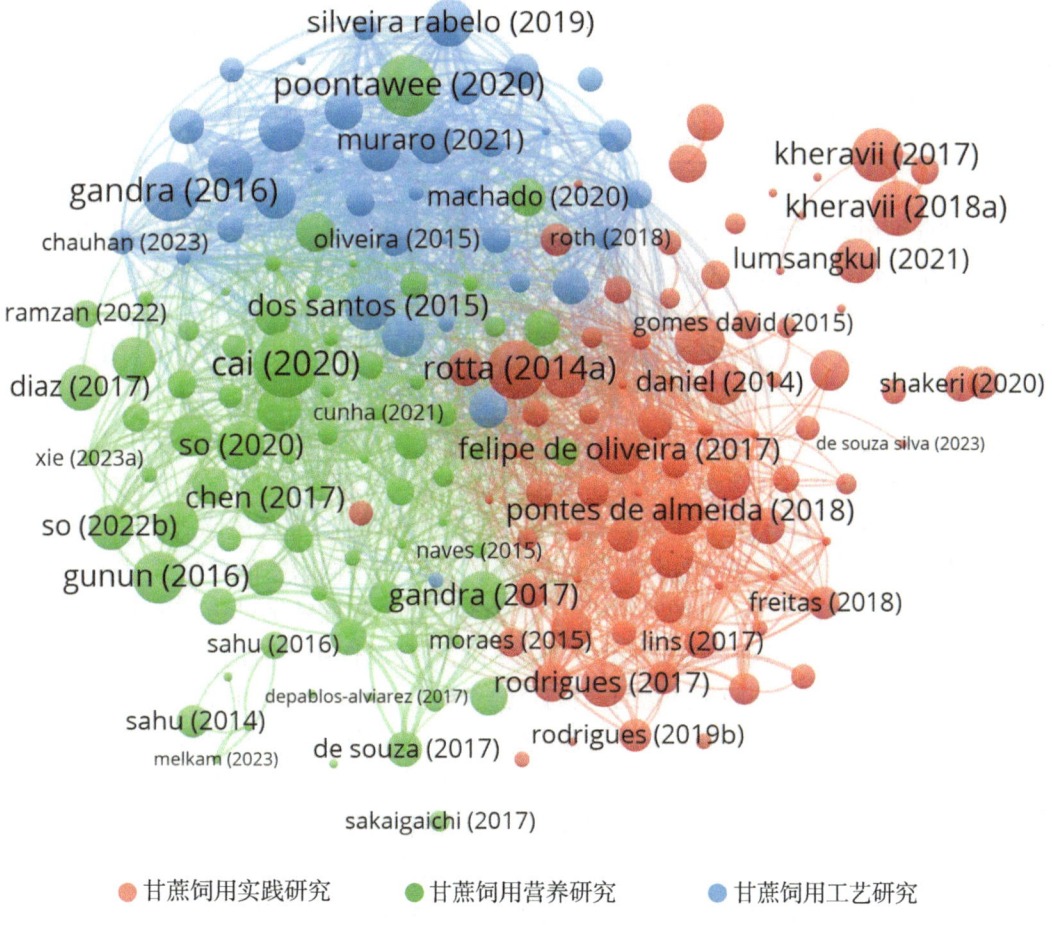

图 8-8 甘蔗热带草业与饲料科学研究领域耦合网络分析

注：节点代表文献，节点大小代表被引次数；连线代表存在耦合关系，连线的粗细代表耦合关系的强弱；颜色代表聚类。

表 8-13 甘蔗热带草业与饲料科学研究领域各类高频主题词

聚类	高频主题词
甘蔗饲用实践研究	消化率（digestibility）、甘蔗渣（sugarcane bagasse）、吸收（intake）、性能（performance）、粗饲料（roughage）、水解（hydrolysis）、乳脂（milk fat）、半干旱（semiarid）、仙人掌科（Cactaceae）、氧化钙（calcium oxide）、共轭亚油酸（conjugated linoleic acid）、能量（energy）、补喂脂肪（fat supplementation）、养殖场（feedlot）、产奶量（milk yield）、营养（nutrition）、酿酒酵母（Saccharomyces cerevisiae）
甘蔗饲用营养研究	消化率（digestibility）、甘蔗渣（sugarcane bagasse）、吸收（intake）、糖蜜（molasses）、营养消化率（nutrient digestibility）、甘蔗梢（sugarcane top）、肉牛（beef cattle）、化学成分（chemical composition）、生长性能（growth performance）、乳酸菌（Lactobacillus）、瘤胃细菌（rumen bacteria）、瘤胃发酵（rumen fermentation）、青贮（silage）、尿素（urea）、甘蔗压榨泥（sugarcane press mud）
甘蔗饲用工艺研究	有氧稳定性（aerobic stability）、发酵（fermentation）、乙醇（ethanol）、布氏乳杆菌（Lactobacillus buchneri）、青贮（silage）、化学成分（chemical composition）、干物质损失（dry matter loss）、尿素（urea）、有机酸（organic acid）

在甘蔗饲用实践研究方面，研究者通过多方面的尝试，对甘蔗及其副产物的饲用定位和适用前景进行了探索。相比传统的饲料，甘蔗渣的成本通常较低，因此在很多情况下，当传统饲料短缺时，可以将甘蔗渣视为一个可行的替代品[165]。在一些热带国家，甘蔗渣也是饲养肉牛和奶牛的重要饲料来源。例如，有研究评价甘蔗渣作为粗饲料来源对泌乳奶牛采食量、消化率、摄食行为、产奶量等生理生产指标的影响[166,167]，评价在甘蔗基饲料中添加各类补充成分对泌乳奶牛消化和代谢的影响[168,169]，评价作为补充成分添加在其他饲料中对肉牛各项摄食、消化和瘤胃参数的影响[170]等。除典型的肉牛和奶牛以外，甘蔗饲用实践探索也覆盖其他各类畜禽。例如，研究人员评估了饲喂甘蔗渣对山羊生产性能、摄食行为和胴体特征的影响[171]，补充不同水平的碎甘蔗对散养鸡生长表现、骨骼特征和肠道形态的影响[172]，在饲料中加入甘蔗纤维对猪生长表现和肠道健康的影响等[173]。这些研究充分体现了当前研究对甘蔗饲用潜力的关注。与此同时，研究人员也在极力开展甘蔗副产物的饲料替代品研究，目前受到关注比较广泛的是仙人掌，仙人掌不仅具有一定营养价值，也能在相对干旱的地区生长，对气候变化背景下的畜牧生产具有重要意义[174-177]。另一个受关注的替代品是甘蔗梢，其优势在于保持一定营养成分的同时，还能有效降低饲料的成本，显示出较高的经济可行性[178,179]。

在甘蔗饲用营养研究方面，研究者主要关注甘蔗副产物的重要营养成分及其在传统饲料替代的过程中是否会对牲畜的生产性能产生不良影响。甘蔗渣作为蔗糖生产的主要副产物之一，其成分包括纤维素、半纤维素、木质素、蔗糖和粗蛋白质等。在一些检测评估研究中，为探索成为替代饲料的有力证据，甘蔗也经常被拿来和谷物秸秆、水稻秸秆、玉米秸秆等一起讨论营养价值[180,181]。至于传统饲料替代，一些研究通过设计试验将甘蔗及其副产物混入日粮中，来评估是否会对畜禽的生产性能产生不良影响，以核实甘蔗及其副产物的营养供给是否能够满足生产的需求。例如，给泌乳奶牛饲喂不同含量水平的甘蔗或其青贮饲料是否对奶牛泌乳、繁殖和营养利用产生不良影响[182,183]，给猪饲喂不同水平的甘蔗压榨泥是否会对其胴体特征产生不良影响[184]，给鸡日粮配以较低含量水平的甘蔗压榨渣是否会对蛋白质和能量的利用效率产生不良影响[185]等。

在甘蔗饲用工艺研究方面，文献主要聚焦通过怎样的方式可以更好地优化甘蔗及其副产物的青贮技术，一般有以下几种思路：一是使用食物添加剂。例如，在甘蔗青贮中适宜加入香蕉能有效减少干物质损失[186]，添加玉米粒、豆渣等可改善发酵和化学成分[187,188]，添加辣木有助于提升甘蔗青贮的矿物质、蛋白质和能量水平等[189]。二是使用化学添加剂。研究发现，适量添加乙酸或氧化钙可有效减少甘蔗青贮的发酵损失[190,191]，适量添加苯甲酸钠也有助于提升甘蔗青贮的品质[192]，适量添加甘油能改善甘蔗青贮的化学特性、降低乙醇含量、影响微生物多样性等[193]。三是使用微生物添加剂。相关的研究探索了添加布氏乳杆菌、植物乳杆菌、戊糖片球菌等微生物对甘蔗青贮发酵过程、化学组成及有氧稳定性的影响[194-197]。总而言之，无论采取怎样的工艺措施，这些研究旨在降低甘蔗青贮的能量和干物质损失，提升饲料营养价值，改善饲料作用效果。

综上所述，作为一类重要的饲料来源，2014—2023年的研究探索了甘蔗的可饲用范围，评估了甘蔗及其副产物的饲料营养价值，也优化了提升甘蔗饲用效果的饲料工艺。这些研究不仅拓宽了甘蔗饲用价值的科学内涵，也对指导畜禽生产具有重要借鉴价值。

8.3.4.2 前沿主题

由于文献数量相对较少，为了从整体的角度聚焦领域前沿，凸显高影响力论文的作用，甘蔗热带草业与饲料科学研究的前沿主题不再进行软件分析，而是直接概述2014—2023年高被引论文的关注点。总结甘蔗热带草业与饲料科学研究领域被引频次达到20次及以上的高影响力论文，被较多研究集中关注的是甘蔗的饲用工艺提升以及对动物生长性能的影响。

一方面是甘蔗饲用工艺提升研究。这类研究往往通过设计试验，寻找能够优化发酵过程的适用添加剂。例如，So等（2020）评估了添加乳酸菌、纤维素酶和糖蜜对甘蔗渣青贮在30天发酵后的化学成分、发酵品质和微生物数量的影响，结果表明，相比未经处理的对照组，加入适宜的添加剂确实能在一定程度防止青贮的干物质损失，降低中性洗涤纤维、pH值和氨氮含量，提升乳酸含量和乳酸菌数量[198]。Gandra等（2016）评估了布氏乳杆菌、布氏乳杆菌和枯草芽孢杆菌的组合以及壳聚糖这3类添加剂对甘蔗青贮饲料的化学成分、发酵品质和有氧稳定性的影响，结果表明，与微生物添加剂相比，添加壳聚糖的甘蔗青贮饲料表现出更高的干物质、总可消化养分的含量水平，并且改善了中性洗涤纤维的体外降解[199]。在有氧稳定性方面，添加壳聚糖的青贮饲料也表现出更长的稳定时间，这表明壳聚糖作为一种新型添加剂可能是甘蔗青贮过程中微生物添加剂的替代选择。

另一方面是甘蔗饲用对动物生长性能的影响研究。这类研究一般通过试验探索甘蔗饲用对畜禽相关生产指标的影响。例如，Kheravii等（2017）评估了玉米粒度、甘蔗渣添加量和饲料钠含量对肉鸡生长性能、肠道微生物及排泄物特性的影响，结果表明，在一定程度上，无论饲料中钠的添加量如何，单独添加2%的甘蔗渣或与粗粒度玉米配合使用均能显著提高肉鸡生长性能，此外，饲料中添加甘蔗渣能显著增加肉鸡肠道中益生菌——芽孢杆菌属的数量,有助于改善肠道健康[200]。Gunun 等(2016)分析了 4%尿素处理、2%尿素和2%氢氧化钙同时处理甘蔗渣对肉牛采食量、消化率及瘤胃发酵的影响,结果表明,尿素和氢氧化钙同时处理有助于提升甘蔗渣的营养价值,饲喂处理过的甘蔗渣可提高肉牛饲料采食量和消化率,并在一定程度上改善瘤胃发酵能力[201]。

8.3.5 热带农业工程研究的主题及前沿表现

8.3.5.1 研究主题

甘蔗热带农业工程研究领域耦合网络图谱(图 8-9)显示,该领域主要关注 4 类方向,为甘蔗副产物热解研究、甘蔗能源可持续研究、甘蔗副产物酶解研究及甘蔗资源再利用研究。进一步对不同聚类下的高频主题词进行统计(表 8-14),结合聚类文献和高频词分布,了解该领域的研究热点和进展。

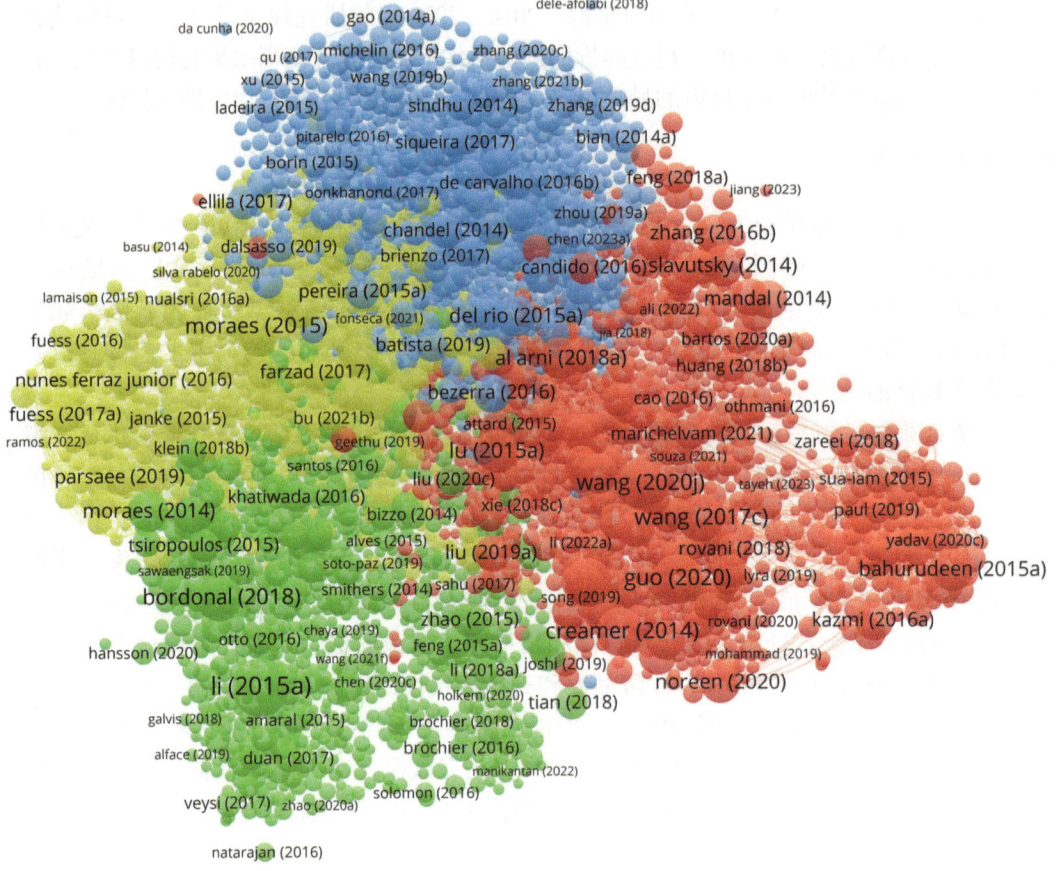

● 甘蔗副产物热解研究　● 甘蔗能源可持续研究　● 甘蔗副产物酶解研究　● 甘蔗资源再利用研究

图 8-9　甘蔗热带农业工程研究领域耦合网络分析

注:节点代表文献,节点大小代表被引次数;连线代表存在耦合关系,连线的粗细代表耦合关系的强弱;颜色代表聚类。

表 8-14 甘蔗热带农业工程研究各类高频主题词

聚类	高频主题词
甘蔗副产物热解研究	吸附（adsorption）、热解（pyrolysis）、生物质（biomass）、生物炭（biochar）、力学性能（mechanical properties）、甘蔗渣（bagasse）、纤维素（cellulose）、活性炭（activated carbon）、耐久性（durability）、动力学（kinetics）
甘蔗能源可持续研究	乙醇（ethanol）、生命周期评价（life cycle assessment）、生物能源（bioenergy）、可持续（sustainability）、巴西（Brazil）、生物燃料（biofuels）、生物质（biomass）、甘蔗渣（sugarcane bagasse）、遥感（remote sensing）、热电联产（cogeneration）
甘蔗副产物酶解研究	酶解（enzymatic hydrolysis）、预处理（pretreatment）、生物乙醇（bioethanol）、木质素（lignin）、木质纤维生物质（lignocellulosic biomass）、纤维素酶（cellulase）、生物炼制（biorefinery）、乙醇（ethanol）、木聚糖酶（xylanase）、甘蔗秸秆（sugarcane straw）
甘蔗资源再利用研究	甘蔗渣（sugarcane bagasse）、厌氧消化（anaerobic digestion）、发酵（fermentation）、甘蔗糖蜜（sugarcane molasses）、甘蔗酒糟（sugarcane vinasse）、生物乙醇（bioethanol）、预处理（pretreatment）、沼气（biogas）、乙醇（ethanol）、乳酸（lactic acid）、木糖醇（xylitol）

在甘蔗副产物热解研究方面，学者们聚焦于甘蔗渣的热解过程和应用探索，以实现资源的高效利用。甘蔗渣热解是能源回收和高值化学品制备的有效方式[202]，产物主要包括生物炭[203,204]、生物油[205-207]和可燃气[208]等。在这一过程中，为了提升热解效果，获取目标产物，相关的研究涉及热解温度[209,210]、热解催化剂[211]、热解工艺[212,213]等众多技术实践，并尝试分析热解机理[214,215]。至于应用探索，研究关注最多且具有较高应用前景的就是以热解产物生物炭为代表的吸附剂。研究发现，以成本相对低廉的甘蔗渣为重要基础材料成分，经不同处理获取的各类吸附剂，对溶液中 Cu^{2+}、Cd^{2+}、Pb^{2+} 等多种重金属离子[216]、亚甲基蓝、刚果红等有机有色染料[217-219]、溢油[220]，以及多种其他环境污染物具有较好的吸附效果[221,222]。评估吸附效果的同时，也有文献着眼于探索吸附过程的动力学机理和拟合模型[223,224]。

在甘蔗能源可持续研究方面，2014—2023 年文献主要关注从甘蔗及其副产物获取能源的过程中造成的生态环境影响。甘蔗是生产乙醇的重要农业原料，大力发展甘蔗乙醇产业有助于降低原油依赖、缓解气候变化、促进产地农村经济发展[105,225,226]。在该领域内，大量的研究通过生命周期、生态足迹等评价方法对甘蔗乙醇的生产过程进行环境影响评估，分析了不同耕作制度[227]、不同技术代际[228]、不同地区[229-231]甘蔗乙醇生产对气候变化[74]、地表水源[232]、能源消耗[233]等方面的环境影响。在此基础上，也有研究尝试从多个角度探索甘蔗乙醇生产的工艺优化策略，力求进一步提高生产效率，弱化环境污染，降低生产成本[234-237]。上述研究为优化能源结构，改进能源生产工艺，降低环境代价提供了有力的科学指导。

在甘蔗副产物酶解方面，甘蔗副产物的酶解过程能在相对温和的条件下获得高选择性产物，如葡萄糖、低聚木糖等糖类化合物[238,239]。2014—2023年，研究关注比较多的是其工艺优化策略，力求通过不同的预处理方式来打破甘蔗秸秆或甘蔗渣的顽抗结构，提高对样品的酶解效率，其中常见的预处理包括各类酸碱预处理[240,241]、超声预处理[242]、水热预处理[243]、氧化预处理[244]、金属盐预处理[245]、有机溶剂预处理[246]等，也有研究通过对比不同的预处理措施来探寻在一定需求下较为适宜的高效酶解方案[247-249]。

在甘蔗资源再利用方面，除前述提及的甘蔗渣及其典型的热解和酶解技术以外，研究者还关注甘蔗能源生产过程的其他资源高值化利用问题。研究表明，在甘蔗生物能源生产过程中，会产生大量容易导致环境污染的固体、液体和气体废料[250]。其中，比较有代表性的是甘蔗酒糟，作为甘蔗乙醇生产过程的副产物，一方面，2014—2023年的研究关注如何通过一些化学和生物技术降低甘蔗酒糟对环境的污染[251-253]，另一方面，更多的研究则致力于变废为宝，探索甘蔗酒糟的高值化利用。例如，甘蔗酒糟内含一定的营养元素，经处理可用于灌溉施肥[254,255]。同时，甘蔗酒糟也可通过厌氧消化技术用来生产沼气[256-258]，对此，研究者也关注沼气生产工艺提升的方法和策略[259,260]。

综上所述，2014—2023年甘蔗热带农业工程研究至少覆盖甘蔗副产物热解、能源可持续、副产物酶解和资源再利用研究，其总体目标就是实现甘蔗农业资源的高效利用。

8.3.5.2 前沿主题

以1年为一个时间切片，通过CiteSpace软件，选取每个子集前1%的数据进行文献共被引分析，旨在探测出重要的节点文献。通过参数设置，得到平均轮廓值为0.8865、模块化Q值为0.716（Q>0.3表示网络社团结构显著）的可视化网络。通过LLR算法寻找聚类，最终形成较为显著的11个聚类社团（图8-10），对应的前沿主题词线索为"#0 甘蔗渣""#1 全株甘蔗""#2 附加值产品""#3 甘蔗酒糟""#4 甘蔗秸秆""#5 甘蔗渣灰""#6 理化结构""#8 热化学转化""#9 机器学习方法""#10 抗氧化活性""#11 甲基三辛基氯化铵"。进一步综合评估网络中节点的Sigma值，观测引文网络中重要的文献节点，并在此基础上对这些文献的施引文献进行检索，结合对施引文献的分析，判定学科知识领域的研究前沿（表8-15）。

8 甘蔗研究领域竞争力及前沿格局解析

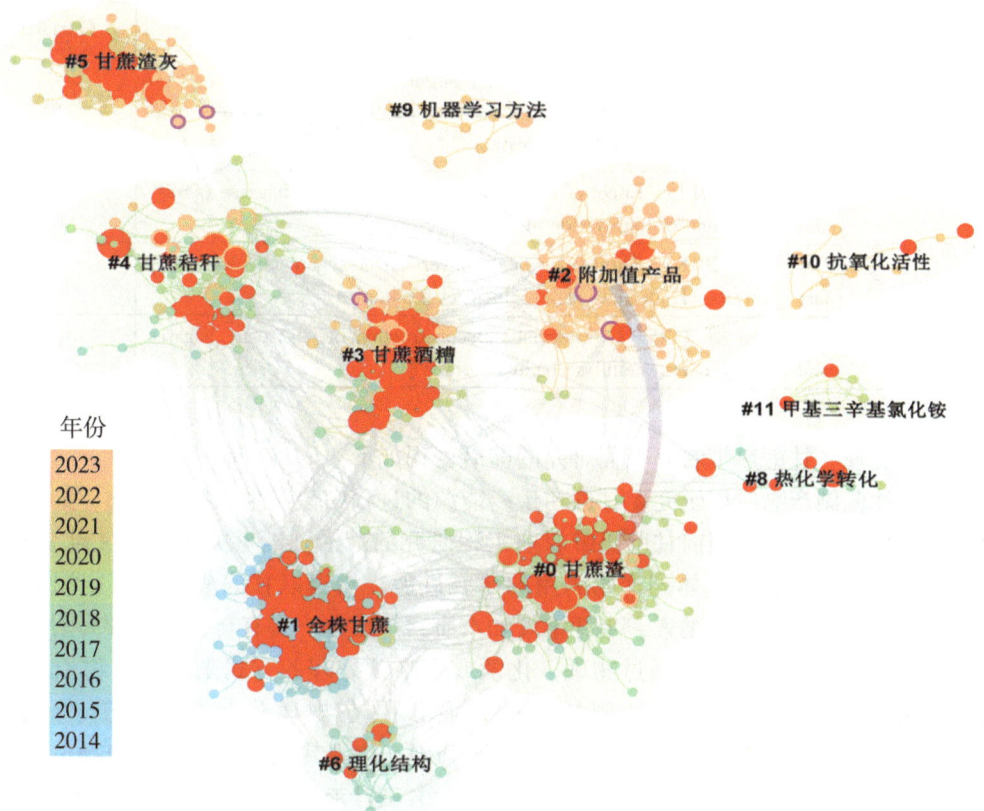

图 8-10 甘蔗热带农业工程研究领域共被引网络图谱

注：节点年轮代表文章的引文历史，年轮的整体大小反映论文被引用的次数，引文年轮的颜色代表相应的引文时间；紫圈节点为高中介中心性节点（中介中心性不小于0.1）；红色节点为突发性节点；箭头代表路径依赖关系。

表 8-15 甘蔗热带农业工程研究领域共被引网络重要文献

前沿名称	关键文献	被引频次
甘蔗副产物应用研究	Sarker 等（2016）. Recent advances in sugarcane industry solid by-products valorization[261]	44
	Formann 等（2020）. Beyond sugar and ethanol production: Value generation opportunities through sugarcane residues[262]	48
	Pan 等（2022）. Technoeconomic and environmental perspectives of biofuel production from sugarcane bagasse: Current status, challenges and future outlook[263]	33
	Montiel-Rosales 等（2022）. Post-industrial use of sugarcane ethanol vinasse: A systematic review[264]	11

（续表）

前沿名称	关键文献	被引频次
甘蔗副产物应用研究	Fuess 等（2018）. Seasonal characterization of sugarcane vinasse: Assessing environmental impacts from fertirrigation and the bioenergy recovery potential through biodigestion[254]	85
甘蔗副产物应用的工艺优化研究	David 等（2017）. Effect of acid additives on sugarcane bagasse pyrolysis: Production of high yields of sugars[265]	45
	David 等（2018）. Thermochemical conversion of sugarcane bagasse by fast pyrolysis: High yield of levoglucosan production[266]	47
	De Aguiar 等（2020）. Enzymatic deconstruction of sugarcane bagasse and straw to obtain cellulose nanomaterials[267]	99

分析发现，甘蔗热带农业工程研究的前沿表现如下。

一是甘蔗副产物应用研究。甘蔗在生产能源的过程中会产生一些副产物，如何高值化利用这些副产物，是当前甘蔗热带农业工程研究的前沿。参考关键节点文献，Sarker 等（2016）综述了甘蔗固体副产物利用的研究进展，指出以甘蔗渣和甘蔗压泥为代表的甘蔗固体副产物富含纤维素、半纤维素和木质素等成分，具有转化为多种高附加值产品的潜力，但这一过程需要通过物理、化学或生物预处理的方式来克服生物质的顽固性，未来的研究应该重视预处理技术的完善以及在规模化生产中提升产量[261]。Formann 等（2020）则总结了甘蔗生产的一系列副产物及其用途，其中副产物包括机械收获后的秸秆、甘蔗渣燃烧发电后余下的灰烬、甘蔗汁液过滤后的残渣，生产乙醇产生的酒糟等[262]。这些副产物的用途丰富多样，例如，可以将有机残留物制成生物塑料，通过热解提取生物炭用于重金属的吸附固定，从甘蔗灰烬中回收硅元素制成肥料等。Pan 等（2022）则聚焦于最常见的甘蔗副产物——甘蔗渣，介绍了甘蔗渣转化为生物氢、生物甲烷、生物乙醇等生物燃料的现状和挑战，并探讨了相关的经济和环境观点，指出了当前研究的不足[263]。除此之外，Montiel-Rosales 等（2022）通过文献分析综述了甘蔗酒糟的后工业利用情况，指出对甘蔗酒糟进行一定的技术处理和成分提取所得到的各类生物制品已经在农业肥料、能源生产、生物制品和环境保护等领域开展应用，但仍然面临降低成本、提高效率的挑战[264]。Fuess 等（2018）则关注了甘蔗酒糟灌溉施肥对环境的影响以及厌氧消化提供能源的潜力，研究表明，甘蔗酒糟富含水分和钾元素，是潜在的灌溉肥料，但未经处理就长期使用会对土壤环境造成破坏，相比之下，如果对甘蔗酒糟采用厌氧消化技术，则不仅能将其转化为有价值的气体能源，还能有效降低对生态环境的负面影响[254]。

二是甘蔗副产物应用的工艺优化研究。以甘蔗渣为代表的甘蔗副产物经过一系列生产工艺最终形成各类高值化产品。在这一过程中，为了低成本、高效率实现生产目标，如何优化生产工艺成为领域内重要的研究热点。以甘蔗渣的热解工艺为例，参考关键节点文献，David 等（2017）的试验结果显示，经过硝酸洗涤，再加入0.2%的硫酸进行预处理，在350℃的温度条件下进行热解，能显著提升左旋葡聚糖产率[265]。后续的研究中,该团队探索了在一定条件下,经乙酸预处理,不同温度条件下热解甘蔗渣对左旋葡聚糖产率和其他物质生成的影响[266]。除此之外,酶解也是甘蔗副产物高值化利用的重要工艺,de Aguiar 等(2020)分析了通过酶解法从甘蔗渣和甘蔗秸秆中提取纳米纤维素的方法和应用潜力,酶解法高效且环境友好,由此获得的纳米纤维素材料在包装、电子设备、化妆品、医疗和制药等多个行业具有广泛的应用前景[267]。

8.3.5.3 机构前沿表现度评价

基于全球甘蔗热带农业工程研究领域前沿文献集数据,统计分析全球各国机构在该学科中的前沿表现度,结果如表 8-16 所示。综合表现排名前 3 位的机构分别为圣保罗大学、坎皮纳斯州立大学和圣卡洛斯联邦大学。

表 8-16 全球甘蔗热带农业工程研究领域 TOP10 机构前沿表现度综合分析

机构名称	所属国家	前沿表现度		前沿贡献度		前沿影响度		前沿引领度	
		排名	得分	排名	得分	排名	得分	排名	得分
圣保罗大学	巴西	1	0.45	1	0.17	1	0.18	1	0.10
坎皮纳斯州立大学	巴西	2	0.27	2	0.10	2	0.12	2	0.04
圣卡洛斯联邦大学	巴西	3	0.20	3	0.07	3	0.09	3	0.04
圣保罗州立大学	巴西	4	0.15	4	0.06	4	0.06	5	0.03
斯坦陵布什大学	南非	5	0.13	5	0.04	5	0.06	4	0.03
巴西农业研究院	巴西	6	0.10	6	0.03	6	0.04	7	0.03
印度理工学院	印度	7	0.09	7	0.03	8	0.03	6	0.03
维索萨联邦大学	巴西	8	0.07	9	0.02	7	0.04	10	0.01
中国科学院	中国	9	0.06	9	0.02	9	0.02	8	0.01
里约热内卢联邦大学	巴西	10	0.06	8	0.02	10	0.02	8	0.01

8.3.6 热带农业经济与乡村振兴研究的主题及前沿表现

8.3.6.1 研究主题

甘蔗热带农业经济与乡村振兴研究领域耦合网络图谱显示,该领域主要关注 3 类方向,分别为甘蔗农业发展研究、甘蔗农户生计研究以及甘蔗农业管理研究(图 8-11)。进一步对不同聚类下的高频主题词进行统计(表 8-17),结合聚类文献和高频词分布,了解该领域的研究热点和进展。

下篇　基于主要热带作物的竞争力及前沿格局解析

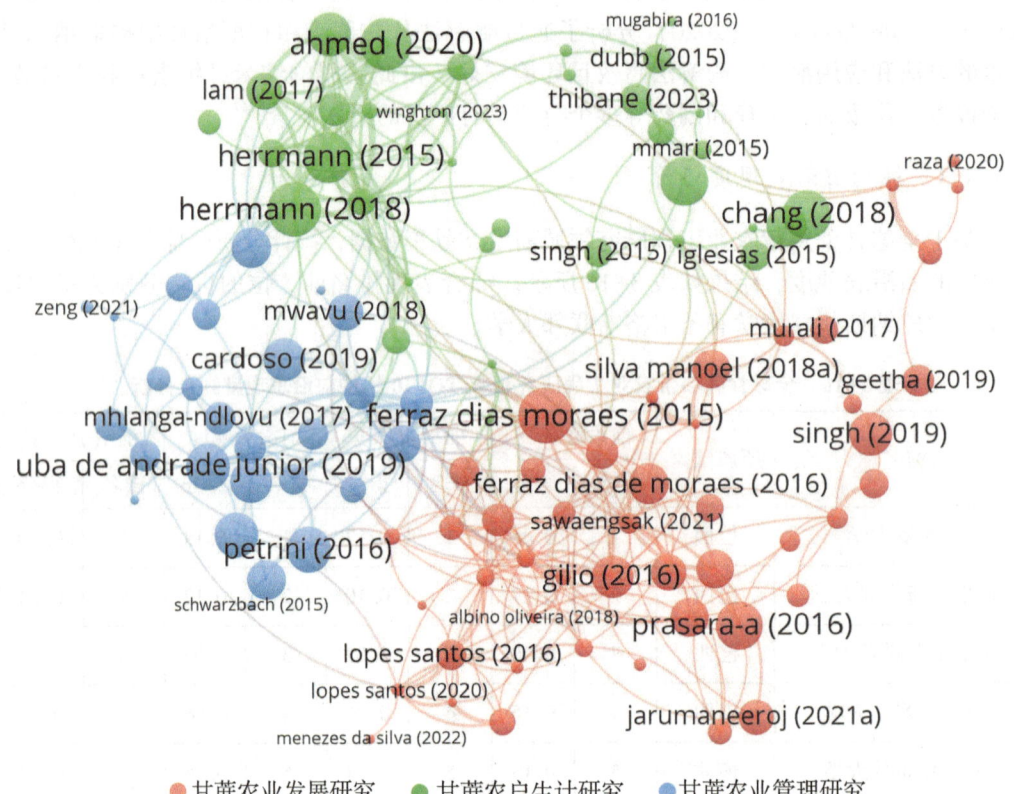

图 8-11　甘蔗热带农业经济与乡村振兴研究领域耦合网络分析

注：节点代表文献，节点大小代表被引次数；连线代表存在耦合关系，连线的粗细代表耦合关系的强弱；颜色代表聚类。

表 8-17　甘蔗热带农业经济与乡村振兴研究领域各类高频主题词

聚类	高频主题词
甘蔗农业发展研究	农业企业（agribusiness）、可持续（sustainability）、生物能源（bioenergy）、生物燃料（biofuel）、乙醇（ethanol）、进化算法（evolutionary algorithm）、坑穴种植（pit plantation）、社会经济影响（socio-economic impact）、空间动态面板（spatial dynamic panel）、技术效率（technical efficiency）、泰国（Thailand）、变量（variable rate）
甘蔗农户生计研究	粮食安全（food security）、马拉维（Malawi）、生产力（productivity）、收入（income）、麻疯树属（*Jatropha*）、夸祖鲁—纳塔尔（KwaZulu-Natal）、生计（livelihoods）、合作生产计划（outgrower schemes）、甘蔗种植（sugarcane farming）、可持续（sustainability）、泰国（Thailand）

（续表）

聚类	高频主题词
甘蔗农业管理研究	生物燃料（biofuels）、生物经济（bioeconomy）、认证（certification）、气候变化（climate change）、参与式方法（participatory methods）、公共政策（public policies）、甘蔗生产（sugarcane production）、土地利用变化（land use change）、生态系统服务付费（payments for ecosystem services）、可持续（sustainability）

在甘蔗农业发展研究方面，文献的涉及面相对较广，覆盖从种植生产到社会经济发展的多个视角。对于甘蔗的种植生产，2014—2023年的研究主要关注生产技术的进步和普及问题。例如，就农业机械化而言，研究者致力于分析农场的机械使用现状，评估机械化采收的经济效益，发掘影响农场机械化进程的因素，展望甘蔗机械化种植的前景等[268-270]；在其他农艺措施上，研究者以优化生产为目标，以经济可行性为依据，评估了改善播种技术[271-273]，促进多样种植[274-276]，推广有机生产[277]等措施的适宜性；同时，也有研究关注种植生产的效率[278]，通过相关的核算方法量化不同地区农场的生产效率，探索农场甘蔗产量的潜在可提升水平，并通过分析找出制约农场生产效率提高的限制性因素，最后提出提升生产效率的措施建议[279]。在社会经济发展方面，研究人员主要关注甘蔗产业的可持续问题[280]，例如，在应对气候变化的背景下推进甘蔗生产的生态化发展[281]，甘蔗产业扩张对当地社会经济的影响[282,283]，经济环境变动对甘蔗行业企业的影响[284]，以及如何采取措施助力农民提高收入水平等[285]。这类研究旨在从社会经济的视角，为管理者发现问题、总结问题并制定推动甘蔗产业可持续发展的相关政策提供科学参考。

在甘蔗农户生计研究方面，作为农业生产的基本生产单位，农户对产业发展的影响力不言而喻。总体来看，2014—2023年的研究比较关注在一定的环境背景下农户的生产策略和行为研究。这类研究大多是首先通过社会调查对特定环境下农户的生产策略和行为进行概述，再基于统计分析方法探索影响农户生产策略和行为的因素，最后根据这些因素提出可行的政策建议。例如，为了满足不断增长的能源需求并提高农户收入，泰国曾推行促进包括甘蔗在内的生物能源作物生产战略，在这样的背景下，有研究分析了当地农户种植转型的现状和影响因素，并提出能让农民受益的政策建议[286]；当甘蔗的产量水平难以满足发展需求时，有研究探讨了影响农户甘蔗生产的因素，并尝试基于这些因素提出帮助农户提升甘蔗产量的政策建议[287]；在当今的网络信息化时代，有研究通过调查了解不同地区农户对信息通信技术的认知，并尝试找出造成农户信息通信障碍的原因[288]等。除此之外，也有研究涉及农户生计更广泛的内涵。例如，了解特定背景下农户对未来农场的见解[289]，分析农业保险对农户甘蔗生产积极性的影响[290]，评估包括甘蔗在内的经济作物扩种对农户粮食安全的影响等[291]。

在甘蔗农业管理研究方面，很多文献涉足农业生态学和农业经济学的交叉领域，主要关注甘蔗生物能源经济发展面临的一些生态环境问题，以及如何通过相应的管理计划和措施促进甘蔗产业的可持续发展。甘蔗是重要的能源作物，但大力发展甘蔗生物能源经济可能对生态环境产生一系列的影响,包括土地利用变化[292-295]、温室气体排放[296]、生态环境破坏[297,298]等。为了缓解保护与发展之间的矛盾,研究者致力于探索促进甘蔗产业可持续发展的管理方案。以生态系统服务付费为例,它是将生态环境外部性内部化的有效政策手段,研究者提倡推进生态系统服务付费政策,且格外重视各利益相关者之间的协调配合[299-301]。

综上所述,甘蔗热带农业经济与乡村振兴研究主题至少包括3个方面内容,即甘蔗农业发展研究、甘蔗农户生计研究以及甘蔗农业管理研究。这些研究为政策制定者和科研工作者深入认识甘蔗农业产业发展现状,了解农户生产策略和行为的驱动机制,探索甘蔗产业可持续发展路径奠定了科学基础。

8.3.6.2 前沿主题

由于文献数量相对较少,为了从整体的角度聚焦领域前沿,凸显高影响力论文的作用,甘蔗热带农业经济与乡村振兴研究的前沿主题不再进行软件分析,而是直接概述2014—2023年高被引论文的关注点。总结甘蔗热带农业经济与乡村振兴研究领域被引频次达到20次及以上的高影响力论文,被较多研究集中关注的是甘蔗产业发展带来的社会经济影响。这种影响主要体现在以下几个方面。

第一,甘蔗产业发展对粮食安全的影响。Herrmann等(2018)基于对马拉维家庭农场的调查,通过计量经济学方法评估了参与甘蔗种植对相关农业生产指标的影响,结果显示,尽管甘蔗种植户将部分土地的利用方式从粮食种植转移到了甘蔗种植,但这一行为也带来了更高的家庭收入和农业投入,使甘蔗种植行动并没有对当地农户的粮食安全产生巨大威胁[302]。

第二,甘蔗产业发展对劳动就业的影响。Moraes等(2015)基于统计和调查抽样数据,分析了巴西甘蔗产业发展在劳动力、工资和工作条件等方面产生的社会经济影响,研究结果显示,巴西甘蔗产业的3个关键组成部分(种植、制糖和乙醇生产)在2012年共计为当地贡献了超过100万个就业岗位,并且相比各类农作物的整体水平,甘蔗产业的工资水平和工作条件相对较好,表明甘蔗产业发展对居民就业产生了积极影响[303]。

第三,甘蔗产业发展对土地利用的影响。de Andrade等(2019)根据GDP、人口增长、能源价格、能源效率等多种因素设计了2030年巴西乙醇需求的未来情景,并评估了这些情景对土地利用的影响,结果显示到2030年巴西乙醇的需求或将大幅度提升,这可能导致甘蔗生产在以牧场为主的土地上进行扩张[294]。

第四,甘蔗产业发展对农户生计的影响。Petrini等(2016)[304]指出,大规模发展甘蔗产业或对农户的生计构成威胁,研究通过层次分析法,对各级利益相关者进行访谈,评估了不同政策方案的优先级,结果认为生产多样化是在这一背景下支持农户生计的适当策略。

综上所述,2014—2023年有较多的高影响力论文聚焦甘蔗产业发展的社会经济影响,至少包括粮食安全、劳动就业、土地利用和农户生计4个方面。

8.4 结论与建议

本研究对 2014—2023 年发表的甘蔗文献进行综合分析。首先总结研究概况并基于指标体系对相关机构在甘蔗研究领域的生产力、影响力、发展力和合作力进行量化评价，再通过文献计量和定性分析提炼甘蔗在热带作物科学、热带农业资源与环境科学、热带植物保护与生物安全科学、热带草业与饲料科学、热带农业工程、热带农业经济与乡村振兴领域的研究主题和前沿主题。

研究概况显示，2014—2023 年甘蔗相关研究的热度呈现整体上升趋势，其中热带农业工程、热带作物科学和热带农业资源与环境科学领域的发文量位居前列，说明甘蔗的工程应用、生长机制及其与环境的互动关系是研究者关注较多的方向。

科研论文机构竞争力结果显示，圣保罗大学、福建农林大学、坎皮纳斯州立大学、广西大学和广西壮族自治区农业科学院在甘蔗研究领域的科技论文竞争力综合表现较强。其中，圣保罗大学在生产力和合作力方面优势突出，福建农林大学和广西大学分别在影响力和发展力方面居首位。

研究主题方面，基于耦合网络和高频词分析，本研究认为 2014—2023 年研究者在热带作物科学领域主要关注甘蔗遗传育种与生长发育研究、甘蔗栽培管理与产量科学研究、甘蔗对环境的响应与调控研究；在热带农业资源与环境科学领域主要关注甘蔗生产可持续研究、甘蔗田土壤养分研究、甘蔗非生物胁迫研究；在热带植物保护与生物安全科学领域主要关注甘蔗病害及其防治研究、甘蔗虫害及其防治研究；在热带草业与饲料科学领域主要关注甘蔗饲用实践研究、甘蔗饲用营养研究、甘蔗饲用工艺研究；在热带农业工程领域主要关注甘蔗副产物热解研究、甘蔗能源可持续研究、甘蔗副产物酶解研究、甘蔗资源再利用研究；在甘蔗农业经济与乡村振兴领域主要关注甘蔗农业发展研究、甘蔗农户生计研究、甘蔗农业管理研究。

前沿主题方面，基于共被引分析和高引论文总结，本研究认为 2014—2023 年的研究前沿在热带作物科学领域主要聚焦甘蔗基因多样性研究、甘蔗产量科学研究、甘蔗微生物研究；在热带农业资源与环境科学领域主要聚焦甘蔗扩种的生态影响研究、甘蔗资源管理与产量研究、甘蔗对环境变化的响应研究；在热带植物保护与生物安全科学领域主要聚焦甘蔗典型病原遗传多样性研究、甘蔗的病害抵御机制研究、甘蔗生物胁迫防控管理研究；在热带草业与饲料科学领域主要聚焦甘蔗饲用的工艺提升研究、对动物生长性能的影响研究；在热带农业工程领域主要聚焦甘蔗副产物应用研究、甘蔗副产物应用的工艺优化研究；在热带农业经济与乡村振兴领域主要聚焦甘蔗产业发展带来的社会经济影响研究。

针对未来的研究方向，提出以下建议。第一，增强甘蔗遗传改良研究。通过现代生物学技术，如 CRISPR-Cas9 开发抗逆境、高产量品种。尤其是在气候变化背景下，能够有效应对极端天气的适宜新品种。第二，强化甘蔗副产物高值化利用研究。甘蔗副产物如蔗渣和甘蔗叶含有丰富的纤维素和半纤维素，是开发生物基材料的潜在资源。针对甘蔗能源生产的各类副产物，深入挖掘其再利用方式，大力推进再利用工艺优化，开发新型生物基材料，努力实现高成效、低污染的生产局面。第三，重视甘蔗产业可持续发展研究，构建绿色循环经济体系。全面评估甘蔗产业对生态环境、经济增长和社会福祉的影响，并基于此制定政策，以保障产业的长期稳定发展。关注优化人地关系、监测土壤肥力、保护农田环境，以及提升农户经济收入等方面。第四，推动各领域科学技术的推广普及研究。在实现科技创新的同时兼顾成果转化的路径机制探索，让更多新知识和新技术尽快赋能生产实践。

参考文献

[1] LI Y, YANG L. Sugarcane agriculture and sugar industry in China [J]. Sugar Tech., 2014, 17 (1): 1-8.

[2] DINIZ A L, DA SILVA D I R, LEMBKE C G, et al. Amino acid and carbohydrate metabolism are coordinated to maintain energetic balance during drought in sugarcane [J]. International Journal of Molecular Sciences, 2020, 21 (23): 9124.

[3] LI P, LIN P, ZHAO Z, et al. Gene co-expression analysis reveals transcriptome divergence between wild and cultivated sugarcane under drought stress [J]. International Journal of Molecular Sciences, 2022, 23 (1): 569.

[4] NAWAE W, SHEARMAN J R, TANGPHATSORNRUANG S, et al. Differential expression between drought-tolerant and drought-sensitive sugarcane under mild and moderate water stress as revealed by a comparative analysis of leaf transcriptome [J]. Peer J., 2020, 8: e9608.

[5] RAJU G, SHANMUGAM K, KASIRAJAN L. High-throughput sequencing reveals genes associated with high-temperature stress tolerance in sugarcane [J]. 3 Biotech, 2020, 10 (5): 198.

[6] YANG Y, ZHANG X, SU Y, et al. miRNA alteration is an important mechanism in sugarcane response to low-temperature environment [J]. BMC Genomics., 2017, 18 (1): 883.

[7] YANG Y, GAO S, SU Y, et al. Transcripts and low nitrogen tolerance: Regulatory and metabolic pathways in sugarcane under low nitrogen stress [J]. Environmental and Experimental Botany, 2019, 163: 97-111.

[8] ALI A, JAVED T, ZAHEER U, et al. Genome-wide identification and expression profiling of the bhlh transcription factor gene family in *Saccharum spontaneum* under bacterial pathogen stimuli [J]. Tropical Plant Biology, 2021, 14 (3): 283-294.

[9] WANG Z, LI Y, LI C, et al. Comparative transcriptome profiling of resistant and susceptible sugarcane genotypes in response to the airborne pathogen *Fusarium verticillioides* [J]. Molecular Biology Reports, 2019, 46 (4): 3777-3789.

[10] YUAN Z, DONG F, PANG Z, et al. Integrated metabolomics and transcriptome analyses unveil pathways involved in sugar content and rind color of two sugarcane varieties [J]. Frontiers in Plant Science, 2022, 13: 921536.

[11] HUANG D L, GAO Y J, GUI Y Y, et al. Transcriptome of high-sucrose sugarcane variety GT35 [J]. Sugar Tech., 2016, 18 (5): 520-528.

[12] THIRUGNANASAMBANDAM P P, HOANG N V, FURTADO A, et al. Association of variation in the sugarcane transcriptome with sugar content [J]. BMC Genomics, 2017, 18 (1): 909.

[13] KRUASUWAN W, THAMCHAIPENET A. Diversity of culturable plant growth-promoting bacterial endophytes associated with sugarcane roots and their effect of growth by co-inoculation of diazotrophs and actinomycetes [J]. Journal of Plant Growth Regulation, 2016, 35 (4): 1074-1087.

[14] SCHULTZ N, PEREIRA W, DE ALBUQUERQUE SILVA P, et al. Yield of sugarcane varieties and their sugar quality grown in different soil types and inoculated with a diazotrophic bacteria consortium [J]. Plant Production Science, 2017, 20 (4): 366-374.

[15] WANG Z, YU Z, SOLANKI M, et al. Diversity of sugarcane root-associated endophytic Bacillus and their activities in enhancing plant growth [J]. Journal of Applied Microbiology, 2019, 128 (3): 814-827.

[16] TAVARES E Q P, GRANDIS A, LEMBKE C G, et al. Roles of auxin and ethylene in aerenchyma formation in sugarcane roots [J]. Plant Signaling & Behavior, 2018, 13 (3): e1422464.

[17] CHEN Z, QIN C, WANG M, et al. Ethylene-mediated improvement in sucrose accumulation in ripening sugarcane involves increased sink strength [J]. BMC Plant Biology, 2019, 19 (1).

[18] CHEN R, FAN Y, YAN H, et al. Enhanced activity of genes associated with photosynthesis, phytohormone metabolism and cell wall synthesis is involved in gibberellin-mediated sugarcane internode growth [J]. Frontiers in Genetics, 2020, 11.

[19] WANG Y, CHAN K X, LONG S P. Towards a dynamic photosynthesis model to guide yield improvement in C4 crops [J]. The Plant Journal, 2021, 107 (2): 343-359.

[20] MIDORIKAWA G E O, CORREA C L, NORONHA E F, et al. Analysis of the transcriptome in *Aspergillus tamarii* during enzymatic degradation of sugarcane bagasse [J]. Frontiers in Bioengineering and Biotechnology, 2018, 6.

[21] MANECHINI J R V, SANTOS P H D S, ROMANEL E, et al. Transcriptomic analysis of changes in gene expression during flowering induction in sugarcane under controlled photoperiodic conditions [J]. Frontiers in Plant Science, 2021,

12: 635784.

[22] ALI S, ZUBAIR M, HUSSAIN S. The combined effect of climatic factors and technical advancement on yield of sugarcane by using ARDL approach: Evidence from Pakistan [J]. Environmental Science and Pollution Research, 2021, 28 (29): 39787-39804.

[23] JONES M R, SINGELS A. Refining the Canegro model for improved simulation of climate change impacts on sugarcane [J]. European Journal of Agronomy, 2018, 100: 76-86.

[24] LINNENLUECKE M K, ZHOU C, SMITH T, et al. The impact of climate change on the Australian sugarcane industry [J]. Journal of Cleaner Production, 2020, 246.

[25] SANTILLÁN-FERNÁNDEZ A, SANTOYO-CORTÉS V H, GARCÍA-CHÁVEZ L R, et al. Influence of drought and irrigation on sugarcane yields in different agroecoregions in Mexico [J]. Agricultural Systems, 2016, 143: 126-135.

[26] SINGELS A, JONES M, MARIN F, et al. Predicting climate change impacts on sugarcane production at sites in Australia, Brazil and South Africa using the canegro model [J]. Sugar Tech., 2013, 16 (4): 347-355.

[27] SHEN X, ZHAO Z, CHEN Y. Effects of intercropping with peanut and silicon application on sugarcane growth, yield and quality [J]. Sugar Tech., 2018, 21 (3): 437-443.

[28] ZENG X P, ZHU K, LU J M, et al. Long-term effects of different nitrogen levels on growth, yield, and quality in sugarcane [J]. Agronomy, 2020, 10 (3).

[29] RAMOUTHAR P V, CALDWELL P M, MCFARLANE S A. Effect of silicon on the severity of brown rust of sugarcane in South Africa [J]. European Journal of Plant Pathology, 2015, 145 (1): 53-60.

[30] LOFTON J, TUBAÑA B. Effect of nitrogen rates and application time on sugarcane yield and quality [J]. Journal of Plant Nutrition, 2014, 38 (2): 161-176.

[31] CRUSCIOL C A C, FOLTRAN R, ROSSATO O B, et al. Effects of surface application of calcium-magnesium silicate and gypsum on soil fertility and sugarcane yield [J]. Revista Brasileira de Ciência do Solo, 2014, 38 (6): 1843-1854.

[32] VEYSI S, NASERI A A, HAMZEH S, et al. A satellite based crop water stress index for irrigation scheduling in sugarcane fields [J]. Agricultural Water Management, 2017, 189: 70-86.

[33] SOM-ARD J, HOSSAIN M D, NINSAWAT S, et al. Pre-harvest sugarcane yield estimation using uav-based rgb images and ground observation [J]. Sugar Tech., 2018, 20 (6): 645-657.

[34] DUBEY S K, GAVLI A S, YADAV S K, et al. Remote sensing-based yield forecasting for sugarcane (*Saccharum officinarum* L.) crop in India [J]. Journal of the Indian Society of Remote Sensing, 2018, 46 (11): 1823-1833.

[35] YU D, ZHA Y, SHI L, et al. Improving sugarcane growth simulations by integrating multi-source observations into a crop model [J]. European Journal of Agronomy, 2022, 132.

[36] MOMIN M A, GRIFT T E, VALENTE D S, et al. Sugarcane yield mapping based on vehicle tracking [J]. Precision Agriculture, 2018, 20 (5): 896-910.

[37] NATARAJAN R, SUBRAMANIAN J, PAPAGEORGIOU E I. Hybrid learning of fuzzy cognitive maps for sugarcane yield classification [J]. Computers and Electronics in Agriculture, 2016, 127: 147-157.

[38] FELIPE MALDANER L, DE PAULA CORRÊDO L, FERNANDA CANATA T, et al. Predicting the sugarcane yield in real-time by harvester engine parameters and machine learning approaches [J]. Computers and Electronics in Agriculture, 2021, 181.

[39] DINH T H, WATANABE K, TAKARAGAWA H, et al. Photosynthetic response and nitrogen use efficiency of sugarcane under drought stress conditions with different nitrogen application levels [J]. Plant Production Science, 2017, 20 (4): 412-422.

[40] DINH H T, WATANABLE K, TAKARAGAWA H, et al. Effects of drought stress at early growth stage on response of sugarcane to different nitrogen application [J]. Sugar Tech., 2017, 20 (4): 420-430.

[41] KUMAR D, MALIK N, SENGAR R S. Physio-biochemical insights into sugarcane genotypes under water stress [J]. Biological Rhythm Research, 2019, 52 (1): 92-115.

[42] DOS SANTOS C M, DE ALMEIDA SILVA M. Physiological and biochemical responses of sugarcane to oxidative stress induced by water deficit and paraquat [J]. Acta Physiologiae Plantarum, 2015, 37 (8).

[43] SALVATO F, LOZIUK P, KIYOTA E, et al. Label-free quantitative proteomics of enriched nuclei from sugarcane (*Saccharum* ssp.) stems in response to drought stress [J]. Proteomics, 2019, 19 (14).

[44] BUDZINSKI I G F, DE MORAES F E, CATALDI T R, et al. Network analyses and data integration of proteomics and metabolomics from leaves of two contrasting varieties of sugarcane in response to drought [J]. Frontiers in Plant Science, 2019, 10: 1524.

[45] VERMA K K, SONG X-P, VERMA C L, et al. Functional relationship between photosynthetic leaf gas exchange in response to silicon application and

water stress mitigation in sugarcane [J]. Biological Research, 2021, 54 (1).

[46] SILVEIRA N M, FRUNGILLO L, MARCOS F C C, et al. Exogenous nitric oxide improves sugarcane growth and photosynthesis under water deficit [J]. Planta, 2016, 244 (1): 181-190.

[47] HOANG D T, HIROO T, YOSHINOBU K. Nitrogen use efficiency and drought tolerant ability of various sugarcane varieties under drought stress at early growth stage [J]. Plant Production Science, 2018, 22 (2): 250-261.

[48] RAZA G, ALI K, ASHRAF M Y, et al. Overexpression of an H+-PPase gene from *Arabidopsis* in sugarcane improvesdrought tolerance, plant growth, and photosynthetic responses [J]. Turkish Journal of Biology, 2016, 40: 109-119.

[49] HERNÁNDEZ-PÉREZ C A, GÓMEZ-MERINO F C, SPINOSO-CASTILLO J L, et al. In vitro screening of sugarcane cultivars (*Saccharum* spp. Hybrids) for tolerance to polyethylene glycol-induced water stress [J]. Agronomy, 2021, 11 (3): 598.

[50] DHANSU P, KULSHRESHTHA N, KUMAR R, et al. Identification of drought-tolerant co-canes based on physiological traits, yield attributes and drought tolerance indices [J]. Sugar Tech., 2021, 23 (4): 747-761.

[51] MEDEIROS C D, FERREIRA NETO J R C, OLIVEIRA M T, et al. Photosynthesis, antioxidant activities and transcriptional responses in two sugarcane (*Saccharum officinarum* L.) cultivars under salt stress [J]. Acta Physiologiae Plantarum, 2013, 36 (2): 447-459.

[52] MEDEIROS M J L, SILVA M M D A, GRANJA M M C, et al. Effect of exogenous proline in two sugarcane genotypes grown in vitro under salt stress [J]. Acta Biológica Colombiana, 2014, 20 (2): 57-63.

[53] SATBHAI R D, NAIK R M. Osmolytes accumulation, cell membrane integrity, and antioxidant enzymes in sugarcane varieties differing in salinity tolerance [J]. Sugar Tech., 2013, 16 (1): 30-35.

[54] ZAMBROSI F C B, MESQUITA G L, MARCHIORI P E R, et al. Anatomical and physiological bases of sugarcane tolerance to manganese toxicity [J]. Environmental and Experimental Botany, 2016, 132: 100-112.

[55] LI S, LI Z, YANG L, et al. Differential effects of cold stress on chloroplasts structures and photosynthetic characteristics in cold-sensitive and cold-tolerant cultivars of sugarcane [J]. Sugar Tech., 2017, 20 (1): 11-20.

[56] THIRUGNANASAMBANDAM P P, HOANG N V, HENRY R J. The challenge of analyzing the sugarcane genome [J]. Frontiers in Plant Science, 2018, 9.

[57] ZHANG J, ZHANG X, TANG H, et al. Allele-defined genome of the autopolyploid sugarcane *Saccharum spontaneum* L [J]. Nature genetics, 2018, 50 (11): 1565-1573.

[58] ZHANG Q, QI Y, PAN H, et al. Genomic insights into the recent chromosome reduction of autopolyploid sugarcane *Saccharum spontaneum* [J]. Nature Genetics, 2022, 54 (6): 885-896.

[59] DIAS H B, SENTELHAS P C, INMAN-BAMBER G, et al. Sugarcane yield future scenarios in Brazil as projected by the APSIM-Sugar model [J]. Industrial Crops and Products, 2021, 171.

[60] PAIXÃO J S, CASAROLI D, DOS ANJOS J C R, et al. Optimizing sugarcane planting windows using a crop simulation model at the state level [J]. International Journal of Plant Production, 2021, 15 (2): 303-315.

[61] SINGH P, SINGH R K, GUO D-J, et al. Whole genome analysis of sugarcane root-associated endophyte pseudomonas aeruginosa B18—A plant growth-promoting bacterium with antagonistic potential against *Sporisorium scitamineum* [J]. Frontiers in Microbiology, 2021, 12.

[62] YEOH Y K, PAUNGFOO-LONHIENNE C, DENNIS P G, et al. The core root microbiome of sugarcanes cultivated under varying nitrogen fertilizer application [J]. Environmental Microbiology, 2015, 18 (5): 1338-1351.

[63] FRANCO A L C, BARTZ M L C, CHERUBIN M R, et al. Loss of soil (macro) fauna due to the expansion of Brazilian sugarcane acreage [J]. Science of The Total Environment, 2016, 563-564: 160-168.

[64] FRANCO A L C, CHERUBIN M R, PAVINATO P S, et al. Soil carbon, nitrogen and phosphorus changes under sugarcane expansion in Brazil [J]. Science of The Total Environment, 2015, 515-516: 30-38.

[65] BONINI DA LUZ F, CARVALHO M L, AQUINO DE BORBA D, et al. Linking soil water changes to soil physical quality in sugarcane expansion areas in Brazil [J]. Water, 2020, 12 (11): 3156.

[66] TENELLI S, BORDONAL R O, CHERUBIN M R, et al. Multilocation changes in soil carbon stocks from sugarcane straw removal for bioenergy production in Brazil [J]. GCB Bioenergy, 2021, 13 (7): 1099-1111.

[67] SOUSA JUNIOR J G D A, CHERUBIN M R, OLIVEIRA B G, et al. Three-year soil carbon and nitrogen responses to sugarcane straw management [J]. BioEnergy Research, 2018, 11 (2): 249-261.

[68] BORDONAL R D O, MENANDRO L M S, BARBOSA L C, et al. Sugarcane yield and soil carbon response to straw removal in south-central Brazil [J]. Geoderma, 2018, 328: 79-90.

[69] GMACH M R, SCARPARE F V, CHERUBIN M R, et al. Sugarcane straw removal effects on soil water storage and drainage in southeastern Brazil [J]. Journal of Soil and Water Conservation, 2019, 74 (5): 466-476.

[70] MORAIS M C, FERRARI B M, BORGES C D, et al. Does sugarcane straw re-

moval change the abundance of soil microbes? [J]. BioEnergy Research, 2019, 12 (4): 901-908.

[71] CHERUBIN M R, BORDONAL R O, CASTIONI G A, et al. Soil health response to sugarcane straw removal in Brazil [J]. Industrial Crops and Products, 2021, 163.

[72] FILOSO S, CARMO J B D, MARDEGAN S F, et al. Reassessing the environmental impacts of sugarcane ethanol production in Brazil to help meet sustainability goals [J]. Renewable and Sustainable Energy Reviews, 2015, 52: 1847-1856.

[73] CHAGAS M F, BORDONAL R O, CAVALETT O, et al. Environmental and economic impacts of different sugarcane production systems in the ethanol biorefinery [J]. Biofuels, Bioproducts and Biorefining, 2015, 10 (1): 89-106.

[74] WANG L, QUICENO R, PRICE C, et al. Economic and GHG emissions analyses for sugarcane ethanol in Brazil: Looking forward [J]. Renewable and Sustainable Energy Reviews, 2014, 40: 571-582.

[75] LE BLOND J S, WOSKIE S, HORWELL C J, et al. Particulate matter produced during commercial sugarcane harvesting and processing: A respiratory health hazard? [J]. Atmospheric Environment, 2017, 149: 34-46.

[76] TSIROPOULOS I, FAAIJ A P C, SEABRA J E A, et al. Life cycle assessment of sugarcane ethanol production in India in comparison to Brazil [J]. The International Journal of Life Cycle Assessment, 2014, 19 (5): 1049-1067.

[77] PETERSEN A M, MELAMU R, KNOETZE J H, et al. Comparison of second-generation processes for the conversion of sugarcane bagasse to liquid biofuels in terms of energy efficiency, pinch point analysis and life cycle analysis [J]. Energy Conversion and Management, 2015, 91: 292-301.

[78] GUERRA J P M, COLETA J R, ARRUDA L C M, et al. Comparative analysis of electricity cogeneration scenarios in sugarcane production by LCA [J]. The International Journal of Life Cycle Assessment, 2014, 19 (4): 814-825.

[79] CASTRO S G Q D, ROSSI NETO J, KÖLLN O T, et al. Decision-making on the optimum timing for nitrogen fertilization on sugarcane ratoon [J]. Scientia Agricola, 2019, 76 (3): 237-242.

[80] BOSCHIERO B N, MARIANO E, TORRES-DORANTE L O, et al. Nitrogen fertilizer effects on sugarcane growth, nutritional status, and productivity in tropical acid soils [J]. Nutrient Cycling in Agroecosystems, 2020, 117 (3): 367-382.

[81] OTTO R, PEREIRA G L, TENELLI S, et al. Planting legume cover crop as a strategy to replace synthetic N fertilizer applied for sugarcane production [J]. Industrial Crops and Products, 2020, 156.

[82] OLIVIER F C, SINGELS A. Increasing water use efficiency of irrigated sugarcane production in South Africa through better agronomic practices [J]. Field Crops Research, 2015, 176: 87-98.

[83] KASSING R, DE SCHUTTER B, ABRAHAM E. Optimal control for precision irrigation of a large-scale plantation [J]. Water Resources Research, 2020, 56 (10).

[84] WANG W J, REEVES S H, SALTER B, et al. Effects of urea formulations, application rates and crop residue retention on N_2O emissions from sugarcane fields in Australia [J]. Agriculture, Ecosystems & Environment, 2016, 216: 137-146.

[85] WANG W, PARK G, REEVES S, et al. Nitrous oxide emission and fertiliser nitrogen efficiency in a tropical sugarcane cropping system applied with different formulations of urea [J]. Soil Research, 2016, 54 (5).

[86] KAMEYAMA K, MIYAMOTO T, IWATA Y, et al. Effects of biochar produced from sugarcane bagasse at different pyrolysis temperatures on water retention of a calcaric dark red soil [J]. Soil Science, 2016, 181 (1): 20-28.

[87] RASSAEI F. Sugarcane bagasse biochar changes the sorption kinetics and rice (*Oryza sativa* L.) cadmium uptake in a paddy soil [J]. Gesunde Pflanzen, 2023, 75 (5): 2101-2110.

[88] RAHMAN M A, JAHIRUDDIN M, KADER M A, et al. Sugarcane bagasse biochar increases soil carbon sequestration and yields of maize and groundnut in charland ecosystem [J]. Archives of Agronomy and Soil Science, 2021, 68 (10): 1338-1351.

[89] BASHIR S, HUSSAIN Q, AKMAL M, et al. Sugarcane bagasse-derived biochar reduces the cadmium and chromium bioavailability to mash bean and enhances the microbial activity in contaminated soil [J]. Journal of Soils and Sediments, 2017, 18 (3): 874-886.

[90] ALVAREZ-CAMPOS O, LANG T A, BHADHA J H, et al. Biochar and mill ash improve yields of sugarcane on a sand soil in Florida [J]. Agriculture, Ecosystems & Environment, 2018, 253: 122-130.

[91] LIAO F, YANG L, LI Q, et al. Effect of biochar on growth, photosynthetic characteristics and nutrient distribution in sugarcane [J]. Sugar Tech., 2018, 21 (2): 289-295.

[92] YANG L, LIAO F, HUANG M, et al. Biochar improves sugarcane seedling root and soil properties under a pot experiment [J]. Sugar Tech., 2014, 17 (1): 36-40.

[93] YIN J, DENG C B, WANG X F, et al. Effects of long-term application of vinasse on physicochemical properties, heavy metals content and microbial diversity

in sugarcane field soil [J]. Sugar Tech., 2018, 21 (1): 62-70.

[94] DA SILVA J J, DA SILVA B F, STRADIOTTO N R, et al. Identification of organic contaminants in vinasse and in soil and groundwater from fertigated sugarcane crop areas using target and suspect screening strategies [J]. Science of The Total Environment, 2021, 761.

[95] BRAGA L P P, ALVES R F, DELLIAS M T F, et al. Vinasse fertirrigation alters soil resistome dynamics: An analysis based on metagenomic profiles [J]. BioData Mining, 2017, 10 (1).

[96] CARPANEZ T G, MOREIRA V R, ASSIS I R, et al. Sugarcane vinasse as organo-mineral fertilizers feedstock: Opportunities and environmental risks [J]. Science of The Total Environment, 2022, 832.

[97] APARICIO J D, BENIMELI C S, ALMEIDA C A, et al. Integral use of sugarcane vinasse for biomass production of actinobacteria: Potential application in soil remediation [J]. Chemosphere, 2017, 181: 478-484.

[98] SAFIRZADEH S, CHOROM M, ENAYATIZAMIR N. Effect of phosphate solubilising bacteria (*Enterobacter cloacae*) on phosphorus uptake efficiency in sugarcane (*Saccharum officinarum* L.) [J]. Soil Research, 2019, 57 (4).

[99] KHAN A, JIANG H, BU J, et al. Untangling the rhizosphere bacterial community composition and response of soil physiochemical properties to different nitrogen applications in sugarcane field [J]. Frontiers in Microbiology, 2022, 13.

[100] KHAN A, JIANG H, BU J, et al. An insight to rhizosphere bacterial community composition and structure of consecutive winter-initiated sugarcane ratoon crop in Southern China [J]. BMC Plant Biology, 2022, 22 (1).

[101] SOLANKI M K, WANG F Y, WANG Z, et al. Rhizospheric and endospheric diazotrophs mediated soil fertility intensification in sugarcane-legume intercropping systems [J]. Journal of Soils and Sediments, 2018, 19 (4): 1911-1927.

[102] BEZERRA B K L, LIMA G P P, DOS REIS A R, et al. Physiological and biochemical impacts of silicon against water deficit in sugarcane [J]. Acta Physiologiae Plantarum, 2019, 41 (12).

[103] DE CAMARGO M S, BEZERRA B K L, HOLANDA L A, et al. Silicon fertilization improves physiological responses in sugarcane cultivars grown under water deficit [J]. Journal of Soil Science and Plant Nutrition, 2019, 19 (1): 81-91.

[104] SILVEIRA N M, SEABRA A B, MARCOS F C C, et al. Encapsulation of Snitrosoglutathione into chitosan nanoparticles improves drought tolerance of sugarcane plants [J]. Nitric. Oxide, 2019, 84: 38-44.

[105] BORDONAL R D O, CARVALHO J L N, LAL R, et al. Sustainability of sugarcane production in Brazil. A review [J]. Agronomy for Sustainable Development, 2018, 38 (2).

[106] BENTO C B, FILOSO S, PITOMBO L M, et al. Impacts of sugarcane agriculture expansion over low-intensity cattle ranch pasture in Brazil on greenhouse gases [J]. Journal of Environmental Management, 2018, 206: 980-988.

[107] CARVALHO J L N, MENANDRO L M S, DE CASTRO S G Q, et al. Multilocation straw removal effects on sugarcane yield in south-central Brazil [J]. BioEnergy Research, 2019, 12 (4): 813-829.

[108] REEVES S, WANG W, GINNS S. Mitigate N_2O emissions while maintaining sugarcane yield using enhanced efficiency fertilisers and reduced nitrogen rates [J]. Nutrient Cycling in Agroecosystems, 2023, 128 (3): 325-340.

[109] DOS SANTOS C M, DE ALMEIDA SILVA M, LIMA G P P, et al. Physiological changes associated with antioxidant enzymes in response to sugarcane tolerance to water deficit and rehydration [J]. Sugar Tech., 2014, 17 (3): 291-304.

[110] MARIN F R, RIBEIRO R V, MARCHIORI P E R. How can crop modeling and plant physiology help to understand the plant responses to climate change? A case study with sugarcane [J]. Theoretical and Experimental Plant Physiology, 2014, 26 (1): 49-63.

[111] GAO C, CHEN X, YU L, et al. New 24-membered macrolactins isolated from marine bacteria *Bacillus siamensis* as potent fungal inhibitors against sugarcane smut [J]. Journal of Agricultural and Food Chemistry, 2021, 69 (15): 4392-4401.

[112] SU Y, XIAO X, LING H, et al. A dynamic degradome landscape on miRNAs and their predicted targets in sugarcane caused by *Sporisorium scitamineum* stress [J]. BMC Genomics, 2019, 20 (1).

[113] LU S, WANG Y, SHEN X, et al. SsPEP1, an effector with essential cellular functions in sugarcane smut fungus [J]. Journal of Fungi, 2021, 7 (11).

[114] SHEN W, XU G, LUO M, et al. Genetic diversity of Sporisorium scitamineum in mainland China assessed by SCoT analysis [J]. Tropical Plant Pathology, 2016, 41 (5): 288-296.

[115] HUANG N, ZHANG Y Y, XIAO X H, et al. Identification of smut-responsive genes in sugarcane using cDNA-SRAP [J]. Genetics and Molecular Research, 2015, 14 (2): 6808-6818.

[116] SINGH P, SONG Q Q, SINGH R K, et al. Proteomic analysis of the resistance mechanisms in sugarcane during *Sporisorium scitamineum* infection [J]. International Journal of Molecular Sciences, 2019, 20 (3).

[117] DENG Q Q, XU G H, DOU Z M, et al. Identification of three *Sporisorium scitamineum* pathogenic races in mainland China [J]. International Journal of Agriculture and Biology, 2018, 20 (4): 799-802.

[118] CUI G, YIN K, LIN N, et al. Burkholderia gladioli CGB10: A novel strain biocontrolling the sugarcane smut disease [J]. Microorganisms, 2020, 8 (12).

[119] DUAN M, WANG L, SONG X, et al. Assessment of the rhizosphere fungi and bacteria recruited by sugarcane during smut invasion [J]. Brazilian Journal of Microbiology, 2022, 54 (1): 385-395.

[120] LIU S, LIN N, CHEN Y, et al. Biocontrol of sugarcane smut disease by interference of fungal sexual mating and hyphal growth using a bacterial isolate [J]. Frontiers in Microbiology, 2017, 8.

[121] SHEN W, DENG H, LI Q, et al. Evaluation of BC1 and BC2 from the crossing *Erianthus arundinaceus* with *Saccharum* for resistance to sugarcane smut caused by *Sporisorium scitamineum* [J]. Tropical Plant Pathology, 2014, 39 (5): 368-373.

[122] NALAYENI K, ASHWIN N M R, BARNABAS L, et al. Comparative expression analysis of potential pathogenicity-associated genes of high- and low-virulent Sporisorium scitamineum isolates during interaction with sugarcane [J]. 3 Biotech, 2021, 11 (7).

[123] RODY H V S, BOMBARDELLI R G H, CRESTE S, et al. Genome survey of resistance gene analogs in sugarcane: Genomic features and differential expression of the innate immune system from a smut-resistant genotype [J]. BMC Genomics, 2019, 20 (1).

[124] DENG Q, WU J, CHEN J, et al. Physiological mechanisms of improved smut resistance in sugarcane through application of silicon [J]. Frontiers in Plant Science, 2020, 11.

[125] HOSSAIN M I, AHMAD K, VADAMALAI G, et al. Phylogenetic analysis and genetic diversity of *Colletotrichum falcatum* Isolates causing sugarcane red rot disease in Bangladesh [J]. Biology, 2021, 10 (9).

[126] VISWANATHAN R, SELVAKUMAR R, MANIVANNAN K, et al. Behaviour of soil borne inoculum of *Colletotrichum falcatum* in causing red rot in sugarcane varieties with varying disease resistance [J]. Sugar Tech., 2020, 22 (3): 485-497.

[127] HOSSAIN M I, AHMAD K, SIDDIQUI Y, et al. Current and prospective strategies on detecting and managing *Colletotrichum falcatum* causing red rot of sugarcane [J]. Agronomy, 2020, 10 (9).

[128] NANDAKUMAR M, MALATHI P, SUNDAR A R, et al. Use of green fluores-

cent protein expressing *Colletotrichum falcatum*, the red rot pathogen for precise host-pathogen interaction studies in sugarcane [J]. Sugar Tech., 2019, 22 (1): 112-121.

[129] VISWANATHAN R, PADMANABAN P, SELVAKUMAR R. Emergence of new pathogenic variants in *Colletotrichum falcatum*, stalk infecting ascomycete in sugarcane: Role of host varieties [J]. Sugar Tech., 2019, 22 (3): 473-484.

[130] VISWANATHAN R. Sustainable sugarcane cultivation in India through threats of red rot by varietal management [J]. Sugar Tech., 2020, 23 (2): 239-253.

[131] ADDY H, NURMALASARI, WAHYUDI A, et al. Detection and response of sugarcane against the infection of sugarcane mosaic virus (SCMV) in Indonesia [J]. Agronomy, 2017, 7 (3).

[132] MORADI Z, NAZIFI E, MEHRVAR M. Occurrence and evolutionary analysis of coat protein gene sequences of Iranian isolates of sugarcane mosaic virus [J]. The Plant Pathology Journal, 2017, 33 (3): 296-306.

[133] WANG K. Molecular detection of viral diseases in chewing cane (*Saccharum officinarum*) from Southern China [J]. International Journal of Agriculture and Biology, 2018, 20 (3): 655-660.

[134] JIANG T, DU K, WANG P, et al. Sugarcane mosaic virus orchestrates the lactate fermentation pathway to support its successful infection [J]. Frontiers in Plant Science, 2023, 13.

[135] AKBAR S, YAO W, QIN L, et al. Comparative analysis of sugar metabolites and their transporters in sugarcane following sugarcane mosaic virus (SCMV) infection [J]. International Journal of Molecular Sciences, 2021, 22 (24).

[136] WIDYANINGRUM S, PUJIASIH D R, SHOLEHA W, et al. Induction of resistance to sugarcane mosaic virus by RNA interference targeting coat protein gene silencing in transgenic sugarcane [J]. Molecular Biology Reports, 2021, 48 (3): 3047-3054.

[137] XU X, LI H, CHENG D, et al. A spontaneous complementary mutation restores the RNA silencing suppression activity of HC-Pro and the virulence of sugarcane mosaic virus [J]. Frontiers in Plant Science, 2020, 11.

[138] LI X Y, SUN H D, ROTT P C, et al. Molecular identification and prevalence of *Acidovorax avenaesub* sp. avenaecausing red stripe of sugarcane in China [J]. Plant Pathology, 2017, 67 (4): 929-937.

[139] FONTANA P D, TOMASINI N, FONTANA C A, et al. MLST reveals a separate and novel clonal group for acidovorax avenaestrains causing red stripe in sugarcane from Argentina [J]. Phytopathology®, 2019, 109 (3):

358-365.

[140] SHAN H, LI W, HUANG Y, et al. First detection of sugarcane red stripe caused by *Acidovorax avenae* subsp. avenae in Yuanjiang, Yunnan, China [J]. Tropical Plant Pathology, 2017, 42 (2): 137-141.

[141] GUERRERO D S, BERTANI R P, LEDESMA A, et al. Silver nanoparticles synthesized by the heavy metal resistant strain *Amycolatopsis tucumanensis* and its application in controlling red strip disease in sugarcane [J]. Heliyon, 2022, 8 (5).

[142] ZHOU J, SUN H, ALI A, et al. Quantitative proteomic analysis of the sugarcane defense responses incited by *Acidovorax avenae* subsp. avenae causing red stripe [J]. Industrial Crops and Products, 2021, 162.

[143] WILSON B E, VANWEELDEN M T, BEUZELIN J M, et al. Susceptibility and yield response to sugarcane borer (Lepidoptera: Crambidae) infestation among sugarcanes and sorghums with potential for bioethanol production [J]. Crop Protection, 2018, 113: 15-21.

[144] SAKTHIVEL R, SARAVANAKUMAR T, SATHISHKUMAR M. Non-fragile reliable control synthesis of the sugarcane borer [J]. IET Systems Biology, 2017, 11 (5): 139-143.

[145] REAGAN T E, MULCAHY M M. Interaction of cultural, biological, and varietal controls for management of stalk borers in Louisiana sugarcane [J]. Insects, 2019, 10 (9).

[146] SALGADO L D, WILSON B E, VILLEGAS J M, et al. Resistance to the sugarcane borer (Lepidoptera: Crambidae) in Louisiana sugarcane cultivars [J]. Environmental Entomology, 2022, 51 (1): 196-203.

[147] MEDEIROS A, MINGOSSI F, DIAS R, et al. Sugarcane serine peptidase inhibitors, serine peptidases, and clp protease system subunits associated with sugarcane borer (*Diatraea saccharalis*) herbivory and wounding [J]. International Journal of Molecular Sciences, 2016, 17 (9).

[148] PIMENTEL G V, TOMAZ A C, BRASILEIRO B P, et al. Oviposition preference and larval performance of sugarcane borer in eight sugarcane genotypes [J]. Ciência e Agrotecnologia, 2017, 41 (4): 439-446.

[149] CRISTOFOLETTI P T, KEMPER E L, CAPELLA A N, et al. Development of transgenic sugarcane resistant to sugarcane borer [J]. Tropical Plant Biology, 2018, 11 (1-2): 17-30.

[150] CAMARGO M, KORNDÖRFER G H, FOLTRAN D. Silicon absorption and stalk borer incidence by sugarcane varieties in two ratoons [J]. Bioscience Journal, 2014, 30: 1304-1313.

[151] DA SILVA D S, DE OLIVEIRA C F R, PARRA J R P, et al. Short and

long-term antinutritional effect of the trypsin inhibitor ApTI for biological control of sugarcane borer [J]. Journal of Insect Physiology, 2014, 61: 1-7.

[152] WILSON B E, VANWEELDEN M T, BEUZELIN J M, et al. Efficacy of insect growth regulators and diamide insecticides for control of stem borers (Lepidoptera: Crambidae) in sugarcane [J]. Journal of Economic Entomology, 2017, 110 (2): 453-463.

[153] OLIVEIRA H N, ANTIGO M R, CARVALHO G A, et al. Effect of selectivity of herbicides and plant growth regulators used in sugarcane crops on immature stages of *Trichogramma galloi* (Hymenoptera: Trichogrammatidae) [J]. Planta Daninha, 2014, 32 (1): 125-131.

[154] SHOW LER A. Selected abiotic and biotic environmental stress factors affecting two economically important sugarcane stalk boring pests in the United States [J]. Agronomy, 2016, 6 (1).

[155] VILELA M, CAMPOS DE MORAES J, ALVES E, et al. Induced resistance to *Diatraea saccharalis* (Lepidoptera: Crambidae) via silicon application in sugarcane [J]. Revista Colombiana de Entomologia, 2014, 40: 44-48.

[156] ROTT P, CHATENET M, MAZARIN C, et al. Immunological, molecular, and pathogenic characterization of sugarcane streak Mosaic Virus isolates from six Asian countries [J]. Sugar Tech., 2023, 25 (5): 1134-1143.

[157] ABIDE M, KIDANEMARIAM D, KEBEDE M, et al. Sugarcane bacilliform viruses in Ethiopia: Genetic diversity and transmission by pink sugarcane mealybug [J]. Australasian Plant Pathology, 2023, 52 (6): 613-624.

[158] HE Z, YASAKA R, LI W, et al. Genetic structure of populations of sugarcane streak mosaic virus in China: Comparison with the populations in India [J]. Virus Research, 2016, 211: 103-116.

[159] LIANG S-S, ALABI O J, DAMAJ M B, et al. Genomic variability and molecular evolution of Asian isolates of sugarcane streak mosaic virus [J]. Archives of Virology, 2016, 161 (6): 1493-1503.

[160] WU Q, PAN Y-B, SU Y, et al. WGCNA identifies a comprehensive and dynamic gene co-expression network that associates with smut resistance in sugarcane [J]. International Journal of Molecular Sciences, 2022, 23 (18).

[161] JAVED T, ZHOU J R, LI J, et al. Identification and expression profiling of WRKY family genes in sugarcane in response to bacterial pathogen infection and nitrogen implantation dosage [J]. Frontiers in Plant Science, 2022, 13.

[162] ZHAO J, CHEN J, SHI Y, et al. Sugarcane responses to two strains of *Xanthomonas albilineans* differing in pathogenicity through a differential modulation of salicylic acid and reactive oxygen species [J]. Frontiers in Plant Science, 2022, 13.

[163] LI W, WANG X, HUANG Y, et al. Molecular detection of *Bru1* gene and identification of brown rust resistance in Chinese sugarcane germplasm [J]. Sugar Tech., 2016, 19 (2): 183-190.

[164] WILSON B E, SALGADO L D, VILLEGAS J M. Optimizing chemical control for *Diatraea saccharalis* (Lepidoptera: Crambidae) in sugarcane [J]. Crop Protection, 2022, 152.

[165] MOLAVIAN M, GHORBANI G R, RAFIEE H, et al. Substitution of wheat straw with sugarcane bagasse in low-forage diets fed to mid-lactation dairy cows: Milk production, digestibility, and chewing behavior [J]. Journal of Dairy Science, 2020, 103 (9): 8034-8047.

[166] CAMPOS M M, BORGES A L D C C, PANCOTI C G, et al. Performance of Holstein x Gyr dairy cows fed hydrolyzed sugarcane-based diets [J]. Semina: Ciências Agrárias, 2019, 40 (2).

[167] DE ALMEIDA G A P, FERREIRA M D A, SILVA J D L, et al. Sugarcane bagasse as exclusive roughage for dairy cows in smallholder livestock system [J]. Asian-Australasian Journal of Animal Sciences, 2018, 31 (3): 379-385.

[168] RODRIGUES J P P, DE PAULA R M, RENNÓ L N, et al. Effects of soybean oil supplementation on performance, digestion and metabolism of early lactation dairy cows fed sugarcane-based diets [J]. Animal, 2019, 13 (6): 1198-1207.

[169] ANDRADE W R, DE PAULA MACHADO T J V M O, DAVID G S S, et al. Inclusion of calcium oxide in sugarcane silage under different particle sizes on performance of dairy cows [J]. Tropical Animal Health and Production, 2023, 55 (3).

[170] ALHADAS H M, VALADARES FILHO S C, SILVA F F, et al. Effects of including physically effective fiber from sugarcane in whole corn grain diets on the ingestive, digestive, and ruminal parameters of growing beef bulls [J]. Livestock Science, 2021, 248.

[171] CAMPELO-LIMA V H, ANTAS-URBANO S, ANDRADE-FERREIRA M, et al. Sugarcane bagasse or elephant grass hay in diets for goats: Performance, feeding behavior and carcass characteristics [J]. Revista Colombiana de Ciencias Pecuarias, 2021, 35 (1): 49-59.

[172] TEIXEIRA A D O, RESENDE V A D, MOREIRA L M, et al. Effect of crushed sugarcane on performance, bone characteristics and intestinal morphology of free-range chicken lines [J]. Semina: Ciências Agrárias, 2021, 42 (5): 2893-2906.

[173] SILVA-GUILLEN Y V, ALMEIDA V V, NUÑEZ A J C, et al. Effects of feeding diets containing increasing content of purified lignocellulose supplied by sug-

arcane bagasse to early-weaned pigs on growth performance and intestinal health [J]. Animal Feed Science and Technology, 2022, 284.

[174] DOS SANTOS D S, MACEDO A V M, DA CONCEIÇÃO M G, et al. Sugarcane replaced by cactus cladodes improves the ruminal dynamics of sheep [J]. Small Ruminant Research, 2022, 209.

[175] SIQUEIRA T D Q, DOS SANTOS MONNERAT J P I, CHAGAS J C C, et al. Cactus cladodes associated with urea and sugarcane bagasse: An alternative to conserved feed in semi-arid regions [J]. Tropical Animal Health and Production, 2019, 51 (7): 1975-1980.

[176] SIQUEIRA M, CHAGAS J, MONNERAT J P, et al. Nutritive value, in vitro fermentation, and methane production of cactus cladodes, sugarcane bagasse, and urea [J]. Animals, 2021, 11 (5).

[177] OLIVEIRA J P F D, FERREIRA M D A, ALVES A M S V, et al. Carcass characteristics of lambs fed spineless cactus as a replacement for sugarcane [J]. Asian - Australasian Journal of Animal Sciences, 2018, 31 (4): 529-536.

[178] ROBERTO C H V, VILLELA S D J, LEONEL F D P, et al. Performance and economic evaluation of feedlot cattle fed sugarcane tops [J]. Livestock Science, 2019, 230.

[179] COUTO J R L, VILLELA S D J, MOURTHÉ M H F, et al. Sugarcane tops as a substitute for sugarcane in high-concentrate diets for beef bulls [J]. Animal Production Science, 2017, 57 (3).

[180] RAO S B N, GOWDA N K S, SOREN N M, et al. Nutritional evaluation of sugarcane (*Saccharum officinarum*) trash as dry fodder source for cattle [J]. The Indian Journal of Animal Sciences, 2019, 89 (6).

[181] CAI Y, DU Z, YAMASAKI S, et al. Community of natural lactic acid bacteria and silage fermentation of corn stover and sugarcane tops in Africa [J]. Asian-Australasian Journal of Animal Sciences, 2020, 33 (8): 1252-1264.

[182] SUZUKI T, SAKAIGAICHI T, KAMIYA M, et al. Feeding of fodder-sugarcane silage to Holstein cows [J]. Japan Agricultural Research Quarterly: JARQ, 2014, 48 (2): 183-193.

[183] DHAGE S A, FULPAGARE Y G, MANE S H. Evaluation of whole sugarcane based rations in lactating crossbred cows [J]. Animal Nutrition and Feed Technology, 2015, 15 (2).

[184] SAHU S, PATEL B H M, DUTT T, et al. Effect of graded level of sugarcane press mud in ration on carcass characteristics of crossbred (Landrace × Desi) pigs [J]. The Indian Journal of Animal Sciences, 2014, 84 (10).

[185] SUMA N, VENKATARAMI REDDY B S, GLORIDOSS R G, et al. Gross effi-

ciency of protein and metabolisable energy utilization of sugarcane press residue incorporated in layer diets [J]. Indian Journal of Animal Research, 2018, 52 (8): 1185-1189.

[186] RODRIGUES J D P S, QUEIROZ M A Á, DE LUCENA A R F, et al. Inclusion of discarded banana in sugarcane silage decreases dry matter losses and improves its nutritional value [J]. Revista Colombiana de Ciencias Pecuarias, 2019, 32 (1): 50-57.

[187] DEL VALLE T A, DO NASCIMENTO G, FERNANDEZ L S, et al. Whole corn grain addition in sugarcane silage avoids fermentative losses and improves in situ degradation of silage [J]. Tropical Grasslands - Forrajes Tropicales, 2019, 7 (5): 493-501.

[188] SANTOS K C D, MAGALHÃES A L R, CONCEIÇÃO M G D, et al. Common bean residue as additive in sugarcane silage [J]. Revista Ciência Agronômica, 2018, 49 (1).

[189] REIS L O, GOIS G C, FELIX W P, et al. Fermentative profile and nutritional composition of sugarcane silages associated with different levels of moringa hay [J]. Agronomy Journal, 2022, 114 (5): 2787-2795.

[190] JESUS D L S D, RIGUEIRA J P S, MONÇÃO F P, et al. Nutritional value of sugarcane silages added with different acetic acid doses [J]. Semina: Ciências Agrárias, 2019, 40 (5Supl1): 2387.

[191] MARTINS S C D S G, CARVALHO G G P, PIRES A J V, et al. Qualitative parameters of sugarcane silages treated with urea and calcium oxide [J]. Semina: Ciências Agrárias, 2015, 36 (2).

[192] SOUZA M S, DE QUEIROZ A C M, BERNARDES T F, et al. Effects of sodium benzoate application, silage relocation, and storage time on the preservation quality of sugarcane silage [J]. Agronomy, 2022, 12 (7).

[193] SANTOS W P, CARVALHO B F, ÁVILA C L S, et al. Glycerin as an additive for sugarcane silage [J]. Annals of Microbiology, 2014, 65 (3): 1547-1556.

[194] CARDOSO L L, RIBEIRO K G, MARCONDES M I, et al. Chemical composition and production of ethanol and other volatile organic compounds in sugarcane silage treated with chemical and microbial additives [J]. Animal Production Science, 2019, 59 (4).

[195] FARIA E F S, DA SILVA T C, PINA D D S, et al. Do re-ensiling time and application of Lactobacillus buchneri alter the characteristics of sugarcane silage? [J]. The Journal of Agricultural Science, 2020, 158 (5): 438-446.

[196] RABELO C H S, HÄRTER C J, ÁVILA C L D S, et al. Meta-analysis of the effects of *Lactobacillus plantarum* and *Lactobacillus buchneri* on fermentation, chemi-

cal composition and aerobic stability of sugarcane silage [J]. Grassland Science, 2018, 65 (1): 3-12.

[197] CHAUHAN N, KUMARI N, MANI V, et al. Effects of *Lactiplantibacillus plantarum*, *Limosilactobacillus fermentum*, and propionic acid on the fermentation process of sugarcane tops silages along with variations in pH, yeast and mould count after aerobic exposure [J]. Waste and Biomass Valorization, 2023, 15 (4): 2215-2230.

[198] SO S, CHERDTHONG A, WANAPAT M. Improving sugarcane bagasse quality as ruminant feed with *Lactobacillus*, cellulase, and molasses [J]. Journal of Animal Science and Technology, 2020, 62 (5): 648-658.

[199] GANDRA J R, OLIVEIRA E R, TAKIYA C S, et al. Chitosan improves the chemical composition, microbiological quality, and aerobic stability of sugarcane silage [J]. Animal Feed Science and Technology, 2016, 214: 44-52.

[200] KHERAVII S K, SWICK R A, CHOCT M, et al. Dietary sugarcane bagasse and coarse particle size of corn are beneficial to performance and gizzard development in broilers fed normal and high sodium diets [J]. Poultry Science, 2017, 96 (11): 4006-4016.

[201] GUNUN N, WANAPAT M, GUNUN P, et al. Effect of treating sugarcane bagasse with urea and calcium hydroxide on feed intake, digestibility, and rumen fermentation in beef cattle [J]. Tropical Animal Health and Production, 2016, 48 (6): 1123-1128.

[202] ATHIRA G, BAHURUDEEN A, APPARI S. Thermochemical conversion of sugarcane bagasse: Composition, reaction kinetics, and characterisation of by-products [J]. Sugar Tech., 2020, 23 (2): 433-452.

[203] CHE H, WEI G, FAN Z, et al. Super facile one-step synthesis of sugarcane bagasse derived N-doped porous biochar for adsorption of ciprofloxacin [J]. Journal of Environmental Management, 2023, 335.

[204] FERNANDES J O, BERNARDINO C A R, MAHLER C F, et al. Biochar generated from agro-industry sugarcane residue by low temperature pyrolysis utilized as an adsorption agent for the removal of thiamethoxam pesticide in wastewater [J]. Water, Air & Soil Pollution, 2021, 232 (2).

[205] MONTOYA J I, VALDÉS C, CHEJNE F, et al. Bio-oil production from Colombian bagasse by fast pyrolysis in a fluidized bed: An experimental study [J]. Journal of Analytical and Applied Pyrolysis, 2015, 112: 379-387.

[206] TEIXEIRA CARDOSO A R, CONRADO N M, KRAUSE M C, et al. Chemical characterization of the bio-oil obtained by catalytic pyrolysis of sugarcane bagasse (industrial waste) from the species *Erianthus arundinaceus* [J]. Journal of Environmental Chemical Engineering, 2019, 7 (2).

[207] ORDONEZ-LOZA J, CHEJNE F, JAMEEL A G A, et al. An investigation into the pyrolysis and oxidation of bio-oil from sugarcane bagasse: Kinetics and evolved gases using TGA-FTIR [J]. Journal of Environmental Chemical Engineering, 2021, 9 (5).

[208] JAYARAMAN K, GOKALP I, PETRUS S, et al. Energy recovery analysis from sugar cane bagasse pyrolysis and gasification using thermogravimetry, mass spectrometry and kinetic models [J]. Journal of Analytical and Applied Pyrolysis, 2018, 132: 225-236.

[209] SANTOS J, OUADI M, JAHANGIRI H, et al. Valorisation of lignocellulosic biomass investigating different pyrolysis temperatures [J]. Journal of the Energy Institute, 2020, 93 (5): 1960-1969.

[210] GONÇALVES E V, SEIXAS F L, DE SOUZA SCANDIUZZI SANTANA L R, et al. Economic trends for temperature of sugarcane bagasse pyrolysis [J]. The Canadian Journal of Chemical Engineering, 2017, 95 (7): 1269-1279.

[211] NISAR J, NASIR U, ALI G, et al. Kinetics of pyrolysis of sugarcane bagasse: Effect of catalyst on activation energy and yield of pyrolysis products [J]. Cellulose, 2021, 28 (12): 7593-7607.

[212] TEIXEIRA M G, PEREIRA S D P S, FERNANDES S A, et al. Enhancement of levoglucosan production via fast pyrolysis of sugarcane bagasse by pretreatment with Keggin heteropolyacids [J]. Industrial Crops and Products, 2020, 154.

[213] VARMA A K, MONDAL P. Pyrolysis of sugarcane bagasse in semi batch reactor: Effects of process parameters on product yields and characterization of products [J]. Industrial Crops and Products, 2017, 95: 704-717.

[214] WANG J, YELLEZUOME D, ZHANG Z, et al. Understanding pyrolysis mechanisms of pinewood sawdust and sugarcane bagasse from kinetics and thermodynamics [J]. Industrial Crops and Products, 2022, 177.

[215] KUMAR A, REDDY S N. Study the catalytic effect on pyrolytic behavior, thermal kinetic and thermodynamic parameters of Ni/Ru/Fe-impregnated sugarcane bagasse via thermogravimetric analysis [J]. Industrial Crops and Products, 2022, 178.

[216] IWUOZOR K O, OYEKUNLE I P, OLADUNJOYE I O, et al. A review on the mitigation of heavy metals from aqueous solution using sugarcane bagasse [J]. Sugar Tech., 2021, 24 (4): 1167-1185.

[217] PATIL S A, KUMBHAR P D, SATVEKAR B S, et al. Adsorption of toxic crystal violet dye from aqueous solution by using waste sugarcane leaf-based activated carbon: isotherm, kinetic and thermodynamic study [J]. Journal of the Iranian Chemical Society, 2022, 19 (7): 2891-2906.

[218] JAWAD A H, ABDULHAMEED A S, BAHRUDIN N N, et al. Microporous

activated carbon developed from KOH activated biomass waste: Surface mechanistic study of methylene blue dye adsorption [J]. Water Science and Technology, 2021, 84 (8): 1858-1872.

[219] SAID A E-A A, ALY A A M, GODA M N, et al. Adsorptive remediation of congo red dye in aqueous solutions using acid pretreated sugarcane bagasse [J]. Journal of Polymers and the Environment, 2020, 28 (4): 1129-1137.

[220] BEHNOOD R, ANVARIPOUR B, JAAFARZADEH N, et al. Oil spill sorption using raw and acetylated sugarcane bagasse [J]. Journal of Central South University, 2016, 23 (7): 1618-1625.

[221] MOHTASHAMI S-A, ASASIAN KOLUR N, KAGHAZCHI T, et al. Optimization of sugarcane bagasse activation to achieve adsorbent with high affinity towards phenol [J]. Turkish Journal of Chemistry, 2018, 42 (6): 1720-1735.

[222] MONTERO J I Z, MONTEIRO A S C, GONTIJO E S J, et al. High efficiency removal of As (Ⅲ) from waters using a new and friendly adsorbent based on sugarcane bagasse and corncob husk Fe-coated biochars [J]. Ecotoxicology and Environmental Safety, 2018, 162: 616-624.

[223] RASSAEI F. Biochar effects on rice paddy cadmium contaminated calcareous clay soil: A study on adsorption kinetics and cadmium uptake [J]. Paddy and Water Environment, 2023, 21 (3): 389-400.

[224] VERA M, JUELA D M, CRUZAT C, et al. Modeling and computational fluid dynamic simulation of acetaminophen adsorption using sugarcane bagasse [J]. Journal of Environmental Chemical Engineering, 2021, 9 (2).

[225] GONÇALVES F, PERNA R, LOPES E, et al. Strategies to improve the environmental efficiency and the profitability of sugarcane mills [J]. Biomass and Bioenergy, 2021, 148.

[226] SOLOMON S. Sugarcane agriculture and sugar industry in India: At a Glance [J]. Sugar Tech., 2014, 16 (2): 113-124.

[227] NASERI H, PARASHKOOHI M G, RANJBAR I, et al. Energy-economic and life cycle assessment of sugarcane production in different tillage systems [J]. Energy, 2021, 217.

[228] SOUZA A, WATANABE M D B, CAVALETT O, et al. Social life cycle assessment of first and second-generation ethanol production technologies in Brazil [J]. The International Journal of Life Cycle Assessment, 2016, 23 (3): 617-628.

[229] GABISA E W, BESSOU C, GHEEWALA S H. Life cycle environmental performance and energy balance of ethanol production based on sugarcane molasses in Ethiopia [J]. Journal of Cleaner Production, 2019, 234: 43-53.

[230] SOAM S, KUMAR R, GUPTA R P, et al. Life cycle assessment of fuel ethanol from sugarcane molasses in northern and western India and its impact on Indian biofuel programme [J]. Energy, 2015, 83: 307-315.

[231] FARAHANI S S, ASOODAR M A. Life cycle environmental impacts of bioethanol production from sugarcane molasses in Iran [J]. Environmental Science and Pollution Research, 2017, 24 (28): 22547-22556.

[232] FACHINELLI N P, PEREIRA A O. Impacts of sugarcane ethanol production in the Paranaiba basin water resources [J]. Biomass and Bioenergy, 2015, 83: 8-16.

[233] DE CARVALHO A L, ANTUNES C H, FREIRE F. Economic-energy-environment analysis of prospective sugarcane bioethanol production in Brazil [J]. Applied Energy, 2016, 181: 514-526.

[234] CARMINATI H B, MILÃO R D F D, DE MEDEIROS J L, et al. Bioenergy and full carbon dioxide sinking in sugarcane – biorefinery with post – combustion capture and storage: Techno – economic feasibility [J]. Applied Energy, 2019, 254.

[235] PALACIOS-BERECHE R, ENSINAS A, MODESTO M, et al. Enzymatic hydrolysis of sugarcane biomass and heat integration as enhancers of ethanol production [J]. Journal of Renewable Materials, 2018, 6 (2): 183-194.

[236] LOPEZ-CASTRILLON C, LEON J A, PALACIOS-BERECHE M C, et al. Improvements in fermentation and cogeneration system in the ethanol production process: Hybrid membrane fermentation and heat integration of the overall process through Pinch Analysis [J]. Energy, 2018, 156: 468-480.

[237] LOSORDO Z, MCBRIDE J, ROOYEN J V, et al. Cost competitive second-generation ethanol production from hemicellulose in a Brazilian sugarcane biorefinery [J]. Biofuels, Bioproducts and Biorefining, 2016, 10 (5): 589-602.

[238] ZHANG W, LEI F, LI P, et al. Co-catalysis of magnesium chloride and ferrous chloride for xylo – oligosaccharides and glucose production from sugarcane bagasse [J]. Bioresource Technology, 2019, 291.

[239] ZHOU X, XU Y. Integrative process for sugarcane bagasse biorefinery to co-produce xylooligosaccharides and gluconic acid [J]. Bioresource Technology, 2019, 282: 81-87.

[240] TSUCHIDA J E, REZENDE C A, DE OLIVEIRA-SILVA R, et al. Nuclear magnetic resonance investigation of water accessibility in cellulose of pretreated sugarcane bagasse [J]. Biotechnology for Biofuels, 2014, 7 (1).

[241] WANG Q, WANG W, TAN X, et al. Low-temperature sodium hydroxide pretreatment for ethanol production from sugarcane bagasse without washing process

[J]. Bioresource Technology, 2019, 291.

[242] CANDIDO R G, MORI N R, GONÇALVES A R. Sugarcane straw as feedstock for 2G ethanol: Evaluation of pretreatments and enzymatic hydrolysis [J]. Industrial Crops and Products, 2019, 142.

[243] BRAR K K, ESPIRITO SANTO M C, PELLEGRINI V O A, et al. Enhanced hydrolysis of hydrothermally and autohydrolytically treated sugarcane bagasse and understanding the structural changes leading to improved saccharification [J]. Biomass and Bioenergy, 2020, 139.

[244] HAN Y, BAI Y, ZHANG J, et al. A comparison of different oxidative pretreatments on polysaccharide hydrolyzability and cell wall structure for interpreting the greatly improved enzymatic digestibility of sugarcane bagasse by delignification [J]. Bioresources and Bioprocessing, 2020, 7 (1).

[245] ZHANG H, CHEN W, HAN X, et al. Intensification of sugar production by using Tween 80 to enhance metal-salt catalyzed pretreatment and enzymatic hydrolysis of sugarcane bagasse [J]. Bioresource Technology, 2021, 339.

[246] NATH P, MAIBAM P D, SINGH S, et al. Sequential pretreatment of sugarcane bagasse by alkali and organosolv for improved delignification and cellulose saccharification by chimera and cellobiohydrolase for bioethanol production [J]. 3 Biotech., 2021, 11 (2).

[247] XU C, LIU F, ALAM M A, et al. Comparative study on the properties of lignin isolated from different pretreated sugarcane bagasse and its inhibitory effects on enzymatic hydrolysis [J]. International Journal of Biological Macromolecules, 2020, 146: 132-140.

[248] ZHANG Y, DI X, XU J, et al. Effect of LHW, HCl, and NaOH pretreatment on enzymatic hydrolysis of sugarcane bagasse: Sugar recovery and fractal-like kinetics [J]. Chemical Engineering Communications, 2018, 206 (6): 772-780.

[249] MARTINS L H D S, RABELO S C, COSTA A C D. Effects of the pretreatment method on high solids enzymatic hydrolysis and ethanol fermentation of the cellulosic fraction of sugarcane bagasse [J]. Bioresource Technology, 2015, 191: 312-321.

[250] SYDNEY E B, CARVALHO J C D, LETTI L A J, et al. Current developments and challenges of green technologies for the valorization of liquid, solid, and gaseous wastes from sugarcane ethanol production [J]. Journal of Hazardous Materials, 2021, 404.

[251] HAKIKA D C, SARTO S, MINDARYANI A, et al. Decreasing COD in sugarcane vinasse using the fenton reaction: The effect of processing parameters [J]. Catalysts, 2019, 9 (11).

[252] PRAZERES A R, LELIS J, ALVES-FERREIRA J, et al. Treatment of vinasse from sugarcane ethanol industry: H_2SO_4, NaOH and Ca $(OH)_2$ precipitations, $FeCl_3$ coagulation-flocculation and atmospheric CO_2 carbonation [J]. Journal of Environmental Chemical Engineering, 2019, 7 (4).

[253] AHMED P M, PAJOT H F, DE FIGUEROA L I C, et al. Sustainable bioremediation of sugarcane vinasse using autochthonous macrofungi [J]. Journal of Environmental Chemical Engineering, 2018, 6 (4): 5177-5185.

[254] FUESS L T, GARCIA M L, ZAIAT M. Seasonal characterization of sugarcane vinasse: Assessing environmental impacts from fertirrigation and the bioenergy recovery potential through biodigestion [J]. Science of The Total Environment, 2018, 634: 29-40.

[255] RULLI M M, VILLEGAS L B, COLIN V L. Treatment of sugarcane vinasse using an autochthonous fungus from the northwest of Argentina and its potential application in fertigation practices [J]. Journal of Environmental Chemical Engineering, 2020, 8 (5).

[256] PARSAEE M, KIANI DEH KIANI M, KARIMI K. A review of biogas production from sugarcane vinasse [J]. Biomass and Bioenergy, 2019, 122: 117-125.

[257] KIANI DEH KIANI M, PARSAEE M, SAFIEDDIN ARDEBILI S M, et al. Different bioreactor configurations for biogas production from sugarcane vinasse: A comprehensive review [J]. Biomass and Bioenergy, 2022, 161.

[258] NUNES FERRAZ JUNIOR A D, ETCHEBEHERE C, PERECIN D, et al. Advancing anaerobic digestion of sugarcane vinasse: Current development, struggles and future trends on production and end-uses of biogas in Brazil [J]. Renewable and Sustainable Energy Reviews, 2022, 157.

[259] JANKE L, LEITE A F, BATISTA K, et al. Enhancing biogas production from vinasse in sugarcane biorefineries: Effects of urea and trace elements supplementation on process performance and stability [J]. Bioresource Technology, 2016, 217: 10-20.

[260] ILTCHENCO J, ALMEIDA L G, BEAL L L, et al. Microbial consortia composition on the production of methane from sugarcane vinasse [J]. Biomass Conversion and Biorefinery, 2019, 10 (2): 299-309.

[261] SARKER T C, AZAM S M G G, BONANOMI G. Recent advances in sugarcane industry solid by-products valorization [J]. Waste and Biomass Valorization, 2016, 8 (2): 241-266.

[262] FORMANN S, HAHN A, JANKE L, et al. Beyond sugar and ethanol production: Value generation opportunities through sugarcane residues [J]. Frontiers in Energy Research, 2020, 8.

[263] PAN S, ZABED H M, WEI Y, et al. Technoeconomic and environmental perspectives of biofuel production from sugarcane bagasse: Current status, challenges and future outlook [J]. Industrial Crops and Products, 2022, 188.

[264] MONTIEL-ROSALES A, MONTALVO-ROMERO N, GARCÍA-SANTAMARÍA L E, et al. Post-industrial use of sugarcane ethanol vinasse: A systematic review [J]. Sustainability, 2022, 14 (18).

[265] DAVID G F, PEREZ V H, RODRIGUEZ JUSTO O, et al. Effect of acid additives on sugarcane bagasse pyrolysis: Production of high yields of sugars [J]. Bioresource Technology, 2017, 223: 74-83.

[266] DAVID G F, JUSTO O R, PEREZ V H, et al. Thermochemical conversion of sugarcane bagasse by fast pyrolysis: High yield of levoglucosan production [J]. Journal of Analytical and Applied Pyrolysis, 2018, 133: 246-253.

[267] DE AGUIAR J, BONDANCIA T J, CLARO P I C, et al. Enzymatic deconstruction of sugarcane bagasse and straw to obtain cellulose nanomaterials [J]. ACS Sustainable Chemistry & Engineering, 2020, 8 (5): 2287-2299.

[268] CHAYA W, BUNNAG B, GHEEWALA S H. Adoption, cost and livelihood impact of machinery services used in small-scale sugarcane production in Thailand [J]. Sugar Tech., 2018, 21 (4): 543-556.

[269] MARTINS M B, FILHO A C M, DRUDI F S, et al. Economic efficiency of mechanized harvesting of sugarcane at different operating speeds [J]. Sugar Tech., 2020, 23 (2): 428-432.

[270] USABORISUT P. Progress in mechanization of sugarcane farms in Thailand [J]. Sugar Tech., 2018, 20 (2): 116-121.

[271] NADEEM M, TANVEER A, SANDHU H, et al. Agronomic and economic evaluation of autumn planted sugarcane under different planting patterns with lentil intercropping [J]. Agronomy, 2020, 10 (5).

[272] NADEEM M. Comparative growth, productivity, quality and profitability of plant and ratoon crop of sugarcane under different pit dimensions [J]. Pakistan Journal of Agricultural Sciences, 2018, 55 (3): 483-488.

[273] TAKIM F O, SULEIMAN M A. Impact of plant population and weed control methods on the growth, yield and economic potential of sugarcane (*Saccharum officinarum* L.) cultivation [J]. Planta Daninha, 2018, 35.

[274] SHUKLA S K, SHARMA L, JAISWAL V P, et al. Diversification options in sugarcane-based cropping systems for doubling farmers'income in subtropical India [J]. Sugar Tech., 2022, 24 (4): 1212-1229.

[275] BORBA DE MORAES FARINELLI J, LOPES SANTOS D F, FERNANDES C, et al. Crop diversification strategy to improve economic value in brazilian sugarcane production [J]. Agronomy Journal, 2018, 110 (4): 1402-1411.

[276] GEETHA P, TAYADE A S, CHANDRASEKAR C A, et al. Agronomic response, weed smothering efficiency and economic feasibility of sugarcane and legume intercropping system in tropical India [J]. Sugar Tech., 2018, 21 (5): 838-842.

[277] MARADIAGA-RODRIGUEZ W D, WAGNER-EVANGELISTA A, ALVES JÚNIOR J, et al. Economic analysis of sugar cane (*Saccharum officinarum*) irrigated and produced in organic and conventional systems [J]. Agrociencia, 2019, 53: 191-205.

[278] SUWANDARI A, HARIYATI Y, AGUSTINA T, et al. The impacts of certified seed plant adoption on the productivity and efficiency of smallholder sugarcane farmers in Indonesia [J]. Sugar Tech, 2020, 22 (4): 574-582.

[279] MURALI P, PUTHIRA PRATHAP D. Technical efficiency of sugarcane farms: An econometric analysis [J]. Sugar Tech., 2016, 19 (2): 109-116.

[280] PRASARA-A J, GHEEWALA S H. Sustainability of sugarcane cultivation: Case study of selected sites in north-eastern Thailand [J]. Journal of Cleaner Production, 2016, 134: 613-622.

[281] YANG L, ZHOU Y, MENG B, et al. Reconciling productivity, profitability and sustainability of small-holder sugarcane farms: A combined life cycle and data envelopment analysis [J]. Agricultural Systems, 2022, 199.

[282] GILIO L, AZANHA FERRAZ DIAS DE MORAES M. Sugarcane industry's socioeconomic impact in São Paulo, Brazil: A spatial dynamic panel approach [J]. Energy Economics, 2016, 58: 27-37.

[283] MACHADO P G, WALTER A, PICOLI M C, et al. Potential impacts on local quality of life due to sugarcane expansion: A case study based on panel data analysis [J]. Environment, Development and Sustainability, 2016, 19 (5): 2069-2092.

[284] MANOEL A A S, DA COSTA MORAES M B, SANTOS D F L, et al. Determinants of corporate cash holdings in times of crisis: insights from Brazilian sugarcane industry private firms [J]. International Food and Agribusiness Management Review, 2018, 21 (2): 201-218.

[285] SINGH P, SINGH S N, TIWARI A K, et al. Integration of sugarcane production technologies for enhanced cane and sugar productivity targeting to increase farmers'income: strategies and prospects [J]. 3 Biotech, 2019, 9 (2): 48.

[286] LAKAPUNRAT N, THAPA G B. Policies, socioeconomic, institutional and biophysical factors influencing the change from rice to sugarcane in Nong Bua Lamphu Province, Thailand [J]. Environmental Management, 2017, 59 (6): 924-938.

[287] ZULU N S, SIBANDA M, TLALI B S. Factors affecting sugarcane production

[288] PRATHAP D P, MURALI P, VENKATASUBRAMANIAN V. Barriers to ICT usage: An assessment among the sugarcane farmers in disadvantaged districts of Tamil Nadu, India [J]. Sugar Tech., 2020, 23 (2): 286-295.

[289] LALA M, SALLU S M, LYIMO F, et al. Revealing diversity among narratives of agricultural transformation: Insights from smallholder farmers in the Northern Kilombero Valley, Tanzania [J]. Frontiers in Sustainable Food Systems, 2023, 7.

[290] ZHU M, YANG R. The impact of agricultural insurance on farmers' enthusiasm for sugarcane production: Evidence from Guangxi, China [J]. Sustainability, 2023, 15 (5).

[291] DAM LAM R, BOAFO Y A, DEGEFA S, et al. Assessing the food security outcomes of industrial crop expansion in smallholder settings: Insights from cotton production in Northern Ghana and sugarcane production in Central Ethiopia [J]. Sustainability Science, 2017, 12 (5): 677-693.

[292] BERGTOLD J S, CALDAS M M, SANT'ANNA A C, et al. Indirect land use change from ethanol production: The case of sugarcane expansion at the farm level on the Brazilian Cerrado [J]. Journal of Land Use Science, 2017, 12 (6): 442-456.

[293] ARRUDA M R D, GILLER K E, SLINGERLAND M. Where is sugarcane cropping expanding in the Brazilian Cerrado, and why? A case study [J]. Anais da Academia Brasileira de Ciências, 2017, 89 (3 suppl.): 2485-2493.

[294] DE ANDRADE JUNIOR M A U, VALIN H, SOTERRONI A C, et al. Exploring future scenarios of ethanol demand in Brazil and their land-use implications [J]. Energy Policy, 2019, 134.

[295] BASTOS LIMA M G. Corporate power in the bioeconomy transition: The policies and politics of conservative ecological modernization in Brazil [J]. Sustainability, 2021, 13 (12).

[296] EGESKOG A, BARRETTO A, BERNDES G, et al. Actions and opinions of Brazilian farmers who shift to sugarcane: An interview-based assessment with discussion of implications for land-use change [J]. Land Use Policy, 2016, 57: 594-604.

[297] MONTERO-MORA A, DERMOTT A G-M. Socioecological transformations at the specialized productive space in coffee and sugarcane in the context of the Green Revolution. Costa Rica (1955—1973) [J]. Ecological Economics, 2023, 208.

[298] HURTADO D, VÉLEZ-TORRES I. Toxic dispossession: On the social impacts

of the aerial use of glyphosate by the sugarcane agroindustry in Colombia [J]. Critical Criminology, 2020, 28 (4): 557-576.

[299] CHINANGWA L, GASPARATOS A, SAITO O. Forest conservation and the private sector: stakeholder perceptions towards payment for ecosystem service schemes in the tobacco and sugarcane sectors in Malawi [J]. Sustainability Science, 2017, 12 (5): 727-746.

[300] SILVA R A, LAPOLA D M, PATRICIO G B, et al. Operationalizing payments for ecosystem services in Brazil's sugarcane belt: How do stakeholder opinions match with successful cases in Latin America? [J]. Ecosystem Services, 2016, 22: 128-138.

[301] CANOVA M A, LAPOLA D M, PINHO P, et al. Different ecosystem services, same (dis) satisfaction with compensation: A critical comparison between farmers' perception in Scotland and Brazil [J]. Ecosystem Services, 2019, 35: 164-172.

[302] HERRMANN R, JUMBE C, BRUENTRUP M, et al. Competition between biofuel feedstock and food production: Empirical evidence from sugarcane outgrower settings in Malawi [J]. Biomass and Bioenergy, 2018, 114: 100-111.

[303] MORAES M A F D, OLIVEIRA F C R, DIAZ-CHAVEZ R A. Socio-economic impacts of Brazilian sugarcane industry [J]. Environmental Development, 2015, 16: 31-43.

[304] PETRINI M A, ROCHA J V, BROWN J C, et al. Using an analytic hierarchy process approach to prioritize public policies addressing family farming in Brazil [J]. Land Use Policy, 2016, 51: 85-94.

9 油棕研究领域竞争力及前沿格局解析

油棕（*Elaeis guineensis* Jacq.）是棕榈科油棕属的热带作物，其主要产品棕榈油和棕仁油除了供食用外，也被应用于制造肥皂、酿造酒精饮料、作为有机肥料（灰烬）、制作屋顶材料（叶片）与建筑材料（树干）、提取药用成分（根部），此外，油棕树还可作为观赏植物等[1]。油棕原生分布区域位于南纬10°至北纬15°之间的热带和亚热带地区，广泛种植于亚洲的马来西亚、印度尼西亚、非洲的西部和中部、南美洲的北部和中美洲[1]。我国引种油棕主要分布于海南、云南、广东、广西[2]。油棕的生长与种植区的气候、土壤、海拔等环境条件密切相关。油棕属喜光植物，日均5小时以上日照情况下生长较好，雌花序分化多，产量较高；最适宜生长发育的气温是24～27℃，平均最高温度为29～33℃，平均最低温度为22～24℃；降水量需要2 000毫米/年，并偏好酸性砂质、细质黏土或粉质壤土等类型土壤[2]。油棕是世界上生产效率最高的油料作物，果实富含油脂，被誉为"世界油王"。据统计，全球约40%的交易植物油是棕榈油，每公顷油棕的产油量比其他油料作物高出4～20倍[1]。在过去40余年中，棕榈油的产量增长超过35倍，从1970年的200万吨增至2018年的7 100万吨[3]。目前有140多个国家进口棕榈油，其中，印度、中国和美国在2017年进口量分别超过900万吨、500万吨和100万吨[3]。世界上约40个国家种植油棕，但印度尼西亚和马来西亚作为油棕主产国，在全球棕榈油总产量中的占比超过84%[1,3]。拉丁美洲的棕榈油产量占全球总产量的6.4%，并在2014—2023年内增长近60%，达到2020/2021年度的460万吨[2]。随着全球对棕榈油的需求逐年增加，预计到2050年，棕榈油的需求将增至2.5亿吨，超过世界油类和脂肪的总产量[4]。

本部分旨在对全球关注油棕研究的科研机构的科研表现竞争力进行全面分析，同时为读者提供关于油棕研究领域在热带作物科学、热带农业资源与环境科学、热带植物保护与生物安全科学、热带草业与饲料科学、热带农业工程、热带农业经济与乡村振兴六大学科方向上的研究主题和前沿信息，以深入了解主要科研机构在全球油棕研究中的重要贡献和地位，同时掌握油棕研究领域的最新研究动态，为探讨和研究油棕学科未来发展奠定基础。

9.1 文献产出基本情况

全球范围来看，2014—2023年，油棕相关研究领域共发表了4 673篇文献。在2018年之前，每年的平均发文量为378篇；2018年之后，年均发文量提升至557篇。从整体上看，文献发表量呈现逐年上升的趋势，年均增长率为6.06%（图9-1）。

按照文献数量排序，从高产国家、高产机构的研究文献产出等方面对国际油棕研究领域科研情况进行统计分析（表9-1）。高产国家中，就各领域的文献产出数量，马来

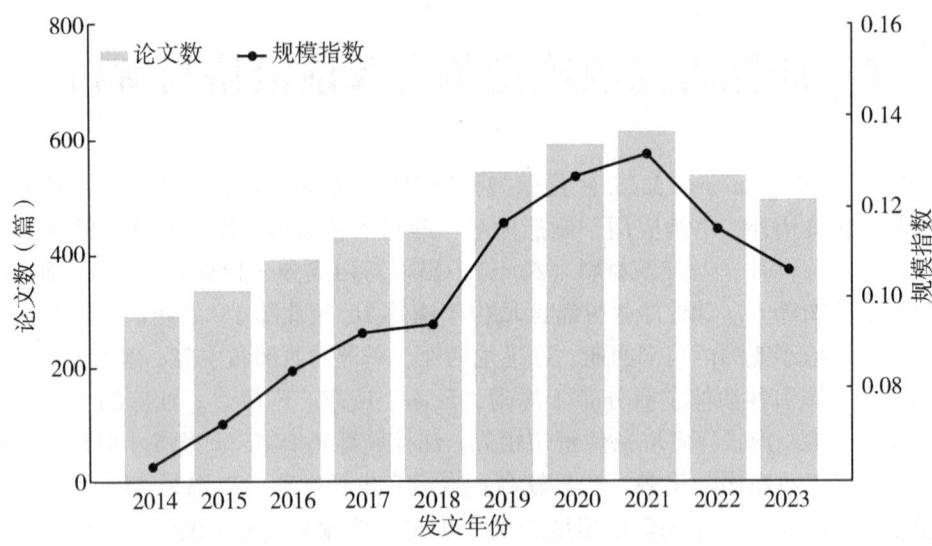

图 9-1　2014—2023 年油棕相关研究文献产出年度趋势

西亚、印度尼西亚都属于高产国家且排名都在前 5 位。高产机构中，马来西亚棕榈油总署和马来西亚博特拉大学在六大领域中的发文数量均居前列。中国热带农业科学院在热带作物科学领域的发文数量居前列。

表 9-1　油棕相关研究领域信息（2014—2023 年）

领域分类	文献数量（篇）	高产国家 TOP5	高产机构 TOP5
热带作物科学	827	马来西亚、印度尼西亚、中国、巴西、法国	马来西亚棕榈油总署、马来西亚博特拉大学、巴西农业发展协会、法国农业国际合作研究发展中心、中国热带农业科学院
热带农业资源与环境科学	1 647	马来西亚、印度尼西亚、英国、德国、美国	马来西亚博特拉大学、哥廷根大学、马来西亚棕榈油总署、茂物农业大学（印度尼西亚）、马来西亚国立大学
热带植物保护与生物安全科学	557	马来西亚、印度尼西亚、英国、巴西、哥伦比亚	马来西亚博特拉大学、马来西亚棕榈油委员会、马来西亚国立大学、哥伦比亚大学、马来西亚大学
热带草业与饲料科学	51	马来西亚、巴西、泰国、印度尼西亚、伊朗	马来西亚博特拉大学、马来西亚棕榈油委员会、宋卡王子大学（泰国）、亚马孙联邦农村大学（巴西）、巴伊亚联邦大学（巴西）
热带农业工程	2 266	马来西亚、印度尼西亚、泰国、日本、尼日利亚	马来西亚博特拉大学、马来西亚理科大学、马来西亚科技大学、马来西亚国立大学、马来西亚棕榈油总署

(续表)

领域分类	文献数量（篇）	高产国家 TOP5	高产机构 TOP5
热带农业经济与乡村振兴	242	印度尼西亚、马来西亚、德国、美国、荷兰	瓦赫宁根大学及研究中心（荷兰）、茂物农业大学（印度尼西亚）、马来西亚棕榈油总署、国际林业研究中心、马来西亚博特拉大学

9.2 科技论文机构竞争力指数

全球油棕研究领域 TOP20 机构总体科技论文竞争力指数排名如表 9-2 所示，马来西亚博特拉大学、哥廷根大学、马来西亚理科大学、马来西亚棕榈油总署和马来西亚科技大学在油棕基础研究领域的科技论文竞争力综合表现较强。其中，马来西亚博特拉大学在生产力、发展力和合作力方面的表现均居首位，优势突出，领先于其他机构。从影响力方面来看，哥廷根大学、马来西亚博特拉大学和马来西亚理科大学排名前 3 位。在全球油棕研究领域，马来西亚的科研机构表现亮眼，其中 11 家机构跻身前 20 强，更有 6 家机构居前 10 位，这充分展示了马来西亚在该研究领域的显著优势。这些机构的研究成果不仅促进了油棕产业的持续发展，同时也为推动全球油棕产业的科技创新提供了关键支持。

表 9-2 全球油棕研究领域 TOP 20 机构总体科技论文竞争力指数

机构名称	所属国家	综合表现		生产力		影响力		发展力		合作力	
		排名	得分	排名	得分	排名	得分	排名	得分	排名	得分
马来西亚博特拉大学	马来西亚	1	0.76	1	1.00	2	0.63	1	0.73	1	0.78
哥廷根大学	德国	2	0.60	5	0.25	1	0.80	3	0.53	2	0.67
马来西亚理科大学	马来西亚	3	0.47	3	0.36	3	0.58	11	0.31	5	0.48
马来西亚棕榈油总署	马来西亚	4	0.41	2	0.48	8	0.41	5	0.42	13	0.25
马来西亚科技大学	马来西亚	5	0.38	6	0.22	5	0.45	4	0.50	11	0.29
马来西亚石油科技大学	马来西亚	6	0.38	10	0.08	4	0.48	2	0.57	8	0.35
茂物农业大学	印度尼西亚	7	0.36	8	0.13	6	0.44	7	0.36	3	0.54
马来亚大学	马来西亚	8	0.31	7	0.15	10	0.39	9	0.34	12	0.26
瓦赫宁根大学及研究中心	荷兰	9	0.28	18	0.02	9	0.39	12	0.25	6	0.46

(续表)

机构名称	所属国家	综合表现		生产力		影响力		发展力		合作力	
		排名	得分	排名	得分	排名	得分	排名	得分	排名	得分
国际农业研究磋商组织	法国	10	0.28	17	0.03	7	0.42	15	0.19	7	0.44
莫纳什大学	澳大利亚	11	0.27	12	0.05	12	0.38	8	0.35	15	0.18
马来西亚国立大学	马来西亚	12	0.26	4	0.33	13	0.19	6	0.39	14	0.19
莫纳什大学马来西亚分校	马来西亚	13	0.26	14	0.04	11	0.38	10	0.33	16	0.16
法国农业国际合作研究发展中心	法国	14	0.11	11	0.08	15	0.03	18	0.13	4	0.51
诺丁汉大学马来西亚分校	马来西亚	15	0.10	15	0.04	14	0.04	14	0.20	9	0.34
宋卡王子大学	泰国	16	0.09	9	0.09	16	0.03	13	0.25	17	0.13
马来西亚沙巴大学	马来西亚	17	0.08	16	0.03	17	0.03	16	0.17	10	0.32
玛拉工艺大学	马来西亚	18	0.04	20	0.00	19	0.01	17	0.14	18	0.08
巴西农业研究院	巴西	19	0.03	13	0.05	18	0.02	19	0.04	20	0.00
哥伦比亚国立大学	哥伦比亚	20	0.01	19	0.01	20	0.00	20	0.04	19	0.05

全球油棕研究领域TOP20机构在不同学科科技论文竞争力指数方面的具体排名如表9-3所示。

表9-3 全球油棕研究领域TOP 20机构不同学科科技论文竞争力指数

机构名称	所属国家	热带作物科学		热带农业资源与环境科学		热带植物保护与生物安全科学		热带草业与饲料科学		热带农业工程		热带农业经济与乡村振兴	
		排名	得分	排名	得分	排名	得分	排名	得分	排名	得分	排名	得分
马来西亚博特拉大学	马来西亚	2	0.50	3	0.43	1	0.55	1	0.61	1	0.76	14	0.16
哥廷根大学	德国	6	0.31	1	0.94	5	0.25	7	0.02	10	0.25	1	0.94
马来西亚理科大学	马来西亚	14	0.09	12	0.29	10	0.08	5	0.08	2	0.59	9	0.22
马来西亚棕榈油总署	马来西亚	1	0.72	14	0.21	2	0.54	2	0.37	12	0.16	4	0.50

（续表）

机构名称	所属国家	热带作物科学		热带农业资源与环境科学		热带植物保护与生物安全科学		热带草业与饲料科学		热带农业工程		热带农业经济与乡村振兴	
		排名	得分	排名	得分	排名	得分	排名	得分	排名	得分	排名	得分
马来西亚科技大学	马来西亚	8	0.28	4	0.40	7	0.21	7	0.02	3	0.47	8	0.23
马来西亚石油科技大学	马来西亚	7	0.29	5	0.37	4	0.27	7	0.02	4	0.45	17	0.05
茂物农业大学	印度尼西亚	12	0.13	2	0.53	10	0.08	6	0.03	16	0.07	3	0.54
马来亚大学	马来西亚	12	0.13	17	0.16	9	0.09	7	0.02	5	0.37	6	0.24
瓦赫宁根大学及研究中心	荷兰	3	0.38	7	0.34	20	0.00	7	0.02	11	0.19	5	0.46
国际农业研究磋商组织	法国	4	0.33	6	0.36	19	0.01	7	0.02	9	0.27	2	0.55
莫纳什大学	澳大利亚	19	0.04	8	0.31	15	0.05	7	0.02	6	0.33	9	0.22
马来西亚国立大学	马来西亚	10	0.15	16	0.19	8	0.15	7	0.02	6	0.33	14	0.16
莫纳什大学马来西亚分校	马来西亚	19	0.04	11	0.30	15	0.05	7	0.02	6	0.33	9	0.22
法国农业国际合作研究发展中心	法国	4	0.33	12	0.29	3	0.28	7	0.02	18	0.04	13	0.19
诺丁汉大学马来西亚分校	马来西亚	11	0.14	8	0.31	6	0.24	7	0.02	17	0.06	6	0.24
宋卡王子大学	泰国	15	0.08	18	0.09	14	0.06	3	0.29	13	0.14	18	0.01
马来西亚沙巴大学	马来西亚	16	0.07	8	0.31	12	0.07	7	0.02	15	0.08	9	0.22
玛拉工艺大学	马来西亚	16	0.07	15	0.20	18	0.03	7	0.02	14	0.09	18	0.01
巴西农业研究院	巴西	9	0.18	20	0.02	12	0.07	4	0.10	18	0.04	18	0.01
哥伦比亚国立大学	哥伦比亚	18	0.06	19	0.08	17	0.04	7	0.02	18	0.04	16	0.07

经过对各学科领域的深入比较与分析，得出以下结论。

在热带作物科学领域，表现出色的前5位机构依次为马来西亚棕榈油总署、马来西亚博特拉大学、瓦赫宁根大学及研究中心、国际农业研究磋商组织和法国农业国际合作研究发展中心。尤其马来西亚棕榈油总署的科技论文综合竞争力指数（0.72）明显高于第二名（0.50）。表明这些机构在热带作物科学领域研究具有较高的学术竞争力和影响力。

在热带农业资源与环境学科领域，哥廷根大学凭借其卓越的研究实力和高水平的科技论文发表，位居榜首。马来西亚棕榈油总署、马来西亚博特拉大学、马来西亚科技大学和马来西亚石油科技大学等也在该领域展现出了较强的竞争力。

在热带植物保护与生物安全学科领域，马来西亚博特拉大学独占鳌头，其研究实力得到了广泛认可。马来西亚棕榈油总署、茂物农业大学、马来西亚科技大学和马来西亚石油科技大学等机构也在热带植物保护与生物安全方面表现出深厚研究底蕴。

在热带草业与饲料科学学科领域，马来西亚博特拉大学、马来西亚棕榈油总署和宋卡王子大学居前3位，表明它们在该领域的研究具有较高的学术水平和实际应用价值。

在热带农业工程学科领域，马来西亚博特拉大学以其出色的研究实力位居榜首。马来西亚棕榈油总署、马来西亚科技大学、马来西亚石油科技大学和马来亚大学等机构也紧随其后，展示了它们在该领域的卓越贡献。

在热带农业经济与乡村振兴学科领域，哥廷根大学以其卓越的研究成果和学术影响力，位居榜首。马来西亚棕榈油总署、茂物农业大学、瓦赫宁根大学及研究中心和国际农业研究磋商组织等机构也表现出色。

综上所述，全球油棕研究领域TOP20机构在不同学科科技论文竞争力指数方面均展现出较高的水平。这些机构的研究实力和学术影响力不仅为油棕研究领域的发展提供了有力支撑，也为推动全球农业科技进步作出重要贡献。

9.3 学科领域热点及前沿表现分析

本部分旨在利用VOSviewer信息可视化软件，分别绘制油棕热带作物科学、热带农业资源与环境科学、热带植物保护与生物安全科学、热带草业与饲料科学、热带农业工程、热带农业经济与乡村振兴六大学科领域的耦合网络图谱，结合耦合网络聚类下高频词信息，明晰研究六大学科领域下主要的研究方向。进一步运用CiteSpace软件，绘制六大学科领域内的共被引网络知识图谱，针对网络中节点的整体分布情况、节点大小、各节点的颜色变化、突现节点、中介中心性等一系列指标，从整体上探测研究的前沿方向。最后，根据学术机构前沿表现力指标体系完成对学术机构在相应前沿的表现力分析。

9.3.1 热带作物科学研究的主题及前沿表现

9.3.1.1 研究主题

油棕热带作物科学研究领域耦合网络图谱显示，该领域主要关注3类方向，为油棕生理遗传与精准农业研究、油棕生物技术与逆境生物学研究、油棕遗传育种与基因组学研究（图9-2）。进一步对不同聚类下的高频主题词进行统计（表9-4），结合聚类文献和高频词分布，了解该领域的研究热点和进展。

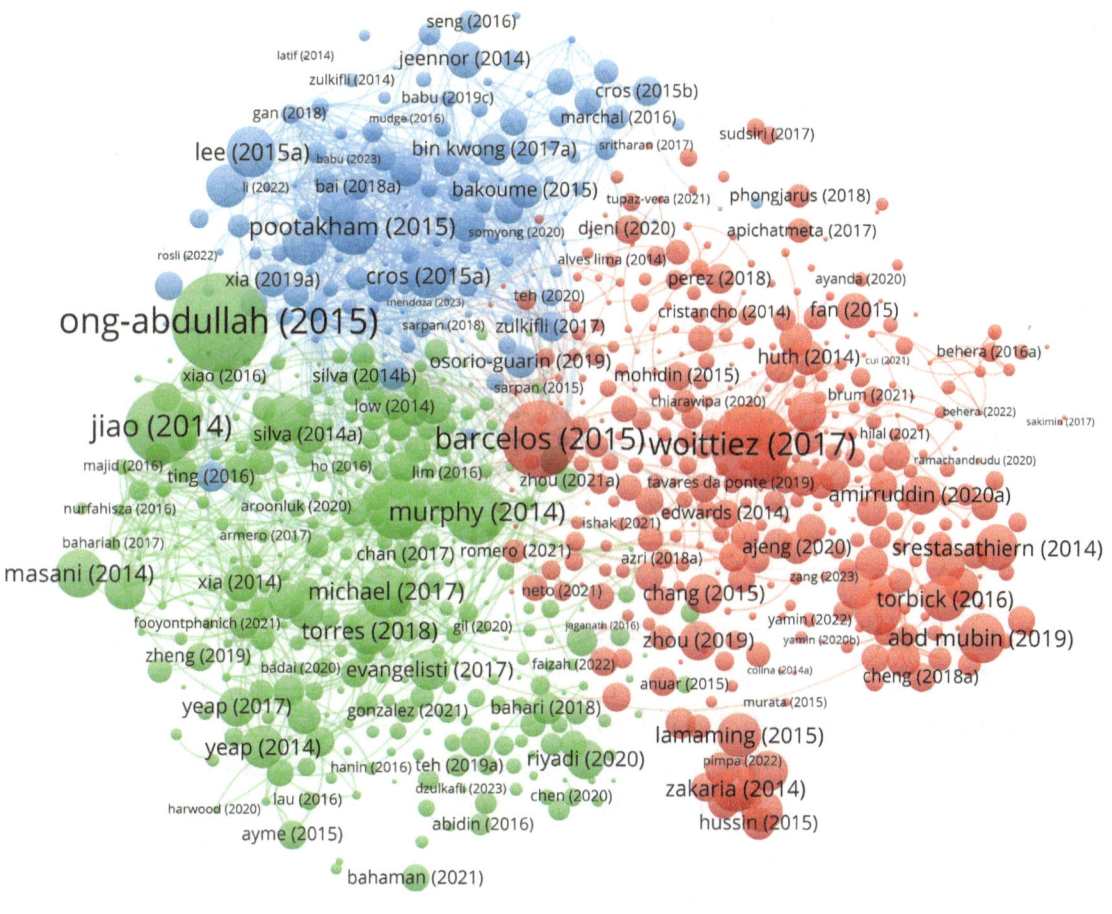

● 油棕生理遗传与精准农业研究　　　● 油棕生物技术与逆境生物学研究
● 油棕遗传育种与基因组学研究

图9-2　油棕热带作物科学研究领域耦合网络分析

注：节点代表文献，节点大小代表被引次数；连线代表存在耦合关系，连线的粗细代表耦合关系的强弱；颜色代表聚类。

表 9-4 油棕热带作物科学研究领域各类高频主题词

聚类	高频主题词
油棕生理遗传与精准农业研究	产量（yield）、机器学习（machine learning）、钾（potassium）、分类（classification）、营养素参考摄入量（dris）、遗传（heritability）、遗传多样性（genetic diversity）、发芽（germination）、叶片养分（leaf nutrient）、光合作用（photosynthesis）、缺水（water deficit）
油棕生物技术与逆境生物学研究	基因表达（gene expression）、中果皮（mesocarp）、非生物胁迫（abiotic stress）、体细胞胚胎发生（somatic embryogenesis）、转录组（transcriptome）、棕榈科（arecaceae）、狭长孢灵芝（Ganoderma boninense）、蛋白质组学（proteomics）、组织培养（tissue culture）、RNA 测序（RNA-seq）、微体繁殖（micropropagation）、RT-qPCR
油棕遗传育种与基因组学研究	基因组选择（genomic selection）、育种（breeding）、单核苷酸多态性（SNP）、数量性状基因组（QTL）、简单重复序列（SSR）、遗传多样性（genetic diversity）、微卫星标记（microsatellite markers）、基因分型测序（genotyping-by-sequencing）、种间杂交（interspecific hybrids）、分子标记辅助选择（marker-assisted selection）、多样性（diversity）、遗传连锁图（genetic linkage map）、种质资源（germplasm）、高度（height）、关联映射（association mapping）、全基因组关联研究（genome-wide association study）

油棕生理遗传与精准农业研究主要聚焦油棕作物的生理遗传特性、养分管理和产量提升等方面。关于生理遗传特性，主要研究集中在以下几方面。第一，利用广泛的遗传多样性来培育具有优良性状的新品种。这不仅涉及评估不同杂交组合间的遗传变异[5-7]，还包括运用混合效应模型预测表型特征与基因型之间的关系[8]。近年来，随着机器学习算法的应用，研究者能够更准确地估计遗传力，并识别出潜在的高产亲本材料[9]。此外，蛋白质组学分析揭示了特定蛋白质在光合作用及植物防御机制中的作用[10]，进一步加深了对油棕生理过程的理解。第二，发芽阶段是决定最终植株品质的关键时期之一。研究表明，理解种子萌发过程中的生理变化有助于改善种植效率[11-15]。通过该阶段的研究，为制定高效的栽培措施提供科学依据。关于养分管理，确保养分有效供给是实现油棕健康生长及高产的关键因素。基于叶片分析确定各生长期的推荐营养素摄入量（DRIS），以及探讨特定元素如钾（K）对植物代谢的影响，已经成为当前研究的重点领域[16-24]。采用遥感技术和光学传感手段监测油棕幼苗以及土壤中氮（N）、磷（P）、钾（K）等主要营养成分含量的变化趋势，能够帮助农民及时调整施肥方案，以达到最佳效果[21-23]。特别是关于钾缺乏条件下糖类合成路径改变的研究发现，强调了合理施肥对于维护正常生理功能的重要性[24]。上述研究为未来科学施肥、提高产量提供了技术支撑。通过研究不同种植管理方式、环境条件（如缺水）等因素对产量的影响，探讨实际产量与潜在产量之间的差距。为了缩小实际产量与理论最大值之间的差距，研究者

正致力于探索多种方法来优化生产流程[25]，包括利用卫星图像精确统计种植面积内的树木数量[26]，通过改良光合性能增强作物生产力[27]，采用数据包络分析（DEA）评价小规模农场的操作效率[28]。每一步都体现了科学技术在现代农业管理中的重要作用。此外，考虑到气候变化等因素可能带来的负面影响，建立适应性强且灵活的模拟工具也越来越重要[29]。第三，针对非生物胁迫条件下如何保持稳定产量，深入探究相关基因表达调控网络及复杂的信号传导机制[30]，评估油棕产量及生态适应性[31,32]，揭示影响油棕鲜果串（FFB）产量变化的主要因素[33,34]。上述研究为推动油棕精准农业的发展，种植区内作业效率并优化资源管理，为未来精细化管理提供科学依据。

油棕生物技术与逆境生物学研究主要聚焦在利用现代分子生物学技术和生物技术手段来提升油棕的产量、品质及抗逆能力。研究人员主要围绕基因表达分析、组织培养技术以及抗逆适应机制等主题展开研究。第一，在基因表达方面，利用转录组学方法结合 QTL 信息，鉴选出在不同发育阶段及具有特定 C16∶0 含量植物中参与脂肪酸和三酰甘油生物合成的关键基因[35]。通过对比高产和低产油棕品种间的转录组数据，发现了调控油分积累的重要基因，克隆并鉴定出油棕油含量显著相关的 EgGDSL 酯酶/脂酶基因，为定向育种提供了新的靶标[36]。此外，通过对第 6 号染色体和第 10 号染色体上 FFB 数量性状位点（QTLs）的研究，进一步揭示了与 SR（雌花序与总花序之比）特性相关的遗传控制机制[37]。第二，在组织培养方面，包括体细胞胚胎发生、快繁等技术的研究与应用。为了研究油棕生长过程中基因表达的变化，采用 RNA 测序和 RT-qPCR 技术对不同生长阶段及环境条件下的转录组进行了全面分析。同时，对于体细胞胚胎发生的优化也取得了重要进展，包括比较固体培养基、液体培养基和临时浸泡系统的效果，并使用 SSR 标记检测遗传稳定性[38]。通过整合多个 SNP（单核苷酸多态性）和 SSR（简单重复序列）数据，构成一个更为完整且高质量的遗传图谱，优化原始拼接结果，改进后的染色体级别基因组将成为油棕领域内进行遗传学研究的重要资源，有助于深入了解影响油棕产量、品质等经济性状背后的分子机制[39]。体细胞胚胎发生被认为是大规模快繁油棕的一种有效平台，这一过程可以通过诱导愈伤组织来实现，从而生成新的植株[40]。评估生长调节剂吲哚乙酸（IAA）和吲哚丁酸（IBA）对油棕体细胞胚生根的影响，提高了后续植株适应性和繁殖系数，为大规模快繁油棕提供了有效的方法[41]。同时，蛋白质组学研究也为深入理解油棕的生理过程提供了重要信息。通过使用枪击式蛋白质组学技术，识别出不同基因型中与胚胎发生能力获取相关的差异丰度蛋白[42]。第三，在抗逆性研究方面，针对如狭长孢灵芝（*Ganoderma boninense*）等病害的危害，探索油棕的抗性机制，利用计算机辅助的数量性状位点（QTL）映射方法研究对油棕茎基腐病的遗传抗性[43]。识别与狭长孢灵芝（*G. boninense*）感染相关的差异表达基因（DEGs），特别关注编码转录因子的基因，分析这些基因在不同感染阶段中的作用，准确了解宿主—病原互作的动态变化[44]。基因分析识别出与油棕叶斑病抗性相关的遗传变异[45]。这些研究对于提高油棕的产量和品质，增强其对环境的适应能力具有重要意义。

油棕遗传育种与基因组学研究主要聚焦于遗传育种和种质资源评价两方面。第一，遗传育种研究，研究人员利用基因组选择、单核苷酸多态性（SNP）、数量性状基因座（QTL）等技术进行油棕遗传多样性和遗传连锁图的分析。QTL的鉴定是油棕遗传育种研究的另一个重要方向。基于整合的连锁图谱、SNP标记以及基因分型测序（GBS）技术，成功筛选出与油棕脂肪酸组成、紧凑性植物性状、高度增长率和农艺性状相关的QTL[46-49]。分子标记的开发对于油棕遗传育种至关重要。研究者开发油棕SNP标记，发现基于SNP的切割扩增多态性序列（CAPS）标记对于研究油棕的遗传多样性非常有效[50]。利用Illumina HiSeq测序数据开发新的多态性SSR标记，识别的全基因组SSR标记丰富了当前油棕作物的基因组资源[51]。构建了两个独立油棕杂交种的高密度SNP和SSR遗传图谱[52,53]。利用微卫星（SSR）标记揭示油棕（*Elaeis guineensis* 和 *Elaeis oleifera*）种质资源遗传多样性[54]。基于基因选择实证评估发现多变量G-BLUP模型相较于传统T-BLUP能够更精确地预测油棕个体性能[55]。第二，种质资源评价，通过简单重复序列（SSR）、微卫星标记和基因分型测序等手段进行种质资源的评估与利用[56-59]。为了保护和利用油棕种质资源，开发和验证油棕全基因组及基因微卫星标记，并建立了第一个油棕微卫星数据库（OpSatdb）[60]。分析了不同地理来源的油棕材料之间的遗传变异程度和遗传多样性，并构建一个代表性的核心种质库[61]。油棕遗传育种与基因组学研究的进展为油棕的遗传改良和种质资源的创新利用提供了重要的科学依据。

综上所述，油棕作物学科学研究领域聚焦于遗传育种、生理遗传特性、精准农业及抗逆性。通过基因组选择、QTL定位和分子标记技术，评价种质资源，进行资源创新利用和新品种培育。利用机器学习预测评估遗传力，从蛋白质组学水平分析光合作用与防御机制。养分管理方面，采用遥感技术和DRIS系统提高施肥效率。产量提升策略包括卫星图像统计、改良光合性能等。生物技术手段如多组学分析和组织培养用于提高产量与抗逆性。这些研究为油棕产业的可持续发展提供了科学依据。

9.3.1.2 前沿主题

以1年为一个时间切片，通过CiteSpace软件，选取每个子集前1%的数据进行文献共被引分析，旨在探测出重要的节点文献。通过参数设置，得到平均轮廓值为0.929、模块化Q值为0.5808（Q>0.3表示网络社团结构显著）的可视化网络。通过LSI算法寻找聚类，最终形成较为显著的5个聚类社团，对应的前沿主题词线索为"#0 表达分析""#1 遗传连锁图谱""#2 基因组学""#3 遗传改良""#4 小农户油棕种植"（图9-3）。进一步综合评估网络中节点的Sigma值，观测引文网络中重要的文献节点，并在此基础上对这些文献的施引文献进行检索，结合对施引文献的分析，判定学科知识领域的研究前沿（表9-5）。

9 油棕研究领域竞争力及前沿格局解析

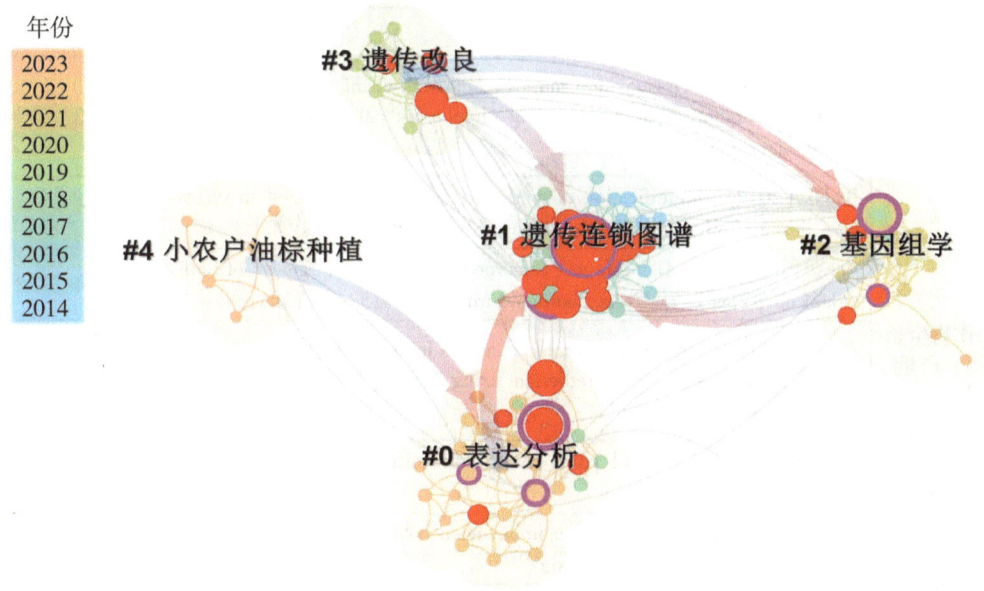

图 9-3　油棕作物科学研究领域共被引网络图谱

注：节点年轮代表文章的引文历史，年轮的整体大小反映论文被引用的次数，引文年轮的颜色代表相应的引文时间；紫圈节点为高中介中心性节点（中介中心性不小于0.1）；红色节点为突发性节点；箭头代表路径依赖关系。

表 9-5　油棕作物科学研究领域共被引网络重要文献

前沿名称	关键文献	被引频次
油棕分子育种与遗传改良研究	Yue 等（2021）. Molecular approaches for improving oil palm for oil[62]	9
	Leslie Low 等（2017）. The oil palm genome revolution[63]	12
	Zulkifli（2017）. Designing the oil palm of the future[64]	30
	Chardot（2018）. Comparative genomic and transcriptomic analysis of selected fatty acid biosynthesis genes and cnl disease resistance genes in oil palm[65]	12
	Guerin 等（2016）. Gene coexpression network analysis of oil biosynthesis in an interspecific backcross of oil palm[66]	44
	Babu 等（2021）. Genome-wide association study (gwas) of major qtls for bunch and oil yield related traits in *Elaeis guineensis* l[67]	9
	Ahmad Latif 等（2021）. Predicting heritability of oil palm breeding using phenotypic traits and machine learning[9]	2

· 293 ·

(续表)

前沿名称	关键文献	被引频次
油棕分子育种与遗传改良研究	Shin 等（2021）. Association mapping analysis of oil palm interspecific hybrid populations and predicting phenotypic values via machinelearning algorithms[68]	2
	Badai（2019）. Identification of genes preferentially expressed in mesocarp tissue of oil palm using in silico analysis of transcripts[69]	3
油棕作物生长监测、产量预测与可持续发展研究	Beese 等（2022）. Using repeat airborne lidar to map the growth of individual oil palms in malaysian borneo during the 2015−16 el nino[70]	4
	Ang 等（2022）. A novel ensemble machine learning and time series approach for oil palm yield prediction using landsat time series imagery based on ndvi[71]	5
	Barcelos 等（2015）. Oil palm natural diversity and the potential for yield improvement[72]	204
油棕小农户营养管理与农业实践优化	Lim 等（2023）. Too little, too imbalanced: Nutrient supply in smallholder oil palm fields in indonesia[73]	2
	Monzon 等（2023）. Agronomy explains large yield gaps in smallholder oil palm fields[75]	8
	Sugianto 等（2023）. First things first: Widespread nutrient deficiencies limit yields in smallholder oil palm fields[74]	4

分析发现，油棕作物科学研究的前沿表现如下。

一是油棕分子育种与遗传改良研究。通过新兴分子技术对油棕进行遗传改良，构建高产、抗病虫害等综合性状优良品系，并通过基因诊断检测提高育种效率。研究者利用新兴分子技术提出了理想油棕树木应具备的特征，并据此构建了一条旨在培育可持续发展的理想品系的路线图。这些特征包括高效能、抗病虫害能力以及对不同环境的适应能力，以确保油棕的长期稳定生产[62]。针对果实壳层厚度、叶片颜色等关键表型特征开发了一系列油棕基因诊断检测方法，该方法的应用有效提高育种效率以及组织培养的成功率。如通过分子标记辅助技术，筛选出具有优良遗传标记的个体，从而缩短育种周期，提升产量和质量[63]。种质资源的收集和利用是推动马来西亚油棕产业发展的关键因素，通过获取和保存优良基因，为育种提供基础。在此基础上，采用传统育种方法与现代分子育种相结合，开辟新的作物改良途径[64]。对油棕中选定的脂肪酸生物合成基因和病害抗性基因进行比较基因组学和转录组学分析，发现硬脂酰ACP去饱和酶（SAD）、酰—载体蛋白（ACP）、硫酯化酶（FAT）在调节油质、油酸积累方面发挥重要作用；对141个油棕病害抗性R基因进行分类，发现高表达且已知能抵御特定病原体感染的品系，可以加速新品种开发过程，提高作物产量与质量[65]。采用基因共表达分析、等位基因特异性表达量化以及转录组与脂质数据联合多变量分析等方法，揭示了油棕的异种杂交群体中进行的油脂合成基因共表达网络，发现塑料体内脂肪酸合成（FAS）与糖感知、塑料体糖酵解、瞬时淀粉储存及碳捕获途径之间存在紧密协调的转录关系，转录因子 NF-YB-1 和 ZFP-1 在调节 FAS 模块中发挥重要作用；油棕中的饱和 FA 含量主要与编码 β-酮酰载体蛋白合成酶Ⅱ基因转录水平有关，该基因是影响饱和度的重要因素[66]。对油棕进行全基因组关联研究（GWAS），分析与果串数和产油量相关的主要数量性状位点（QTLs），通过混合线性模型（MLM）方法识别出 43 个显著的 QTLs，进一步研究发现叶面积（LA）和干胚乳中的油含量（ODM）与低温诱导 65 kDa 蛋白质有关的候选基因相关联[67]。利用表型特征和机器学习（ML）预测研究油棕亲本遗传力，利用油棕相关表型数据，提出了一种新的概念框架，用于在油棕育种中结合表型和后代数据，以实现可持续发展目标（SDGs）[9]。对油棕（*Elaeis oleifera* 和 *Elaeis guineensis*）种间杂交群体进行关联分析，并利用机器学习算法预测表型值的研究，评估从关联映射分析中识别出的多重标记组合在油棕群体中的预测能力，全基因组选择育种技术创新为未来高效育种提供了新的思路[68]。通过计算机分析识别油棕果肉组织表达的基因，以便为未来进行有效的遗传操控提供基础，该操控需要多个特异性启动子，以避免由于序列同源性导致的表观遗传沉默现象[69]。这些研究揭示了与油棕脂肪酸合成和抗病性相关的关键基因，优化了育种策略，并利用机器学习预测育种遗传力，为提高育种效率提供了科学依据。

二是油棕作物生长监测、产量预测与可持续发展研究。该前沿主题关注如何通过先进的技术和方法，实时监控油棕的生长状况，以便及时发现问题并采取相应措施。研究者利用重复的空中激光雷达（LiDAR）技术对马来西亚婆罗洲地区的油棕树进行生长监测，特别是 2015—2016 年厄尔尼诺干旱期间的生长情况，发现在干旱条件下，油棕也展现出了良好的生长能力。这一发现不仅验证了油棕的抗逆性，还展示了先进遥感技术在提升油棕农业效率与可持续性方面的应用潜力[70]。为了更准确地预测油棕产量，研究者开发了一种新颖的集成机器学习和时间序列方法。该方法基于归一化差异植被指数（NDVI）和 Landsat 时序影像，对油棕产量进行了预测。通过对比不同模型的性能，研究发现随机森林模型在预测准确性上优于 AdaBoost 模型。这一成果不仅展示了通过详细植被映射及后续产量预测的方法价值，还为决策者对油棕园的高效管理提供科学依据[71]。分析油棕种植增长对土地利用变化及生物多样性的影响，发现油棕种植扩张对生态环境造成了一定的负面影响，为减少对环境的不利影响，提出利用精准育种技术培育高产、优质油棕品种提高整体生产效率[72]。从而实现油棕产业的可持续发展。上述研究通过遥感应用和机器学习技术，揭示了油棕的抗逆性、产量预测模型的有效性，以及精准育种在提高油棕生产效率和可持续性方面的潜力。

三是油棕小农户营养管理与农业实践优化。该前沿主题关注小农户油棕种植中的营养管理问题，探讨施肥率与产量之间的关系，评估营养限制对生产力的影响，并分析种植材料对产量的作用。研究者针对印度尼西亚小农户油棕种植中营养供应不足和不平衡的问题，研究发现产量与肥料利用率之间存在正相关关系，提出提高小农户产量和改善当前化肥供应及管理的方式，通过科学配方施用复合型肥料或专门针对某些微量元素进行调配，可以有效提升果实质量[73]。评估当前小农户油棕田地中的生产力受到营养限制程度，并分析不同来源种植材料对产量的影响，发现钾（K）缺乏现象和营养失衡情况普遍存在，改善植物营养可以提升产量，且不受种植材料限制[74]。研究了农业管理在印度尼西亚小农户油棕种植中对产量的影响，提出通过合理施肥、优化采收时间以及有效控制杂草，改善农业管理，可以帮助小农户提高现有种植园的产量和利润，可以显著提升果实质量和数量，从而增加经济收益[75]。这些研究强调了合理植物营养管理和调控对于提高印度尼西亚小规模油棕生产者收益的重要性，为未来农业政策制定提供了参考依据，同时为解决全球粮油安全问题贡献了力量。

9.3.1.3 机构前沿表现度评价

基于全球油棕热带作物科学研究领域前沿文献集数据，统计分析全球各国机构在该学科中的前沿表现度，结果如表9-6所示。综合表现排名前3位的机构分别为马来西亚棕榈油总署、新加坡国立大学和巴西农业研究院。诺丁汉大学和中国热带农业科学院得分表现相当。中国仅中国热带农业科学院进入前10位且排名第七。

表9-6 全球油棕热带作物科学研究领域TOP10机构前沿表现度综合分析

机构名称	所属国家	前沿表现度		前沿贡献度		前沿影响度		前沿引领度	
		排名	得分	排名	得分	排名	得分	排名	得分
马来西亚棕榈油总署	马来西亚	1	0.93	1	0.37	1	0.24	1	0.32
新加坡国立大学	新加坡	2	0.37	2	0.11	2	0.20	3	0.07
巴西农业研究院	巴西	3	0.32	5	0.08	3	0.18	5	0.06
法国农业国际合作研究发展中心	法国	4	0.25	5	0.08	5	0.12	6	0.05
马来西亚农业大学	马来西亚	5	0.24	2	0.11	10	0.05	2	0.07
诺丁汉大学	英国	6	0.22	5	0.08	4	0.13	10	0.00
中国热带农业科学院	中国	7	0.22	8	0.07	7	0.08	3	0.07
南威尔士大学	英国	8	0.20	9	0.06	6	0.12	7	0.02
瓦赫宁根大学及研究中心	荷兰	9	0.17	4	0.09	8	0.07	8	0.01
诺丁汉大学马来西亚分校	马来西亚	10	0.13	9	0.06	9	0.07	8	0.01

9.3.2 热带农业资源与环境科学研究的主题及前沿表现

9.3.2.1 研究主题

油棕热带农业资源与环境研究领域耦合网络图谱显示，该领域主要关注3类方向，为油棕热带农业资源环境的可持续性与高效利用研究、油棕种植对热带农业资源与环境的影响研究和油棕种植对热带泥炭地环境影响研究（图9-4）。进一步对不同聚类下的高频主题词进行统计（表9-7），结合聚类文献和高频词分布，了解该领域的研究热点和进展。

9 油棕研究领域竞争力及前沿格局解析

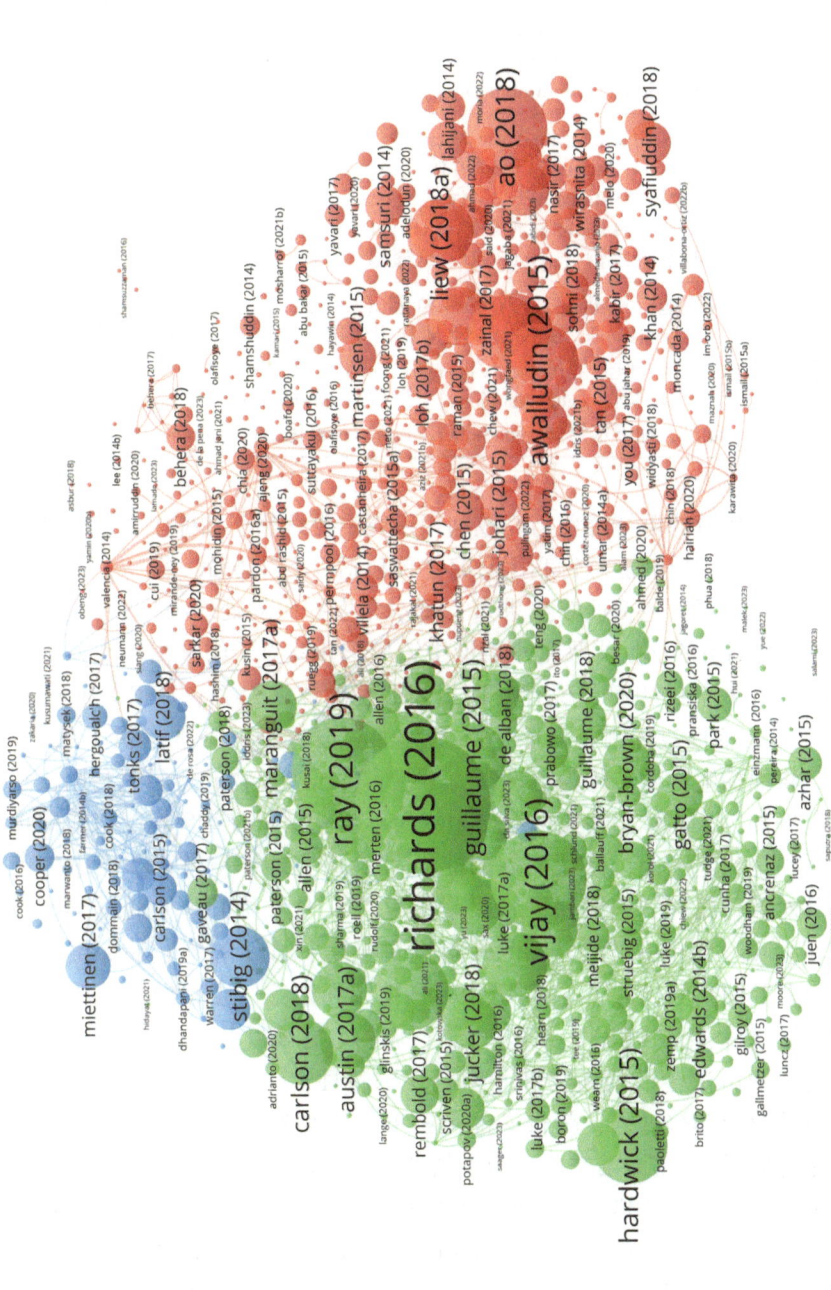

图9-4 油棕热带农业资源与环境科学研究领域耦合网络分析

注：节点代表文献，节点大小代表被引次数；连线代表存在耦合关系，连线的粗细代表耦合关系的强弱；颜色代表聚类。

● 油棕种植对热带泥炭地环境影响研究
● 油棕热带农业资源与环境的可持续性与高效利用研究
● 油棕种植对热带农业资源与环境的影响研究

表 9-7 油棕热带农业资源与环境科学研究各类高频主题词

聚类	高频主题词
油棕热带农业资源环境的可持续性与高效利用研究	活性炭（biochar, activated carbon）、吸附（adsorption）、生物质（biomass）、空果束（empty fruit bunch）、油棕生物质（oil palm biomass）、油棕废水（palm oil mill effluent）、生物燃料（biofuel）、可持续性（sustainability）、热解（pyrolysis）、生命周期评估（life cycle assessment）、可再生能源（renewable energy）、生物能源（bioenergy）
油棕种植对热带农业资源与环境的影响研究	土地利用变化（land use change）、生物多样性（biodiversity）、森林砍伐（deforestation）、热带雨林（tropical forest）、农业（agriculture）、可持续性（sustainability）、保护（conservation）、生态系统服务（ecosystem services）、油棕种植园（oil palm plantations）、小农（smallholders）、农林复合经营（agroforestry）、遥感（remote sensing）
油棕种植对热带泥炭地环境影响研究	泥炭地（peatland）、油棕种植园（oil palm plantation）、二氧化碳排放（CO_2 emissions, carbon）、土地利用变化（land use change）、甲烷（methane）、气候变化（climate change）、异养呼吸（heterotrophic respiration）、温室气体排放（ghg emissions）、沉降（subsidence）、二氧化碳通量（CO_2 flux）、地下水位（groundwater level）、一氧化二氮（nitrous oxide）

油棕热带农业资源环境的可持续性与高效利用研究主要聚焦于油棕生物质的能源化利用及可持续性。油棕生物质的能源化利用研究主要包括以下几方面。第一，研究内容涵盖油棕废弃物的转化利用，包括油棕空果束、废水和生物质的处理与再利用。例如，油棕厂废水（POME）制备的活性炭吸附水溶液中铅离子和锌离子的平衡、动力学和热力学研究[76]；POME 生物气的生产及现有处理工艺的性能评估[77,78]；从 POME 中提取微生物蛋白[79]。第二，活性炭的制备与吸附技术为油棕废弃物的处理提供了新思路。通过热解等手段，将油棕生物质转化为活性炭，不仅实现了废弃物的资源化利用，还提高了其经济价值。例如，从油棕生物质中生产生物炭不仅有助于改善环境，也能促进社会经济增长，并增强全球范围内可持续发展的能力[80]；研究油棕空果束和壳中生产的生物炭的特性及其对重金属（锌、铜和铅）吸附能力[81]；从油棕叶片中通过蒸汽热解法生产的生物炭在去除酚类和单宁酸方面的吸附机制与效果的研究[82]；油棕生物质中生产生物炭的潜力及其面临的挑战[80]；利用油棕种植园和油棕厂废弃物［这些废弃物包括空果串（EFB）、棕核壳（PKS）、果肉纤维（PMF）、棕榈叶片（PF）以及棕榈树干（PT）］通过慢速热解法生产的生物油和生物炭的特性[83]；分析了预处理、气化、慢速热解以及先进热解等热解过程，获得高能量密度的生物炭（可用作固体燃料、污染去除吸附剂和生态肥料）、富含酚类成分的生物油，以及富氢合成气[84]。第三，生物燃料、生物能源的开发也是研究热点，为可再生能源领域注入了新的活力，旨在探索可再生能源的替代方案。例如，油棕工业固体废物残渣通过固态厌氧消化（SS-AD）生产沼气的研究[85]；POME 经臭氧处理产生的甲烷[86]；利用聚丙烯微/纳米纤维从 POME 中回收石油[87]；从 POME 中生产生物柴油[88]；探讨泰国实施以油棕产生物柴油政策的状况，发现在执行生物柴油政策过程中，确保油棕被用于食用油生产的需要，是导致政策频繁调整的主要因素[89]；讨论了墨西哥塔巴斯科州油棕加工残余物的生物能源潜力

及其技术可行性评估[90]。第四，关于油棕热带农业资源环境的可持续性研究，关注油棕生产过程中的可持续性，运用生命周期评估（LCA）等方法评估油棕产业的环境影响。例如，棕榈油精炼和分馏过程的LCA[91]；以油棕为原料精炼生物燃料[92-94]、生物乙醇[95]等的LCA；研究棕榈聚醇生产的LCA，识别与棕榈聚醇生产相关的潜在环境影响[96]；研究马来西亚油棕生产的社会LCA[97]。这些研究不仅有助于提升油棕废弃物的经济价值，还为热带农业资源的可持续利用提供了科学依据。

油棕种植对热带农业资源与环境的影响研究主要聚焦油棕种植园对土地利用变化、生物多样性、生态系统服务以及小农生计的影响。研究显示，油棕种植导致热带雨林的大量消失，降低了生物多样性，同时也影响了生态系统服务。第一，油棕种植对生物多样性的影响，油棕种植园的扩张导致热带雨林和自然栖息地被转换成单一作物种植系统，改变了物种的自然生境。随着森林的砍伐和转变为油棕种植园，依赖森林的物种面临栖息地丧失，导致物种多样性下降。研究人员探讨了油棕种植对最近森林砍伐和生物多样性丧失的影响，发现与油棕农业相关的区域性砍伐趋势，脆弱森林主要集中在非洲和南美洲，这些脆弱地区包含大量面临灭绝风险的哺乳动物和鸟类物种，但不同生产区域内优先保护生物多样性的重点领域依据分类群及标准有所不同[98]；评估了油棕种植对脊椎动物、无脊椎动物和节肢动物等种群生物多样性的影响[99-103]。油棕种植园与森林的交界区域可能会产生不利的边缘效应，影响森林内部的生物多样性，评估了不同特征的雨林环境如何影响周围油棕种植园中的生物多样性[104]；讨论了哥伦比亚奥里诺科河流域土壤生态系统服务与土地利用之间的关系，评估这种剧烈土壤扰动对生物多样性、生态系统服务及其他自然资本要素的影响[105]。第二，生态系统服务的变化，油棕种植改变了物种的生态地位和功能群落结构，影响了生态系统内物种的相互作用和功能。评估了以油棕为主的热带景观中，河岸保护区对蜣螂生物多样性和生态系统服务的支持作用[102]；油棕种植园中引入本地树木岛屿可以显著增加生物多样性，并改善生态系统功能[106,107]；评估了可持续油棕生产对生态系统服务和人类福祉的正面与负面影响[108]；评估了巴西亚马孙地区大型油棕榈种植园对生态系统服务的影响[109]；研究了在马来西亚婆罗洲的油棕榈种植园中，河岸森林碎片（即河岸保护区）是否提供生态系统服务或造成生态系统损害[110]；研究了遥感技术在监测森林结构参数方面的应用。通过遥感数据评估森林结构参数，估算油棕和热带森林等不同类型森林的生物量及其动态变化[111]；分析了未来印度尼西亚西加里曼丹地区油棕榈种植扩张情景下的5种主要生态系统服务及其权衡与协同效应[112]。第三，小农在油棕生产中的角色。研究者提供了一幅2019年全球封闭冠层油棕种植园的地图，并区分工业化种植园与小农户种植园，以填补当前对全球作物地图缺乏准确性的空白，分析确认了不同地区间工业与小农比例存在显著差异，同时也表明，从典型土地开发角度来看，大量合法定义的小农场似乎类似于大规模工厂式栽培[113]；开展了印度尼西亚明古鲁省油棕种植园小农的社会生命周期评估[114]；研究发现在马来西亚实施可持续油棕（MSPO）标准不仅提高了小农户的生产效率，还增强了其对环境保护和社会责任感[115]；评估了可持续性认证对印度尼西亚小农户生计的影响[116]。分析小农户的生产效率对土地扩张的影响，可通过提高生产率来减少对新土地生产需求，因此强调合理规划和管理资源的重要性，以确保可持续发展，同时维护生态平衡[117]。这些研究说明油棕种植对热带地区的环境和社会经济影响是一个复杂的多维度问题，需要跨学科的研究方法和多方利益相关者的合作，以实现环境保护与经济发展之间的平衡。

油棕种植对热带泥炭地环境影响研究主要聚焦在油棕种植园的泥炭地生态影响、碳循环和温室气体排放等方面。研究人员探索了油棕种植对泥炭地的二氧化碳排放、甲烷和一氧化二氮等产生的影响，以及土地利用变化对这些过程的影响。第一，土地利用变化与温室气体排放。评估了1990—2010年东南亚地区森林覆盖的范围和趋势变化，大多数森林损失发生在岛屿东南亚地区，其中2000—2010年的损失大约有2/3是由于将自然林转变为经济作物种植园（包括油棕园）所导致[118]；研究了2015年东南亚泥炭地（包括马来西亚半岛、苏门答腊和婆罗洲）的土地覆盖及工业种植分布，分析了自1990年以来这些地区发生的变化[119]；研究了不同类型泥炭对土壤二氧化碳排放和油棕产量的影响，体现了土地利用变化与温室气体排放的关联[120]；探讨了印度尼西亚的油棕榈、木材和伐木行业与火灾相关的排放及其对区域空气质量的影响[121]。此外，油棕种植园的异养呼吸作用是土壤二氧化碳通量的主要来源，而地下水位的管理被认为是调控二氧化碳排放的关键因素。油棕榈种植园中根系和泥炭基二氧化碳（CO_2）排放的研究，发现使用距树木中心约3米处的CO_2通量测量值来代表相关的异养呼吸，有助于更准确地评估油棕榈种植对环境造成的影响[122]；研究地下水管理和土壤改良对控制油棕泥炭地CO_2排放的影响，发现泥炭呼吸明显受到水分含量的影响，红土作为一种改善剂反而加速了泥炭呼吸[123]。第二，不同气体排放及影响因素。研究了油棕榈种植园中CO_2通量与土壤湿度、土壤和空气温度之间的关系，强调了维持适当地下水位的重要性，以优化油棕种植园中的二氧化碳管理[124]；讨论了东南亚泥炭地的土地利用及变化对温室气体排放的影响，计算出油棕种植园净二氧化碳（CO_2）、甲烷（CH_4）和一氧化二氮（N_2O）排放因子，使用质量平衡法评估了泥炭对大气中CO_2的吸收或排放[125]；开发了一种热带泥炭地种植园碳评估工具（TROPP-CAT），用于估算在土地利用变化下，热带泥炭土壤的CO_2排放，强调了印度尼西亚泥炭地的土地利用变化对全球温室气体排放的贡献[126]。指出氮肥对热带泥炭地的影响，涉及泥炭分解和一氧化二氮排放的增加[127]。第三，泥炭地沉降相关研究。介绍了泥炭地的动态特性，包括沉降与排水的关系，以及与地下水位和碳平衡的联系，是泥炭地沉降研究的关键内容[128]；印度尼西亚泥炭地转为油棕种植园面临的环境挑战，核心问题是造成土壤沉降[129]。这些研究为评估油棕种植园在热带泥炭地的环境影响提供了依据，强调了在开发利用过程中须考虑采取合理的管理措施以减少温室气体排放，保护热带泥炭地的生态环境和资源。

综上所述，油棕农业资源与环境研究聚焦于生物质能源化、可持续性种植及泥炭地影响。涵盖废弃物转化、活性炭制备、生物燃料开发、土地利用、生物多样性、生态系统服务及小农角色、泥炭地温室气体排放、不同气体排放因素及泥炭地沉降。这些研究不仅提升了油棕废弃物的经济价值，还为热带农业资源的可持续利用提供了科学依据。油棕种植对环境和社会经济的影响是一个复杂的多维度问题，需要跨学科的研究方法和多方利益相关者的合作，以实现环境保护与经济发展之间的平衡。

9.3.2.2 前沿主题

以1年为一个时间切片，通过CiteSpace软件，选取每个子集前1%的数据进行文献

9 油棕研究领域竞争力及前沿格局解析

共被引分析,旨在探测出重要的节点文献。通过参数设置,得到平均轮廓值为0.851 1、模块化Q值为0.581 2（Q＞0.3表示网络社团结构显著）的可视化网络。通过LSI算法寻找聚类,最终形成较为显著的7个聚类社团,对应的前沿主题词线索为"#0 生物多样性""#1 土地利用""#2 生态系统功能""#3 油棕可持续发展""#4 温室气体排放""#5 热带泥炭地""#6 绿色能源"（图9-5）。进一步综合评估网络中节点的Sigma值,观测引文网络中重要的文献节点,并在此基础上对这些文献的施引文献进行检索,结合对施引文献的分析,判定学科知识领域的研究前沿（表9-8）。

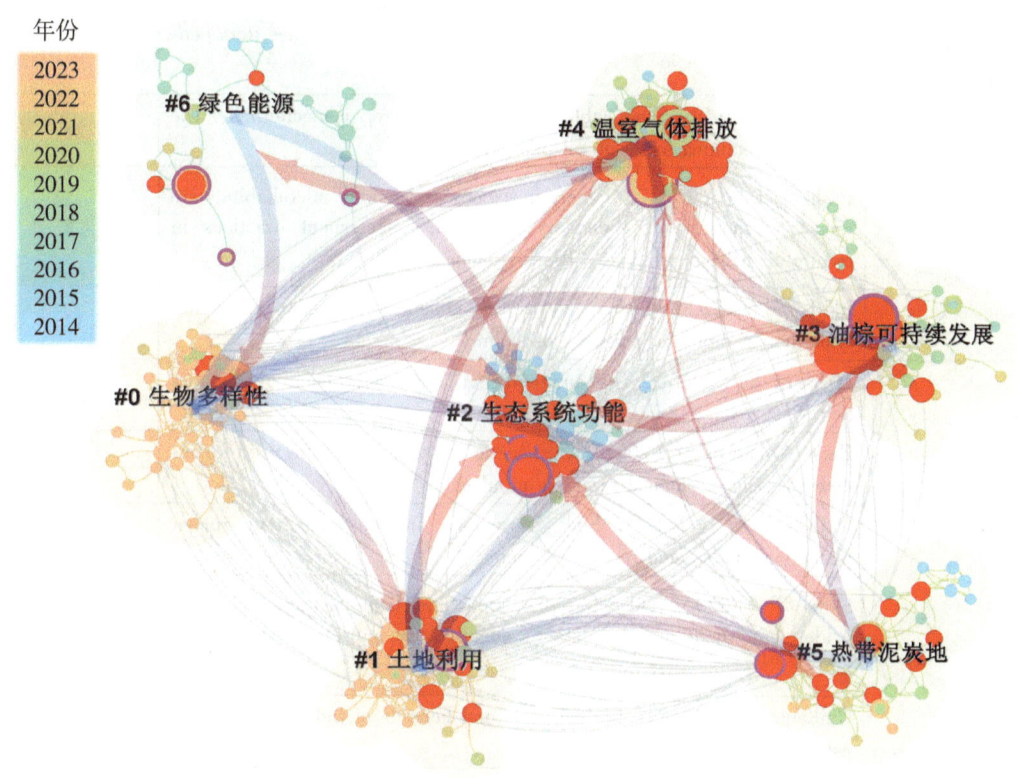

图9-5　油棕热带农业资源与环境科学研究领域共被引网络图谱

注：节点年轮代表文章的引文历史,年轮的整体大小反映论文被引用的次数,引文年轮的颜色代表相应的引文时间；紫圈节点为高中介中心性节点（中介中心性不小于0.1）；红色节点为突发性节点；箭头代表路径依赖关系。

表9-8　油棕热带农业资源与环境科学研究领域共被引网络重要文献

前沿名称	关键文献	被引频次
油棕种植对生物多样性和生态系统功能的影响	Zemp 等（2023）. Tree islands enhance biodiversity and functioning in oil palm landscapes[107]	26

· 301 ·

(续表)

前沿名称	关键文献	被引频次
油棕种植对生物多样性和生态系统功能的影响	Teuscher 等（2016）. Experimental biodiversity enrichment in oil-palm-dominated landscapes in indonesia[130]	64
	Luke 等（2020）. Managing oil palm plantations more sustainably: Large-scale experiments within the biodiversity and ecosystem function in tropical agriculture (befta) programme[131]	29
	Azhar 等（2015）. Promoting landscape heterogeneity to improve the biodiversity benefits of certified palm oil production: Evidence from peninsular malaysia[132]	83
	Pinto 等（2014）. Sustainable management in crop monocultures: The impact of retaining forest on oil palm yield[133]	28
	Pashkevich 等（2022）. Spiders in canopy and ground microhabitats are robust to changes in understory vegetation management practices in mature oil palm plantations (Riau, Indonesia)[134]	5
	Iddris 等（2023）. Mechanical weeding enhances ecosystem multifunctionality and profit in industrial oil palm[135]	11
油棕种植的环境影响与可持续管理	Meijaard 等（2020）. The environmental impacts of palm oil in context[136]	138
	Reiss-Woolever 等（2021）. Systematic mapping shows the need for increased socio-ecological research on oil palm[137]	9
	Guillaume 等（2016）. Soil degradation in oil palm and rubber plantations under land resource scarcity[138]	59
	Skiba 等（2020）. Oil palm plantations are large sources of nitrous oxide, but where are the data to quantify the impact on global warming?[139]	15
	Guillaume 等（2018）. Carbon costs and benefits of indonesian rainforest conversion to plantations[140]	106
	Awang 等（2021）. Peat land oil palm farmers'direct and indirect benefits from good agriculture practices[141]	9
	Monzon 等（2021）. Fostering a climate-smart intensification for oil palm[142]	32
	Mccalmont 等（2021）. Short-and long-term carbon emissions from oil palm plantations converted from logged tropical peat swamp forest[143]	21
	Dhandapani 等（2022）. Spatial variability of surface peat properties and carbon emissions in a tropical peatland oil palm monoculture during a dry season[144]	6
	Dhandapani 等（2022）. Immediate environmental impacts of transformation of an oil palm intercropping to a monocropping system in a tropical peatland[145]	3

（续表）

前沿名称	关键文献	被引频次
油棕种植的环境影响与可持续管理	Swails 等（2021）. Spatio-temporal variability of peat ch4 and n2o fluxes and their contribution to peat ghg budgets in indonesian forests and oil palm plantations[146]	17
	Azizan 等（2021）. Comparing ghg emissions from drained oil palm and recovering tropical peatland forests in malaysia[147]	5
	Röell 等（2019）. Transpiration on the rebound in lowland sumatra[148]	29

分析发现，油棕农业资源与环境研究领域的前沿表现如下。

一是油棕种植对生物多样性和生态系统功能的影响。该前沿主题关注树岛增设、生态恢复措施、可持续管理实践以及底层植被管理策略对提升生物多样性和生态系统服务的潜力。研究者评估了树岛在油棕景观中对 10 项生物多样性指标（如植物种类数量、动物栖息地等）和 19 项生态系统功能指标（如土壤质量、水分保持能力等）的增强作用，研究发现在以油棕为主导的农业土地上，通过增设树岛，不仅能有效提升当地生物多样性，还能改善生态系统功能，同时不会对主要经济作物产生负面影响[107]。讨论了在印度尼西亚以油棕为主导的景观中进行试验性生物多样性影响的研究，研究发现树木栽植对鸟类和无脊椎动物群落整体产生了积极作用；无脊椎动物的丰富度和数量受到树岛大小的正效应，即较大的树岛能够支持更多或更丰富类型的小型动物栖息生活。强调了通过科学设计并实施长效生态恢复措施的重要性，以应对因农业扩张导致的问题[130]。在"生物多样性与生态系统功能"计划（BEFTA）框架下进行了大规模试验中，讨论了在热带农业中如何更可持续地管理油棕种植园，BEFTA 计划强调了大规模协作项目在改善热带农业体系方面的重要价值，为油棕更可持续管理实践提供了宝贵的数据基础[131]。在马来西亚半岛，比较了 RSPO 认证的大型种植园和未认证的小农场之间的差异，研究发现由于大型油棕种植园缺乏足够的生态复杂度，对生物多样性的保护受到严重限制；而小规模、多元化的小农场则因其自然特征，更有潜力实现农业生产与生物多样性的共存[132]。研究作物单一栽培（如油棕种植）中，保留森林对产量的影响，发现油棕种植时，如果能保留一定面积的森林，不仅不会显著降低产量，反而可能提升整体生产效率[133]。采用"前后控制影响"（BACI）实验设计，以测试 3 种不同的底层植被管理策略对成熟油棕种植园中蜘蛛丰度、物种丰富度及社区组成的影响，在成熟油棕种植园中，不同类型的底层植被管理实践不会显著影响到蜘蛛以及它们提供的重要害虫控制服务[134]。研究机械除草在大型油棕种植园中对生态系统多功能性和盈利能力的提升作用，研究发现在成熟油棕种植园中，通过结合使用低水平补偿施肥与机械除草，可以有效提升生态系统的多功能性和生物多样性，同时提高经济收益[135]。这些研究通过增设树岛、实施生态恢复措施和改进管理实践，可以在保护生物多样性和提升生态系统功能的同时，维持油棕的经济效益。这些发现为油棕园的可持续管理提供了科学依据。

二是油棕种植的环境影响与可持续管理。该前沿主题通过标准化方法，如适应性报告项目（PRISMA）、量化社交与生态、跨学科研究等方法，研究了油棕种植对水循环、温室气体排放、经营绩效的影响，以及可持续管理。研究者通过标准化方法如 PRISMA 评估了社会生态研究现状，并探讨了不同作物下的土壤特性差异及氮氧化物排放情况。研究油棕扩张及其生产对全球森林的环境影响，扩张所造成的生物多样性的下降、温室气体排放增加、空气污染等负面影响[136]。利用 PRISMA 和环境证据合作协议等标准方法，探讨当前关于油棕种植的社会生态研究状态，以量化相关领域内的社交、生态和跨学科研究[137]。对位于印度尼西亚苏门答腊省的 207 个油棕和橡胶种植园进行了调查，测定碳（C）含量、氮（N）含量、碳储量、碳氮比率（C/N）和堆积密度等表层土壤属性，和橡胶树下的土壤相比，油棕林土壤退化现象更为严重，其碳含量、碳储量较低，而堆积密度较高[138]。探讨油棕种植园作为氮氧化物（N_2O）排放源的影响，收集到更多关于不同管理实践下油棕土壤中 N_2O 释放量的数据，为气候变化模型提供必要的数据，同时帮助国际和国家层面的氧化亚氮排放核算更加准确[139]。分析了印度尼西亚雨林转变为种植园所带来的碳成本和收益，特别是对碳储量和动态的影响，发现尽管油棕栽培导致较高程度的碳损失，但它也是最有效率的土地使用方式，其生态系统中的碳存储损失或净初级生产力（NPP）下降与产量之间比率最低[140]。这些研究强调了通过科学管理和技术创新减少负面环境影响的重要性，同时指出油棕作为一种高效经济作物，在适当管理下能够实现对环境较小的影响。使用部分最小二乘法结构方程模型（PLS-SEM）来分析 GAP 对农民经济福祉的直接和间接效益，评估良好农业实践对泥炭地油棕农场表现及农民经济福祉的影响，研究表明良好的农业实践能够有效提升泥炭地油棕种植者的经营绩效与生活质量[141]。探讨了印度尼西亚推动气候智能型油棕种植的必要性和可行性，使用数据丰富的建模方法分析了当前平均产量与可达到产量之间的差距，研究发现在印度尼西亚推行气候智能型集约化发展不仅可以满足全球日益增长的棕榈油需求，还能有效保护重要生态区域。通过改善现有种植园管理以及适度控制新开发区域，有望实现经济利益与环境责任双赢局面[142]。从被砍伐的热带泥炭沼泽森林转变为油棕种植园所产生的短期和长期碳排放，发现土壤中储存的大量有机质被破坏，该地区仍然会持续向大气释放更多温室气体，强调了全球范围内有效保护热带泥炭地的重要性，以及加强立法执行以防止已实施暂停政策下的泥炭地转化[143]。在热带泥炭地油棕单一种植园中，研究其表层泥炭特性和碳排放的空间变异性，评估泥炭特性如何调节原位二氧化碳（CO_2）和甲烷（CH_4）通量，发现不同类型土壤、湿度、植物生长状况等因素导致碳排放水平不均匀，即在同一块田地不同位置由于环境条件或管理方式不同，其温室气体释放情况也会有所区别[144]。比较研究了从油棕林下间作菠萝转换到油棕单一种植系统后的生物地球化学影响，并评估这些变化如何影响温室气体（GHG）生产的温度敏感性，发现虽然短期内某些土壤性质得以保留，但长期来看可能导致更高的不稳定性，如由于缺乏植物多样性而增加病虫害或降低土壤肥力[145]。评估由于泥炭沼泽森林干扰及转变为油棕种植园而导致的温室气体通量和预算变化，并分析这些变化背后的驱动因素。监测泥炭沼泽森林与油棕种植园中的 CH_4 和 N_2O 通量，以及相关环境变量从自然状态转变为油棕单一种植系统，该区域的甲烷释放明显降低，其他温室气体（如 CO_2 或 N_2O）大幅增加，表明农业实践改变后，不同类型土壤、作物组合等都会直接影响到整体碳足迹[146]。比较了3种马来西亚热带泥炭地系统在不同土地利用条件下的温室气体排放，特别是油棕种植园与恢复中的热带泥炭森林之间的比较，发现从自然森林转变为油棕种植园时，由于土壤水分含量降低以及施肥，会导致更多温室气体释放[147]。通过测量树液流量，研究森林转变为橡胶和油棕种植园后植物蒸腾作用的变化及其生态水文影响，发现油棕种植扩张引起土地覆盖变化后的水循环剧烈改变，造成水资源短缺[148]。这些研究强调了通过科学管理和技术创新来减少负面影响的重要性，同时指出了在适当管理下油棕种植可以实现相对较低的环境代价。

9.3.2.3 机构前沿表现度评价

基于全球油棕农业资源与环境科学研究领域前沿文献集数据，统计分析全球各国机构在该学科中的前沿表现度，结果如表9-9所示。综合表现排名前3位的机构分别为哥廷根大学、茂物农业大学和占碑大学。

表9-9 全球油棕热带农业资源与环境科学研究领域TOP10机构前沿表现度综合分析

机构名称	所属国家	前沿表现度 排名	前沿表现度 得分	前沿贡献度 排名	前沿贡献度 得分	前沿影响度 排名	前沿影响度 得分	前沿引领度 排名	前沿引领度 得分
哥廷根大学	德国	1	0.89	1	0.28	1	0.35	1	0.25
茂物农业大学	印度尼西亚	2	0.45	2	0.17	2	0.26	6	0.02
占碑大学	印度尼西亚	3	0.22	3	0.10	4	0.12	9	0.00
法国农业国际合作研究发展中心	法国	4	0.21	5	0.07	3	0.12	4	0.02
剑桥大学	英国	5	0.21	4	0.08	8	0.08	3	0.05
国际林业研究中心	印度尼西亚	6	0.19	7	0.06	5	0.10	4	0.02
马来西亚博特拉大学	马来西亚	7	0.16	5	0.07	9	0.03	2	0.05
瑞士联邦理工学院	瑞士	8	0.15	9	0.05	7	0.09	6	0.02
印度尼西亚塔杜拉科大学	印度尼西亚	9	0.15	8	0.05	6	0.09	9	0.00
诺丁汉大学马来西亚分校	马来西亚	10	0.08	9	0.05	10	0.02	8	0.01

9.3.3 热带植物保护与生物安全科学研究的主题及前沿表现

9.3.3.1 研究主题

油棕热带植物保护与生物安全科学研究领域耦合网络图谱显示，该领域主要关注4类方向，分别为油棕害虫生物防治研究、油棕病害生物防治与抗性机制研究、油棕生态分布与生物多样性研究、油棕病害检疫与计算机技术研究（图9-6）。进一步对不同聚类下的高频主题词进行统计（表9-10），结合聚类文献和高频词分布，了解该领域的研究热点和进展。

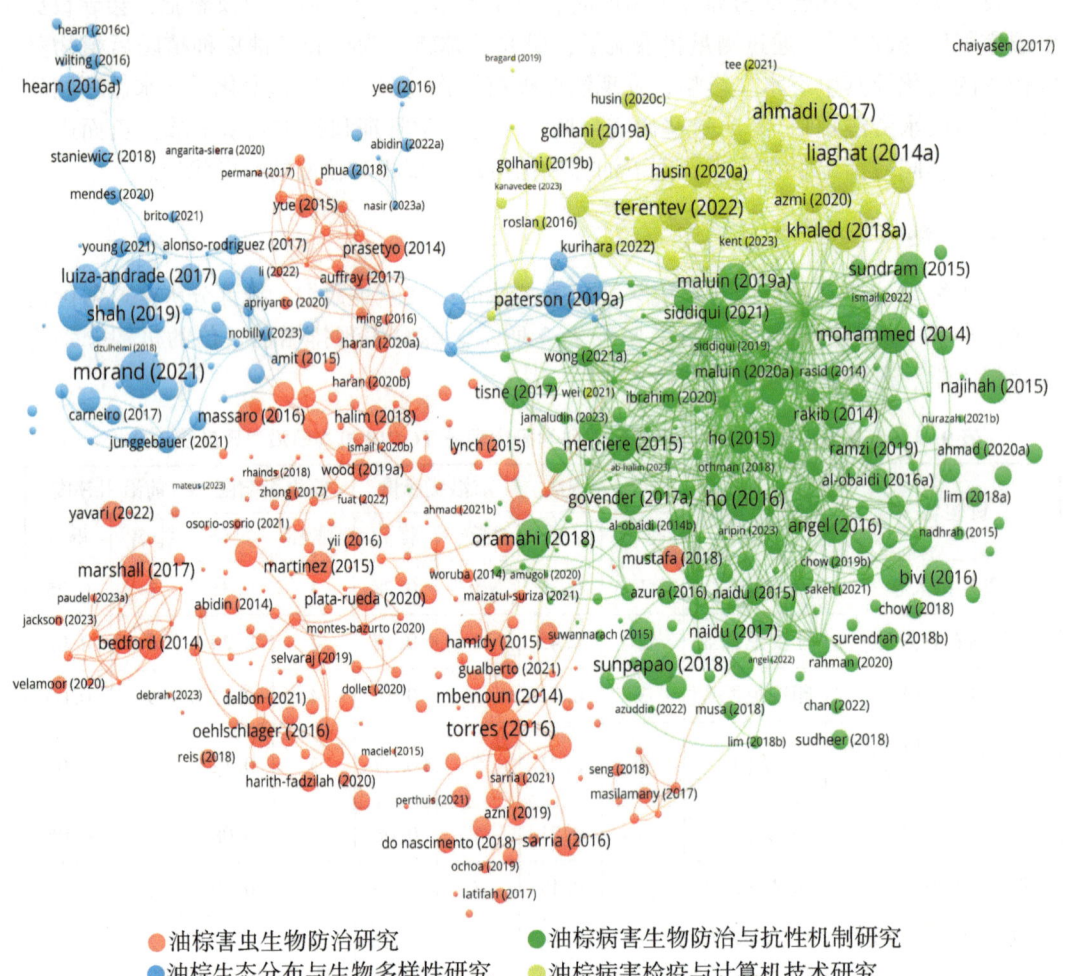

图9-6 油棕热带植物保护与生物安全科学研究领域耦合网络分析

注：节点代表文献，节点大小代表被引次数；连线代表存在耦合关系，连线的粗细代表耦合关系的强弱；颜色代表聚类。

表9-10 油棕热带植物保护与生物安全科学研究领域各类高频主题词

聚类	高频主题词
油棕害虫生物防治研究	生物防治（biological control）、蓑蛾（*metisa plana*）、象鼻虫（*Elaeidobius kamerunicus*）、红棕象甲（*Rhynchophorus ferrugineus*）、有害生物综合治理（integrated pest management）、油棕害虫（oil palm pest）、芽腐病（bud rot）、棕榈疫霉（*Phytophthora palmivora*）、犀牛甲虫（*Oryctes rhinoceros*/coconut rhinoceros beetle）、金龟子绿僵菌（*Metarhizium anisopliae*）、授粉（pollination）

（续表）

聚类	高频主题词
油棕病害生物防治与抗性机制研究	狭长孢灵芝（Ganoderma boninense）、茎基腐病（basal stem rot）、生物防治（biological control）、致病性（pathogenicity）、木质素（lignin）、放线菌（actinomycetes）、代谢组学（metabolomics）、酚类化合物（phenolic compounds）、抗真菌（antifungal）、人工接种（artificial inoculation）、疾病控制（disease control）
油棕生态分布与生物多样性研究	热带农业（agriculture）、热带雨林（tropical forest）、优先保护（conservation priorities）、生境适宜性指数（habitat suitability index）、物种分布模型（species distribution modelling）、调查的差距（survey gaps）、土地使用（land use）、生物多样性（biodiversity）、生物防治（biological control）、森林砍伐（deforestation）、饮食（diet）、生态系统服务（ecosystem services）、单一作物（monoculture）
油棕病害检疫与计算机技术研究	机器学习（machine learning）、茎基腐病（basal stem rot）、灵芝菌（Ganoderma）、遥感（remote sensing）、高光谱（hyperspectral）、介电质（dielectric properties）、植物检疫（plant health）、植被指数（vegetation index）、分类（classification）、椰子类病毒（coconut cadang-cadang viroid）、树冠形状（crown profile）、早期检测（early detection）、有害生物风险（pest risk）

油棕害虫生物防治研究主要聚焦在作物害虫及其生物综合治理方法。油棕作为全球重要的经济作物，遭受多种害虫的侵扰，其中对产业造成重大影响的害虫种类包括蓑蛾（Metisa plana）[149]、红棕象甲（Rhynchophorus ferrugineus）[150]、棕榈象甲（Rhynchophorus palmarum）[151]、二疣犀甲（Oryctes rhinoceros）[152,153]等。这些害虫可通过直接取食、繁殖和传播疾病等途径，对油棕的生长和果实产量造成严重的影响[154]。关于油棕害虫的生物综合治理方法，研究热点包括以下几方面。第一，天敌利用研究。通过引入或增加油棕害虫的自然天敌，如捕食性昆虫[155]、寄生蜂[156]等来控制害虫数量。这种方法利用了自然生态系统中天敌与害虫之间的捕食关系，以减少害虫对作物的损害。第二，微生物控制研究。利用细菌[157]、真菌[158]和病毒[159]等病原微生物感染和控制害虫。特别是真菌如球孢白僵菌（Beauveria bassiana）、绿僵菌（Metarhizium anisopliae）[158,160]和苏云金芽孢杆菌（Bacillus thuringiensis）[161]，这些生物杀虫剂已被广泛研究并应用于油棕害虫的防控。此外，奥克特裸病毒（Oryctes Nudivirus，OrNV）也因其在防治油棕害虫方面的潜力而受到关注[159]。第三，植物源性杀虫剂研究。研究者探索了精油和生物碱等植物次生代谢产物[162]作为杀虫剂或驱避剂的功效。这些植物源性化合物能够直接影响害虫的生存和繁殖，或者通过改变害虫的行为模式，降低其对油棕的损害。第四，生物化学防控研究。利用生物信息素等化学物质[163]来干扰害虫的交配行为，从而减少其繁殖的次数。该方法利用性诱剂来吸引雄性害虫，以减少其与雌性害虫

的交配机会,从而控制害虫种群数量。例如,雄性椰子犀牛甲虫(*Oryctes rhinoceros*)产生聚集信息素4-甲基辛烷酸酯($C_9H_{18}O_2$),可作为引诱剂用于诱捕害虫[163];还可以通过诱捕棕榈象甲(*Rhynchophorus palmarum*)降低因其传播的芽腐病和红环病发生[164-167]。第五,生物多样性管理研究。研究强调了保持油棕种植园内生物多样性的重要性,尤其是加强授粉昆虫如象鼻虫(*Elaeidobius kamerunicus*)等有益昆虫及害虫天敌的生态服务功能[168-177]。通过维持生物多样性,不仅可提高油棕的自然授粉率,还可通过增加天敌的种类和数量,增强油棕种植园的自然抵抗力,减少虫害暴发的风险[178]。研究者提倡采用综合防控策略,旨在通过利用自然资源和生物资源的调控,实现对害虫的有效管理,同时减少对环境的负面影响。油棕虫害综合防控技术的推广使用,为油棕产业的可持续发展提供了有力的支持。

油棕病害生物防治与抗性机制研究主要聚焦在茎基腐病的病原学、发病机制、抗性机制以及生物防治策略。关于病原学和发病机制研究,油棕茎基腐病(basal stem rot,BSR)是由狭长孢灵芝(*Ganoderma boninense*)引起,通过根和担子孢子传播,导致油棕产量降低和植株倒伏,造成严重的经济损失[179]。*G. boninense*通过降解木质素成分侵入油棕根部并扩散至茎干,导致BSR发生[180]。扫描电子显微镜观察发现*G. boninense*主要定殖在油棕根表面,并通过毛发基部进入植物组织[181]。从基因表达水平进一步揭示了*G. boninense*在油棕茎基腐病的致病机制,发现5个CEP基因上调,与抑制PTI信号通路相关,表明植物具备防御机制[10,182]。关于抗性机制研究,木质素含量可影响BSR抗性,但不同油棕品系间的木质素积累与BSR抗性或易感性之间的关系并不一致[183]。因此,依赖单一指标(如木质素含量等)筛选抗病品种是不够可靠的。为更深入地理解油棕对BSR的抗性机制,研究者重点关注代谢变化、防御酶活性诱导及基因表达模式的调整[180]。研究发现不同遗传背景的油棕在被*G. boninense*感染时表现出的代谢差异,并提出一种基于广泛遗传资源的数据分析方法培育抗BSR能力强的品系[184]。通过代谢组学分析发现受BSR影响的代谢途径[185]。对于油棕感染*G. boninense*后的分子防御反应进行了详细探讨。特别是关于超敏反应(HR)下细胞死亡过程以及活性氧种类(ROS)动力学如何影响油棕对*G. boninense*的敏感度等方面的知识空白,此外,植物激素如水杨酸、茉莉酸和乙烯在BSR不同发病阶段的作用也受到了关注[186]。关于生物防治研究,曲霉菌(*Aspergillus calidoustous*)、青霉菌(*Penicillium citrinum*)、木霉菌(*Trichoderma asperellum*)和座壳菌(*Diaporthe phaseolorum*)等内生真菌被证实能够有效抑制*G. boninense*的生长[187]。枯草芽孢杆菌产生的β-葡聚糖酶同样表现出良好的抗菌效果[188]。植物激素水杨酸(salicylic acid)对*G. boninense*在低浓度下可以调节*G. boninense*的生长并激活植物自身的抵御机制[189]。另外,从油棕根际分离的放线菌(actinomycetes)[190]及从树干上分离的伞菌(hymenomycetes)[191]也被发现对病原菌*G. boninense*具有拮抗作用。关于BSR病害早期检测,可利用代谢组学分析[184,185]和基因筛选技术[192]识别潜在的早期检测BSR的新型生物标志物。此外,开发了植物内感染系统检测油棕BSR早期症状的方法[193]。这些研究不仅解析了油棕与*G. boninense*之间的复杂相互作用,而且为利用生物防治手段等综合防控策略提供了新的视角，以实现可持续油棕农业发展目标。

油棕生态分布与生物多样性研究主要聚焦在油棕的生态分布，及其对生物多样性的影响与保护策略，旨在探讨油棕作为热带地区广泛种植的重要经济作物，其快速的土地扩张转变如何影响生态系统稳定性和生物多样性。第一，生态分布研究。随着全球对植物油需求的不断增长，油棕种植园面积在热带地区显著扩张，从热带雨林向单一作物种植园转换，引起了对生态系统健康和生物多样性的广泛关注。油棕种植园的扩展导致了生境破碎化和物种流失，特别是在热带农业系统中。第二，生物多样性影响评估。油棕种植对昆虫群落（包括甲虫、蝴蝶、蛾、蚊、蜘蛛和寄生蜂等[194-200]）、鸟类［如小鸮（*Otus lempiji*）、仓鸮（*Tyto alba javanica*）和棕榈秧鹫（*Gypohierax angolensis*）等[201-203]］和哺乳动物［如苏门云豹（*Neofelis diardi*）、斑点猫（*Pardofelis marmorata*）和平头猫（*Prionailurus planiceps*）等[204-206]］的组成和密度产生明显影响。这些变化不仅影响特定物种的数量，也对整个生态系统的功能产生了深远的影响。例如，油棕种植区内的蜘蛛（*Argyrodes miniaceus*）与其宿主之间的共生关系受到了植被复杂度降低的影响[199]。油棕种植还改变了授粉模式，进而影响到了油棕花的访客种类，数量及其行为模式。由这一变化得到启示，可通过维护或构建生境走廊来提高授粉效率，同时保障油棕高产和高水平的生物多样性[207]。此外，生态系统服务的演变同样不容忽视，特别是油棕种植对营养循环和次级种子传播等自然过程的干扰，其根源在于土地利用方式的转变导致功能性无脊椎动物（如 *Scarabaeidae*）数量锐减[208]。研究者还深入探讨了森林覆盖变化、油棕种植扩张与媒介传播疾病及人畜共患病的关系。发现油棕种植面积扩张与媒介传播疾病暴发呈正相关，揭示了农业活动对生态系统的潜在影响及健康风险变化[209]。因此，采取措施以恢复这些关键种群成为实现可持续发展的必要条件。第三，保护策略研究，为了缓解油棕产业对生物多样性的不利影响，研究者提出了一系列保护建议。首先，通过建立生境适宜性指数（habitat suitability index，HSI）和应用物种分布模型（species distribution modelling，SDM）来识别优先保护区域，确保重要物种的多样性能得到有效的保护[204-206]。其次，优化土地管理，如增加种植园内的植被复杂度，有助于维护更稳定的生态系统。最后，加强跨学科合作，整合生态学、经济学和社会科学的知识，共同制定更加综合全面的保护策略。

油棕病害检疫与计算机技术研究主要聚焦在油棕病害检测与管理中的先进技术，涉及机器学习、遥感、高光谱等多种技术的应用。油棕病害的早期检测与有效检疫对保障油棕产业的可持续发展至关重要。随着计算机技术与遥感技术的发展，油棕病害的检疫与监测已经迈入了一个智能化、精准化的新阶段。主要研究集中在以下几方面。第一，机器学习（machine learning，ML）在油棕病害检测中的应用。机器学习技术为油棕病害自动化检测提供了强有力的支持。研究者通过集成遥感数据与机器学习算法，探索出一系列自动化的油棕 BSR 检测与分类方法。例如，利用地面激光扫描（TLS）数据与随机森林模型对油棕 BSR 进行有效分类[210]；基于深度学习及高光谱成像建立自动化的油棕 BSR 早期检测系统[211]；评估机器学习模型在预测油棕 BSR 疾病方面的潜力，并绘制出相应的疾病分布图[212]。这些研究表明，机器学习不仅能够准确地分类油棕病害等级，还能辅助决策者制定更加科学合理的防控策略。第二，遥感与高光谱技术的应用潜力。遥感与高光谱技术因其非接触式监测特性，在油棕健壮状况评估方面展现出巨大潜力。利用Sentinel-2卫星影像及无人机获取的数据成功区分了健康的与受感染的油棕植株[213]。进一步探索了高光谱反射率数据结合模式识别算法应用于油棕BSR早期诊断的可能性[214]。特别关注于开发适用于油棕幼苗BSR病害快速筛查的光谱指数[215]。值得注意的是，通过对植物介电性质（如阻抗、电容等）参数进行分析，同样可以实现高效准确的病害探测[216]。此外，应用近红外光谱、机器学习分类及信号处理等多领域及技术联合建成油棕BSR早期检测系统[217]。利用高光谱遥感技术和图像处理技术，获取油棕的植被指数及树冠层结构变化，快速判断是否存在 *Ganoderma* 病毒，以便于检测BSR[218,219]。第三，关于椰子类病毒检测技术，除了上述物理层面的方法外，分子生物学手段也是当前研究热点之一。提出了一种基于逆转录环介导等温扩增技术（RT-LAMP）的新方法，特别适用于油棕叶片中椰子类病毒（CCCVd）变种的检测[220]。这些研究表明，借助于不断发展的计算机视觉、遥感及生物信息学工具，科研人员正逐步构建起一套覆盖从宏观到微观层面的综合监测体系，实现油棕病害的早期检测和精准分类。

综上所述，油棕植物保护与生物安全科学研究聚焦在生物防治、抗性机制及生态影响。在虫害方面，通过引入天敌、使用微生物源与植物源杀虫剂、利用信息素等方法来控制害虫，减少对作物的损害。在病害方面，重点研究了由狭长孢灵芝引起的油棕茎基腐病的病原学、发病机制和抗性机制，并探索了多种内生真菌和植物激素作为生物防治手段。此外，油棕种植园扩张显著影响了生态稳定性和生物多样性，导致生境破碎化和物种流失。为缓解这些不利影响，提出维护生物多样性、优化土地管理和跨学科合作等保护策略。同时，计算机技术和遥感技术助力油棕病害早期检测更加智能化和精准化，提高油棕产业的生产效益和可持续性。

9.3.3.2 前沿主题

以1年为一个时间切片，通过CiteSpace软件，选取每个子集前1%的数据进行文献共被引分析，旨在探测出重要的节点文献。通过参数设置，得到平均轮廓值为0.875 7、模块化Q值为0.609 2（Q>0.3表示网络社团结构显著）的可视化网络。通过LSI算法寻找聚类，最终形成较为显著的5个聚类社团，对应的前沿主题词线索为"#0 油棕茎基腐病""#1 病原菌鉴定""#2 茎基腐病检测""#3 油棕病虫害生物防治""#4 茎基腐病基因工程"（图9-7）。进一步综合评估网络中节点的Sigma值，观测引文网络中重要的文献节点，并在此基础上对这些文献的施引文献进行检索，结合对施引文献的分析，判定学科知识领域的研究前沿（表9-11）。

9 油棕研究领域竞争力及前沿格局解析

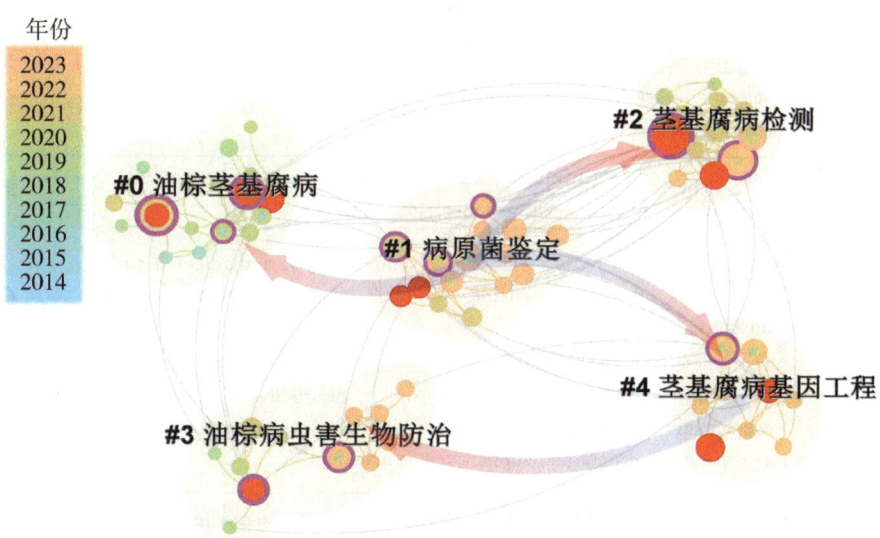

图 9-7 油棕热带植物保护与生物安全科学研究领域共被引网络图谱

注：节点年轮代表文章的引文历史，年轮的整体大小反映论文被引用的次数，引文年轮的颜色代表相应的引文时间；紫圈节点为高中介中心性节点（中介中心性不小于 0.1）；红色节点为突发性节点；箭头代表路径依赖关系。

表 9-11 油棕热带植物保护与生物安全科学研究领域共被引网络重要文献

前沿名称	关键文献	被引频次
油棕茎基腐病的防御机制与病理学研究	Gorea 等（2020）. Ganoderma infection of oil palm-a persistent problem in papua new guinea and solomon islands[221]	8
	Sahebi 等（2017）. Profiling secondary metabolites of plant defence mechanisms and oil palm in response to *Ganoderma boninense* attack[222]	23
	Govender 等（2020）. Root lignin composition and content in oil palm (*Elaeis guineensis* jacq.) genotypes with different defense responses to *Ganoderma boninense*[223]	2
	Parvin 等（2020）. Phenazine from pseudomonas aeruginosa upmp3 induced the host resistance in oil palm (*Elaeis guineensis* jacq.)-*Ganoderma boninense* pathosystem[224]	10

· 311 ·

（续表）

前沿名称	关键文献	被引频次
油棕茎基腐病的防御机制与病理学研究	Ganapathy 等（2021）. Alterations in mycelial morphology and flow cytometry assessment of membrane integrity of *Ganoderma boninense* stressed by phenolic compounds[225]	4
	Khairi 等（2022）. Unveiling the core effector proteins of oil palm pathogen *ganoderma boninense* via pan-secretome analysis[182]	4
油棕茎基腐病检测	Hashim 等（2021）. Classification of non-infected and infected with basal stem rot disease using thermal images and imbalanced data approach[226]	4
	Khairunniza-Bejo 等（2021）. Non-destructive detection of asymptomatic *Ganoderma boninense* infection of oil palm seedlings using nir-hyperspectral data and support vector machine[227]	13
	Husin 等（2020）. Classification of basal stem rot disease in oil palm plantations using terrestrial laser scanning data and machine learning[210]	17
	Azmi 等（2020）. Early detection of *Ganoderma boninense* in oil palm seedlings using support vector machines[228]	22
油棕病虫害生物防治	Suwandi 等（2023）. Mixed planting with rhizomatous plants interferes with ganoderma disease in oil palm[229]	1
	Goh 等（2020）. Determining soil microbial communities and their influence on ganoderma disease incidences in oil palm（*Elaeis guineensis*）via high-throughput sequencing[230]	19
	Iddris 等（2023）. Mechanical weeding enhances ecosystem multifunctionality and profit in industrial oil palm[135]	11
	Nobilly 等（2023）. Do silvopastoral management practices affect biological pest control in oil palm plantations?[231]	7

分析发现，油棕植物保护与生物安全科学研究的前沿表现如下。

一是油棕茎基腐病的防御机制与病理学研究。该前沿主题关注植物次级代谢产物在防御机制中的作用、根部木质素组成对病原菌的防御反应，以及生物控制剂在抑制油棕茎基腐病感染中的潜力。研究者关注由狭长孢灵芝（*Ganoderma boninense*）引起的油棕茎基腐病（basal stem rot，BSR），发现该病原菌以木材为食，通过侵入植物根系并向上扩展到树干，从而导致植物死亡，油棕 BSR 通过感染根系和担子孢子空气传播，可显著降低油棕新鲜果串（FFB）产量，严重时导致整株植株倒伏，在生产上造成重大经济损失[221]。研究了油棕病原体狭长孢灵芝（*G. boninense*）核心效应蛋白，差异表达分析显示，有 5 个 *CEP* 基因上调，与抑制 PTI 信号通路相关；而 4 个 *CEP* 基因下调则与通过防止宿主防御反应引发 PTI 抑制有关，有助于识别油棕 BSR 疾病的致病性决定因素及分子标志物，为未来针对该病害的防控提供基础数据[182]。

植物防御机制次级代谢产物的特征分析以及油棕对灵芝菌攻击的响应，(G. boninense)通过分解植物细胞壁中的木质素等成分削弱植物结构，从而加重病害发展，研究参与植物防御机制及抵抗各种非生境压力下所需次级代谢产物的信息，发现氮（P）、磷（K）和钾（K）肥料能够增强油棕产生次级代谢产物的数量，从而抑制致病性微生物攻击[222]。油棕不同基因型的根部木质素组成和含量不同，导致对灵芝菌的防御反应有所差异，研究发现，耐受性基因型显示出较低的木质素含量和较高的Syringyl（S）到Guaiacyl（G）比率[223]。铜绿假单胞菌产生的吩嗪在油棕灵芝菌致病系统中诱导宿主抗性，研究表明，铜绿假单胞菌产生的吩嗪能有效诱导油棕的抗性，减少油棕BSR的严重性，并提高植物的生长活力[224]。评估酚类化合物（如没食子酸、丁香酚、蜂胶和香芹酮）对G. boninense的抗真菌效果，研究发现，没食子酸对G. boninense生长抑制率达到94%，没食子酸和丁香酚处理后，菌丝和细胞膜受到严重损伤，表明没食子酸和丁香酚具有明显的抑制作用，有助于降低G. boninense细胞活力[225]。这些研究不仅增进了对油棕与G. boninense相互作用机制，也为开发新的生物防控措施提供了新的思路，为抗病品种培育和制定高效的防控策略提供了科学依据。

二是油棕茎基腐病检测。该前沿主题聚焦于油棕茎基腐病（BSR）的早期检测，重点关注结合现代技术（如热成像、近红外高光谱数据、地面激光扫描与机器学习算法）的应用。研究者通过结合热成像技术与机器学习算法，可高效预测油棕BSR病害，模型性能评估显示，使用T-max作为关键变量时，该模型具有良好的接收操作特性曲线区域（AUC值为0.921），精确率—召回曲线区域值为0.902，这一成果可在更早期识别受损植物[226]。对油棕幼苗中无症状的G. boninense感染进行非破坏性检测，开发出一种通过使用NIR高光谱数据和支持向量机（SVM）来早期识别G. boninense感染的方法，研究发现使用934纳米单波段反射开发出的线性SVM模型表现最佳，该研究展示了可利用现代技术手段实现对油棕树幼苗潜在病害的早期监测[227]。利用地面激光扫描（terrestrial Laser Scanning，TLS）数据和机器学习方法对油棕BSR进行分类，发现结合TLS数据与机器学习的方法可以高效预测早期BSR感染[210]。利用支持向量机（SVM）技术对油棕树幼苗G. boninense早期感染进行检测，通过可见光—近红外（VIS-NIR）高光谱图像和SVM分类模型开发，实现了现代遥感技术及机器学习算法对潜在油棕BSR的早期监测[228]。这些研究共同展示了非破坏性检测手段及先进的数据分析技术在油棕病害早期防控中的巨大潜力。

三是油棕病虫害生物防治。该前沿主题为利用自然界中的生物因素来防控和管理油棕种植过程中出现的病虫害，有效减少化学农药的使用，保护生态环境，同时，提高农业可持续性的方法。研究者研究了根茎植物（如姜黄、香葱和生姜）与油棕林混合种植时，G. boninense感染及其存活情况，以及不同间作模式对油棕树生长的影响，通过与根茎植物间作混种，可有效干扰并减少油棕BSR病害，从而促进油棕树健壮生长[229]。通过高通量测序技术确定土壤微生物群落及其对油棕BSR发生的影响，揭示了不同类型土壤中的微生物群落结构及其与环境特征之间的关系，以及其对油棕BSR敏感性的影响[230]。评估通过减少施肥量和采用机械除草，降低对生态系统功能及生物多样性的负面影响,发现结合减量补偿式施肥与机械除草是一种可行的方式,有助于增强生态系统的多功能性、生物多样性,并同时提升盈利能力,从而实现双赢局面[135]。探讨了林牧结合管理实践对油棕种植园中生物害虫控制的影响,发现应用林下种养模式,可以维持自然捕食作用,从而实现低或无除草剂投入[231]。这些研究不仅能够减轻对环境的不良影响,还有助于实现农业生产方式向可持续发展转变。

9.3.3.3 机构前沿表现度评价

基于全球油棕热带植物保护与生物安全科学研究领域前沿文献集数据,统计分析全球各国机构在该学科中的前沿表现度,结果如表9-12所示。综合表现排名前3位的机构分别为马来西亚博特拉大学、马来西亚棕榈油总署和马来西亚国立大学。

表9-12 全球油棕热带植物保护与安全科学研究领域TOP10机构前沿表现度综合分析

机构名称	所属国家	前沿表现度		前沿贡献度		前沿影响度		前沿引领度	
		排名	得分	排名	得分	排名	得分	排名	得分
马来西亚博特拉大学	马来西亚	1	1.42	1	0.46	1	0.56	1	0.40
马来西亚棕榈油总署	马来西亚	2	0.68	2	0.26	2	0.31	2	0.11
马来西亚国立大学	马来西亚	3	0.40	3	0.14	3	0.17	3	0.09
法国农业国际合作研究发展中心	法国	4	0.24	4	0.07	4	0.11	4	0.05
蒙彼利埃大学	法国	4	0.24	4	0.07	4	0.11	4	0.05
米尼奥大学	葡萄牙	6	0.17	7	0.05	6	0.08	7	0.04
马来亚大学	马来西亚	7	0.15	4	0.07	10	0.03	4	0.05
法国国家农业食品与环境研究院	法国	8	0.14	7	0.05	7	0.06	7	0.04
法国国立高等农学、食品与环境学院	法国	8	0.14	7	0.05	7	0.06	7	0.04
法国国家可持续发展研究所	法国	8	0.14	7	0.05	7	0.06	7	0.04

9.3.4 热带草业与饲料科学研究的主题及前沿表现

9.3.4.1 研究主题

油棕热带草业与饲料科学研究领域耦合网络图谱显示,该领域主要关注方向2类方向，为油棕副产品在反刍动物饲料中的应用与影响、油棕副产品与反刍动物饲料的消化及发酵研究（图9-8）。进一步对不同聚类下的高频主题词进行统计（表9-13），结合聚类文献和高频词分布，了解该领域的研究热点和进展。

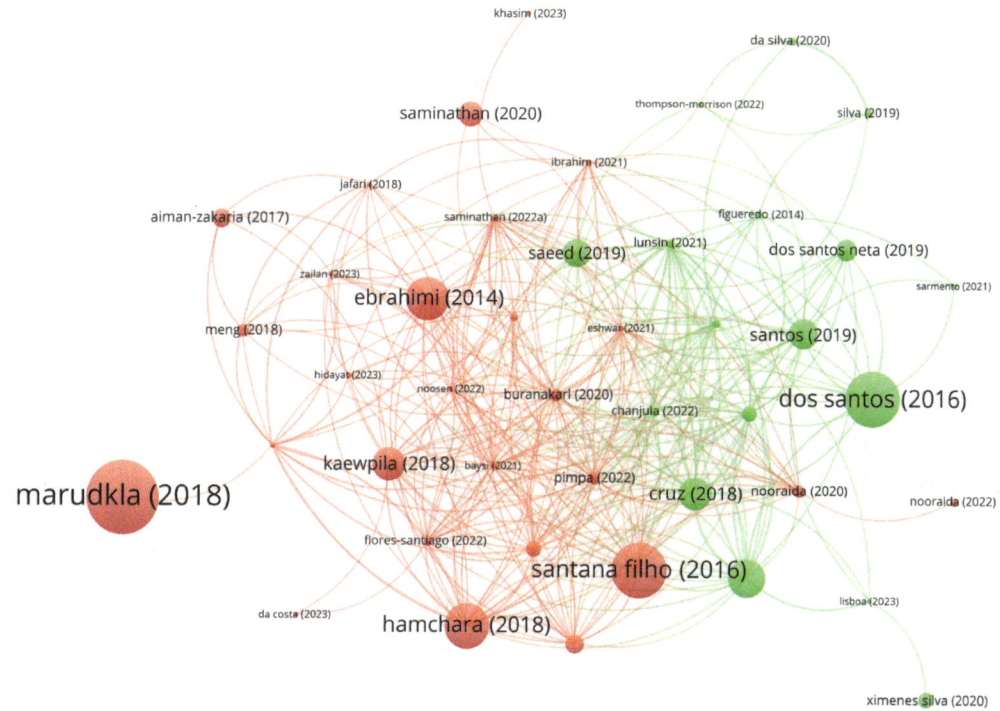

图 9-8 油棕热带草业与饲料科学研究领域耦合网络分析

注：节点代表文献，节点大小代表被引次数；连线代表存在耦合关系，连线的粗细代表耦合关系的强弱；颜色代表聚类。

表 9-13 油棕热带草业与饲料科学研究领域各类高频主题词

聚类	高频主题词
油棕副产品在反刍动物饲料中的应用与影响	油棕副产品（byproduct）、反刍动物（ruminant）、表演（performance）、脂质（lipid）、饲料（feed quality, feed）、尸体特征（carcass traits）、消化率（digestibility）、饲养场（feedlot）、营养（nutrition）、棕榈仁饼（palm kernel cake）、消化系统（digestive system）

（续表）

聚类	高频主题词
油棕副产品与反刍动物饲料的消化及发酵研究	油棕叶（oil palm frond）、瘤胃发酵（rumen fermentation）、消化率（digestibility）、山羊（goat）、瘤胃（rumen）、脂肪酸（fatty acid）、微生物（microbe）、反刍动物（ruminants）、血（blood）、动物尸体（carcass）、氨化（ammoniation）

油棕副产品在反刍动物饲料中的应用与影响研究主要聚焦于棕榈仁粕（palm kernel cake, PKM）对饲料、反刍性能以及消化系统的影响。一是对饲料质量的影响。通过研究 PKM 对青贮饲料质量的影响，揭示了油棕副产品对饲料营养成分和化学参数的改变作用。例如，PKM 能改善牧草（Piata palissade grass）青贮饲料质量，在牧草中添加 15% 的 PKM 显著提高了青贮饲料的发酵及化学参数，包括干物质、粗蛋白、醚提取物以及总可消化营养素等，同时降低了纤维部分、pH 值、氨氮和滴定酸度，随着牧草中 PKM 比例增加，青贮饲料的可消化性增强[232]；PKM 添加到饮食中对水牛的营养利用、矿物质平衡和摄入量的影响，研究发现加入 20% 棕榈仁饼的浓缩混合饲料，可降低生产成本，保持氮、钙和磷平衡[233]。二是对反刍动物性能的影响。研究者关注油棕副产品在反刍动物饲料中应用的重要方面，是 PKM 对动物体重和日增重等性能指标的影响。例如，研究了以 PKM 为基础的饮食对肉羊生长性能的影响，发现将 PKM 作为部分替代浓缩料时，会降低大多数营养成分的摄入量，影响营养消化率及肉羊生长性能[234]；研究了油棕副产品制成的饲料颗粒对山羊生长性能和屠宰特征的影响[235]；研究了棕榈油中的饱和不饱和脂肪酸对水牛生殖性能影响，特别是对其精液质量的影响[236]；研究了 PKM 添加到小牛饮食中对其肉质的物理、化学和感官特性的影响[237]。三是对消化系统的影响。调研了因食用油棕纤维而引发的肉牛消化系统疾病[238]。研究了 PKM 在肉牛饲养中的影响，具体包括其对饲料摄入量、消化率、生产性能、采食行为和屠宰特征的影响，随着 PKM 比例的增加，干物质、粗蛋白和非纤维碳水化合物的摄入量呈线性下降，而脂肪提取物的摄入量及其消化率则有所提高；最终体重和热屠宰重量（HCW）也随着 PKM 含量增加而线性下降，但增重与饲料比率保持相似的变化趋势，这表明尽管总能量输入减少，但转化效率未受显著影响[239]。这些研究表明合理利用油棕副产品可以显著提高反刍动物的饲料利用效率和生产性能，为油棕副产物的饲料化利用提供了科学依据，有助于推动油棕草业与饲料科学的交叉研究与发展。

油棕副产品与反刍动物饲料的消化及发酵研究主要聚焦于油棕叶（oil palm fronds, OPF）对瘤胃发酵、消化率、动物性能的影响。一是瘤胃发酵研究，研究涉及不同处理的油棕叶对瘤胃特性的影响。例如，油棕叶提取物（OPLE）对瘤胃特性的影响，关键内容包括对甲烷产生、乙酸丙酸比例和微生物种群的作用，发现通过添加 OPLE，可以有效调节山羊瘤胃内微生物群落，并改善某些脂肪酸组成，从而可能提高肉类或乳制品质量[240]；研究了以 50% OPF 和 50% 巴拉草替代草料对山羊瘤胃功能的影响，显示瘤胃微生物数量增加，但其蛋白质消化率有所下降，粗脂肪消化率降低[241]。二是对消化率的影响，油棕叶添加量及处理方式影响消化率，未经处理的油棕叶的添加可能降低消化率，而经某些处理（如真菌处理、尿素和氢氧化钙处理等）可提高消化率。例如，研究油棕副产品对反刍动物的体外发酵和营养消化率的影响，发现基于 OPF 的油棕副产品会降低体外消化率；研究用凤尾菇（Lentinus sajor-caju）处理的 OPF 对山羊消化率、瘤胃发酵和氮平衡的影响，发现真菌处理过的油棕叶可作为替代粗饲料来源[242]；研究用 50% OPF 和 50% 巴拉草替代草料对山羊营养消化率的影响，显示蛋白质消化率下降，粗脂肪消化率降低[241]；评估了不同尿素水平（1%~5%）处理油棕叶对其化学成分、气体产生、消化率及发酵特性的影响，用 4% 或 5% 尿素氨化 OPF 可以有效改善其营养价值，并优化山羊体内的瘤胃发酵特性[243]。三是对动物性能的影响，研究油棕叶添加量及处理影响体重、日增重指标、脂肪酸组成、血液生化指标和炎症反应。例如，研究了用凤尾菇处理的油棕叶对肉羊生长性能和屠宰特征的影响，在总混合饲料中添加用香菇处理过的油棕叶并未显著改变育肥山羊的生长表现和屠宰特性[244]；研究了 OPF 对交配雄性羊的脂肪酸组成、肌肉组织和血液胆固醇水平的影响，发现 OPF 可有效改变羔羊体内的脂肪酸组成[245]；研究以 50% OPF 和 50% 巴拉草替代草料对山羊的体重、食物摄入及血液参数的影响，显示摄入更高的干物质及营养成分，血清胆固醇水平增加[241]；调查不同水平的 OPF 添加到总混合饲料（TMR）中，对未产奶乳用山羊的营养消化率、发酵模式及其血液生化指标和炎症反应的影响，发现将 40% OPF 加入 TMR 饮食中，可以增强营养摄入与消化，同时降低 TNF-alpha 分泌[246]。

综上所述，油棕草业与饲料科学研究聚焦于油棕副产品（PKM、OPF）在反刍动物饲料中的应用，研究表明适量添加可改善青贮饲料质量、降低生产成本并保持营养平衡。然而，过量使用可能降低某些营养成分的摄入与消化率，影响生长性能。此外，经特定处理的 OPF 能够调节瘤胃微生物群落、提高消化率，并对动物体内的脂肪酸组成产生积极影响。合理利用这些副产品可以提升饲料利用效率和动物生产性能。

9.3.4.2 前沿主题

以 1 年为一个时间切片，通过 CiteSpace 软件，选取每个子集前 10% 的数据进行文献共被引分析，旨在探测出重要的节点文献。通过参数设置，得到平均轮廓值为 0.981 7、模块化 Q 值为 0.926 8（Q>0.3 表示网络社团结构显著）的可视化网络。通过 LSI 算法寻找聚类，最终形成较为显著的 3 个聚类社团（图 9-9），对应的前沿主题词线索为 "#0 表观消化率" "#1 营养价值" "#13 油棕副产品制备反刍动物饲料"。进一步综合评估网络中节点的 Sigma 值，观测引文网络中重要的文献节点，并在此基础上对这些文献的施引文献进行检索，结合对施引文献的分析，判定学科知识领域的研究前沿（表 9-14）。

下篇　基于主要热带作物的竞争力及前沿格局解析

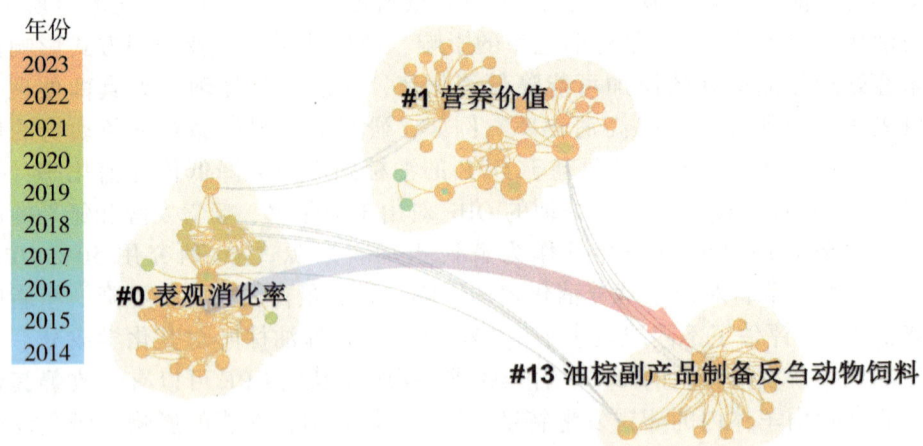

图 9-9　油棕热带草业与饲料科学研究领域共被引网络图谱

注：节点年轮代表文章的引文历史，年轮的整体大小反映论文被引用的次数，引文年轮的颜色代表相应的引文时间；箭头代表路径依赖关系。

表 9-14　油棕热带草业与饲料科学研究领域共被引网络重要文献

前沿名称	关键文献	被引频次
油棕副产品在动物饲料中的应用与环境影响研究	Flores-Santiago 等（2022）. Reduction of enteric methane production with palm oil: Responses in dry matter intake, rumen fermentation and apparent digestibility in sheep[247]	2
	Noosen, P（2022）. Yield, composition, fatty acid profile and cla content of milk from goats fed with different levels of opf[248]	0
	Saminathan（2022）. Treated oil palm frond and its utilisation as an improved feedstuff for ruminants-an overview[249]	0
	Zailan 等（2023）. Effect of feeding pleurotus pulmonarius-treated empty fruit bunch on nutrient digestibility and milk fatty acid profiles ingoats[250]	0

分析发现，油棕热带草业与饲料科学研究的前沿表现如下。

油棕副产品在动物饲料中的应用与环境影响研究。该前沿主题为通过将油棕副产品（如棕榈油、油棕饼、处理过的油棕叶和平菇处理的空果串）应用于反刍动物饲料中，不仅可以显著减少温室气体排放，还能提高饲料的营养价值，促进动物生长性能，并优化乳制品的质量等作用。研究者探讨在低质量的紫花苜蓿草基础饲料中添加油棕副产品对羊只干物质摄入、肠道甲烷排放、瘤胃发酵和消化率的影响，发现在喂养低质量热带草类时,将棕榈油作为副产品添加到饮食中,可以有效减轻肉羊产生甲烷气体的问题,其减排幅度可达14%。同时,这一过程不会对干物质摄入、营养成分吸收或饲料消化造成负面影响[247]。评估不同比例的油棕饼在全混合饲料(TMR)中对奶山羊乳产量、成分、脂肪酸谱和共轭亚油酸(CLA)含量的影响,研究发现将40%的油棕饼纳入全混合饲料中,可以作为一种替代方案,不仅能维持或提升牛奶产量,还能增强其健康价值[248]。处理过的油棕叶作为改良饲料在反刍动物中的应用,研究发现,生物处理法被认为能有效改善油棕叶的营养价值,相较于化学和物理处理,这种方法更加经济、安全且环保,经处理的油棕叶成功用于牛肉和奶牛喂养试验中,被证明是一种良好的蛋白质来源,对瘤胃发酵和动物生产具有积极影响,反刍动物表现出良好的生长性能[249]。评估平菇(*Pleurotus pulmonarius*)处理的空果串对奶山羊营养消化率、乳产量和乳脂肪酸谱的影响,研究发现,经过平菇处理后的空果串可能成为一种可行的粗饲料来源,用于替代Napier草,以提高经济效益并促进可持续发展[250]。从上述研究可以看出油棕副产品及废弃物作为饲料添加剂在畜牧业中展现出巨大的应用潜力。通过优化饲料配方,不仅可以有效减轻动物甲烷排放问题,还能提升饲料利用率和动物生产性能。同时,针对生物处理油棕叶和平菇处理空果串等新型饲料来源的探索,也为畜牧业的可持续发展提供了新的思路。

9.3.4.3 机构前沿表现度评价

基于全球油棕热带草业与饲料科学研究领域前沿文献集数据,统计分析全球各国机构在该学科中的前沿表现度,结果如表9-15所示。前沿贡献度排名前3位的机构分别为墨西哥研究生学院、尤卡坦自治大学和马来西亚博特拉大学。墨西哥研究生学院和尤卡坦自治大学得分表现相当;宋卡王子大学和马来西亚棕榈油总署得分表现相当。

表9-15 全球油棕热带草业与饲料科学研究领域机构前沿表现度综合分析

机构名称	所属国家	前沿表现度		前沿贡献度		前沿影响度		前沿引领度	
		排名	得分	排名	得分	排名	得分	排名	得分
墨西哥研究生学院	墨西哥	1	1.25	2	0.25	1	1.00	4	0.00
尤卡坦自治大学	墨西哥	1	1.25	2	0.25	1	1.00	4	0.00
马来西亚博特拉大学	马来西亚	3	0.75	1	0.50	3	0.00	1	0.25
宋卡王子大学	泰国	4	0.50	2	0.25	3	0.00	1	0.25
马来西亚棕榈油总署	马来西亚	4	0.50	2	0.25	3	0.00	1	0.25

9.3.5 热带农业工程研究的主题及前沿表现

9.3.5.1 研究主题

油棕热带农业工程研究领域耦合网络图谱显示，该领域主要关注方向4类方向，为油棕生物质的工程应用与复合材料开发、油棕农业工程多领域综合研究、油棕生物质的能源转化与环境应用研究、油棕生物质的预处理及炼制研究（图9-10）。进一步对不同聚类下的高频主题词进行统计（表9-16），结合聚类文献和高频词分布，了解该领域的研究热点和进展。

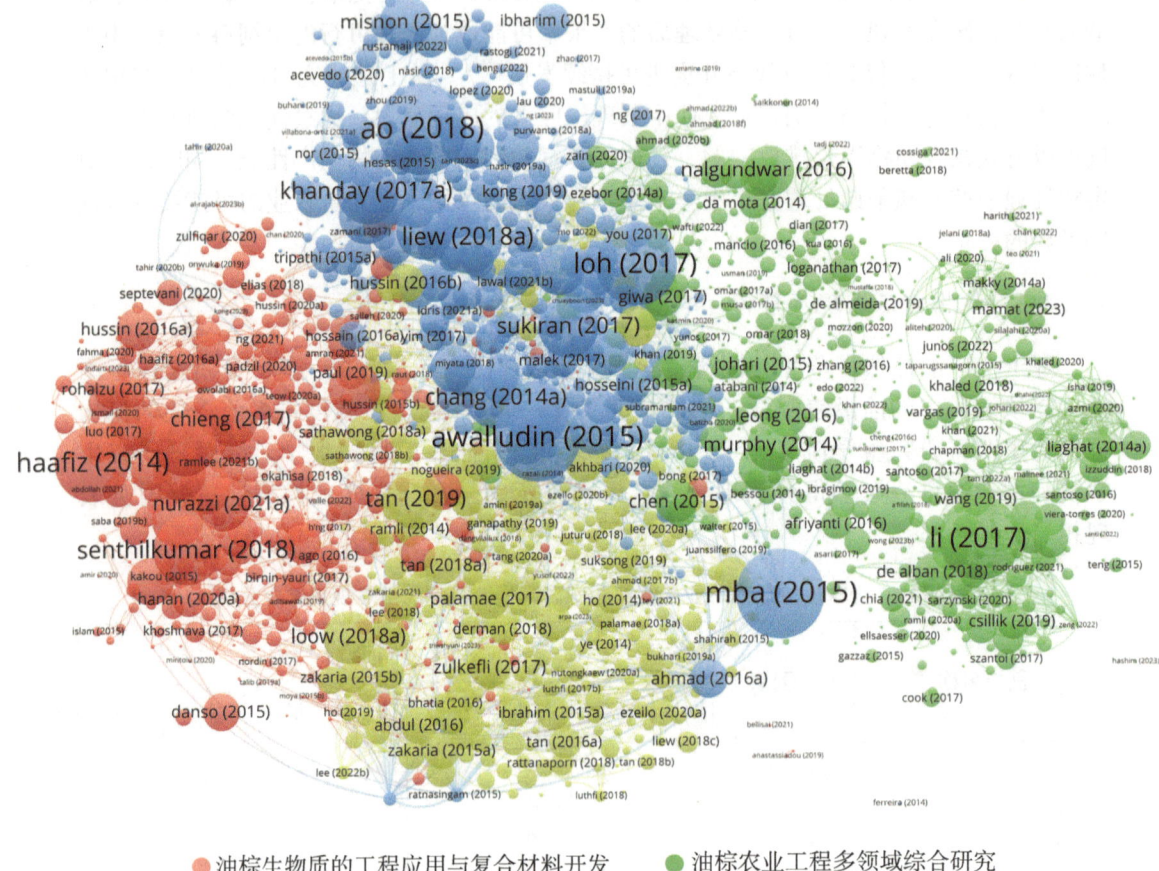

图9-10 油棕热带农业工程研究领域耦合网络分析

注：节点代表文献，节点大小代表被引次数；连线代表存在耦合关系，连线的粗细代表耦合关系的强弱；颜色代表聚类。

表 9-16 油棕热带农业工程领域各类高频主题词

聚类	高频主题词
油棕生物质的工程应用 与复合材料开发	空果串（empty fruit bunch）、纤维素（cellulose，microcrystalline）、复合材料（biocomposite）、机械性能（mechanical properties）、油棕干（oil palm trunk）、热性能（thermal properties）、油棕纤维（oil palm fiber）、油棕灰（oil palm ash）、油棕木（oil palm wood）、热稳定性（thermal stability）
油棕农业工程 多领域综合研究	茎基腐病（basal stem rot）、生物柴油（biodiesel）、机器学习（machine learning）、深度学习（deep learning）、遥感（remote sensing）、分类（classification）、生命周期评估（life cycle assessment）、可持续性（sustainability）、生物质（biomass）、无人机（uav）
油棕生物质的能源 转化与环境应用研究	物质（biomass）、吸附（adsorption）、活性炭（activated carbon）、生物炭（biochar）、热解（pyrolysis）、空果束（empty fruit bunch）、植物油（bio-oil）、干燥（torrefaction）、气化（gasification）、动力学（kinetics）、油棕废水（palm oil mill effluent）、油棕干（oil palm trunk）、油棕壳（oil palm shell）、油棕叶（oil palm frond）、油棕废料（oil palm wastes）、可再生能源（renewable energy）
油棕生物质的 预处理及炼制研究	空果串（empty fruit bunch）、油棕叶（oil palm frond）、预处理（pretreatment）、木质素（lignin）、酶法水解（enzymatic hydrolysis）、油棕生物质（oil palm biomass）、生物乙醇（bioethanol）、生物炼制（biorefinery）、木质纤维素（lignocellulose）、木质生物质（lignocellulosic biomass）、去木质素（delignification）、纤维素（cellulose）

油棕生物质的工程应用与复合材料开发主要聚焦于油棕生物质的成分提取与特性研究、复合材料的制备与性能研究。主要围绕油棕生物质展开研究，包括油棕空果串（OPEFB）、纤维素、油棕茎干（OPT）、油棕木（OPW）、油棕纤维（OPF）以及油棕灰（OPA）等在复合材料中的应用。一是油棕生物质的成分提取与特性研究，从油棕不同部位提取纤维素等成分，并对其理化特性进行分析。例如，通过不同的处理方法（酸水解、碱处理等）获得具有特定结晶度和热稳定性的纤维素[251-254]；比较了化学膨胀和酸水解两种不同的分离技术对从油棕生物质获得的微晶纤维素性质的影响[255]；采用扫描电子显微镜（SEM）、透射电子显微镜（TEM）、傅里叶变换红外光谱（FTIR）和 X 射线衍射分析（XRD）等方法对油棕灰、油棕木等进行特性研究，了解其化学组成、结构特点，利用热重分析（TGA）评估热稳定性，为其在复合材料中的应用提供基础[252]；探讨了硫酸水解与高压均质化等化学机械技术从油棕空果串（OPEFB）中提取纳米纤维素（NFC）的过程及其在复合材料中的应用[256]。二是复合材料的制备与性能研究，研究者重点研究利用油棕生物质与各种聚合物制备复合材料，如将油棕纤维与聚乳酸、环氧树脂等复合，还研究了复合材料的机械性能和热性能，并通过改变生物质的含量、处理方式以及添加其他助剂等手段来优化性能。例如，比较了油棕纤维（OPF）和菠萝纤维（PALF）增强的生物酚树脂（BPHR）复合材料及其混合复合材料的化学、机械和热性能[257]；开发了以淀粉和 OPEFB 为基础的生物塑料复合材料，这些复合材料中添加了不同浓度的环氧化植物油（EPO 或 ESO），旨在提高其

机械强度和耐水性[258]；对油棕空果串（OPEFB）生物质的改性，以作为复合材料面板和热绝缘材料的潜在增强剂[259]；采用不同浓度硫酸（10%~40%）和超声波处理方法从 OPEFB 中提取微纤化纤维素（MFC），开发出一种利用农业废弃物生产功能型纳米材料的有效方法，为开发新型绿色、高性能产品提供参考[260]；通过超声波处理和碱（NaOH）处理有效制备超细油棕灰颗粒（OPA），发现改性显著增强了其作为天然橡胶增强填料的性能[261]；采用熔融混合法制备聚乳酸（PLA）与 OPEFB 纤维的生物降解复合材料[253]；采用双螺杆挤出法将固定含量（40%）的油棕纤维与椰子纤维及高密度聚乙烯（HDPE）进行混配，然后压缩成型制造混合复合材料[262]；油棕空果串（EFB）中天然的 p-羟基苯甲酸酯化木质素的特性及其潜在应用[263]；研究了油棕树干（OPT）的等温干燥特性，包括能量和收缩评估[264]；研究了不同缓冲 pH 值介质中水热处理对油棕木（OPW）的机械性能影响[265]。这些研究涵盖了从生物质提取到复合材料开发等多个方面，旨在通过技术创新提高材料性能，推进产品的综合利用。

油棕农业工程多领域综合研究主要聚焦于茎基腐病检测与防治技术、生物质利用技术，以及机器学习与遥感技术的应用。一是茎基腐病检测与防治技术，研究者探索利用光谱技术、机器学习等方法进行油棕 BSR 早期检测。例如，通过结合无人机技术与机器学习，可以有效实现对油棕 BSR 早期检测[266]；中红外光谱技术及人工神经网络（ANN）光谱分析在早期检测油棕 BSR 中的应用[267,268]；随机森林分类模型和介电光谱数据的降维技术在油棕 BSR 检测中的应用研究[212,269]。二是生物质利用技术，研究者关注油棕废弃物（如空果串、纤维等）转化为生物能源（如生物柴油）或其他高附加值产品的方法研究。例如，利用油棕空果串（OPEFB）合成固体酸催化剂，从而提高生物柴油生产效率[270]；研究出棕榈油不同提取成分，对生物柴油与传统石油基燃料相结合的合理配比影响，从而改善整体性能[271,272]；油棕作为能源作物在生物质利用方面的相关研究也较多[273]；探讨了从 OPEFB 中提取纳米纤维素（NFC）的化学机械技术[256]；评估了泰国棕榈生物柴油生产的生命周期，重点分析了建模选择、产品利用、改进技术和土地使用变化对环境影响的作用[274]。三是机器学习与遥感技术的应用，研究者关注遥感技术（如卫星影像、无人机监测）结合机器学习和深度学习算法，在实现油棕种植面积的准确绘制、树龄估计、病虫害监测以及产量预测中的应用。例如，利用机器学习预测果实产量、收获时间、油脂产量及季节影响，识别树木类型、果实状态、病害水平、树冠状况以及土地利用情况；结合计算机视觉和人工智能的新型智能系统通过无人机搭载传感器监测农田，可以实时获取油棕植株健康状况，从而更精准地进行施肥或灌溉，提高资源利用率[275]；利用无人机（UAV）图像自动检测和计数单棵油棕树的方法[276]；通过引入支持向量机技术，可以有效改善参考蒸散发的估算精度，为农业生产提供更可靠的数据支持[277]；无人机（UAV）飞行高度对油棕树生物物理参数提取的影响[31]。这些研究不仅有助于提升油棕的产量和品质，还为实现油棕园的精细化管理提供了有力支撑。

油棕生物质的能源转化与环境应用研究主要聚焦于油棕生物质的能源转化及相关环境应用。一是能源转化，研究者关注热解、气化等技术将生物质转化为能源产品以及相关动力学研究。例如，热解过程中温度、加热速率和停留时间等因素对 OPEFB 生物炭吸附性能的影响，优化后的 OPEFB 生物炭由于具有更高阳离子交换容量及功能团，对极性化合物表现出更强亲和力，有效提升了其吸附能力[278]；油棕壳的无电镀活性炭/氧化镍纳米复合材料电极在超级电容器上的应用[279]；利用超临界水气化技术将OPEFB转化为氢气[280]；通过添加OPEFB改善污泥的超临界水气化，促进合成气生产和重金属稳定[281]；油棕壳（OPS）作为生物柴油生产原料的适用性[282]。二是环境应用，研究者关注研究利用油棕生物质相关产物处理油棕废水。例如，从油棕叶废料合成的改性活性炭为去除生产水中化学需氧量的新型绿色吸附剂[283]；利用油棕残余物作为原材料进行活性炭生产[284]；探讨了生产条件对从稻壳和OPEFB中产生的生物炭产量及理化性质的影响[285]；通过对油棕废水（POME）处理过程中结晶沉积物的去除研究，发现氨镁磷酸盐沉淀回收营养成分是一种有效方法[286]；使用来自OPEFB的木炭作为能量源，可减少马来西亚炼铁的CO_2排放[287]。这些研究为油棕生物质的综合利用提供了理论依据和技术支持，有助于拓展其在能源生产和环境保护领域的应用，推动油棕产业的可持续发展。

油棕生物质的预处理及炼制研究主要聚焦于油棕生物质的预处理方法、炼制生产生物燃料和化学品。一是预处理方法，研究者主要采用物理、化学和生物方法进行油棕生物质预处理。例如，物理预处理：利用行星式球磨机处理油棕生物质生产乙醇等可再生燃料，发现利用机械设备可提高原料转化效率能够显著降低成本并提升经济性[288,289]；利用热水法对油棕生物质进行预处理来软化细胞壁，使得酶更易于接触[289]等。化学预处理：利用微波辅助草酸预处理OPEFB以提高可发酵糖的生产效率[290]；硫酸（H_2SO_4）、氯化铝（$AlCl_3$）和硝酸铬$Cr(NO_3)_3$等不同催化剂对微波辅助醋溶液提取OPEFB纤维中木质素的产量和性质的影响，发现H_2SO_4作为催化剂时可提高生产效率降低处理时间[291]；通过优化碱性（NaOH）处理工艺参数，改善油棕叶纤维的酶解性能[292,293]；氨纤维膨胀（AFEX）预处理对油棕空果串（OPEFB）纤维的化学和结构特性变化，以及这些变化对酶解糖化和生物氢气发酵性的影响[294]；双氧水预处理对OPEFB结构和性质的影响[295]；利用有机溶剂（organosolv）预处理油棕废弃物，实现对木质素、纤维素和半纤维素的选择性分离[296-301]。生物预处理：利用细菌（*Enterobacter* sp.）从OPEFB中提取生物氢气[302]；利用真菌（*Aspergillus*）通过固态发酵技术从油棕树干（OPT）中生产木聚糖酶[303]；从白腐真菌（*Dictyopanus pusillus*）中提取的酶在油棕废弃物木质素预处理中的潜力[304]。二是炼制生产生物燃料和化学品，研究者关注生物乙醇的生产，通过预处理后的油棕生物质进行酶法水解获得可发酵糖，再经发酵生产生物乙醇。例如，在工厂中利用OPEFB生产无水乙醇[293]；油棕叶（OPF）经纤维素酶水解后作为原料生产乙醇[305]；OPEFB经纤维素酶水解、酿酒酵母发酵生产固体生物乙醇[306]；利用酿酒酵母和哈氏真菌，以及纤维素酶和β-葡萄糖苷酶结合使用，将OPEFB转化为生物乙醇[307]；通过生物加工技术，从油棕空果串（OPEFB）中综合生产木糖醇、乙醇和酶[308]。这些研究通过技术创新，致力于提高油棕废弃物的综合利用效率，推动该行业的可持续发展。

综上所述，油棕产业与饲料科学领域聚焦于油棕生物质/废弃物在工程中的应用、复合材料开发、能源转化以及环境应用等具有显著发展潜力的领域。研究内容主要涵盖生物质成分的提取、复合材料的开发、农业工程、能源转化、环境应用以及预处理炼制技术。通过技术创新，旨在提升材料性能、提高生物能源的转化效率以及增加废弃物的利用价值，从而促进油棕产业可持续发展，并实现环境效益与经济效益共同提高的双重目标。

9.3.5.2 前沿主题

以 1 年为一个时间切片，通过 CiteSpace 软件，选取每个子集前 1% 的数据进行文献共被引分析，旨在探测出重要的节点文献。通过参数设置，得到平均轮廓值为 0.903 7、模块化 Q 值为 0.754 7（Q>0.3 表示网络社团结构显著）的可视化网络。通过 LSI 算法寻找聚类，最终形成较为显著的 15 个聚类社团，对应的前沿主题词线索为"#0 油棕空果束纤维""#1 油棕废弃物""#2 酶水解""#3 油棕种植""#4 生产增值产品""#5 油棕生物质""#6 木糖醇产量""#7 油棕茎基腐病""#8 油棕副产品""#9 琥珀酸生产""#10 油棕成熟度检测""#11 复合材料""#12 碱过氧化物处理""#13 油棕生物学特性""#14 全油棕样本数据库"（图 9-11）。进一步综合评估网络中节点的 Sigma 值，观测引文网络中重要的文献节点，并在此基础上对这些文献的施引文献进行检索，结合对施引文献的分析，判定学科知识领域的研究前沿（表 9-17）。

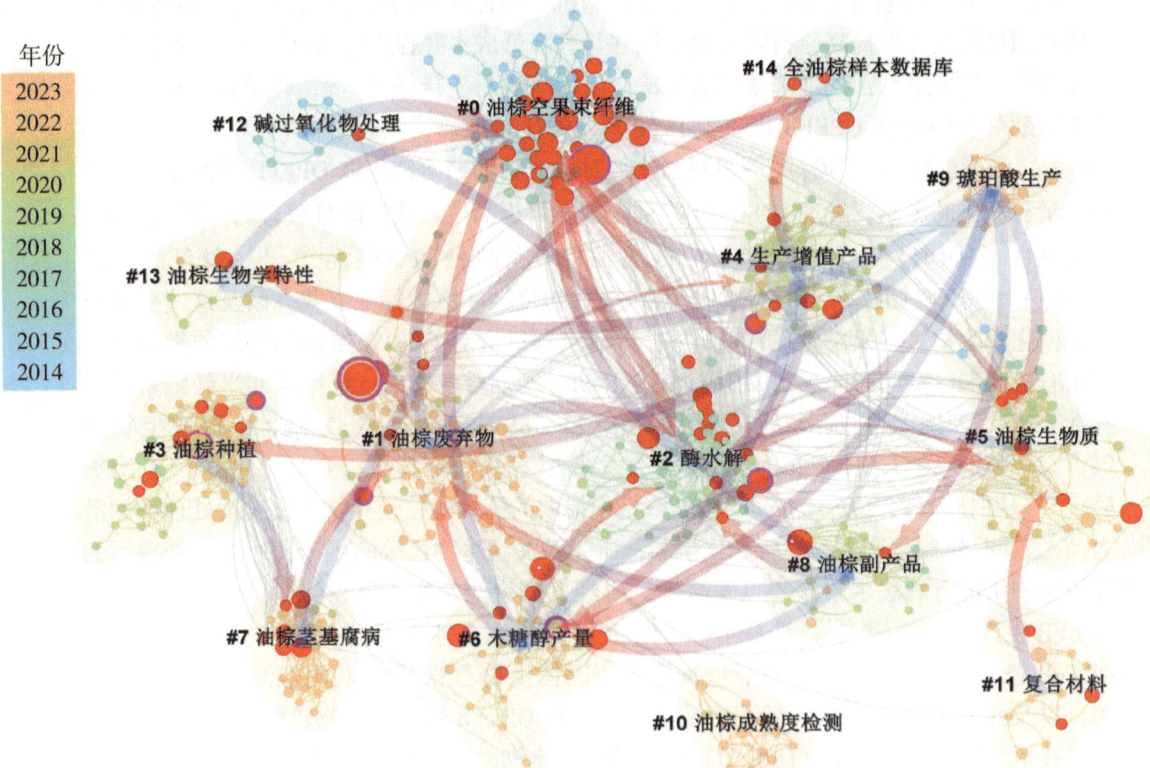

图 9-11 油棕热带农业工程研究领域共被引网络图谱

注：节点年轮代表文章的引文历史，年轮的整体大小反映论文被引用的次数，引文年轮的颜色代表相应的引文时间；紫圈节点为高中介中心性节点（中介中心性不小于 0.1）；红色节点为突发性节点；箭头代表路径依赖关系。

9 油棕研究领域竞争力及前沿格局解析

表 9-17 油棕热带农业工程研究领域共被引网络重要文献

前沿名称	关键文献	被引频次
油棕生物质资源的高效转化与可持续利用	Nabila 等（2023）. Oil palm biomass in indonesia：Thermochemical upgrading and its utilization[309]	8
	Awalludin 等（2015）. An overview of the oil palm industry in malaysia and its waste utilization through thermochemical conversion，specifically via liquefaction[310]	272
	Zakaria 等（2023）. Production of biochar and activated carbon from oil palm biomass：current status, prospects, and challenges[311]	15
	Nyakuma 等（2021）. Non-oxidative thermal decomposition of oil palm empty fruit bunch pellets：Fuel characterisation, thermogravimetric, kinetic, and thermodynamic analyses[312]	15
	Bukhari（2023）. Prospects and state-of-the-art in production of bio-based succinic acid from oil palm trunk[313]	1
	Derman 等（2018）. Oil palm empty fruit bunches as a promising feedstock for bioethanol production in Malaysia[314]	64
	Nyakuma 等（2022）. Carbon dioxide torrefaction of oil palm empty fruit bunches pellets：Characterisation and optimisation by response surface methodology[315]	17
	Zainal 等（2020）. Integrated system technology of pome treatment for biohydrogen and biomethane production in malaysia[316]	8
	Mardawati 等（2022）. An integrated process for the xylitol and ethanol production from oil palm empty fruit bunch (opefb) using debaryomyces hansenii and saccharomyces cerevisiae[317]	4
	Khunnonkwao 等（2023）. Valorization of empty oil-palm fruit bunch waste for an efficient improvement of succinic acid production by metabolically engineered escherichia coli[318]	1
	Yimlamai 等（2021）. Cellulose from oil palm empty fruit bunch fiber and its conversion to carboxymethylcellulose[319]	15
	Pereira 等（2020）. Comparative analysis of different chlorine-free extraction on oil palm mesocarp fiber[320]	23
	Hussin, FNNM（2020）. Extraction and characterization of nanocellulose from raw oil palm leaves (*Elaeis guineensis*)[321]	29
	Elias 等（2020）. Structure and properties of lipase activated by cellulose-silica polyethersulfone membrane for production of pentyl valerate[322]	7

（续表）

前沿名称	关键文献	被引频次
油棕种植中遥感与机器学习的应用	Hernawati 等（2022）. Modeling of oil palm phenology based on remote sensing data: Opportunities and challenges[323]	1
	Cheng 等（2017）. Towards a global oil palm sample database: Design and implications[324]	14
	Li 等（2017）. Deep learning based oil palm tree detection and counting for high-resolution remote sensing images[325]	253
	Ang 等（2022）. Oil palm yield prediction across blocks from multi source data using machine learning and deep learning[326]	5
	Cheng 等（2018）. Towards global oil palm plantation mapping using remote-sensing data[327]	24
	Zeng 等（2022）. Optimization of open-access optical and radar satellite data in google earth engine for oil palm mapping in the Muda River Basin, Malaysia[328]	4
	MOHD Najib 等（2020）. Synergy of active and passive remote sensing data for effective mapping of oil palm plantation in Malaysia[329]	16
	Yusoff 等（2017）. Towards the use of remote-sensing data for monitoring of abandoned oil palm lands in Malaysia: A semi-automatic approach[330]	20
	Ang 等（2022）. A novel ensemble machine learning and time series approach for oil palm yield prediction using landsat time seriesimagery based on NDVI[71]	5
油棕生物质预处理技术研究	Akhlisah 等（2021）. Pretreatment methods for an effective conversion of oil palm biomass into sugars and high-value chemicals[289]	39
	Ho 等（2019）. An application of low concentration alkaline hydrogen peroxide at non-severe pretreatment conditions together with deep eutectic solvent to improve delignification of oil palm fronds[331]	31
	Ong 等（2019）. Sequential ultrasonication and deep eutectic solvent pretreatment to remove lignin and recover xylose from oil palm fronds[332]	66
	Rizal 等（2018）. Pre-treatment of oil palm biomass for fermentable sugars production[333]	32
油棕茎基腐病检测技术与模型研究	Yong 等（2022）. Automatic disease detection of basal stem rot using deep learning and hyperspectral imaging[211]	11
	Santoso 等（2017）. Random forest classification model of basal stem rot disease caused by *Ganoderma boninense* in oil palm plantations[212]	31
	Hashim 等（2021）. Classification of non-infected and infected with basal stem rot disease using thermal images and imbalanced data approach[226]	4

（续表）

前沿名称	关键文献	被引频次
油棕茎基腐病检测技术与模型研究	Khairunniza-Bejo 等（2021）. Non-destructive detection of asymptomatic *Ganoderma boninense* infection of oil palm seedlings using nir-hyperspectral data and support vector machine[227]	13
油棕叶纳米硅在脂酶固定化中的应用研究	Onoja 等（2018）. Extraction of nanosilica from oil palm leaves and its application as support for lipase immobilization[334]	32
	Onoja 等（2020）. Robust magnetized oil palm leaves ash nanosilica composite as lipase support: Immobilization protocol and efficacy study[335]	6
	Wong 等（2020）. Chemically modified nanoparticles from oil palm ash silica-coated magnetite as support for candida rugosa lipase-catalysed hydrolysis: Kinetic and thermodynamic studies[336]	13
油棕果实成熟度检测与分类的前沿技术研究	Suharjito（2023）. Annotated datasets of oil palm fruit bunch piles for ripeness grading using deep learning[337]	7
	Junior 和 Suharjito（2023）. Video based oil palm ripeness detection model using deep learning[338]	2
	Suharjito 等（2023）. Real-time oil palm fruit grading system using smartphone and modified yolov4[339]	0
	Pipitsunthonsan 等（2023）. Palm bunch grading technique using a multi-input and multi-label convolutional neural network[340]	2
	Aliteh 等（2020）. Fruit battery method for oil palm fruit ripeness sensor and comparison with computer vision method[341]	8
油棕废弃物在复合材料中的应用与性能优化研究	Valle 等（2022）. Oil palm empty fruit bunch (opefb) fiber-reinforced acrylic thermoplastic composites: Effect of salt fog aging on tensile, spectrophotometric, and thermogravimetric properties[342]	7
	Awad 等（2022）. Performance evaluation of calcium alkali-treated oil palm/pineapple fibre/bio-phenolic composites[343]	10
	Awad 等（2022）. A comparative assessment of chemical, mechanical, and thermal characteristics of treated oil palm/pineapple fiber/bio phenolic composites[344]	19
	Then 等（2015）. Influence of fiber content on properties of oil palm mesocarp fiber/poly (butylene succinate) biocomposites[345]	6

分析发现，油棕农业工程研究的前沿表现如下。

一是油棕生物质资源的高效转化与可持续利用研究。作为全球最重要的油棕生产国，印度尼西亚和马来西亚在这一领域的研究成果尤为突出。该前沿主题围绕油棕生产过程中产生的固体废弃物，如空果串（EFB）、油棕核壳（PKS）、中果纤维（MF）、油棕叶（OPF）和油棕树干（OPT）等，探索其热化学升级及多种利用途径。研究者在印度尼西亚对油棕生物质（OPB）的热化学过程进行了深入研究，包括炭化和热解，旨在将其转化为升级固体燃料或生物炭，用于土壤改良和碳储存。不仅关注了 OPB 的可获得性、特征特性和政府政策，还从市场化视角和生命周期评估（LCA）角度探讨了其发电和农业土壤改良的潜力[309]。液化过程因其简单性和能够产生同时含有两种有用功能基团的产品而受到广泛关注，为油棕废弃物的利用开辟了新的方向，通过热化学过程将油棕废弃物转化为有价值的产品，如生物乙醇和液化产品[310]。油棕生物质还被视为有前途的碳质、热解材料来源，可用于生产生物炭和活性炭。这些碳材料具有广泛的应用前景，包括土壤改良、碳储存和作为高附加值产品的原料[311,312]。然而，对生物炭和活性炭的研究存在相互冲突的情况，需要基于各自的背景和合成方法进行更清晰的区分[311]。除了热化学转化，还探索了从油棕油废弃物中生产生物化学品的可能性，如利用油棕树干（OPT）生产琥珀酸（SA），这是一种建立可持续生物化学工业的重要前提，通过生物转化过程，如生物质预处理、酶解糖化和发酵，可以实现 SA 的高效生产[313]。空果串（EFBs）也被视为生产生物乙醇的潜在原料，为马来西亚等油棕生产国实现环保的生物能源和零废弃物目标提供了可能[314]。在热解技术方面，油棕空果核（OPEFB）颗粒的二氧化碳热解过程，通过响应面法（RSM）优化条件，可以实现热解产物产量和特性的最大化，发现二氧化碳热解是一种可行的清洁能源回收方法，有助于实现废弃物的有效利用[315]。同时，马来西亚还探讨了利用集成生物反应器结合暗发酵（DF）和厌氧消化（AD）过程生产生物氢气和/或生物甲烷处理油棕加工废水（POME）的方法，为实现有机废物的有效利用和生物能源的发展提供了新思路[316]。利用汉森德巴利酵母（*Debaryomyces hansenii*）和酿酒酵母（*Saccharomyces cerevisiae*）从油棕空果串（OPEFB）中生产木糖醇和乙醇的综合工艺，发现通过微厌氧木糖醇生产和厌氧半同步糖化发酵（semi-SSF），可制备较高浓度的木糖醇和乙醇[317]。代谢工程改造的大肠杆菌也被应用于油棕果核废渣中生产琥珀酸，通过热化学预处理和活性炭脱毒，有效提高了 EFB 水解液的利用率，进而实现了高浓度和高产量的生物琥珀酸生产[318]。从油棕空果串（EFB）纤维中回收纤维素并制备为水溶性羧甲基纤维素（CMC）的方法，为油棕废弃物的资源化利用提供了新思路[319]。探讨了不同无氯提取法对油棕果皮纤维的处理效果，为油棕果皮纤维的标准化和高效利用提供了理论基础[320]。通过漂白、碱处理和酸处理等方法，从新鲜油棕叶中提取出高结晶度、高比表面积的纳米纤维素，为纳米复合材料的制备提供了优质原料[321]。天然油棕叶中提取的纳米晶纤维素（NC）和二氧化硅（SiO_2），将其用作聚乙二醇砜（PES）的纳米填料，制备了高性能的 $NC-SiO_2-PES$ 载体，并固定了酿酒酵母酯酶（CRL），展示了油棕生物质资源在生物催化领域的应用潜力[322]。这些研究旨在通过炭化、热解、液化等过程将油棕废弃物转化为高附加值产品，从 OPEFB 和 EFB 中生产木糖醇、乙醇和琥珀酸等生物化学品，以实现油棕产业的可持续发展和环境污染的缓解。未来研究将继续探索更高效、更环保的转化方法和利用途径。

二是油棕种植中遥感与机器学习的应用研究。该领域前沿主要集中在利用遥感技术和机器学习算法来提升油棕种植园的管理效率和产量预测精度。研究者在遥感数据收集分析的基础上，构建了油棕物候模型，为种植园的可持续管理提供支撑[323]。为了方便大规模监测油棕种植园，建立了全球油棕样本数据库[324]，并开发了基于深度学习的框架,用于高分辨率遥感图像中的油棕树检测和计数[325],为准确监测油棕树数量和优化种植园管理提供了技术支持。开发了基于 NDVI 的 Landsat 时序影像的油棕产量预测机器学习和时间序列新方法[71]。利用机器学习和深度学习从多源数据中预测油棕产量的跨块预测,利用机器学习和深度学习技术构建产量预测模型,为种植园管理者提供决策支持[326]。绘制了全球油棕种植园图,包括 15 个国家在内的油棕地图,并讨论了全球油棕种植区域的分布特征及其环境适宜性,为理解全球油棕种植现状及其对生态环境的影响提供了重要依据[327]。种植园制图方面,研究通过利用多种光学和微波卫星数据,评估了油棕制图的最佳组合,发现结合使用 C 波段和 L 波段的雷达图像以及光学数据可以显著提高油棕分类的精度[328]。此外,利用合成孔径雷达和可见光数据,能够实现对种植园的整体了解,并优化生产和可持续性[329]。利用遥感技术监测马来西亚废弃油棕园,提高了资源利用效率[330]。这些研究通过整合多源数据,开发了多种模型用于油棕物候模型构建、产量预测、种植园制图以及废弃园区的监测,不仅提高了油棕种植园的管理效率,还为可持续发展提供了技术支持,随着技术的不断进步和研究深入,为油棕产业的发展注入新的活力。

三是油棕生物质预处理技术研究。该前沿主题关注不同预处理方法在提高生物质转化效率方面的应用与效果,包括传统预处理方法的优缺点分析、低浓度 AHP 与 DES 顺序预处理技术的协同作用、连续超声处理与 DES 预处理的木质素去除效果,以及油棕生物质发酵产糖前处理工艺的回顾。研究者采用低浓度碱性过氧化氢(AHP)和低共熔溶剂(DES)的顺序预处理方法,在低温、低压条件下,显著提高了油棕叶(OPF)的脱木质素效率,为后续的生物炼制过程提供了潜在原料,展示了 AHP 和 DES 的协同作用[289],也为油棕生物质的高效利用开辟了新途径[331]。连续超声处理和低共熔溶剂预处理技术的结合也被证明是去除油棕叶中木质素并回收木糖的有效方法,通过优化超声条件(振幅 70%,持续时间 30 分钟),实现了木质素含量的显著降低和木糖回收率的提升,为生物质转化过程中的木质素去除和糖类回收提供了新思路[332]。还研究了油棕生物质发酵产糖的预处理工艺[333]。这些研究通过优化预处理方法可提高生物质转化效率,克服木质素不易降解等难题,为生物质高效利用提供新途径,为油棕生物质的高效利用提供了理论基础和技术支持,也为未来生物质转化技术的发展指明了方向。

四是油棕茎基腐病检测技术与模型研究。该前沿主题聚焦在油棕农业工程科学领域,重点关注由 *Ganoderma boninense* 引起的油棕茎基腐烂病(BSR)的检测技术与防治策略研究。研究者利用深度学习和高光谱成像技术在油棕幼苗阶段实现了自动的 BSR 检测,避免了手动提取图像特征的烦琐过程,提高了检测的准确性和效率[211]。评估了机器学习模型在预测油棕种植园 BSR 病害方面的发展潜力,并生成了 BSR 病害分布的地图,其中,随机森林模型在预测、分类和制图方面表现最佳,为 BSR 病害的大范围监测和管理提供了有效的工具[212]。通过识别油棕树的热特征,并利用机器学习分类器对未感染和 BSR 感染的树木进行分类,发现温度特征 T-max 在区分两类树木方面表现出色,为 BSR 的早期诊断提供了新的思路[226]。利用近红外-高光谱数据和支持向量机(SVM)对油棕幼苗的无症状 *G. boninense* 感染进行了非破坏性检测[227]。这些研究利用先进的图像处理和机器学习技术，实现对BSR病害的快速、准确检测，以及通过建模预测病害的分布和发展趋势，为油棕茎基腐病综合防控提供重要技术支持。

五是油棕叶纳米硅在脂酶固定化中的应用研究。该前沿主题关注可再生资源在酶固定化技术中的新应用，以替代传统的不可再生二氧化硅来源，并提升酶催化效率和稳定性。研究者从油棕叶灰中提取纳米二氧化硅，并将其作为纳米载体，通过包覆磁铁矿制备复合材料，用于固定酿酒酵母脂酶（CRL），证实了CRL成功固定在纳米载体上，并显示出较高的酶蛋白负载量和特定酶活性[334]。优化了将CRL固定在经油棕叶灰（OPLA）改性的磁性二氧化硅上的方法，酸处理后的OPLA是可再生二氧化硅的潜在来源，这进一步增强了其在固体支持酶催化中的实际应用潜力[335]。从油棕叶灰（TOPLA）中提取二氧化硅，并将其涂覆在四氧化三铁上，然后用3-氨基丙基三乙氧基硅烷对其表面进行改性，用于固定CRL，证实了CRL成功固定在支持物上，并在优化的条件下实现了棕榈油的高效水解，动力学和热力学研究表明，固定化后的CRL具有更高的热稳定性[336]。这些研究不仅为可再生资源在酶固定化技术中的应用提供了新的思路，也为油棕农业工程科学的发展注入了新的活力。

六是油棕果实成熟度检测与分类的前沿技术研究。随着计算机视觉和深度学习技术的飞速发展，该前沿主题关注油棕果实成熟度的准确检测与分类研究，其对于提高油棕收获质量和产品品质具有关键作用。研究者引入一种直接从油棕加工厂获取新的注释数据集，进一步提高油棕果实成熟度分类的准确性，为研究提供了丰富的实验材料[337]。研究了基于深度学习的视频油棕成熟度检测模型，发现YOLOv4-Tiny在实时目标检测条件下表现最佳，为油棕自动收获提供了技术支持[338]。基于智能手机和改进的YOLOv4算法的实时油棕果分级系统，发现该模型在智能手机上能够有效地检测出不符合质量标准的果串，这对于提高油棕果串的分级效率具有重要意义[339]。研究人员提出了一种基于多输入和多标签卷积神经网络的油棕叶等级分类技术，该技术使用RGB摄像头、红外传感器和负载传感器对油棕果串进行分类，实现了对FFBs的准确评估，为油棕产品的质量控制提供了新的技术手段[340]。探索了水果电池法在油棕果实成熟度检测中的应用，并将其与计算机视觉法进行了比较，发现组合方法的准确率最高，这为油棕成熟度的多元检测提供了新思路[341]。这些研究为油棕的自动收获、质量控制和生产效率的提高提供了有力的技术支持。

七是油棕废弃物在复合材料中的应用与性能优化研究。该前沿主题关注油棕农业废弃物在高性能复合材料领域的应用研究。研究者尝试了使用丙烯酸热塑性树脂与OPEFB纤维结合制备复合材料，并探讨了不同制备条件对材料性能的影响[342]。在此基础上，为了进一步提升复合材料的性能，开始尝试对纤维进行改性处理。其中，$Ca(OH)_2$和NaOH溶液被广泛应用于OPF、PALF等纤维的改性处理中[343]。研究结果表明，碱处理能够显著增强纤维与基体之间的界面黏附力，从而提高复合材料的机械性能和热稳定性[344]。在应用方面，还探讨了纤维含量对复合材料性能的影响。一项以PBS和不同重量百分比的OPMF制备的环保型生物复合材料为例的研究发现，随着纤维含量的增加，复合材料的存储模量和损失模量有所提高，但热稳定性有所下降[345]。尽管如此，由于其良好的机械性能和生物降解性，这类生物复合材料仍被视为具有广阔应用前景的新型材料。这些研究不仅为油棕农业废弃物的资源化利用提供了新的途径，也为高性能复合材料的研发提供了新的思路和方法。

9.3.5.3 机构前沿表现度评价

基于全球油棕热带农业工程研究领域前沿文献集数据，统计分析全球各国机构在该学科中的前沿表现度，结果如表9-18所示。综合表现排名前3位的机构分别为马来西亚博特拉大学、马来西亚理科大学和马来西亚科技大学。

表9-18 全球油棕热带农业工程研究领域TOP10机构前沿表现度综合分析

机构名称	所属国家	前沿表现度		前沿贡献度		前沿影响度		前沿引领度	
		排名	得分	排名	得分	排名	得分	排名	得分
马来西亚博特拉大学	马来西亚	1	0.50	1	0.20	2	0.16	1	0.14
马来西亚理科大学	马来西亚	2	0.39	2	0.13	1	0.16	2	0.09
马来西亚科技大学	马来西亚	3	0.36	3	0.12	3	0.14	3	0.07
马来西亚国立大学	马来西亚	4	0.31	4	0.11	5	0.12	4	0.07
马来亚大学	马来西亚	5	0.27	6	0.09	4	0.12	5	0.06
马来西亚棕榈油总署	马来西亚	6	0.26	5	0.10	6	0.10	6	0.06
莫纳什大学	澳大利亚	7	0.15	7	0.05	7	0.07	7	0.04
莫纳什大学马来西亚分校	马来西亚	8	0.15	9	0.04	8	0.06	7	0.04
宋卡王子大学	泰国	9	0.12	7	0.05	9	0.04	9	0.04
玛拉工艺大学	马来西亚	10	0.08	9	0.04	10	0.02	10	0.01

9.3.6 热带农业经济与乡村振兴研究的主题及前沿表现

9.3.6.1 研究主题

油棕热带农业经济与乡村振兴研究领域耦合网络图谱显示（图9-12），该领域主要关注3类方向，分别为油棕种植对小农生计与环境可持续性的影响研究、油棕产业的可持续发展与社会经济影响研究、油棕及相关经济作物的可持续发展与创新研究。进一步对不同聚类下的高频主题词进行统计（表9-19），结合聚类文献和高频词分布，了解该领域的研究热点和进展。

下篇　基于主要热带作物的竞争力及前沿格局解析

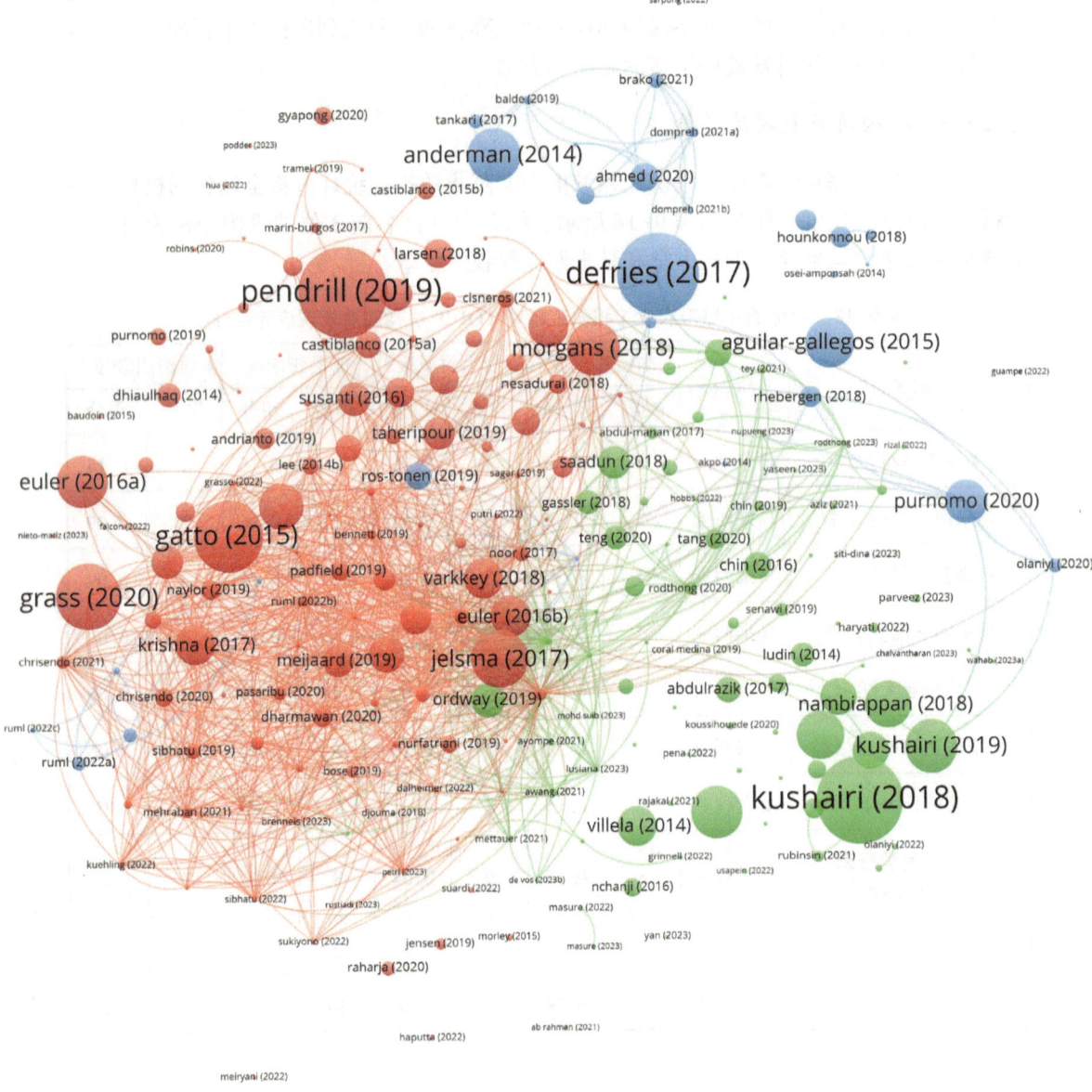

● 油棕种植对小农生计与环境可持续性的影响研究　　● 油棕产业的可持续发展与社会经济影响研究
● 油棕及相关经济作物的可持续发展与创新研究

图 9-12　油棕热带农业经济与乡村振兴研究领域耦合网络分析

注：节点代表文献，节点大小代表被引次数；连线代表存在耦合关系，连线的粗细代表耦合关系的强弱；颜色代表聚类。

表9-19 油棕热带农业经济与乡村振兴领域各类高频主题词

聚类	高频主题词
油棕种植对小农生计与环境可持续性的影响研究	森林砍伐（deforestation）、小农（smallholders）、土地利用变化（land-use change, land use change）、可持续性（sustainability, sustainable development）、认证（certification）、农业（agriculture）、治理（governance）、危地马拉（guatemala）、油棕扩张（oil palm expansion）、农业综合企业（agribusiness）、食品安全（food security）
油棕产业的可持续发展与社会经济影响研究	可持续性（sustainability, sustainable agriculture）、小农（smallholders）、生物能源（bioenergy）、认证（certification）、油脂化学品（oleochemicals）、油棕可持续发展组织（RSPO）、生物柴油（biodiesel）、生物质（biomass）、循环经济（circular economy）、生物燃料（biofuel）、食物和营养（food and nutrition）、供应链（supply chain）
油棕及相关经济作物的可持续发展与创新研究	合同农业（contract farming）、小农（smallholders）、创新（innovation）、可可（cacao）、经济作物（cash crop）、创新（innovation）、营养（nutrition）、可持续性（sustainability）、收益率（yield）、大宗商品（commodit）、土地利用（land use）、应对策略（coping strategies）、信贷约束（credit constraints）、饮食（diets）、工业作物（industrial crop）

油棕产业对小农生计与环境可持续的影响研究主要聚焦于油棕种植面积扩张对小农生计的影响，以及可持续性和认证机制。研究主要围绕以下几方面。一是对小农户的影响，研究者分析了油棕种植对小农户收入水平、劳动分配模式以及性别权力结构的具体影响。例如，讨论了印度尼西亚油棕小农的产量和收入受到收割实践及小农管理类型的限制，发现收割轮次以及小农管理方式是制约印度尼西亚油棕小农收益和产量的重要因素[346]。二是小农认证机制，研究者深入探讨了小农户采用可持续实践的影响因素，以及如何改进以更好地满足小农户的需求。例如，评估影响小农采用可持续油棕圆桌倡议组织（RSPO）实践决策及其强度的因素，结果表明，加强能力建设活动和推广服务将有助于提高小规模农民对RSPO实践的采纳[347]。评估获得ROPS认证的小农与未获得认证的小农之间，在管理实践和产量上的表现差异，以及这种差异与RSPO认证的关系，结果表明，已获得RSPO认证的小型油棕种植户会采用更先进的农业技术，如选择高产、优质的品种，并合理施用化肥，从而提高其作物产量[348,349]。探讨了在哥伦比亚的油棕小农户生产中，RSPO和国际有机农业运动（IFOAM）标准认证对管理实践的积极影响[349]。可持续的管理方式的应用不会降低小农户的油棕产量[350]。这些研究为政策制定者提供了重要参考，即通过教育水平提高和支持措施，可以提升可持续农业的发展潜力。

油棕产业的可持续发展与社会经济影响研究主要聚焦油棕生产与环境保护，循环经济以及治理问题。可持续性是油棕产业发展的关键议题，涉及经济、环境和社会多个维度。研究主要围绕以下几方面。一是环境保护方面，研究者探讨了油棕种植对森林砍伐、生物多样性的影响以及如何通过可持续实践来减少负面影响。例如，研究了REDD+策略在减少碳排放方面的成本效益，强调了在东南亚地区应注重森林恢复、减少影响的伐木以及对保护区的管理[351]。二是循环经济方面,该理念在油棕产业中逐渐受到重视,旨在通过资源回收和再利用实现经济和环境效益的双赢。例如,将油棕废弃物转化为能源、肥料、油脂化学品等[352-354],减少对外部资源的依赖以及废弃物排放[355];在油棕行业中利用图论方法合成可持续循环经济的研究,评估了可持续循环经济的技术和经济可行性,并开发了一个数学模型展示考虑回收利用的生物质网络[356];开发了一个决策模型工具,用于对未来油棕产业扩展进行经济和环境分析[357];引入质量平衡(mass balance,MB)策略,评估消费者如何权衡透明度(即关于 CSPO 实际存在的不确定性)与零售价格之间的关系,揭示了在以成本驱动为主导的大宗商品市场中推广可持续性标准的重要意义[358]。这些研究涵盖油棕产业环保与循环经济实践,旨在为其可持续发展提供依据,推动产业实现经济环境效益双赢。

油棕及相关经济作物的可持续发展与创新研究主要聚焦于探索油棕及相关经济作物的创新性可持续发展治理策略,研究者探讨了合同农业中的资源提供合同对小农信贷需求和获取正式信贷能力的影响,以及如何克服信贷市场的失败。例如,研究加纳油棕合同农业和正式信贷市场提供的实物信贷,探讨实物信贷的提供如何影响农户的正式信用需求及其获得正式信用能力[359];研究了两种类型的合同协议(简单营销合同和资源提供合同)如何影响加纳油棕部门小农户的农业劳动力使用、家庭劳动力分配以及雇佣劳动需求[360];通过分析加纳油棕种植的具体情况来揭示小农户选择参与或不参与合同农业的因素[361]。这些研究涵盖油棕合同农业对小农信贷、劳动力及参与因素的影响,旨在为油棕及相关经济作物创新性可持续发展治理提供思路,推动相关产业中小农发展与可持续治理策略完善。

综上所述,油棕农业经济与乡村振兴研究聚焦于小农生计和环境的影响,以及可持续发展策略。在小农户方面,分析了油棕种植对收入、劳动模式及性别权力的影响,并探讨了 RSPO 等认证机制如何促进先进农业技术的应用和提高产量。环境保护研究集中在减少森林砍伐和生物多样性损失,循环经济则着重探索将废弃物转化为能源和其他资源。此外,合同农业被认为是改善小农信贷获取的一种方式。这些研究旨在支持政策制定,促进油棕行业的可持续增长。

9.3.6.2 前沿主题

以 1 年为一个时间切片,通过 CiteSpace 软件,选取每个子集前 1% 的数据进行文献共被引分析,旨在探测出重要的节点文献。通过参数设置,得到平均轮廓值为 0.843 6、模块化 Q 值为 0.558 9($Q>0.3$ 表示网络社团结构显著)的可视化网络。通过 LSI 算法寻找聚类,最终形成较为显著的 5 个聚类社团(图 9-13),对应的前沿主题词线索为 "#0 农业改变生计动态" "#1 油棕产业价值链" "#2 小农油棕生产" "#3 社会政治因素" "#4 社会经济指标"。进一步综合评估网络中节点的 Sigma 值,观测引文网络中重要的文献节点,并在此基础上对这些文献的施引文献进行检索,结合对施引文献的分析,判定学科知识领域的研究前沿(表 9-20)。

9 油棕研究领域竞争力及前沿格局解析

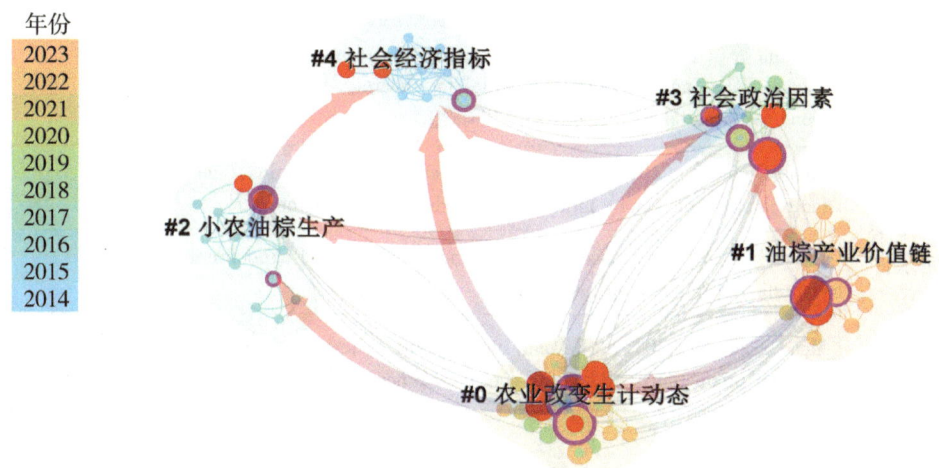

图 9-13 油棕热带农业经济与乡村振兴研究领域共被引网络图谱

注：节点年轮代表文章的引文历史，年轮的整体大小反映论文被引用的次数，引文年轮的颜色代表相应的引文时间；紫圈节点为高中介中心性节点（中介中心性不小于0.1）；红色节点为突发性节点；箭头代表路径依赖关系。

表 9-20 油棕农业经济与乡村振兴共被引网络重要文献

前沿名称	关键文献	被引频次
油棕产业的社会经济影响与可持续性	Xin 等（2021）. Biophysical and socioeconomic drivers of oil palm expansion in Indonesia[362]	11
	Sibhatu（2023）. Oil palm boom: Its socioeconomic use and abuse[363]	5
	Sumarga 和 Hein（2015）. Benefits and costs of oil palm expansion in central kalimantan, Indonesia, under different policy scenarios[364]	34
	Lee 等（2014）. Modelling environmental and socio-economic trade-offs associated with land-sparing and land-sharing approaches to oil palm expansion[365]	25
油棕生产的小农户挑战与产量潜力	Euler 等（2016）. Exploring yield gaps in smallholder oil palm production systems in eastern sumatra, Indonesia[366]	66
	Lee 等（2013）. Oil palm smallholder yields and incomes constrained by harvesting practices and type of smallholder management in Indonesia[346]	77

· 335 ·

（续表）

前沿名称	关键文献	被引频次
油棕产业的政策、公共关系与可持续性标准	Lusiana 等（2023）. Oil palm production, instrumental and relational values: The public relations battle for hearts, heads, and hands along the value chain[367]	4
	Tabe-Ojong 等（2023）. Oil palm production, income gains, and off-farm employment among independent producers in cameroon[368]	7
	Klasen 等（2016）. Economic and ecological trade-offs of agricultural specialization at different spatial scales[369]	66
	Mohd Noor 等（2017）. Beyond sustainability criteria and principles in palm oil production: Addressing consumer concerns through insetting[370]	21

分析发现，全球油棕农业经济与乡村振兴研究的前沿表现如下。

一是油棕产业对社会经济影响与可持续性。该前沿主题关注油棕产业对当地社区、经济以及环境的影响，包括土地利用变化、社会服务损失，以及产业对农村发展的贡献。研究者深入探讨了印度尼西亚油棕种植面积扩张的生物物理和社会经济驱动因素，发现油棕产品出口价格的增加是推动扩张的主要因素，尤其是在加里曼丹地区，这一发现强调了生物物理适宜性和基础设施可承受性在油棕生产扩张中的重要性[362]。概述了油棕扩张对社会经济的影响，指出油棕种植面积扩张虽然促进了经济，但也加剧了社会冲突和不平等[363]。在三种政策情景下分析了油棕种植对印度尼西亚加里曼丹省的影响，表明在不改变现状的情况下，碳排放和社会其他生态系统服务的损失所造成的社会成本远远超过油棕生产增加带来的好处[364]。通过建模研究了土地节约和土地共享方法在油棕扩张过程中的环境和社会经济权衡，发现土地节约策略在环境成本最低，但创造的就业机会较少[365]。这些研究揭示了油棕产业在社会经济影响与可持续性方面的复杂性，探讨了油棕扩张的驱动因素，包括生物物理条件、市场动态和社会经济因素，以及这些因素如何塑造产业的地理分布和环境足迹，还评估了不同政策情景下的经济效益和生态成本，强调了在促进经济增长的同时，平衡生态保护和社会福祉的重要性。

二是油棕生产的小农户挑战与产量潜力。该前沿主题关注小农户在油棕生产中的挑战，包括产量差距、管理实践，以及提高产量的潜力。研究者研究了苏门答腊东部小农户油棕生产系统的产量差距，指出小农户在油棕的最高产阶段产量差距最大，主要受管理实践（如肥料施用量、收获间隔长度和植株死亡率）的影响[366]。通过研究收获时间和小农户管理类型对油棕产量和收入的影响，发现采用更短的采摘周期的小农户，以及参与计划和管理的小农户能够获得更高的产量和收入[346]。这些研究聚焦于小农户在油棕生产中的挑战和产量潜力，通过分析小农户的生产系统和管理实践，揭示了产量差距的主要决定因素，并指出通过改进管理实践和提高资源投入，小农户的油棕产量有显著提升的空间，同时，这对于提高小农户的生计和减少对新森林地区的扩张压力至关重要。

三是油棕产业的政策、公共关系与可持续性标准。该前沿主题关注油棕产业的公共形象、政策制定，以及如何通过政策和公共关系来改善产业的可持续性和社会接受度。研究者分析了油棕生产的工具价值与关系价值，指出公共辩论中的混乱促使人们区分作物本身与实现可持续油棕系统的生产方式之间的区别[367]。展示了油棕生产对喀麦隆独立生产者家庭收入和非农就业的影响，发现油棕生产与家庭收入之间存在正相关，且对非农就业的影响表明油棕生产可能降低了参与非农就业的可能性[368]。不同空间尺度下农业专业化的经济与生态权衡，指出专业化可能导致经济收益与生态系统功能之间的权衡[369]。提出了"生计嵌入"的概念，强调超越狭隘的商业利益，解决全球价值链中的互惠问题[370]。这些研究探讨了油棕产业的政策、公共关系与可持续性标准，分析了油棕产业的公共形象、政策制定，以及如何通过政策和公共关系来改善产业的可持续性和社会接受度，提出了"生计嵌入"的概念，有助于全球价值链中互惠互利问题的解决，为实现更广泛的社会经济和环境目标提供了新的视角。

9.3.6.3 机构前沿表现度评价

基于全球油棕热带农业经济与乡村振兴研究领域前沿文献集数据，统计分析全球各国机构在该学科中的前沿表现度，结果如表9-21所示。综合表现排名前3位的机构分别为哥廷根大学、法国农业国际合作研究发展中心和国际林业研究中心。

表9-21　全球油棕热带农业经济与乡村振兴研究领域TOP10机构前沿表现度综合分析

机构名称	所属国家	前沿表现度		前沿贡献度		前沿影响度		前沿引领度	
		排名	得分	排名	得分	排名	得分	排名	得分
哥廷根大学	德国	1	0.78	1	0.29	3	0.26	1	0.23
法国农业国际合作研究发展中心	法国	2	0.57	2	0.21	1	0.30	3	0.06
国际林业研究中心	印度尼西亚	3	0.47	3	0.17	2	0.26	4	0.04
茂物农业大学	印度尼西亚	4	0.43	3	0.17	4	0.22	4	0.04
瓦赫宁根大学及研究中心	荷兰	5	0.33	5	0.15	8	0.10	2	0.08
昆士兰大学	澳大利亚	6	0.26	10	0.06	5	0.15	4	0.04
占碑大学	印度尼西亚	7	0.22	6	0.13	9	0.09	9	0.00
苏黎世联邦理工学院	瑞士	8	0.22	7	0.08	6	0.11	7	0.02
瑞士联邦理工学院	瑞士	8	0.22	7	0.08	6	0.11	7	0.02
波恩大学	德国	10	0.11	7	0.08	10	0.03	9	0.00

9.4 结论与建议

在全球范围内，油棕作为一种重要的经济作物，其研究热点与前沿在学术界和产业界的关注度日益增强。本研究通过对2014—2023年发表的4 673篇文献进行综合分析，旨在揭示全球油棕研究的主要趋势、学科领域热点及前沿表现，并对未来的研究方向提出建议。

从文献产出情况来看，油棕相关研究成果呈现逐年增长的趋势，年均增长率为6.06%。这一增长趋势反映了全球对油棕产业可持续发展的重视程度不断提升。特别是在2018年之后，年均发文量提升至557篇，表明学术界对油棕研究的关注度和投入力度正在加大。在学科分类上，热带农业工程、热带农业资源与环境科学、热带作物科学等领域的发文量位居前列，显示了这些领域在油棕研究中所处的核心地位。

科技论文机构竞争力指数分析显示，马来西亚、德国等国家的科研机构在油棕研究领域表现突出。马来西亚博特拉大学、哥廷根大学等机构在多个学科领域中位列前茅，这不仅体现了这些机构在油棕研究领域的深厚实力，也反映了全球油棕研究的地理分布特征。这些顶尖机构的研究成果对于推动油棕产业的科技创新具有重要意义。

在不同学科领域热点及前沿表现分析方面，利用信息可视化软件和知识图谱工具，揭示了油棕研究的六大学科领域的主要研究方向和前沿主题。在热带作物科学领域，研究聚焦于油棕生理遗传、精准农业、生物技术与逆境生物学等方面，前沿表现预测在油棕分子育种与遗传改良、生长监测、产量预测、小农户营养管理与农业实践优化、可持续发展研究等方向，这些研究为油棕的遗传改良和产量提升提供了科学依据。在热带农业资源与环境科学领域，研究聚焦于油棕种植对环境的影响，包括生物多样性、生态系统服务和泥炭地的生态影响，前沿表现预测在油棕种植对生物多样性、生态系统功能、水循环、温室气体排放、经营绩效等产生的影响方面，这些研究对于指导油棕产业的可持续发展具有重要价值。在热带植物保护与生物安全科学领域，研究聚焦于油棕的病虫害防治，特别是重要的毁灭性病害油棕茎基腐病，其生物防治和抗性机制研究较多，前沿表现预测在植物次级代谢产物、根部木质素组成、酚类化合物、微生物及生物控制剂对油棕茎基腐病的防御机制和潜力，利用热成像、近红外高光谱数据、地面激光扫描与机器学习算法早期检测油棕茎基腐病，以及根茎植物间种、林牧结合管理实践防治油棕病虫害等方向，这些研究对于保障油棕产业的生物安全具有重要意义。在热带草业与饲料科学领域，研究聚焦于油棕副产品在反刍动物饲料中的应用，前沿表现预测在减少温室气体排放提高饲料营养价值、促进动物生长性能、优化乳制品质量等方向，这些研究为油棕副产品的高值化利用提供了新的思路。在热带农业工程领域，研究聚焦于油棕生物质的工程应用和能源转化，前沿表现预测在生物质资源高效转化、生物质预处理技术、可持续利用、遥感与机器学习应用、油棕茎基腐病检测技术与模型、酶固定化技术、成熟度检测与分类技术、高性能复合材料研发等方向，这些研究有助于提升油棕生物质的综合利用效率。在热带农业经济与乡村振兴领域，研究聚焦于油棕产业对小农生计和环境可持续性的影响，前沿表现预测了油棕产业在土地利用变化、社会服务损失、农村发展、小农户面临的挑战与产量潜力、政策制定、公共关系以及可持续性标准等方面的贡献，这些研究为制定相关政策提供了科学依据。

综上所述，全球油棕产业研究的核心观点可归纳为以下3个方面。一是油棕产业的可持续发展已成为全球关注的焦点，主要涉及遗传改良、精准农业、生物多样性保护等多个维度。二是科技创新是推动油棕产业发展的关键驱动力，特别是在生物技术、病虫害防治和生物质利用等领域。三是油棕产业对环境和社会的影响是当前研究的热点，涉及对小农生计、生物多样性和生态系统服务的影响。这些研究不仅为油棕产业的可持续发展提供了坚实的科学基础，同时也为全球农业科技的进步作出了显著贡献。

针对未来的研究方向，提出以下建议。一是加强科技创新与研发投入。应进一步加大对油棕产业基础研究和技术推广的投入力度，特别是在优良新品种培育、栽培关键技术精细化管理、棕榈油提取工艺研究等方面。通过科技创新，提升油棕产业的竞争力和可持续性。二是促进油棕产业可持续发展。推广可持续生产方式和改进可持续供应链，如通过RSPO原则和标准等认证机制，确保油棕种植过程中减少对环境的破坏。三是强化环境与社会影响评估。制定合理的政策和措施，减轻油棕产业对环境的负面影响，同时保障小农的生计和权益。四是加强油棕副产品的高值化利用。加强油棕副产品在反刍动物饲料中的应用研究，提升油棕产业的附加值，促进产业的多元化发展。

随着全球对可持续农业和生物多样性保护的重视程度不断提升，油棕研究的热点与前沿问题将继续演变。未来的研究应更加注重跨学科合作，整合生物学、环境科学、社会科学等多学科的知识和技术，以实现油棕产业的可持续发展目标。同时，政策制定者、科研人员和产业界应共同努力，推动油棕产业的科技创新和环境友好型发展，为全球粮食安全和环境保护作出更大贡献。

参考文献

［1］ MURPHY D J, GOGGIN K, PATERSON R R M. Oil palm in the 2020s and beyond：Challenges and solutions［J］. CABI Agriculture and Bioscience，2021，2（1）：1-22.

［2］ MOSNIER, ALINE, HAVLIK, et al. What are the limits to oil palm expansion？［J］. Global Environmental Change Human & Policy Dimensions，2016，40：73-81.

［3］ HANNAH RITCHIE F S, MAX ROSER. Forests and Deforestation-Palm Oil［Z］. ［2024-09-11］. https：//ourworldindata. org/palm-oil.

［4］ MASANI M Y A, IZAWATI A M D, RASID O A, et al. Biotechnology of oil palm：Current status of oil palm genetic transformation［J］. Biocatalysis and Agricultural Biotechnology，2018，15：335-347.

［5］ GOMES JR R A, GURGEL F D L, PEIXOTO L D A, et al. Evaluation of interspecific hybrids of palm oil reveals great genetic variability and potential selection gain［J］. Industrial Crops and Products，2014，52：512-518.

[6] GOMES JUNIOR R A, LOPES R, CUNHA R N V D, et al. Bunch yield of interspecific hybrids of American oil palm with oil palm in the juvenile phase [J]. Crop Breed Appl. Biotechnol., 2016, 16 (2): 86-94.

[7] TUPAZ-VERA A, AYALA-DIAZ I, BARRERA C F, et al. Genetic gains for obtaining improved progenies of oil palm in Colombia [J]. Euphytica, 2023, 219 (3): 12.

[8] PEREZ R P A, PALLAS B, LE MOGUÉDEC G, et al. Integrating mixed-effect models into an architectural plant model to simulate inter-and intra-progeny variability: A case study on oil palm (*Elaeis guineensis* Jacq.) [J]. Journal of Experimental Botany, 2016, 67 (15): 4507-4521.

[9] AHMAD LATIF N, MOHD NAIN F N, AHAMED HASSAIN MALIM N H, et al. Predicting heritability of oil palm breeding using phenotypic traits and machine learning [J]. Sustainability, 2021, 13 (22): 24.

[10] JEFFERY DAIM L D, OOI T E K, ITHNIN N, et al. Comparative proteomic analysis of oil palm leaves infected with *Ganoderma boninense* revealed changes in proteins involved in photosynthesis, carbohydrate metabolism, and immunity and defense [J]. Electrophoresis, 2015, 36 (15): 1699-1710.

[11] LIMA W A A, LOPES R, GREEN M, et al. Heat treatment and germination of seeds of interspecific hybrid between American oil palm [*Elaeis oleifera* (H. B. K) Cortes] and African oil palm (*Elaeis guineensis* Jacq.) [J]. J. Seed Sci., 2014, 36 (4): 451-457.

[12] MURUGESAN P, SHAREEF M, HASEELA H, et al. Hybrid seed germination in oil palm (*Elaeis guineensis*) affected by innovative dormancy breaking techniques [J]. Indian Journal of Agricultural Sciences, 2014, 84 (12): 1542-1545.

[13] NORSAZWAN M G, PUTEH A B, RAFII M Y. Oil palm (*Elaeis guineensis*) seed dormancy type and germination pattern [J]. Seed Sci. Technol., 2016, 44 (1): 15-26.

[14] THAWARO S, TE-CHATO S. Effect of culture medium and genotype on germination of hybrid oil palm zygotic embryos [J]. Scienceasia, 2010, 36 (1): 26-32.

[15] WANG Y, HTWE Y M, LI J, et al. Integrative omics analysis on phytohormones involved in oil palm seed germination [J]. BMC Plant Biology, 2019, 19 (1): 14.

[16] BEHERA S K, SURESH K, RAO B N, et al. Soil nutrient status and leaf nutrient norms in oil palm (*Elaeis Guineensis* Jacq.) plantations grown in the west coastal area of India [J]. Commun. Soil Sci. Plant Anal., 2015, 47 (2): 255-262.

[17] MATOS G S B D, FERNANDES A R, WADT P G S. Níveis críticos e faixas de suficiência de nutrientes derivados de métodos de avaliação do estado nutricional da palma-de-óleo [J]. Pesqui. Agropecu. Bras., 2016, 51 (9): 1557-1567.

[18] MATOS G S B D, FERNANDES A R, WADT P G S, et al. Dris calculation methods for evaluating the nutritional status of oil palm in the Eastern Amazon [J]. J. Plant Nutr., 2018, 41 (10): 1240-1251.

[19] MATOS G S B D, FERNANDES A R, WADT P G S, et al. The use of DRIS for nutritional diagnosis in oil palm in the State of Pará [J]. Rev. Bras. Cienc. Solo., 2017, 41: 15.

[20] MANORAMA K, BEHERA S K, SURESH K. Establishing optimal nutrient norms in leaf and soil for oil palm in India [J]. Industrial Crops and Products, 2021, 174: 9.

[21] KOK Z H, SHARIFF A R B M, KHAIRUNNIZA-BEJO S, et al. Plot-based classification of macronutrient levels in oil palm trees with landsat-8 images and machine learning [J]. Remote Sensing, 2021, 13 (11): 28.

[22] KHORRAMNIA K, KHOT L R, SHARIFF A, et al. Oil palm leaf nutrient estimation by optical sensing techniques [J]. Trans ASABE, 2014, 57 (4): 1267-1277.

[23] MOHIDIN H, HANAFI M M, RAFII Y M, et al. Determination of optimum levels of nitrogen, phosphorus and potassium of oil palm seedlings in solution culture [J]. Bragantia, 2015, 74 (3): 247-254.

[24] CUI J, LAMADE E, TCHERKEZ G. Potassium deficiency reconfigures sugar export and induces catecholamine accumulation in oil palm leaves [J]. Plant Science, 2020, 300: 10.

[25] HOFFMANN M P, DONOUGH C R, COOK S E, et al. Yield gap analysis in oil palm: Framework development and application in commercial operations in Southeast Asia [J]. Agric. Syst., 2017, 151: 12-19.

[26] SRESTASATHIERN P, RAKWATIN P. Oil palm tree detection with high resolution multi-spectral satellite imagery [J]. Remote Sensing, 2014, 6 (10): 9749-9774.

[27] APICHATMETA K, SUDSIRI C J, RITCHIE R J. Photosynthesis of oil palm (*Elaeis guineensis*) [J]. Scientia Horticulturae, 2017, 214: 34-40.

[28] SOLIMAN T, LIM F K S, LEE J S H, et al. Closing oil palm yield gaps among Indonesian smallholders through industry schemes, pruning, weeding and improved seeds [J]. R. Soc. Open Sci., 2016, 3 (8): 9.

[29] HUTH N I, BANABAS M, NELSON P N, et al. Development of an oil palm cropping systems model: Lessons learned and future directions [J].

Environ Modell Softw, 2014, 62: 411-419.

[30] WEI L, JOHN MARTIN J J, ZHANG H, et al. Problems and prospects of improving abiotic stress tolerance and pathogen resistance of oil palm [J]. Plants, 2021, 10 (12): 16.

[31] AVTAR R, SUAB S A, SYUKUR M S, et al. Assessing the influence of UAV altitude on extracted biophysical parameters of young oil palm [J]. Remote Sensing, 2020, 12 (18): 21.

[32] HASHEMVAND KHIABANI P, TAKEUCHI W. Assessment of oil palm yield and biophysical suitability in Indonesia and Malaysia [J]. International Journal of Remote Sensing, 2020, 41 (22): 8520-8546.

[33] MONZON J P, JABLOUN M, COCK J, et al. Influence of weather and endogenous cycles on spatiotemporal yield variation in oil palm [J]. Agricultural and Forest Meteorology, 2022, 314: 10.

[34] PRATHAPANI N K, MATHUR R K, MURUGESAN P, et al. Seasonal variation in fresh fruit bunch production in dura oil palm [J]. Indian Journal of Agricultural Sciences, 2017, 87 (9): 1184-1189.

[35] TING N-C, SHERBINA K, KHOO J-S, et al. Expression of fatty acid and triacylglycerol synthesis genes in interspecific hybrids of oil palm [J]. Scientific Reports, 2020, 10 (1): 15.

[36] ZHANG Y, BAI B, LEE M, et al. Cloning and characterization of EgGDSL, a gene associated with oil content in oil palm [J]. Scientific Reports, 2018, 8 (1): 11.

[37] SOMYONG S, POOPEAR S, SUNNER S K, et al. ACC oxidase and miRNA 159a, and their involvement in fresh fruit bunch yield (FFB) via sex ratio determination in oil palm [J]. Mol. Genet. Genomics, 2016, 291 (3): 1243-1257.

[38] KERDSUWAN S, TE-CHATO S. Proliferation of embryogenic callus of oil palm (*Elaeis guineensis* Jacq.) using different culture systems and genetic instability assay by simple sequence repeat (SSR) technique [J]. Chiang Mai J. Sci., 2018, 45 (2): 784-796.

[39] MOHD SANUSI N S N, ROSLI R, CHAN K-L, et al. Integrated consensus genetic map and genomic scaffold re-ordering of oil palm (*Elaeis guineensis*) genome [J]. Comput. Biol. Chem., 2023, 102: 12.

[40] YARRA R, JIN L, ZHAO Z, et al. Progress in tissue culture and genetic transformation of oil palm: An overview [J]. International Journal of Molecular Sciences, 2019, 20 (21): 17.

[41] PÁDUA M S, SANTOS R S, PAIVA L V, et al. In vitro rooting of tenera hybrid oil palm (*Elaeis guineensis* Jacq.) PLANTS1 [J]. Rev. Arv., 2018, 41

(4): 7.

[42] RIBEIRO D G, DE ALMEIDA R F, FONTES W, et al. Stress and cell cycle regulation during somatic embryogenesis plays a key role in oil palm callus development [J]. J. Proteomics, 2019, 192: 137-146.

[43] DAVAL A, POMIÈS V, LE SQUIN S, et al. In silico QTL mapping in an oil palm breeding program reveals a quantitative and complex genetic resistance to Ganoderma boninense [J]. Molecular Breeding, 2021, 41 (9): 18.

[44] SAKEH N M, ABDULLAH S N A, BAHARI M N A, et al. EgJUB1 and EgERF113 transcription factors as potential master regulators of defense response in *Elaeis guineensis* against the hemibiotrophic *Ganoderma boninense* [J]. BMC Plant Biology, 2021, 21 (1): 20.

[45] WIBOWO C S, APRIYANTO A, ERNAWAN R, et al. Genetic variants associated with leaf spot disease resistance in oil palm (*Elaeis guineensis*): A genome-wide association study [J]. Plant Pathology, 2023, 72 (9): 1626-1636.

[46] WU R, MONTOYA C, COCHARD B, et al. Genetic architecture of palm oil fatty acid composition in cultivated oil palm (*Elaeis guineensis* Jacq.) compared to its wild relative *E. oleifera* (H. B. K) Cortés [J]. PLoS ONE, 2014, 9 (5): 13.

[47] YAAKUB Z, KAMARUDDIN K, SINGH R, et al. An integrated linkage map of interspecific backcross 2 (BC2) populations reveals QTLs associated with fatty acid composition and vegetative parameters influencing compactness in oil palm [J]. BMC Plant Biology, 2020, 20 (1): 18.

[48] BABU B K, MATHUR R K, RAVICHANDRAN G, et al. Genome-wide association study (GWAS) for stem height increment in oil palm (*Elaeis guineensis*) germplasm using SNP markers [J]. Tree Genet Genomes, 2019, 15 (3): 8.

[49] POOTAKHAM W, JOMCHAI N, RUANG-AREERATE P, et al. Genome-wide SNP discovery and identification of QTL associated with agronomic traits in oil palm using genotyping-by-sequencing (GBS) [J]. Genomics, 2015, 105 (5-6): 288-295.

[50] ONG P W, MAIZURA I, ABDULLAH N A P, et al. Development of SNP markers and their application for genetic diversity analysis in the oil palm (*Elaeis guineensis*) [J]. Genetics and Molecular Research, 2015, 14 (4): 12205-12216.

[51] TAEPRAYOON P, TANYA P, KANG Y J, et al. Genome-wide SSR marker development in oil palm by Illumina HiSeq for parental selection [J]. Plant Genetic Resources, 2015, 14 (2): 157-160.

[52] TING N C, JANSEN J, MAYES S, et al. High density SNP and SSR-based ge-

netic maps of two independent oil palm hybrids [J]. BMC Genomics, 2014, 15 (1): 11.

[53] ZULKIFLI Y, RAJINDER S, DIN A M, et al. Inheritance of SSR and SNP loci in an oil palm interspecific hybrid backcross (BC2) population [J]. Journal of Oil Palm Research, 2014, 26 (3): 203-213.

[54] SUNILKUMAR K, MURUGESAN P, MATHUR R K, et al. Genetic diversity in oil palm (*Elaeis guineensis* and *Elaeis oleifera*) germplasm as revealed by microsatellite (SSR) markers [J]. Indian Journal of Agricultural Sciences, 2020, 90 (4): 69-73.

[55] MARCHAL A, LEGARRA A, TISNÉ S, et al. Multivariate genomic model improves analysis of oil palm (*Elaeis guineensis* Jacq.) progeny tests [J]. Molecular Breeding, 2015, 36 (1): 13.

[56] AVRAMIDOU E V, GAN S T, TEO C J, et al. Assessment of genetic diversity and population structure of oil palm (*Elaeis guineensis* Jacq.) field genebank: A step towards molecular-assisted germplasm conservation [J]. PloS ONE, 2021, 16 (7): 20.

[57] MURUGESAN P, RAMAJAYAM D, KUMAR P N, et al. Evaluation of wild oil palm germplasm for horticultural traits [J]. Indian J. Hortic., 2020, 77 (3): 406-411.

[58] MYINT K A, YAAKUB Z, RAFII M Y, et al. Genetic diversity assessment of MPOB-senegal oil palm germplasm using microsatellite markers [J]. Biomed. Res. Int., 2021, 2021: 1-14.

[59] SHI P, WANG Y, ZHANG D, et al. Analysis on fruit oil content and evaluation on germplasm in oil palm [J]. HortScience, 2019, 54 (8): 1275-1279.

[60] B K B, K. L M R, SAHU S, et al. Development and validation of whole genome-wide and genic microsatellite markers in oil palm (*Elaeis guineensis* Jacq.): First microsatellite database (OpSatdb) [J]. Scientific Reports, 2019, 9 (1): 9.

[61] ARIAS D, GONZÁLEZ M, ROMERO H. Genetic diversity and establishment of a core collection of oil palm (*Elaeis guineensis* Jacq.) based on molecular data [J]. Plant Genetic Resources, 2014, 13 (3): 256-265.

[62] YUE G H, YE B Q, LEE M. Molecular approaches for improving oil palm for oil [J]. Molecular Breeding, 2021, 41 (3): 17.

[63] LESLIE LOW E T. The Oil Palm Genome Revolution [J]. Journal of Oil Palm Research, 2018, 29 (4): 456-468.

[64] ZULKIFLI Y. Designing the oil palm of the future [J]. Journal of Oil Palm Research, 2018, 29 (4): 440-455.

[65] CHARDOT T, ROSLI R, AMIRUDDIN N, et al. Comparative genomic and tran-

scriptomic analysis of selected fatty acid biosynthesis genes and CNL disease resistance genes in oil palm [J]. PloS ONE, 2018, 13 (4): 17.

[66] GUERIN C, JOËT T, SERRET J, et al. Gene coexpression network analysis of oil biosynthesis in an interspecific backcross of oil palm [J]. The Plant Journal, 2016, 87 (5): 423-441.

[67] BABU K B, MATHUR R K, M. V. B V, et al. Genome-wide association study (GWAS) of major QTLs for bunch and oil yield related traits in *Elaeis guineensis* L [J]. Plant Science, 2021, 305: 12.

[68] SHIN M G, ITHNIN M, VU W T, et al. Association mapping analysis of oil palm interspecific hybrid populations and predicting phenotypic values via machine learning algorithms [J]. Plant Breed, 2021, 140 (6): 1150-1165.

[69] BADAI S S. Identification of genes preferentially expressed in mesocarp tissue of oil palm using in silico analysis of transcripts [J]. Journal of Oil Palm Research, 2019, 31 (4): 540-549.

[70] BEESE L, DALPONTE M, ASNER G P, et al. Using repeat airborne LiDAR to map the growth of individual oil palms in Malaysian Borneo during the 2015-16 El Niño [J]. International Journal of Applied Earth Observation and Geoinformation, 2022, 115: 10.

[71] ANG Y, SHAFRI H Z M, LEE Y P, et al. A novel ensemble machine learning and time series approach for oil palm yield prediction using Landsat time series imagery based on NDVI [J]. Geocarto. Int., 2022, 37 (25): 9865-9896.

[72] BARCELOS E, RIOS S D A, CUNHA R N V, et al. Oil palm natural diversity and the potential for yield improvement [J]. Frontiers in Plant Science, 2015, 6: 16.

[73] LIM Y L, TENORIO F A, MONZON J P, et al. Too little, too imbalanced: Nutrient supply in smallholder oil palm fields in Indonesia [J]. Agric. Syst., 2023, 210: 10.

[74] SUGIANTO H, MONZON J P, PRADIKO I, et al. First things first: Widespread nutrient deficiencies limit yields in smallholder oil palm fields [J]. Agric. Syst., 2023, 210: 10.

[75] MONZON J P, LIM Y L, TENORIO F A, et al. Agronomy explains large yield gaps in smallholder oil palm fields [J]. Agric. Syst., 2023, 210: 13.

[76] ADEBISI G A, CHOWDHURY Z Z, ALABA P A. Equilibrium, kinetic, and thermodynamic studies of lead ion and zinc ion adsorption from aqueous solution onto activated carbon prepared from palm oil mill effluent [J]. Journal of Cleaner Production, 2017, 148: 958-968.

[77] AHMED Y, YAAKOB Z, AKHTAR P, et al. Production of biogas and performance evaluation of existing treatment processes in palm oil mill effluent

（POME）[J]. Renewable and Sustainable Energy Reviews, 2015, 42: 1260-1278.

[78] TANIKKUL P, BOOYAWANICH S, PISUTPAISAL N. Ozonation aided mesophilic biohydrogen production from palm oil mill effluent [J]. Int. J. Hydrog Energy, 2019, 44 (11): 5182-5188.

[79] JAILANI N F. Microbial protein extraction from palm oil mill effluent [J]. Journal of Oil Palm Research, 2021, 34 (2): 311-322.

[80] KONG S H, LOH S K, BACHMANN R T, et al. Biochar from oil palm biomass: A review of its potential and challenges [J]. Renewable and Sustainable Energy Reviews, 2014, 39: 729-739.

[81] SAMSURI A W, SADEGH-ZADEH F, SEH-BARDAN B J. Characterization of biochars produced from oil palm and rice husks and their adsorption capacities for heavy metals [J]. Int. J. Environ Sci. Technol., 2013, 11 (4): 967-976.

[82] LAWAL A A, HASSAN M A, AHMAD FARID M A, et al. Adsorption mechanism and effectiveness of phenol and tannic acid removal by biochar produced from oil palm frond using steam pyrolysis [J]. Environmental Pollution, 2021, 269: 10.

[83] CHANTANUMAT Y, PHETWAROTAI W, SANGTHONG S, et al. Characterization of bio-oil and biochar from slow pyrolysis of oil palm plantation and palm oil mill wastes [J]. Biomass Convers Biorefinery, 2022, 13 (15): 13813-13825.

[84] FOONG S Y, CHAN Y H, LOCK S S M, et al. Microwave processing of oil palm wastes for bioenergy production and circular economy: Recent advancements, challenges, and future prospects [J]. Bioresource Technology, 2023, 369: 16.

[85] SUKSONG W, KONGJAN P, PRASERTSAN P, et al. Optimization and microbial community analysis for production of biogas from solid waste residues of palm oil mill industry by solid-state anaerobic digestion [J]. Bioresource Technology, 2016, 214: 166-174.

[86] TANIKKUL P, BOONYAWANICH S, PISUTPAISAL N. Production of methane from ozonated palm oil mill effluent [J]. Int. J. Hydrog Energy, 2019, 44 (56): 29561-29567.

[87] SEMILIN V, JANAUN J, CHUNG C H, et al. Recovery of oil from palm oil mill effluent using polypropylene micro/nanofiber [J]. Journal of Hazardous Materials, 2021, 404: 13.

[88] ZULQARNAIN, YUSOFF M H M, AYOUB M, et al. Comprehensive review on biodiesel production from palm oil mill Effluent [J]. Chem. Bio. Eng. Rev., 2021, 8 (5): 439-462.

[89] NUPUENG S, OOSTERVEER P, MOL A P J. Implementing a palm oil-based

biodiesel policy: The case of Thailand [J]. Energy Sci. Eng., 2018, 6 (6): 643-657.

[90] ORDOÑEZ-FRÍAS E J, AZAMAR-BARRIOS J A, MATA-ZAYAS E, et al. Bioenergy potential and technical feasibility assessment of residues from oil palm processing: A case study of Jalapa, Tabasco, Mexico [J]. Biomass and Bioenergy, 2020, 142: 12.

[91] YUNG C L. Life cycle assessment for palm oil refining and fractionation [J]. Journal of Oil Palm Research, 2020, 32 (2): 341-354.

[92] CASTANHEIRA É G, FREIRE F. Environmental life cycle assessment of biodiesel produced with palm oil from Colombia [J]. The International Journal of Life Cycle Assessment, 2016, 22 (4): 587-600.

[93] ARPORNPONG N, SABATINI D A, KHAODHIAR S, et al. Life cycle assessment of palm oil microemulsion-based biofuel [J]. The International Journal of Life Cycle Assessment, 2015, 20 (7): 913-926.

[94] INTARAPONG P, PAPONG S, MALAKUL P. Comparative life cycle assessment of diesel production from crude palm oil and waste cooking oil via pyrolysis [J]. Int. J. Energy Res., 2016, 40 (5): 702-713.

[95] MOHD YUSOF S J H, ROSLAN A M, IBRAHIM K N, et al. Life cycle assessment for bioethanol production from oil palm frond juice in an oil palm based biorefinery [J]. Sustainability, 2019, 11 (24): 14.

[96] ZOLKARNAIN N, YUSOFF S, SUBRAMANIAM V, et al. Evaluation of environmental impacts and ghg of palm polyol production using life cycle assessment approach [J]. Journal of Oil Palm Research, 2015, 27 (2): 144-155.

[97] HARYATI Z, SUBRAMANIAM V, NOOR Z Z, et al. Social life cycle assessment of crude palm oil production in Malaysia [J]. Sustain. Prod. Consump., 2022, 29: 90-99.

[98] ANAND M, VIJAY V, PIMM S L, et al. The impacts of oil palm on recent deforestation and biodiversity loss [J]. PloS ONE, 2016, 11 (7): 19.

[99] EDWARDS F A, EDWARDS D P, LARSEN T H, et al. Does logging and forest conversion to oil palm agriculture alter functional diversity in a biodiversity hotspot? [J]. Anim. Conserv., 2014, 17 (2): 163-173.

[100] EDWARDS D P, MAGRACH A, WOODCOCK P, et al. Selective-logging and oil palm: Multitaxon impacts, biodiversity indicators, and trade-offs for conservation planning [J]. Ecol. Appl., 2014, 24 (8): 2029-2049.

[101] SRINIVAS A, KOH L P. Oil palm expansion drives avifaunal decline in the Pucallpa region of Peruvian Amazonia [J]. Global Ecology and Conservation, 2016, 7: 183-200.

[102] GRAY C L, SLADE E M, MANN D J, et al. Do riparian reserves support dung

beetle biodiversity and ecosystem services in oil palm-dominated tropical landscapes?[J]. Ecology and Evolution, 2014, 4 (7): 1049-1060.

[103] PASHKEVICH M D, ARYAWAN A A K, LUKE S H, et al. Assessing the effects of oil palm replanting on arthropod biodiversity[J]. Journal of Applied Ecology, 2020, 58 (1): 27-43.

[104] LUCEY J M, TAWATAO N, SENIOR M J M, et al. Tropical forest fragments contribute to species richness in adjacent oil palm plantations[J]. Biological Conservation, 2014, 169: 268-276.

[105] LAVELLE P, RODRÍGUEZ N, ARGUELLO O, et al. Soil ecosystem services and land use in the rapidly changing Orinoco River Basin of Colombia[J]. Agriculture, Ecosystems & Environment, 2014, 185: 106-117.

[106] NASI R. Tree islands boost biodiversity in oil-palm plantations[J]. Nature, 2023, 618 (7964): 239-240.

[107] ZEMP D C, GUERRERO-RAMIREZ N, BRAMBACH F, et al. Tree islands enhance biodiversity and functioning in oil palm landscapes[J]. Nature, 2023, 618 (7964): 316-321.

[108] AYOMPE L M, SCHAAFSMA M, EGOH B N. Towards sustainable palm oil production: The positive and negative impacts on ecosystem services and human wellbeing[J]. Journal of Cleaner Production, 2021, 278: 11.

[109] CÓRDOBA D, JUEN L, SELFA T, et al. Understanding local perceptions of the impacts of large-scale oil palm plantations on ecosystem services in the Brazilian Amazon[J]. Forest Policy Econ, 2019, 109: 11.

[110] GRAY C L, LEWIS O T. Do riparian forest fragments provide ecosystem services or disservices in surrounding oil palm plantations?[J]. Basic Appl. Ecol., 2014, 15 (8): 693-700.

[111] SINGH M, MALHI Y, BHAGWAT S. Biomass estimation of mixed forest landscape using a Fourier transform texture-based approach on very-high-resolution optical satellite imagery[J]. International Journal of Remote Sensing, 2014, 35 (9): 3331-3349.

[112] SHARMA S K, BARAL H, LAUMONIER Y, et al. Ecosystem services under future oil palm expansion scenarios in West Kalimantan, Indonesia[J]. Ecosyst. Serv., 2019, 39: 11.

[113] DESCALS A, WICH S, MEIJAARD E, et al. High-resolution global map of smallholder and industrial closed-canopy oil palm plantations[J]. Earth Syst. Sci. Data, 2021, 13 (3): 1211-1231.

[114] MULYASARI G, DJAROT I N, SASONGKO N A, et al. Social-life cycle assessment of oil palm plantation smallholders in Bengkulu province, Indonesia[J]. Heliyon, 2023, 9 (8): 17.

[115] SENAWI R. Transformation of oil palm independent smallholders through malaysian sustainable palm oil [J]. Journal of Oil Palm Research, 2019, 31 (3): 496-507.

[116] HIDAYAT N K, GLASBERGEN P, OFFERMANS A. Sustainability certification and palm oil smallholders'livelihood: A comparison between scheme smallholders and independent smallholders in Indonesia [J]. Int. Food Agribus. Manag. Rev., 2015, 18 (3): 25-48.

[117] DALHEIMER B, KUBITZA C, BRÜMMER B. Technical efficiency and farmland expansion: Evidence from oil palm smallholders in Indonesia [J]. Am. J. Agr. Econ., 2021, 104 (4): 1364-1387.

[118] STIBIG H J, ACHARD F, CARBONI S, et al. Change in tropical forest cover of Southeast Asia from 1990 to 2010 [J]. Biogeosciences, 2014, 11 (2): 247-258.

[119] MIETTINEN J, SHI C, LIEW S C. Land cover distribution in the peatlands of Peninsular Malaysia, Sumatra and Borneo in 2015 with changes since 1990 [J]. Global Ecology and Conservation, 2016, 6: 67-78.

[120] MOS H. Soil carbon dioxide (CO_2) efflux rate and oil palm yield from different peat types in Sarawak, Malaysia [J]. Journal of Oil Palm Research, 2020, 33 (2): 257-266.

[121] MARLIER M E, DEFRIES R S, KIM P S, et al. Fire emissions and regional air quality impacts from fires in oil palm, timber, and logging concessions in Indonesia [J]. Environmental Research Letters, 2015, 10 (8): 9.

[122] DARIAH A, MARWANTO S, AGUS F. Root-and peat-based CO_2 emissions from oil palm plantations [J]. Mitig. Adapt. Strateg. Glob. Chang., 2013, 19 (6): 831-843.

[123] HUSEN E, SALMA S, AGUS F. Peat emission control by groundwater management and soil amendments: Evidence from laboratory experiments [J]. Mitig. Adapt. Strateg. Glob. Chang., 2013, 19 (6): 821-829.

[124] MARWANTOS, AGUS F. Is CO_2 flux from oil palm plantations on peatland controlled by soil moisture and/or soil and air temperatures? [J]. Mitig. Adapt. Strateg. Glob. Chang., 2013, 19 (6): 809-819.

[125] HERGOUALC'H K, VERCHOT L V. Greenhouse gas emission factors for land use and land-use change in Southeast Asian peatlands [J]. Mitig. Adapt. Strateg. Glob. Chang., 2013, 19 (6): 789-807.

[126] FARMER J, MATTHEWS R, SMITH P, et al. The tropical peatland plantation - carbon assessment tool: Estimating CO_2 emissions from tropical peat soils under plantations [J]. Mitig. Adapt. Strateg. Glob. Chang., 2013, 19 (6): 863-885.

[127] CHADDY A, MELLING L, ISHIKURA K, et al. Soil N_2O emissions under different N rates in an oil palm plantation on tropical peatland [J]. Agriculture, 2019, 9 (10): 18.

[128] EVANS C D, CALLAGHAN N, JAYA A, et al. A novel low-cost, high-resolution camera system for measuring peat subsidence and water table dynamics [J]. Frontiers in Environmental Science, 2021, 9: 18.

[129] HEIN L, SUMARGA E, QUIÑONES M, et al. Effects of soil subsidence on plantation agriculture in Indonesian peatlands [J]. Reg. Envir. Chang., 2022, 22 (4): 13.

[130] TEUSCHER M, GÉRARD A, BROSE U, et al. Experimental biodiversity enrichment in oil-palm-dominated landscapes in Indonesia [J]. Frontiers in Plant Science, 2016, 7: 15.

[131] LUKE S H, ADVENTO A D, ARYAWAN A A K, et al. Managing oil palm plantations more sustainably: Large-scale experiments within the biodiversity and ecosystem function in tropical agriculture (BEFTA) programme [J]. Frontiers in Forests and Global Change, 2020, 2: 20.

[132] AZHAR B, SAADUN N, PUAN C L, et al. Promoting landscape heterogeneity to improve the biodiversity benefits of certified palm oil production: Evidence from Peninsular Malaysia [J]. Global Ecology and Conservation, 2015, 3: 553-561.

[133] PINTO J, EDWARDS F A, EDWARDS D P, et al. Sustainable management in Crop monocultures: The impact of retaining forest on oil palm yield [J]. PLoS ONE, 2014, 9 (3): 8.

[134] PASHKEVICH M D, SPEAR D M, ADVENTO A D, et al. Spiders in canopy and ground microhabitats are robust to changes in understory vegetation management practices in mature oil palm plantations (Riau, Indonesia) [J]. Basic. Appl. Ecol., 2022, 64: 120-133.

[135] IDDRIS N A A, FORMAGLIO G, PAUL C, et al. Mechanical weeding enhances ecosystem multifunctionality and profit in industrial oil palm [J]. Nat. Sustain, 2023, 6 (6): 683-695.

[136] MEIJAARD E, BROOKS T M, CARLSON K M, et al. The environmental impacts of palm oil in context [J]. Nat. Plants, 2020, 6 (12): 1418-1426.

[137] REISS-WOOLEVER V J, LUKE S H, STONE J, et al. Systematic mapping shows the need for increased socio-ecological research on oil palm [J]. Environmental Research Letters, 2021, 16 (6): 19.

[138] GUILLAUME T, HOLTKAMP A M, DAMRIS M, et al. Soil degradation in oil palm and rubber plantations under land resource scarcity [J]. Agriculture, Ecosystems & Environment, 2016, 232: 110-118.

[139] SKIBA U, HERGOUALC'H K, DREWER J, et al. Oil palm plantations are large sources of nitrous oxide, but where are the data to quantify the impact on global warming? [J]. Curr. Opin. Environ. Sustain., 2020, 47: 81-88.

[140] GUILLAUME T, KOTOWSKA M M, HERTEL D, et al. Carbon costs and benefits of Indonesian rainforest conversion to plantations [J]. Nature Communications, 2018, 9 (1): 11.

[141] AWANG A H, RELA I Z, ABAS A, et al. Peat land oil palm farmers' direct and indirect benefits from good agriculture practices [J]. Sustainability, 2021, 13 (14): 18.

[142] MONZON J P, SLINGERLAND M A, RAHUTOMO S, et al. Fostering a climate-smart intensification for oil palm [J]. Nat. Sustain., 2021, 4 (7): 595-601.

[143] MCCALMONT J, KHO L K, TEH Y A, et al. Short-and long-term carbon emissions from oil palm plantations converted from logged tropical peat swamp forest [J]. Glob. Change Biol., 2021, 27 (11): 2361-2376.

[144] DHANDAPANI S, GIRKIN N T, EVERS S. Spatial variability of surface peat properties and carbon emissions in a tropical peatland oil palm monoculture during a dry season [J]. Soil Use Manage, 2021, 38 (1): 381-395.

[145] DHANDAPANI S, GIRKIN N T, EVERS S, et al. Immediate environmental impacts of transformation of an oil palm intercropping to a monocropping system in a tropical peatland [J]. Mires Peat, 2022, 28: 17.

[146] SWAILS E, HERGOUALC'H K, VERCHOT L, et al. Spatio-temporal variability of peat CH_4 and N_2O fluxes and their contribution to peat ghg budgets in indonesian forests and oil palm plantations [J]. Frontiers in Environmental Science, 2021, 9: 16.

[147] AZIZAN S N F, GOTO Y, DOI T, et al. Comparing GHG emissions from drained oil palm and recovering tropical peatland forests in Malaysia [J]. Water, 2021, 13 (23): 23.

[148] RÖLL A, NIU F, MEIJIDE A, et al. Transpiration on the rebound in lowland Sumatra [J]. Agricultural and Forest Meteorology, 2019, 274: 160-171.

[149] AHMAD M N. Identification and determination of the spectral reflectance properties of live and dead bagworms, *Metisa plana* walker (Lepidoptera: Psychidae) using VIS/ NIR spectroscopy [J]. Journal of Oil Palm Research, 2020, 33 (3): 425-435.

[150] FAJARDO M, MORALES M, FONTENLA E, et al. Sighting of southern grey shrikes preying on red palm weevil in two countries [J]. Redia, 2018, 101: 193-196.

[151] ALDANA-DE LA TORRE R C, MONTES-BAZURTO L G, BUSTILLO-

PARDEY A E. Rate of release of rhynchophorol pheromone in relation to attraction of *Rhynchophorus palmarum* (L.) (Coleoptera: Dryophthoridae) in oil palm plantations in Colombia [J]. J. Entomol. Sci., 2020, 55 (4): 487-498.

[152] BEDFORD G O. Advances in the control of rhinoceros beetle, *Oryctes rhinoceros* in oil palm [J]. Journal of Oil Palm Research, 2014, 26 (3): 183-194.

[153] MARSHALL S D G, MOORE A, VAQALO M, et al. A new haplotype of the coconut rhinoceros beetle, *Oryctes rhinoceros*, has escaped biological control by *Oryctes rhinoceros* nudivirus and is invading Pacific Islands [J]. Journal of Invertebrate Pathology, 2017, 149: 127-134.

[154] MOHAMMED C L, RIMBAWANTO A, PAGE D E, et al. Management of basidiomycete root - and stem - rot diseases in oil palm, rubber and tropical hardwood plantation crops [J]. Forest Pathology, 2014, 44 (6): 428-446.

[155] JAMIAN S, NORHISHAM A, GHAZALI A, et al. Impacts of 2 species of predatory Reduviidae on bagworms in oil palm plantations [J]. Insect Science, 2016, 24 (2): 285-294.

[156] RIZALI A, KARINDAH S, HIMAWAN T, et al. Parasitoid wasp communities on oil palm plantation: Effects of natural habitat existence are obscured by lepidopteran abundance [J]. J. Asia-Pac. Entomol., 2019, 22 (3): 903-907.

[157] YUSOFF A, M. ASHAARI F H, ABD SAMAD M A, et al. Pengenalpastian bakteria tanah yang mempunyai aktiviti antikulat terhadap patogen kelapa sawit, *Ganoderma boninense* [J]. Sains Malaysiana, 2021, 50 (12): 3557-3567.

[158] YII J E, BONG C F J, KING J H P, et al. Synergism of entomopathogenic fungus, *Metarhizium anisopliae* incorporated with fipronil against oil palm pest subterranean termite, *Coptotermes curvignathus* [J]. Plant Protection Science, 2016, 52 (1): 35-44.

[159] SAT R. The status of *Oryctes rhinoceros* Nudivirus (OrNV) infection in *Oryctes rhinoceros* (Coleoptera: Scarabaeidae) in indonesia [J]. Journal of Oil Palm Research, 2020, 32 (4): 582-589.

[160] MARTÍNEZ L C, PLATA-RUEDA A, RAMÍREZ A, et al. Susceptibility of *Demotispa neivai* (Coleoptera: Chrysomelidae) to *Beauveria bassiana* and *Metarhizium anisopliae* entomopathogenic fungal isolates [J]. Pest Management Science, 2021, 78 (1): 126-133.

[161] MOHD MASRI M M. Effectiveness of *Bacillus thuringiensis* aerial spraying against the bagworm, *Metisa plana* Walker (Lepidoptera: Psychidae) outbreak in oil palm using drone [J]. Journal of Oil Palm Research, 2021, 34 (2): 276-288.

[162] LEE S T, ARIFFIN A, SON R, et al. Effect of lipase hydrolysis on the anti-

bacterial activity of coconut oil, palm mesocarp oil and selected seed oils against several pathogenic bacteria [J]. Int. Food. Res. J., 2015, 22 (1): 46-54.

[163] HALL D R, HARTE S J, FARMAN D I, et al. Identification of components of the aggregation pheromone of the guam strain of coconut rhinoceros beetle, *Oryctes rhinoceros*, and determination of stereochemistry [J]. J. Chem. Ecol., 2021, 48 (3): 289-301.

[164] MARTÍNEZ L C, PLATA-RUEDA A, RODRÍGUEZ-DIMATÉ F A, et al. Exposure to insecticides reduces populations of *Rhynchophorus palmarum* in oil palm plantations with bud rot disease [J]. Insects, 2019, 10 (4): 12.

[165] MOYA-MURILLO O M, ALDANA-DE LA TORRE R C, BUSTILLO-PARDEY A E. Efficacy of traps to capture *Rhynchophorus palmarum* (Coleoptera: Dryophthoridae) in oil palm plantations [J]. Rev. Colomb. Entomol., 2015, 41 (1): 18-23.

[166] MURGUÍA-GONZÁLEZ J, LANDERO-TORRES I, LEYVA-OVALLE O R, et al. Efficacy and cost of trap-bait combinations for capturing *Rhynchophorus palmarum* L. (Coleoptera: Curculionidae) in ornamental palm polycultures [J]. Neotrop. Entomol., 2017, 47 (2): 302-310.

[167] PLATA-RUEDA A, MARTÍNEZ L C, FERNANDES F L, et al. Interactions between the bud rot disease of oil palm and *Rhynchophorus palmarum* (Coleoptera: Curculionidae) [J]. Journal of Economic Entomology, 2016, 109 (2): 962-965.

[168] AMANINA N S, HASNUDIN M Y, HANIFF M H, et al. Effects of high carbon dioxide level on the emergence of oil palm pollinating weevil, *Elaeidobius kamerunicus* [J]. Journal of Oil Palm Research, 2016, 28 (2): 172-176.

[169] ISMAIL N F. Detrimental effects of commonly used insecticides in oil palm to pollinating weevil, *Elaeidobius kamerunicus* Faust (Coleoptera: Curculionidae) [J]. Journal of Oil Palm Research, 2020, 32 (3): 439-452.

[170] ABD LATIP N F, GHANI I A, HAZMI I R, et al. Morphometric comparison of the oil palm pollinator *Elaeidobius kamerunicus* Faust (Coleoptera: Curculionidae) from Malaysia, Indonesia, and Liberia [J]. The Coleopterists Bulletin, 2019, 73 (3): 746-756.

[171] ABD LATIP N F, ABD GHANI I, HAZMI I R, et al. Starvation levels affect behaviors of wild-caught and laboratory-reared oil palm pollinator weevil, *Elaeidobius kamerunicus* (Coleoptera: Curculionidae) [J]. Insects, 2022, 13 (10): 11.

[172] DZULHELMI M N, RAZI A N, KALOG N S F, et al. Assessment on pollen carrying capacity and pollen viability of *Elaeidobius kamerunicus*

（Coleoptera：Curculionidae）[J]. Philipp. Agric. Sci., 2022, 105（3）: 309-314.

[173] MM E R O. Investigating the potential impact of little fire ant (LFA), *Wasmania auropunctata* (Roger)（Hymenoptera：Formicidae）on the oil palm pollinating weevil, *Elaedobius kamerunicus* Faust（Coleoptera：Curculionidae）and field worker productivity time [J]. Journal of Oil Palm Research, 2020, 32（2）: 211-218.

[174] MOHAMAD S A. Impact of *Elaeidobius kamerunicus*（Faust）introduction on oil palm fruit formation in malaysia and factors affecting its pollination efficiency: A review [J]. Journal of Oil Palm Research, 2022, 35（1）: 1-22.

[175] MOHAMAD S A. Population density of *Elaeidobius kamerunicus* Faust in different spikelet position at anthesising male inflorescence of *Elaeis guineensis* Jacq. in Sabah and Sarawak, Malaysia [J]. Journal of Oil Palm Research, 2020, 33（1）: 21-36.

[176] NASIR D M, MAMAT N S, MUNEIM N A A, et al. Morphometric analysis of the oil palm pollinating weevil, *Elaeidobius kamerunicus*（Faust, 1878）（Coleoptera：Curculionidae）from oil palm plantations in Malaysia [J]. J. Entomol. Res. Soc., 2020, 22: 275-291.

[177] YUE J, YAN Z, BAI C, et al. Pollination activity of *Elaeidobius kamerunicus*（Coleoptera：Curculionoidea）on oil palm on Hainan Island [J]. Florida Entomologist, 2015, 98（2）: 499-505.

[178] A E P. Long-term study of *Bacillus thuringiensis* application to control *Tirathaba rufivena*, along with the impact to *Elaeidobius kamerunicus*, insect biodiversity and oil palm productivity [J]. Journal of Oil Palm Research, 2018, 30（1）: 71-82.

[179] SAIPOL ANUAR M A S, SYD ALI N. Significant oil palm diseases impeding global industry: A review [J]. Sains Malaysiana, 2022, 51（3）: 707-721.

[180] SAHEBI M, HANAFI M M, WONG M Y, et al. Towards immunity of oil palm against *Ganoderma fungus* infection [J]. Acta Physiologiae Plantarum, 2015, 37（10）: 16.

[181] ALEXANDER A. Oil palm roots colonisation by *Ganoderma boninense*: An insight study using scanning electron microscopy [J]. Journal of Oil Palm Research, 2017, 29（2）: 262-266.

[182] KHAIRI M H F, NOR MUHAMMAD N A, BUNAWAN H, et al. Unveiling the core effector proteins of oil palm pathogen *Ganoderma boninense* via pan-secretome analysis [J]. Journal of Fungi., 2022, 8（8）: 20.

[183] FONGUIMGO T F, HANAFI M M, IDRIS A S, et al. Comparative study of lig-

nin in roots of different oil palm progenies in relation to *Ganoderma* basal stem rot disease [J]. Journal of Oil Palm Research, 2015, 27 (2): 128-134.

[184] NURAZAH Z. Metabolomics unravel differences between cameroon *Dura* and deli *Dura* oil palm (*Elaeis guineensis* Jacq.) genetic backgrounds against basal stem rot [J]. Journal of Oil Palm Research, 2017, 29 (2): 227-241.

[185] PANCORO A, KARIMA E, APRIYANTO A, et al. 1H NMR metabolomics analysis of oil palm stem tissue infected by *Ganoderma boninense* based on field severity Indices [J]. Scientific Reports, 2022, 12 (1): 13.

[186] HO C L, TAN Y C. Molecular defense response of oil palm to *Ganoderma* infection [J]. Phytochemistry, 2015, 114: 168-177.

[187] CHEONG S L, CHEOW Y L, TING A S Y. Characterizing antagonistic activities and host compatibility (via simple endophyte-calli test) of endophytes as biocontrol agents of *Ganoderma boninense* [J]. Biol. Control., 2017, 105: 86-92.

[188] DEWI R, MUBARIK N, SUHARTONO M. Medium optimization of beta-glucanase production by *Bacillus subtilis* SAHA 32.6 used as biological control of oil palm pathogen [J]. Emir. J. Food Agric., 2016, 28 (2): 116-125.

[189] WANG Z, ONG C E, AHMAD R, et al. Growth modulation and metabolic responses of *Ganoderma boninense* to salicylic acid stress [J]. PloS ONE, 2021, 16 (12): 21.

[190] SHARIFFAH-MUZAIMAH S A, IDRIS A S, MADIHAH A Z, et al. Isolation of actinomycetes from rhizosphere of oil palm (*Elaeis guineensis* Jacq.) for antagonism against *Ganoderma boninense* [J]. Journal of Oil Palm Research, 2015, 27 (1): 19-29.

[191] NAIDU Y, IDRIS A S, NUSAIBAH S A, et al. In vitro screening of biocontrol and biodegradation potential of selected hymenomycetes against *Ganoderma boninense* and infected oil palm waste [J]. Forest Pathology, 2015, 45 (6): 474-483.

[192] ZUHAR L M, MADIHAH A Z, AHMAD S A, et al. Identification of oil palm's consistently upregulated genes during early infections of *Ganoderma boninense* via RNA-Seq technology and real-time quantitative PCR [J]. Plants, 2021, 10 (10): 17.

[193] GOH K M, DICKINSON M, ALDERSON P, et al. development of an in planta infection system for the early detection of *Ganoderma* spp. in oil palm [J]. Journal of Plant Pathology, 2016, 98 (2): 255-264.

[194] KASMIATUN, HARTKE T R, BUCHORI D, et al. Rainforest conversion to smallholder cash crops leads to varying declines of beetles (Coleoptera) on Sumatra [J]. Biotropica, 2022, 55 (1): 119-131.

[195] REISS-WOOLEVER V J, ADVENTO A D, ARYAWAN A A K, et al. Understory vegetation supports more abundant and diverse butterfly communities in oil palm plantations [J]. Frontiers in Forests and Global Change, 2023, 6: 14.

[196] REISS-WOOLEVER V J, DWI ADVENTO A, ARYAWAN A A K, et al. Habitat heterogeneity supports day-flying *Lepidoptera* in oil palm plantations [J]. J. Trop. Ecol., 2023, 39: 11.

[197] ALONSO-RODRÍGUEZ A M, FINEGAN B, FIEDLER K. Neotropical moth assemblages degrade due to oil palm expansion [J]. Biodivers. Conserv., 2017, 26 (10): 2295-2326.

[198] PAUL R, ZAHOULI J B Z, KOUDOU B G, et al. Effect of land-use changes on the abundance, distribution, and host-seeking behavior of Aedes arbovirus vectors in oil palm-dominated landscapes, southeastern Côte d'Ivoire [J]. PloS ONE, 2017, 12 (12): 26.

[199] SPEAR D M, FOSTER W A, ADVENTO A D, et al. Simplifying understory complexity in oil palm plantations is associated with a reduction in the density of a cleptoparasitic spider, *Argyrodes miniaceus* (Araneae: Theridiidae), in host (Araneae: Nephilinae) webs [J]. Ecology and Evolution, 2018, 8 (3): 1595-1603.

[200] AZHAR A, HARTKE T R, BÖTTGES L, et al. Rainforest conversion to cash crops reduces abundance, biomass and species richness of parasitoid wasps in Sumatra, Indonesia [J]. Agric. for Entomol., 2022, 24 (4): 506-515.

[201] YEE S A, PUAN C L, CHANG P K, et al. Vocal individuality of sunda scops-owl (*Otus lempiji*) in Peninsular Malaysia [J]. J. Raptor Res., 2016, 50 (4): 379-390.

[202] CARNEIRO C, HENRIQUES M, BARBOSA C, et al. Ecology and behaviour of palm-nut vultures *Gypohierax angolensis* in the Bijagós Archipelago, Guinea-Bissau [J]. Ostrich, 2017, 88 (2): 113-121.

[203] ZAINAL ABIDIN C M R, NOOR H M, HAMID N H, et al. Breeding parameters of an introduced barn owl (*Tyto alba* var. *javanica*) population in an agricultural area [J]. J. Raptor Res., 2022, 56 (4): 455-465.

[204] MURPHY W J, HEARN A J, ROSS J, et al. The first estimates of marbled cat *Pardofelis marmorata* population density from bornean primary and selectively logged forest [J]. PloS ONE, 2016, 11 (3): 10.

[205] HEARN A J, ROSS J, MACDONALD D W, et al. Predicted distribution of the Sunda clouded leopard *Neofelis diardi* (Mammalia: Carnivora: Felidae) on Borneo [J]. Raffles Bull. Zool., 2016: 149-156.

[206] WILTING A, CHEYNE S M, MOHAMED A, et al. Predicted distribution of the flat-headed cat *Prionailurus planiceps* (Mammalia: Carnivora:

Felidae) on Borneo [J]. Raffles Bull. Zool., 2016: 173-179.

[207] EGONYU J P, SISYE S E, BAGUMA J, et al. Insect flower-visitors of African oil palm *Elaeis guineensis* at different sites and distances from natural vegetation in Uganda [J]. International Journal of Tropical Insect Science, 2021, 41 (4): 2477-2487.

[208] RAINE E H, GRAY C L, MANN D J, et al. Tropical dung beetle morphological traits predict functional traits and show intraspecific differences across land uses [J]. Ecology and Evolution, 2018, 8 (17): 8686-8696.

[209] MORAND S, LAJAUNIE C. Outbreaks of vector-borne and zoonotic diseases are associated with changes in forest cover and oil palm expansion at global scale [J]. Front Vet. Sci., 2021, 8: 11.

[210] HUSIN N A, KHAIRUNNIZA-BEJO S, ABDULLAH A F, et al. Classification of basal stem rot disease in oil palm plantations using terrestrial laser scanning data and machine learning [J]. Agronomy, 2020, 10 (11): 23.

[211] YONG L Z, KHAIRUNNIZA-BEJO S, JAHARI M, et al. Automatic disease detection of basal stem rot using deep learning and hyperspectral imaging [J]. Agriculture, 2022, 13 (1): 16.

[212] SANTOSO H, TANI H, WANG X. Random Forest classification model of basal stem rot disease caused by *Ganoderma boninense* in oil palm plantations [J]. International Journal of Remote Sensing, 2017, 38 (16): 4683-4699.

[213] NUTHAMMACHOT N. Exploring sentinel-2 satellite imagery-based vegetation indices for classifying healthy and diseased oil palm trees [J]. Journal of Oil Palm Research, 2022, 35 (3): 517-527.

[214] LIAGHAT S, EHSANI R, MANSOR S, et al. Early detection of basal stem rot disease (*Ganoderma*) in oil palms based on hyperspectral reflectance data using pattern recognition algorithms [J]. International Journal of Remote Sensing, 2014, 35 (10): 3427-3439.

[215] IZZUDDIN M A, SEMAN IDRIS A, NISFARIZA M N, et al. The development of spectral indices for early detection of Ganoderma disease in oil palm seedlings [J]. International Journal of Remote Sensing, 2017, 38 (23): 6505-6527.

[216] KHALED A Y, ABD AZIZ S, BEJO S K, et al. Spectral features selection and classification of oil palm leaves infected by Basal stem rot (BSR) disease using dielectric spectroscopy [J]. Computers and Electronics in Agriculture, 2018, 144: 297-309.

[217] MOHD HILMI TAN M I S, JAMLOS M F, OMAR A F, et al. *Ganoderma boninense* disease detection by near-infrared spectroscopy classification: A review [J]. Sensors, 2021, 21 (9): 21.

[218] M A I. Analysis of airborne hyperspectral image using vegetation indices, red

edge position and continuum removal for detection of ganoderma disease in oil palm [J]. Journal of Oil Palm Research, 2018, 30 (3): 416-428.

[219] AZUAN N H, KHAIRUNNIZA-BEJO S, ABDULLAH A F, et al. Analysis of changes in oil palm canopy architecture from basal stem rot using terrestrial laser scanner [J]. Plant Disease, 2019, 103 (12): 3218-3225.

[220] AHMAD ZAIRUN M. Reverse transcription loop-mediated isothermal amplification (rt-lamp) for detection of coconut cadang-cadang viroid (cccvd) variants in oil palm [J]. Journal of Oil Palm Research, 2020, 32 (3): 453-463.

[221] GOREA E A, GODWIN I D, MUDGE A M. Ganoderma infection of oil palm-a persistent problem in Papua New Guinea and Solomon Islands [J]. Australasian Plant Pathology, 2019, 49 (1): 69-77.

[222] SAHEBI M, HANAFI M M, VAN WIJNEN A J, et al. Profiling secondary metabolites of plant defence mechanisms and oil palm in response to *Ganoderma boninense* attack [J]. Int. Biodeterior. Biodegrad., 2017, 122: 151-164.

[223] GOVENDER N, ABU-SEMAN I, MUI-YUN W. Root lignin composition and content in oil palm (*Elaeis guineensis* Jacq.) genotypes with different defense responses to *Ganoderma boninense* [J]. Agronomy, 2020, 10 (10): 13.

[224] PARVIN W, GOVENDER N, OTHMAN R, et al. Phenazine from *Pseudomonas aeruginosa* UPMP3 induced the host resistance in oil palm (*Elaeis guineensis* Jacq.)-*Ganoderma boninense* pathosystem [J]. Scientific Reports, 2020, 10 (1): 12.

[225] GANAPATHY D, SIDDIQUI Y, AHMAD K, et al. Alterations in mycelial morphology and flow cytometry assessment of membrane integrity of *Ganoderma boninense* stressed by phenolic compounds [J]. Biology, 2021, 10 (9): 20.

[226] HASHIM I C, SHARIFF A R M, BEJO S K, et al. Classification of non-infected and infected with basal stem rot disease using thermal images and imbalanced data approach [J]. Agronomy, 2021, 11 (12): 23.

[227] KHAIRUNNIZA-BEJO S, SHAHIBULLAH M S, AZMI A N N, et al. Non-destructive detection of asymptomatic *Ganoderma boninense* infection of oil palm seedlings using NIR-hyperspectral data and support vector machine [J]. Applied Sciences, 2021, 11 (22): 16.

[228] AZMI A N N, BEJO S K, JAHARI M, et al. Early detection of *Ganoderma boninense* in oil palm seedlings using support vector machines [J]. Remote Sensing, 2020, 12 (23): 21.

[229] SUWANDI S. Mixed planting with rhizomatous plants interferes with *Ganoderma* disease in oil palm [J]. Journal of Oil Palm Research, 2022, 35 (2): 354-364.

[230] GOH Y K, ZOQRATT M Z H M, GOH Y K, et al. Determining soil microbial communities and their influence on ganoderma disease incidences in oil palm (*Elaeis guineensis*) via high-throughput sequencing [J]. Biology, 2020, 9 (12): 21.

[231] NOBILLY F, ATIKAH S N, YAHYA M S, et al. Do silvopastoral management practices affect biological pest control in oil palm plantations? [J]. Biocontrol, 2023, 68 (4): 411-424.

[232] FIGUEREDO R D S, COSTA K A D P, EPIFÂNIO P S, et al. Silage quality of Piata palisadegrass with palm kernel cake [J]. Semina: Ciências Agrárias, 2014, 35 (1): 505-518.

[233] ESHWAR N, KUMAR D S, KISHORE K R, et al. effect of inclusion of palm kernel meal (*Elaeis guineensis*) in the concentrate mixture on nutrient utilization in graded murrah buffalo bulls [J]. Buffalo Bull, 2021, 40 (3): 465-473.

[234] DOS SANTOS R D, ALVES K S, MEZZOMO R, et al. Performance of feedlot lambs fed palm kernel cake-based diets [J]. Tropical Animal Health and Production, 2016, 48 (2): 367-372.

[235] IBRAHIM N A. Growth performance and carcass traits of goats fed with oil palm byproducts based feed pellet [J]. Journal of Oil Palm Research, 2020, 33 (2): 327-334.

[236] SILVA L K X, LOURENÇO JÚNIOR J D B, SILVA A O A D, et al. Increased quality of in natura and cryopreserved semen of water buffaloes supplemented with saturated and unsaturated fatty acids from the palm oil industry [J]. Anim. Reprod., 2020, 17 (4): 17.

[237] SANTANA FILHO N B, OLIVEIRA R L, CRUZ C H, et al. Physicochemical and sensory characteristics of meat from young Nellore bulls fed different levels of palm kernel cake [J]. J. Sci. Food Agric., 2015, 96 (10): 3590-3595.

[238] SARMENTO N M F P, MOURA M A O, CARDOSO R J, et al. Digestive disorders associated with the consumption of palm fiber (*Elaeis guineensis*) in feedlot cattle [J]. Pesqui. Vet. Bras., 2021, 41: 5.

[239] CRUZ C H, SILVA T M, SANTANA FILHO N B, et al. Effects of palm kernel cake (*Elaeis guineensis*) on intake, digestibility, performance, ingestive behaviour and carcass traits in Nellore bulls [J]. The Journal of Agricultural Science, 2019, 156 (9): 1145-1152.

[240] AIMAN-ZAKARIA A, YONG-MENG G, ALI-RAJION M, et al. The influence of plant polyphenols from oil palm (*Elaeis guineensis* Jacq.) leaf extract on fermentation characteristics, biohydrogenation of C18 PUFA, and microbial populations in rumen of goats: In vitro study [J]. Acta Agriculturae

Scandinavica, Section A — Animal Science, 2018, 67 (1-2): 76-84.

[241] BURANAKARL C, THAMMACHAROEN S, SEMSIRMBOON S, et al. Effects of replacement of para-grass with oil palm compounds on body weight, food intake, nutrient digestibility, rumen functions and blood parameters in goats [J]. Asian-Australasian Journal of Animal Sciences, 2020, 33 (6): 921-929.

[242] HAMCHARA P, CHANJULA P, CHERDTHONG A, et al. Digestibility, ruminal fermentation, and nitrogen balance with various feeding levels of oil palm fronds treated with *Lentinus sajor-caju* in goats [J]. Asian-Australasian Journal of Animal Sciences, 2018, 31 (10): 1619-1626.

[243] SAMINATHAN M, WAN MOHAMED W N, MD NOH A, et al. Effects of urea-treated oil palm frond on nutrient composition and in vitro rumen fermentation using goat rumen fluid [J]. J. Anim. Physiol. Anim. Nutr., 2021, 106 (6): 1228-1237.

[244] CHANJULA P, PETCHARAT V, CHERDTHONG A. Effects of fungal (*Lentinus sajorcaju*) treated oil palm frond on performance and carcass characteristics in finishing goats [J]. Asian-Australasian Journal of Animal Sciences, 2017, 30 (6): 811-818.

[245] MENG G Y, RAJION M A, JAFARI S, et al. Oil palm frond supplementation can change fatty acid composition of rumen fluid, muscle tissue and blood cholesterol level in crossbred male sheep [J]. Thai. J. Vet. Med., 2018, 48 (2): 137-146.

[246] BAYSI U R, PAENGKOUM P, NGAMPONGSAI W, et al. Nutrient digestibility, fermentation pattern, blood biochemical level and inflammatory response of nulliparous dairy goats fed with various levels of oil palm fronds [J]. Thai. J. Vet. Med., 2021, 51 (2): 247-257.

[247] FLORES-SANTIAGO E D J, ARCEO-CASTILLO J I, VAQUERA-HUERTA H, et al. Reduction of enteric methane production with palm oil: Responses in dry matter intake, rumen fermentation and apparent digestibility in sheep [J]. Anim. Feed Sci. Technol., 2022, 291: 12.

[248] NOOSEN P, BAYSI U R. Yield, composition, fatty acid profile and CLA content of milk from goats fed with different levels of OPF [J]. Thai. J. Vet. Med., 2022, 52 (2): 321-330.

[249] SAMINATHAN M. Treated oil palm frond and its utilisation as an improved feedstuff for ruminants-an overview [J]. Journal of Oil Palm Research, 2021, 34 (4): 591-607.

[250] ZAILAN M Z, SALLEH S M, ABDULLAH S, et al. Effect of feeding *Pleurotus pulmonarius*-treated empty fruit bunch on nutrient digestibility and milk fatty acid profiles in goats [J]. Tropical Animal Health and Production, 2023, 55

(6): 9.

[251] HASTUTI N, KANOMATA K, KITAOKA T. Hydrochloric acid hydrolysis of pulps from oil palm empty fruit bunches to produce cellulose nanocrystals [J]. J. Polym. Environ., 2018, 26 (9): 3698-3709.

[252] LAMAMING J, HASHIM R, SULAIMAN O, et al. Cellulose nanocrystals isolated from oil palm trunk [J]. Carbohydr. Polym., 2015, 127: 202-208.

[253] RAYUNG M, IBRAHIM N, ZAINUDDIN N, et al. The effect of fiber bleaching treatment on the properties of poly (lactic acid) /oil palm empty fruit bunch fiber composites [J]. International Journal of Molecular Sciences, 2014, 15 (8): 14728-14742.

[254] GHAHRAMANI S, HEDJAZI S, IZADYAR S, et al. A facile, low-thermal, and environmentally friendly method to improve the properties of lignin-containing cellulose nanocrystals (LCNCs) and cellulose nanofibrils (LCNFs) from bagasse unbleached soda pulp [J]. Biomass Convers Biorefinery, 2023: 25.

[255] HAAFIZ M K M, HASSAN A, ZAKARIA Z, et al. Isolation and characterization of cellulose nanowhiskers from oil palm biomass microcrystalline cellulose [J]. Carbohydr. Polym., 2014, 103: 119-125.

[256] FATAH I, KHALIL H, HOSSAIN M, et al. Exploration of a chemo-mechanical technique for the isolation of nanofibrillated cellulosic fiber from oil palm empty fruit bunch as a reinforcing agent in composites materials [J]. Polymers, 2014, 6 (10): 2611-2624.

[257] JAWAID M, AWAD S A, ASIM M, et al. A comparative evaluation of chemical, mechanical, and thermal properties of oil palm fiber/pineapple fiber reinforced phenolic hybrid composites [J]. Polym. Compos., 2021, 42 (12): 6383-6393.

[258] YANG J, CHING Y C, CHUAH C H, et al. Preparation and characterization of starch/empty fruit bunch-based bioplastic composites reinforced with epoxidized oils [J]. Polymers, 2020, 13 (1): 15.

[259] RAMLEE N A, JAWAID M, ZAINUDIN E S, et al. Modification of oil palm empty fruit bunch and sugarcane bagasse biomass as potential reinforcement for composites panel and thermal insulation materials [J]. J. Bionic. Eng., 2019, 16 (1): 175-188.

[260] ISMAIL F. Influence of sulphuric acid concentration on the physico-chemical properties of microfibrillated cellulose from oil palm empty fruit bunch fibre [J]. Journal of Oil Palm Research, 2020, 32 (4): 621-629.

[261] JARNTHONG M, MALAWET C, LIAO L, et al. Preparation and characterization of ultra-fine oil palm ash powder by ultrasonication and alkaline treatment for its evaluation as reinforcing filler in natural rubber [J]. Polymers, 2020,

13（1）：22.

[262] KAKOU C A, ESSABIR H, BENSALAH M O, et al. Hybrid composites based on polyethylene and coir/oil palm fibers [J]. J Reinf. Plast. Compos., 2015, 34（20）：1684-1697.

[263] LU F, KARLEN S D, REGNER M, et al. Naturally p-hydroxybenzoylated lignins in palms [J]. BioEnergy Res., 2015, 8（3）：934-952.

[264] WAN NADHARI W N A, HASHIM R, DANISH M, et al. Isothermal drying kinetics of oil palm trunk：Energy and shrinkage evaluation [J]. Environ Prog Sustain Energy, 2017, 36（4）：1244-1252.

[265] EBADI S E, ASHAARI Z, NAJI H R, et al. Mechanical behavior of hydrothermally treated oil palm wood in different buffered ph media [J]. Wood Fiber Sci., 2016, 48（3）：193-201.

[266] LEE C C, KOO V C, LIM T S, et al. A multi-layer perceptron-based approach for early detection of BSR disease in oil palm trees using hyperspectral images [J]. Heliyon, 2022, 8（4）：35.

[267] LIAGHAT S, MANSOR S, EHSANI R, et al. Mid-infrared spectroscopy for early detection of basal stem rot disease in oil palm [J]. Computers and Electronics in Agriculture, 2014, 101：48-54.

[268] AHMADI P, MUHARAM F M, AHMAD K, et al. Early detection of ganoderma basal stem rot of oil palms using artificial neural network spectral analysis [J]. Plant Disease, 2017, 101（6）：1009-1016.

[269] KHALED A Y, ABD AZIZ S, KHAIRUNNIZA BEJO S, et al. A comparative study on dimensionality reduction of dielectric spectral data for the classification of basal stem rot (BSR) disease in oil palm [J]. Computers and Electronics in Agriculture, 2020, 170：9.

[270] KOGULESHUN S, FEI-LING P, NABIHAH S, et al. Synthesis of oil palm empty fruit bunch (EFB) derived solid acid catalyst for esterification of waste cooking oils [J]. Sains Malaysiana, 2015, 44（11）：1573-1577.

[271] ATABANI A E, MOFIJUR M, MASJUKI H H, et al. Effect of *Croton megalocarpus*, *Calophyllum inophyllum*, *Moringa oleifera*, palm and coconut biodiesel-diesel blending on their physico-chemical properties [J]. Industrial Crops and Products, 2014, 60：130-137.

[272] ABEDIN M J, MASJUKI H H, KALAM M A, et al. Performance, emissions, and heat losses of palm and jatropha biodiesel blends in a diesel engine [J]. Industrial Crops and Products, 2014, 59：96-104.

[273] RODRIGUES T O, CALDEIRA-PIRES A, LUZ S, et al. GHG balance of crude palm oil for biodiesel production in the northern region of Brazil [J]. Renew Energy, 2014, 62：516-521.

[274] PRAPASPONGSA T, MUSIKAVONG C, GHEEWALA S H. Life cycle assessment of palm biodiesel production in Thailand: Impacts from modelling choices, co-product utilisation, improvement technologies, and land use change [J]. Journal of Cleaner Production, 2017, 153 (1): 435-447.

[275] KHAN N, KAMARUDDIN M A, SHEIKH U U, et al. Oil palm and machine learning: reviewing one decade of ideas, innovations, applications, and gaps [J]. Agriculture, 2021, 11 (9): 26.

[276] WANG Y, ZHU X, WU B. Automatic detection of individual oil palm trees from UAV images using HOG features and an SVM classifier [J]. International Journal of Remote Sensing, 2018, 40 (19): 7356-7370.

[277] CHIA M Y, HUANG Y F, KOO C H. Support vector machine enhanced empirical reference evapotranspiration estimation with limited meteorological parameters [J]. Computers and Electronics in Agriculture, 2020, 175: 12.

[278] YAVARI S, MALAKAHMAD A, SAPARI N B, et al. Sorption properties optimization of agricultural wastes-derived biochars using response surface methodology [J]. Process Saf. Environ. Protect, 2017, 109: 509-519.

[279] ABIOYE A M, NOORDEN Z A, ANI F N. Synthesis and characterizations of electroless oil palm shell based-activated carbon/nickel oxide nanocomposite electrodes for supercapacitor applications [J]. Electrochim Acta, 2017, 225: 493-502.

[280] SIVASANGAR S, ZAINAL Z, SALMIATON A, et al. Supercritical water gasification of empty fruit bunches from oil palm for hydrogen production [J]. Fuel, 2015, 143: 563-569.

[281] WENG Z, KANCHANATIP E, HANTOKO D, et al. Improving supercritical water gasification of sludge by oil palm empty fruit bunch addition: Promotion of syngas production and heavy metal stabilization [J]. Chin. J. Chem. Eng., 2020, 28 (1): 293-298.

[282] QURESHI S S, NIZAMUDDIN S, BALOCH H A, et al. An overview of OPS from oil palm industry as feedstock for bio-oil production [J]. Biomass. Convers. Biorefinery, 2019, 9 (4): 827-841.

[283] KHURSHID H, MUSTAFA M R U, ISA M H. Modified activated carbon synthesized from oil palm leaves waste as a novel green adsorbent for chemical oxygen demand in produced water [J]. Sustainability, 2022, 14 (4): 17.

[284] RASHIDI N A, YUSUP S. A review on recent technological advancement in the activated carbon production from oil palm wastes [J]. Chemical Engineering Journal, 2017, 314: 277-290.

[285] YAVARI S, MALAKAHMAD A, SAPARI N B. Effects of production conditions on yield and physicochemical properties of biochars produced from rice husk and

oil palm empty fruit bunches [J]. Environmental Science and Pollution Research, 2016, 23 (18): 17928-17940.

[286] MUZZAMMIL N. Scale deposits from palm oil mill effluent (pome) treatment and various other industries: A developmental review [J]. Journal of Oil Palm Research, 2018, 30 (3): 351-365.

[287] PURWANTO H, ZAKIYUDDIN A M, ROZHAN A N, et al. Effect of charcoal derived from oil palm empty fruit bunch on the sinter characteristics of low grade iron ore [J]. Journal of Cleaner Production, 2018, 200: 954-959.

[288] ZAKARIA M R, FUJIMOTO S, HIRATA S, et al. Ball milling pretreatment of oil palm biomass for enhancing Enzymatic Hydrolysis [J]. Appl. Biochem. Biotechnol., 2014, 173 (7): 1778-1789.

[289] AKHLISAH Z N, YUNUS R, ABIDIN Z Z, et al. Pretreatment methods for an effective conversion of oil palm biomass into sugars and high–value chemicals [J]. Biomass and Bioenergy, 2021, 144: 20.

[290] ANITA S H, FITRIA, SOLIHAT N N, et al. Optimization of microwave-assisted oxalic acid pretreatment of oil palm empty fruit bunch for production of fermentable sugars [J]. Waste Biomass Valorization, 2019, 11 (6): 2673-2687.

[291] YAAKOB M N A. Effect of catalysts on the yield and properties of lignin from microwaveassisted acetosolv extraction of oil palm empty fruit bunch Fibres [J]. Journal of Oil Palm Research, 2020, 33 (1): 74-83.

[292] ZAIN M M, MOHAMMAD A W, HARUN S, et al. Synergistic effects on process parameters to enhance enzymatic hydrolysis of alkaline oil palm fronds [J]. Industrial Crops and Products, 2018, 122: 617-626.

[293] JEON H, KANG K E, JEONG J S, et al. Production of anhydrous ethanol using oil palm empty fruit bunch in a pilot plant [J]. Biomass and Bioenergy, 2014, 67: 99-107.

[294] ABDUL P M, JAHIM J M, HARUN S, et al. Effects of changes in chemical and structural characteristic of ammonia fibre expansion (AFEX) pretreated oil palm empty fruit bunch fibre on enzymatic saccharification and fermentability for biohydrogen [J]. Bioresource Technology, 2016, 211: 200-208.

[295] TAN L, SUN W, LI X, et al. Bisulfite pretreatment changes the structure and properties of oil palm empty fruit bunch to improve enzymatic hydrolysis and bioethanol production [J]. Biotechnol. J., 2015, 10 (6): 915-925.

[296] FARIS A H, RAHIM A A, MOHAMAD IBRAHIM M N, et al. Investigation of oil palm based Kraft and auto–catalyzed organosolv lignin susceptibility as a green wood adhesives [J]. Int. J. Adhes. Adhes., 2017, 74: 115-122.

[297] HUSSIN M H, RAHIM A A, MOHAMAD IBRAHIM M N, et al. The

capability of ultrafiltrated alkaline and organosolv oil palm (*Elaeis guineensis*) fronds lignin as green corrosion inhibitor for mild steel in 0.5 M HCl solution [J]. Measurement, 2016, 78: 90-103.

[298] HUSSIN M H, RAHIM A A, MOHAMAD IBRAHIM M N, et al. Impact of catalytic oil palm fronds (OPF) pulping on organosolv lignin properties [J]. Polym. Degrad. Stabil., 2014, 109: 33-39.

[299] ISLAM M K, THAEMNGOEN A, LAU C Y, et al. Staged organosolv pretreatment to increase net energy and reactive lignin yield in whole oil palm tree biorefinery [J]. Bioresource Technology, 2021, 326: 10.

[300] MONDYLAKSITA K, FERREIRA J A, MILLATI R, et al. Recovery of high purity lignin and digestible cellulose from oil palm empty fruit bunch using low acid-catalyzed organosolv pretreatment [J]. Agronomy, 2020, 10 (5): 15.

[301] PONGCHAIPHOL S, SURIYACHAI N, HARARAK B, et al. Physicochemical characteristics of organosolv lignins from different lignocellulosic agricultural wastes [J]. International Journal of Biological Macromolecules, 2022, 216: 710-727.

[302] LUTHFI A A I, ABDUL P M, JAHIM J M, et al. Isolation and characterization of biohydrogen-producing bacteria for biohydrogen fermentation using oil palm biomass-based carbon source [J]. Applied Sciences, 2023, 13 (1): 18.

[303] ANG S K, Y A, ABD-AZIZ S, et al. Potential uses of xylanase-rich lignocellulolytic enzymes cocktail for oil palm trunk (OPT) degradation and lignocellulosic ethanol production [J]. Energy Fuels, 2015, 29 (8): 5103-5116.

[304] BORKOVICH K A, RUEDA A M, LÓPEZ DE LOS SANTOS Y, et al. Genome sequencing and functional characterization of a *Dictyopanus pusillus* fungal enzymatic extract offers a promising alternative for lignocellulose pretreatment of oil palm residues [J]. PloS ONE, 2020, 15 (7): 21.

[305] FARAH AMANI A H, TOH S M, TAN J S, et al. The efficiency of using oil palm frond hydrolysate from enzymatic hydrolysis in bioethanol production [J]. Waste Biomass Valorization, 2017, 9 (4): 539-548.

[306] NURFAHMI, MOFIJUR M, ONG H C, et al. Production process and optimization of solid bioethanol from empty fruit bunches of palm oil using response surface methodology [J]. Processes, 2019, 7 (10): 16.

[307] DERMAN E, ABDULLA R, MARBAWI H, et al. Simultaneous saccharification and fermentation of empty fruit bunches of palm for bioethanol production using a microbial consortium of *S. cerevisiae* and *T. harzianum* [J]. Fermentation, 2022, 8 (7): 27.

[308] MARDAWATI E, NAWAWI M I S, CAROLINE V, et al. Integrated production of xylitol, ethanol, and enzymes from oil palm empty fruit

bunch through bioprocessing as an application of the biorefinery concept [J]. Fermentation, 2023, 9 (10): 17.

[309] NABILA R, HIDAYAT W, HARYANTO A, et al. Oil palm biomass in Indonesia: Thermochemical upgrading and its utilization [J]. Renewable and Sustainable Energy Reviews, 2023, 176: 23.

[310] AWALLUDIN M F, SULAIMAN O, HASHIM R, et al. An overview of the oil palm industry in Malaysia and its waste utilization through thermochemical conversion, specifically via liquefaction [J]. Renewable and Sustainable Energy Reviews, 2015, 50: 1469-1484.

[311] ZAKARIA M R, AHMAD FARID M A, ANDOU Y, et al. Production of biochar and activated carbon from oil palm biomass: Current status, prospects, and challenges [J]. Industrial Crops and Products, 2023, 199: 23.

[312] NYAKUMA B B, WONG S, OLADOKUN O. Non-oxidative thermal decomposition of oil palm empty fruit bunch pellets: Fuel characterisation, thermogravimetric, kinetic, and thermodynamic analyses [J]. Biomass Convers Biorefinery, 2019, 11 (4): 1273-1292.

[313] BUKHARI N A. Prospects and state-of-the-art in production of bio-based succinic acid from oil palm trunk [J]. Journal of Oil Palm Research, 2023, 35 (4): 555-581.

[314] DERMAN E, ABDULLA R, MARBAWI H, et al. Oil palm empty fruit bunches as a promising feedstock for bioethanol production in Malaysia [J]. Renew Energy, 2018, 129: 285-298.

[315] NYAKUMA B B, WONG S L, FAIZAL H M, et al. Carbon dioxide torrefaction of oil palm empty fruit bunches pellets: Characterisation and optimisation by response surface methodology [J]. Biomass Convers Biorefinery, 2020, 12 (12): 5881-5900.

[316] ZAINAL B S, AHMAD M A, DANAEE M, et al. Integrated system technology of POME treatment for biohydrogen and biomethane production in Malaysia [J]. Applied Sciences, 2020, 10 (3): 18.

[317] MARDAWATI E, FEBRIANTI E A, FITRIANA H N, et al. An integrated process for the xylitol and ethanol production from oil palm empty fruit bunch (OPEFB) using *Debaryomyces hansenii* and *Saccharomyces cerevisiae* [J]. Microorganisms, 2022, 10 (10): 11.

[318] KHUNNONKWAO P, PHOSIRAN C, IN S, et al. Valorization of empty oil-palm fruit bunch waste for an efficient improvement of succinic acid production by metabolically engineered Escherichia coli [J]. Biomass Convers Biorefinery, 2023, 14 (15): 17149-17165.

[319] YIMLAMAI B, CHOORIT W, CHISTI Y, et al. Cellulose from oil palm empty

fruit bunch fiber and its conversion to carboxymethylcellulose [J]. Journal of Chemical Technology & Biotechnology, 2021, 96 (6): 1656-1666.

[320] PEREIRA P H F, SOUZA N F, ORNAGHI H L, et al. Comparative analysis of different chlorine-free extraction on oil palm mesocarp fiber [J]. Industrial Crops and Products, 2020, 150: 9.

[321] HUSSIN F N N M, ATTAN N, WAHAB R A. Extraction and characterization of nanocellulose from raw oil palm leaves (*Elaeis guineensis*) [J]. Arab. J. Sci. Eng., 2019, 45 (1): 175-186.

[322] ELIAS N, WAHAB R A, CHANDREN S, et al. Structure and properties of lipase activated by cellulose-silica polyethersulfone membrane for production of pentyl valerate [J]. Carbohydr. Polym., 2020, 245: 13.

[323] HERNAWATI R, WIKANTIKA K, DARMAWAN S. Modeling of oil palm phenology based on remote sensing data: Opportunities and challenges [J]. Journal of Applied Remote Sensing, 2022, 16 (2): 27.

[324] CHENG Y, YU L, ZHAO Y, et al. Towards a global oil palm sample database: Design and implications [J]. International Journal of Remote Sensing, 2017, 38 (14): 4022-4032.

[325] LI W, FU H, YU L, et al. Deep learning based oil palm tree detection and counting for high-resolution remote sensing images [J]. Remote Sensing, 2016, 9 (1): 13.

[326] ANG Y, SHAFRI H Z M, LEE Y P, et al. Oil palm yield prediction across blocks from multi-source data using machine learning and deep learning [J]. Earth Sci. Inform., 2022, 15 (4): 2349-2367.

[327] CHENG Y, YU L, XU Y, et al. Towards global oil palm plantation mapping using remote-sensing data [J]. International Journal of Remote Sensing, 2018, 39 (18): 5891-5906.

[328] ZENG J, TAN M L, TEW Y L, et al. Optimization of open-access optical and radar satellite data in google earth engine for oil palm mapping in the Muda River Basin, Malaysia [J]. Agriculture, 2022, 12 (9): 19.

[329] MOHD NAJIB N E, KANNIAH K D, CRACKNELL A P, et al. Synergy of active and passive remote sensing data for effective mapping of oil palm plantation in Malaysia [J]. Forests, 2020, 11 (8): 24.

[330] YUSOFF N M, MUHARAM F M, KHAIRUNNIZA-BEJO S. Towards the use of remote-sensing data for monitoring of abandoned oil palm lands in Malaysia: A semi-automatic approach [J]. International Journal of Remote Sensing, 2016, 38 (2): 432-449.

[331] HO M C, WU T Y, CHEE S W Q, et al. An application of low concentration alkaline hydrogen peroxide at non-severe pretreatment conditions together with

deep eutectic solvent to improve delignification of oil palm fronds [J]. Cellulose, 2019, 26 (16): 8557-8573.

[332] ONG V Z, WU T Y, LEE C B T L, et al. Sequential ultrasonication and deep eutectic solvent pretreatment to remove lignin and recover xylose from oil palm fronds [J]. Ultrason Sonochem, 2019, 58: 10.

[333] RIZAL N, IBRAHIM M, ZAKARIA M, et al. Pre-treatment of oil palm biomass for fermentable sugars production [J]. Molecules, 2018, 23 (6): 14.

[334] ONOJA E, CHANDREN S, RAZAK F I A, et al. Extraction of nanosilica from oil palm leaves and its application as support for lipase immobilization [J]. J. Biotechnol., 2018, 283: 81-96.

[335] ONOJA E, WAHAB R A. Robust magnetized oil palm leaves ash nanosilica composite as lipase support: Immobilization protocol and efficacy study [J]. Appl. Biochem. Biotechnol., 2020, 192 (2): 585-599.

[336] WONG W K L, WAHAB R A, ONOJA E. Chemically modified nanoparticles from oil palm ash silica-coated magnetite as support for Candida rugosa lipase-catalysed hydrolysis: Kinetic and thermodynamic studies [J]. Chem. Pap., 2019, 74 (4): 1253-1265.

[337] SUHARJITO, JUNIOR F A, KOESWANDY Y P, et al. Annotated datasets of oil palm fruit bunch piles for ripeness grading using deep learning [J]. Sci. Data, 2023, 10 (1): 9.

[338] JUNIOR F A, SUHARJITO. Video based oil palm ripeness detection model using deep learning [J]. Heliyon, 2023, 9 (1): 23.

[339] SUHARJITO, ASROL M, UTAMA D N, et al. Real-time oil palm fruit grading system using smartphone and modified YOLOv4 [J]. IEEE Access, 2023, 11: 59758-59773.

[340] PIPITSUNTHONSAN P, PAN L, PENG S, et al. Palm bunch grading technique using a multi-input and multi-label convolutional neural network [J]. Computers and Electronics in Agriculture, 2023, 210: 13.

[341] ALITEH N A, MINAKATA K, TASHIRO K, et al. Fruit battery method for oil palm fruit ripeness sensor and comparison with computer vision method [J]. Sensors, 2020, 20 (3): 14.

[342] VALLE V, AGUILAR A, KREIKER J, et al. Oil palm empty fruit bunch (OPEFB) fiber-reinforced acrylic thermoplastic composites: Effect of salt fog aging on tensile, spectrophotometric, and thermogravimetric properties [J]. Int. J. Polym. Sci., 2022, 2022: 1-18.

[343] AWAD S A, FOUAD H, KHALAF E M, et al. Performance evaluation of calcium alkali-treated oil palm/pineapple fibre/bio-phenolic composites [J].

J. Bionic. Eng., 2022, 19 (5): 1493-1503.

[344] AWAD S A, JAWAID M, FOUAD H, et al. A comparative assessment of chemical, mechanical, and thermal characteristics of treated oil palm/pineapple fiber/bio phenolic composites [J]. Polym. Compos., 2022, 43 (4): 2115-2128.

[345] THEN Y Y, IBRAHIM N A, ZAINUDDIN N, et al. Influence of fiber content on properties of oil palm mesocarp fiber/Poly (butylene succinate) biocomposites [J]. BioResources, 2015, 10 (2): 2949-2968.

[346] LEE J S H, GHAZOUL J, OBIDZINSKI K, et al. Oil palm smallholder yields and incomes constrained by harvesting practices and type of smallholder management in Indonesia [J]. Agron. Sustain. Dev., 2013, 34 (2): 501-513.

[347] RODTHONG W, KUWORNU J K M, DATTA A, et al. Factors influencing the intensity of adoption of the roundtable on sustainable palm oil practices by smallholder farmers in Thailand [J]. Environ. Manage, 2020, 66 (3): 377-394.

[348] DE VOS R E, SUWARNO A, SLINGERLAND M, et al. Independent oil palm smallholder management practices and yields: Can RSPO certification make a difference? [J]. Environmental Research Letters, 2021, 16 (6): 10.

[349] FURUMO P R, RUEDA X, RODRÍGUEZ J S, et al. Field evidence for positive certification outcomes on oil palm smallholder management practices in Colombia [J]. Journal of Cleaner Production, 2020, 245: 16.

[350] GUTIERREZ AL-KHUDHAIRY S, HOWELLS T R, BIN SAILIM A, et al. Sustainable management practices do not reduce oil palm yields on smallholder farms on Borneo [J]. Agroecol. Sustain. Food Syst., 2022, 47 (1): 3-24.

[351] GRAHAM V, LAURANCE S G, GRECH A, et al. A comparative assessment of the financial costs and carbon benefits of REDD+ strategies in Southeast Asia [J]. Environmental Research Letters, 2016, 11 (11): 11.

[352] GARCÍA-CÁCERES R G, MARTÍNEZ-AVELLA M E, PALACIOS-GÓMEZ F. Tactical optimization of the oil palm agribusiness supply chain [J]. Appl. Math. Model., 2015, 39 (20): 6375-6395.

[353] A K. Oil palm economic performance in malaysia and R&D progress in 2017-review article [J]. Journal of Oil Palm Research, 2018, 30 (2): 163-195.

[354] MEDINA J D C, MAGALHÃES A I, ZAMORA H D, et al. Oil palm cultivation and production in South America: Status and perspectives [J]. Biofuels, Bioproducts and Biorefining, 2019, 13 (5): 1202-1210.

[355] ABDUL-MANAN A F N. Lifecycle GHG emissions of palm biodiesel: Unintended market effects negate direct benefits of the Malaysian Economic Transformation Plan (ETP) [J]. Energy Policy, 2017, 104: 56-65.

[356] YEO J Y J, HOW B S, TENG S Y, et al. Synthesis of sustainable circular economy in palm oil industry using graph-theoretic method [J]. Sustainability, 2020, 12 (19): 29.

[357] JAMES RUBINSIN N, DAUD W R W, KAMARUDIN S K, et al. Optimization of oil palm empty fruit bunches value chain in Peninsular Malaysia [J]. Food Bioprod Process, 2020, 119: 179-194.

[358] GASSLER B, SPILLER A. Is it all in the MIX? Consumer preferences for segregated and mass balance certified sustainable palm oil [J]. Journal of Cleaner Production, 2018, 195: 21-31.

[359] RUML A, PARLASCA M C. In-kind credit provision through contract farming and formal credit markets [J]. Agribusiness, 2021, 38 (2): 402-425.

[360] RUML A, QAIM M. New evidence regarding the effects of contract farming on agricultural labor use [J]. Agric. Econ., 2021, 52 (1): 51-66.

[361] VAMULOH V V, KOZAK R A, PANWAR R. Voices unheard: Barriers to and opportunities for small farmers' participation in oil palm contract farming [J]. Journal of Cleaner Production, 2020, 275: 13.

[362] XIN Y, SUN L, HANSEN M C. Biophysical and socioeconomic drivers of oil palm expansion in Indonesia [J]. Environmental Research Letters, 2021, 16 (3): 17.

[363] SIBHATU K T. Oil palm boom: Its socioeconomic use and abuse [J]. Front Sustain Food Syst., 2023, 7: 17.

[364] SUMARGA E, HEIN L. Benefits and costs of oil palm expansion in Central Kalimantan, Indonesia, under different policy scenarios [J]. Reg. Envir. Chang., 2015, 16 (4): 1011-1021.

[365] LEE J S H, GARCIA-ULLOA J, GHAZOUL J, et al. Modelling environmental and socio-economic trade-offs associated with land-sparing and land-sharing approaches to oil palm expansion [J]. Journal of Applied Ecology, 2014, 51 (5): 1366-1377.

[366] EULER M, HOFFMANN M P, FATHONI Z, et al. Exploring yield gaps in smallholder oil palm production systems in eastern Sumatra, Indonesia [J]. Agric. Syst., 2016, 146: 111-119.

[367] LUSIANA B, SLINGERLAND M, MICCOLIS A, et al. Oil palm production, instrumental and relational values: The public relations battle for hearts, heads, and hands along the value chain [J]. Curr. Opin. Environ. Sustain., 2023, 64: 9.

[368] TABE-OJONG M P JR, MOLUA E L, NANFOUET M A, et al. Oil palm production, income gains, and off-farm employment among independent producers in Cameroon [J]. Ecol. Econ., 2023, 208: 9.

[369] KLASEN S, MEYER K M, DISLICH C, et al. Economic and ecological trade-offs of agricultural specialization at different spatial scales [J]. Ecol. Econ., 2016, 122: 111-120.

[370] MOHD NOOR F M, GASSNER A, TERHEGGEN A, et al. Beyond sustainability criteria and principles in palm oil production: Addressing consumer concerns through insetting [J]. Ecol. Soc., 2017, 22 (2): 13.